Mark Catesby, George Edwards

The Natural History of Carolina, Florida, and the Bahama Islands

Containing the figures of birds, beasts, fishes, serpents, insects, and plants: particularly, those not hitherto described, or incorrectly figured by former authors

Mark Catesby, George Edwards

The Natural History of Carolina, Florida, and the Bahama Islands
Containing the figures of birds, beasts, fishes, serpents, insects, and plants: particularly, those not hitherto described, or incorrectly figured by former authors

ISBN/EAN: 9783337308988

Printed in Europe, USA, Canada, Australia, Japan

Cover: Foto ©ninafisch / pixelio.de

More available books at **www.hansebooks.com**

THE

NATURAL HISTORY

OF

CAROLINA, FLORIDA,

AND

THE BAHAMA ISLANDS:

CONTAINING THE FIGURES OF

BIRDS, BEASTS, FISHES, SERPENTS, INSECTS, AND PLANTS:

Particularly, those not hitherto described, or incorrectly figured by former Authors, with their DESCRIPTIONS in ENGLISH and FRENCH.

TO WHICH IS PREFIXED,

A new and Correct MAP of the COUNTRIES; with OBSERVATIONS on their NATURAL STATE, INHABITANTS, and PRODUCTIONS.

By the late MARK CATESBY, F. R. S.

Revised by Mr. EDWARDS, of the ROYAL COLLEGE of PHYSICIANS, LONDON.

To the whole is now added a LINNÆAN Index of the ANIMALS and PLANTS.

VOLUME THE FIRST.

HISTOIRE NATURELLE

DE LA CAROLINE, DE LA FLORIDE,

ET

DES ISLES DE BAHAMA:

CONTENANT LES DESSEINS

Des OISEAUX, des QUADRUPEDES, des POISSONS, des SERPENS, des INSECTES, & des PLANTES, Qui se trouvent dans ces Pays-là;

Et en particulier, de ceux qui n'ont point été decrits jusqu' à present par les Auteurs, ou peu exactement dessinés.

Avec leurs DESCRIPTIONS en FRANÇOIS & en ANGLOIS.

On trouve au Commencement

Une Carte de ces Pays, avec des REMARQUES sur leur ETAT NATUREL, leurs HABITANS, & leurs PRODUCTIONS.

Par Feu Monsieur MARC CATESBY, de la Société Royale,

Revue par Monsieur EDWARDS, du COLLEGE ROYAL des MEDICINS de LONDRES.

On y a ajouté une Table selon le Systeme de LINNÆUS.

TOME I.

LONDON.

PRINTED FOR BENJAMIN WHITE, AT HORACE'S HEAD, IN FLEETSTREET.

MDCCLXXI.

TO THE

QUEEN.

MADAM,

S theſe VOLUMES contain an Eſſay towards the NATURAL HISTORY of that Part of YOUR MAJESTY's Dominions, which are particularly honoured by bearing YOUR AUGUST NAME, CAROLINA; this, and YOUR great Goodneſs in encouraging all Sorts of Learning, hath emboldened me to implore YOUR *Royal Protection* and *Favour* to my ſlender Performance, I hope YOUR MAJESTY will not think a few Minutes diſagreeably ſpent, in caſting an Eye on theſe Leaves; which exhibit no contemptible Scene of the Glorious Works of the Creator, diſplayed in the New World; and hitherto lain concealed from the View of YOUR MAJESTY, as well as of YOUR *Royal Predeceſſors*, though ſo long poſſeſſed of a Country, inferior to none of YOUR MAJESTY's American Dominions.

Where,

Wherefore I esteem it a singular Happiness, after several Years Travels and Enquiry in so remote Parts (by the generous Encouragement of several of YOUR MAJESTY's Subjects, eminent for their Rank, and for their being Patrons of Learning) that I am the first that has had an Opportunity of presenting to a QUEEN of GREAT BRITAIN a Sample of the hitherto unregarded, though beneficial and beautiful Productions of YOUR MAJESTY's DOMINIONS.

I am,

May it please Your MAJESTY,

Your MAJESTY's

Most humble and

most dutiful Subject,

M. CATESBY.

The PREFACE.

THE early Inclination I had to search after Plants, and other productions in nature, being much suppressed by my residing too far from *London*, the centre of all Science, I was deprived of all opportunities and examples to excite me to a stronger pursuit after those things to which I was naturally bent. Yet my Curiosity was such, that not being content with contemplating the Products of our own Country, I soon imbibed a passionate Desire of viewing as well the Animal as Vegetable productions in their native countries; which were strangers to *England*. *Virginia* was the Place, as I had Relations there, which suited most with my Convenience to go to, where I arriv'd the 23d of *April* 1712. I thought then so little of prosecuting a design of the nature of this Work, that in the seven years I resided in that country, (I am ashamed to own it) I chiefly gratified my inclination in observing and admiring the various Productions of those Countries; only sending from thence some dried specimens of plants and some of the most specious of them in tubs of earth, at the request of some curious friends, amongst whom was Mr. *Dale*, of *Braintree* in *Essex*, a skilful Apothecary and Botanist: to him, besides specimens of plants, I sent some few observations on the country, which he communicated to the late *William Sherard*, L. L. D. one of the most celebrated Botanists of this Age, who favoured me with his Friendship on my return to *England* in the Year 1719; and by his advice (tho' conscious of my own inability) I first resolved on this undertaking, so agreeable to my inclination.

But

PREFACE.

L'Inclination que je sentois dès ma jeunesse à rechercher la connoissance des Plantes, & des autres productions de la Nature, étoit fort traversée par mon éloignement de Londres, *le centre de toutes les Sciences: j'étois privé par là des occasions, & des exemples qui auroient pu m'exciter à suivre mon panchant avec plus d'ardeur. Cependant il étoit tel, que l'étude & la contemplation des productions de la Nature, que* l'Angleterre *me fournissoit, ne satisfaisant point ma curiosité, je conçus une envie passionnée d'aller voir dans leurs propres climats les Plantes & les Animaux qui étoient étrangers à ma patrie. La* Virginie *étoit le pays où je pouvois aller le plus commodément, à cause de quelques parens que j'y avois: j'y arrivai le* 23 d'Avril 1712. *Je songeois si peu dans ce tems là à entreprendre un ouvrage tel que celui que je donne au Public, que pendant les sept années que je restai dans ce pays, j'avoue à ma honte que je ne m'occupai qu'à en observer & admirer les productions, sans autre intention que de satisfaire mon goût: seulement j'envoyois des plantes desséchées, & quelques unes des plus belles dans des pots, à quelques curieux de mes amis qui m'en avoient prié.* Mr. Dale *de* Braintree *en la Province d'*Essex, *habile Apotiquaire & Botaniste, étoit de ce nombre; mais outre des plantes desséchées, je lui envoyai quelques observations sur le pays. Il les communiqua à feu* Mr. Guillaume Sherard, *un des plus fameux Botanistes de ce Siecle, qui me fit l'honneur de me recevoir au nombre de ses amis, lorsque je fus de retour en Angleterre en* 1719. *Ce fut par son avis que je résolus de commencer cette*

entre-

But as expences were necessary for carrying the design, I here most gratefully acknowledge the assistence and encouragement I received from several Noble Persons and Gentlemen, whose names are hereunder-mentioned.

entreprise très conforme à mon inclination, malgré le peu de capacité que je me trouvois ; mais comme l'exécution de ce dessein exigeoit beaucoup de dépense, c'est avec plaisir & une extrême réconnoissance que je déclare ici que j'ai été aidé à la soutenir par la générosité de plusieurs Seigneurs & autres dont je joins ici les noms ;

His Grace the Duke of CHANDOIS.
The Right Honourable the Earl of OXFORD.
The Right Honourable THOMAS Earl of MACCLESFIELD.
The Right Honourable JOHN Lord PERCIVAL.
Sir GEORGE MARKHAM, Bart. F. R. S.
Sir HENRY GOODRICK, Bart.
Sir HANS SLOANE, Bart. President of the Royal Society, and of the College of Physicians.
The Honourable Colonel FRANCIS NICHOLSON, Governor of *South Carolina*.
RICHARD MEAD, M. D. and F. R. S.
CHARLES DUBOIS, Esq; F. R. S.
JOHN KNIGHT, Esq; F. R. S.
WILLIAM SHERARD, L. L. D. and F. R. S.

Milord Duc de Chandois.
Milord Comte d'Oxford.
Milord Comte de Macclesfield.
Milord PERCIVAL.
Le Chevalier MARKHAM, *Membre de la Societé Royale.*
Le Chevalier GOODRICK.
Le Chevalier HANS SLOANE, *Président de la Societé Royale, & du College des Médecins.*
Le Colonel NICHOLSON, *Gouverneur de la Caroline Méridionalle.*
Mr. MEAD, *Docteur en Médecine, & Membre de la Societé Royale.*
Mr. DU BOIS, *Membre de la Societé Royale.*
Mr. KNIGHT, *Membre de la Societé Royale.*
Mr. SHERARD, *Docteur en Droit, & Membre de la Societé Royale.*

With this Intention, I set out again from *England*, in the year 1722, directly for *Carolina*; which Country, tho' inhabited by *English* above an Age past, and a country inferior to none in fertility, and abounding in variety of the blessings of nature; yet it's productions being very little known, except what barely related to Commerce, such as Rice, Pitch and Tar; was thought the most proper Place to search and describe the Productions of: accordingly I arriv'd in *Carolina* 23d of *May* 1722, after a pleasant tho' not a short passage. In our Voyage we were frequently entertained with Diversions not uncommon in crossing the *Atlantick* Ocean, such as catching of Sharks, striking of Porpuses, Dolphins, Bonetoes, Albicores, and other Fish; which three last we regaled on when Fortune favoured us in catching them; and even the Flesh of Sharks and Porpuses would digest well with the Sailors, when long fed on salt meats. The pursuit of Dolphins after Flying-Fish, was another amusement we were often diverted with; the Dolphins having raised the Flying-Fish, by the swiftness of their swimming, keep pace with them, and pursue them so close that the Flying-Fish being at length tired, and having their

Je partis dans ce dessein d'Angleterre pour la Caroline en 1722. Quoi que ce pays soit habité par les Anglois depuis plus d'un siecle, & qu'il ne le cede à aucun autre par l'abondance & les variétés des productions dont la nature l'a enrichi, cependant on n'en connoit gueres que ce qui entre dans le commerce, comme le ris, la poix, & le goudron ; c'est ce qui me détermina à m'y fixer, pour en étudier & décrire l'histoire naturelle. J'y arrivai le 23 de May 1722, après un passage fort agréable, quoi qu'un peu long. Pendant le voyage nous primes souvent des plaisirs qui se présentent ordinairement en traversant l'Océan : nous primes des requins, nous harponames des marsouins, des dauphins, des bonites, des albicores, & d'autres poissons. Quand nous avions le bonheur d'en attraper des trois dernieres sortes, nous ne manquions pas de nous en régaler ; & les matelots ne laissoient pas de s'accommoder de la chair de marsouins & de requins, lorsqu'ils n'avoient vécu pendant long tems que de viandes salées. Un autre de nos amusemens étoit de voir la chasse des dauphins après les poissons volans : les dauphins obligent les Poissons volans à s'élever hors de l'eau ; mais comme ils nagent aussi vite que les autres volent, ils les poursuivent de si prés, que

their wings dry'd, and being thereby necessitated to drop into the Water, often fall into the Jaws of their Pursuers; at some times neither Element affords them Safety, for no sooner do they escape their enemies in the Water, but they are caught in the Air by voracious Birds. But what seemed most remarkable of this Kind, was, that in the latitude of 26 Degrees North, about the midway between the two Continents of *Africa* and *America*, which I think cannot be less than 600 leagues, an Owl appear'd hovering over our Ship: these Birds have short wings, and have been observed not to be capable of long flights, it being a common diversion for boys to run them down after the second or third flight. This Owl after some Attempts to rest, disappear'd; and the same Day being the 22d of *March*, an Hawk with a white head, breast, and belly, appear'd in like manner, and the day after some Swallows appear'd, but none ventur'd to alight on any Part of the Ship. No Birds seem more able to continue long on their wings, than Hawks and Swallows; but that an Owl should be able to hold out so long a flight, is to me most surprising.

que les poissons volans, lassés à la fin, & obligés de se replonger dans l'eau, parceque leurs aîles desséchées ne les peuvent plus soutenir, tombent souvent dans la gueule de leurs ennemis: quelquefois ils ne trouvent leur sureté ni dans l'un ni dans l'autre élément, car si tôt qu'ils s'échapent des poissons qui les poursuivent dans l'eau, ils sont pris dans l'air par des oiseaux de proie. Mais ce qui nous parut de plus singulier en ce genre, ce fut qu'en la latitude de 26 Dégrés vers le Nord, environ au milieu des deux Continens de l'Afrique & de l'Amérique, qui, je crois, ne peut pas être moins éloignée des terres que de 600 lieues, nous vimes un hibou volant au dessus de nôtre vaisseau: ces oiseaux ont les aîles courtes, & l'on remarque qu'ils ne peuvent pas voler fort loin: les enfans même se divertissent à les lasser, à quoi ils reussissent après la seconde, ou troisième fois qu'ils les ont fait partir. Ce hibou disparut après avoir fait quelques tentatives pour se reposer; & le même jour, qui étoit le 22 de Mars, *un épervier, avec la tête, la poitrine & le ventre blancs, parut de la même maniere: nous vimes aussi quelques hirondelles, mais nul ne se hazarda de se reposer sur aucun endroit du navire. Il n'y a point d'oiseaux qui semblent pouvoir se soutenir plus long tems sur leurs aîles, que l'épervier & l'hirondelle; mais qu'un hibou aît été capable de continuer son vol pendant si long tems, c'est ce qui me semble fort surprenant.*

Upon my arrival at *Charles Town*, I waited on General *Nicholson*, then Governor of that Province, who received me with much kindness, and continued his favours during my stay in that country. Nor could I excuse myself of ingratitude without acknowledging the hospitable and kind entertainment I generally met with amongst the Gentlemen of the Country, which much contributed to the facilitating the work I went about.

A mon arrivée à Charles-town, je rendis mes devoirs au Général Nicholson, *qui étoit alors Gouverneur de la Province: il me reçut avec beaucoup de bonté, & continua de me traiter de même pendant mon séjour en ce pays là. Je ne pourrois me disculper d'ingratitude, si je ne temoignois ma reconnoissance de l'hospitalité, & des manieres honnêtes que j'ai trouvées dans la plus-part des principaux habitans, ce qui facilita beaucoup mon dessein.*

As I arrived at the beginning of the Summer I unexpectedly found this country possessed not only with all the Animals and vegetables of *Virginia*, but abounding with even a greater variety. The inhabited Parts of *Carolina* extend West from the Sea about sixty Miles, and almost the whole length of the coast, being a level, low country. In these Parts I continued the first Year searching after, collecting and describing the Animals and Plants. I then went to the Upper uninhabited Parts of the Country, and continued at and about *Fort Moore*, a small Fortress on the Banks of the River *Savanna*, which runs from thence a Course of 300 Miles down to

Comme j'arrivai tout au commencement de l'Eté, je trouvai, contre mon attente, que ce pays avoit non seulement tous les Animaux, & les Végétaux de la Virginie, mais en avoit même une plus grande varieté. La partie de la Caroline, qui est habitée, s'étend depuis la Mer vers le Couchant environ 60 milles, & presque toute la longueur de la côte: c'est un pays bas & uni. J'y demeurai la prémiere année, m'occupant à chercher, à ramasser & à décrire les Animaux & les Plantes. Ensuite j'avancai dans la partie inhabitée, & restai quelques mois au fort Moore, ou aux environs: c'est une petite forteresse située sur les bords de la riviere Savanna, qui fait trois cent milles

to the Sea, and is about the ſame diſtance from it's ſource, in the Mountains.

I was much delighted to ſee Nature differ in theſe Upper Parts, and to find here abundance of things not to be ſeen in the lower parts of the country. This encouraged me to take ſeveral Journeys with the *Indians* higher up the Rivers, towards the Mountains, which afforded not only a ſucceſſion of new vegetable Appearances, but the moſt delightful Proſpects imaginable, beſides the Diverſion of Hunting Buffaloes, Bears, Panthers, and other wild Beaſts. In theſe Excurſions I employed an *Indian* to carry my Box, in which, beſides Paper and materials for Painting, I put dry'd Specimens of Plants, Seeds, *&c.*—as I gather'd them. To the Hoſpitality and Aſſiſtance of theſe Friendly *Indians*, I am much indebted, for I not only ſubſiſted on what they ſhot, but their Firſt Care was to erect a bark hut, at the approach of rain to keep me and my Cargo from wet.

I ſhall next proceed to an account of the Method I have obſerved in giving the Natural Hiſtory of theſe Countries; to begin therefore with Plants, I had principally a regard to Foreſt-Trees and Shrubs, ſhewing their ſeveral mechanical and other Uſes, as in Building, Joynery, Agriculture, Food, and Medicine. I have likewiſe taken notice of thoſe Plants, that will bear our *Engliſh* Climate, which I have experienced from what I have growing at Mr. *Bacon's*, Succeſſor of the late Mr. *Fairchild* at *Hoxton*, where many have withſtood the Rigour of ſeveral Winters, without Protection, while other Plants, tho' from the ſame Country, have periſhed for Want of it.

As there is a greater Variety of the feather'd Kind than of any other Animals (at leaſt to be come at) and as they excel in the Beauty of their Colours, and have a nearer relation to the Plants of which they feed on and frequent; I was induced chiefly (ſo far as I could) to compleat an Account of them, rather than to deſcribe promiſcuouſly, Inſects and other Animals; by which I muſt have omitted many of the Birds (for I had not Time to do all); by which method I believe very few Birds have eſcaped my knowledge, except

milles de chemin de là juſques à la mer; & en remontant à ſa ſource dans les montagnes, il n'y a pas moin de diſtance.

J'étois charmé de trouver dans ces quartiers les productions de la Nature ſi différentes; & un infinité de choſes, qui ne ſe rencontraient pas dans la partie baſſe de ces pays. Cela m'encouragea à entreprendre pluſieurs voyages avec les Indiens vers les montagnes en rémontant les rivieres, ou j'eus le plaiſir de voir ſucceſſivement de nouveaux Phénomenes végétaux, & des vûes les plus charmantes que l'imagination ſe puiſſe former, outre le divertiſſement de la chaſſe des buffles, des ſangliers, des pantheres, & d'autres bêtes ſauvages. Dans ces courſes je me ſervois d'un Indien pour porter une caſſete, dans laquelle, outre du papier & ce qui eſt néceſſaire pour deſſiner, je mettois des Plantes deſſéchées, des Graines, & tout ce que je ramaſſois. Je dois beaucoup à l'hoſpitalité, & à l'aſſiſtance des ces Indiens; car outre que je vivois de leur chaſſe, leur prémier ſoin, ſi tôt que l'on était ménacé de pluie, étoit de me faire en diligence, une hutte d'écorce, pour me mettre à couvert avec ma cargaiſon.

Je vais à préſent rendre compte de la méthode que j'ai ſuivie en compoſant l'hiſtoire naturelle de ces Pays, que je donne au Public; & pour commencer par les Plantes, je me ſuis ſurtout attaché aux Arbres des forêts, & aux Arbriſſeaux; j'ai fait voir leurs différens uſages méchaniques & autres pour les bâtimens, les ouvrages de Menuiſerie, l'Agriculture, la nourriture des hommes, & des Animaux, & la Médicine. J'ai auſſi remarqué les Plantes qui ſouffrent le climat d'Angleterre, ce que j'ai connu par l'expérience en obſervant ce qui ſe paſſe dans le jardin de Mr. Bacon, *ſucceſſeur de feu Mr.* Fairchild *à Hoxton, où Pluſieurs de ces Plantes ont reſiſté à la rigueur de pluſieurs Hivers, quoi qu'expoſées en plein air, tandis que d'autres du même pays, ſont mortes, parce qu'elles n'étoient pas garanties du froid.*

La grande variété des Oiſeaux, (qui paſſe de beaucoup celle des autres Animaux, du moins de ceux que l'on peut attraper) la beauté des couleurs dont leur plumage eſt orné, & le rapport qu'ils ont le plus ſouvent avec les plantes dont ils ſe nourriſſent, ou qu'ils fréquentent; tout cela m'engagea à en faire, autant qu'il me ſeroit poſſible, une deſcription complete, plutôt que de donner peſle meſle celles des Inſectes & d'autres Animaux: ce qui m'auroit obligé d'ometre pluſieurs Oiſeaux, car je n'avois pas le tems

except ſome Water Fowl, and ſome of thoſe which frequent the Sea.

Of Beaſts there are not many ſpecies different from thoſe in the old World: moſt of theſe I have figured, except thoſe which do not materially differ from the ſame ſpecies in *Europe*, and thoſe which have been deſcribed by other Authors.

Of Serpents, very few, I believe, have eſcaped me, for upon ſhewing my Deſigns of them to ſeveral of the moſt intelligent perſons, many of them confeſſed that they had not ſeen them all, and none of them pretended to have ſeen any other kinds.

Of Fiſh, I have deſcribed not above five or ſix from *Carolina*, deferring that work till my arrival at the *Bahama* Iſlands; for as they afford but few Quadrupeds and Birds, I had more time to deſcribe the Fiſhes, and tho' I had been often told they were very remarkable, yet I was ſurpriſed to find how laviſhly nature had adorned them with *Marks* and *Colours* moſt admirable.

As for Inſects, theſe Countries abound in numerous kinds, but I was not able to delineate a great number of them for the reaſons already aſſigned. After my Continuance almoſt three years in *Carolina* and the adjacent parts (which the *Spaniards* call *Florida*, particularly that Province lately honoured with the name of *Georgia*) I went to *Providence*, one of the *Bahama* Iſlands; to which Place I was invited by his Excellency *Charles Phinney*, Eſq; Governor of thoſe Iſlands, and was entertained by him with much Hoſpitality and Kindneſs. From thence I viſited many of the adjacent Iſlands, particularly *Ilathera*, *Andros*, *Abbacco* and other neighbouring Iſlands. Tho' theſe rocky Iſlands produce many fine Plants, which I have here deſcribed; I had principally a regard to the Fiſh, there being not any, or a very few of them, deſcribed by any Author. Both in *Carolina* and on theſe Iſlands, I made ſucceſſive collections of dried Plants and Seeds, and at theſe Iſlands more particularly I collected many Submarine productions, as Shells, Corallines, *Frutices Marini*, Sponges, *Aſtroites*, &c. Theſe I imparted to my curious Friends, more particularly (as I had the greateſt Obligations) to that great Naturaliſt and Promoter of Science Sir *Hans Sloane*, Bart. to whoſe good-

temps de tout faire. De cette maniere je crois que peu d'Oiſeaux m'ont échapé, excepté quelques Oiſeaux aquatiques, & quelques uns de ceux qui fréquentent la Mer.

Pour les Quadrupedes, il n'y en a que peu d'eſpeces différentes de celles qui ſe trouvent dans le vieux Monde: j'en ai deſſiné la plus grande partie, hors ceux qui ne different pas beaucoup de la méme eſpece en Europe, ou ceux qui ont été décrits par d'autres Auteurs.

Je penſe que très peu de Serpens m'ont échapé; car en faiſant voir mes deſſeins à un grand nombre de perſonnes très intelligentes en ces matieres, pluſieurs m'ont avoué qu'ils ne les avoient pas tous vûs auparavant, & perſonne n'a prétendu en connoître d'autres eſpeces.

Je n'ai pas décris plus de cinq ou ſix eſpeces de Poiſſons de la Caroline: je renvoyai ce travail juſqu'à mon arrivée aux îles Bahama*: on n'y trouve que peu d'Oiſeaux & d'Animaux à quatre piés, ainſi je comptois y avoir plus de temps pour décrire les Poiſſons; & quoi qu'on m'eut prévenu ſur leur beauté ſinguliere, je ne laiſſai pas d'être ſurpris, en voyant avec quelle profuſion la Nature les a ornés de couleurs & de taches, dont l'eclat mérite la plus grande admiration.*

Ces pays abondent en différentes eſpeces d'Inſectes; mais les raiſons, que j'ai déja raportées, m'ont empêché d'en deſſiner un grand nombre. Après avoir été pendant près de trois ans à la Caroline, & aux environs, particulierement dans cette Province qu'on a honorée du nom de Georgie (que les Eſpagnols appellent la Floride) j'allai à la Providence, qui eſt une des îles Bahama*; j'y avois été invité par ſon Excellence Mr.* Charles Phinney, *Gouverneur de ces îles, qui me reçut chez lui, & m'y retint pendant tout mon ſéjour avec beaucoup de bonté. De là je viſitai pluſieurs des îles voiſines, en particulier Ilathere, Andros, Abbaco, & quelques autres des environs. Quoi que ces îles pleines de rochers, produiſent pluſieurs Plantes très curieuſes, que j'ai décrites ici, je m'attachai principalement aux Poiſſons, parce qu'il n'y en a aucun, ou du moins très peu qui ayent été décrits par les Auteurs. A la Caroline & dans ces îles je fis ſucceſſivement des collections de Plantes deſſéchées & de Semences; & ſur tout dans ces îles je ramaſſai pluſieurs productions de la Mer, comme des Coquilles, des Coraux, des Arbriſſeaux marins, des Eponges, des Aſtroites, &c. J'en ai fait préſent à quelques curieux de mes Amis, & ſur tout, ainſi que j'y étois obligé, à ce grand Naturaliſte, & Patron des Sciences,*

goodneſs I attribute much of the ſucceſs I had in this undertaking.

As I was not bred a Painter I hope ſome faults in Perſpective, and other niceties, may be more readily excuſed: for I humbly conceive that Plants, and other Things done in a Flat, tho' exact manner, may ſerve the Purpoſe of Natural Hiſtory, better in ſome Meaſure, than in a more bold and Painter-like Way. In deſigning the Plants, I always did them while freſh and juſt gathered: and the Animals, particularly the Bird, I painted while alive (except a very few) and gave them their Geſtures peculiar to every kind of Birds, and where it could be admitted, I have adapted the Birds to thoſe Plants on which they fed, or have any relation to. Fiſh, which do not retain their colours when out of their Element, I painted at different times, having a ſucceſſion of them procured while the former loſt their colours: I do not pretend to have had this advantage in all, for ſome kinds I ſaw not plenty of, and of others I never ſaw above one or two. Reptiles will live many months without ſuſtenance; ſo that I had no difficulty in painting them while living.

At my return from *America*, in the year 1726, I had the ſatiſfaction of having my labours approved of; and was honoured with the Advice of ſeveral of the above-mentioned Gentlemen, moſt ſkilled in the Learning of Nature, who were pleaſed to think them worth Publiſhing, but that the expence of Graving would make it too burthenſome an Undertaking. This Opinion, from ſuch good Judges, diſcouraged me from attempting it any further: and I alter'd my Deſign of going to *Paris* or *Amſterdam* where I at firſt propoſed to have them done. At length by the kind advice and Inſtructions of that inimitable Painter Mr. *Joſeph Goupy*, I undertook, and was initiated in the way of, etching them myſelf, which I have not done in a Graver-like manner, chooſing rather to omit their method of croſs-Hatching, and to follow the humour of the Feathers, which is more laborious, and I hope has proved more to the purpoſe.

The Illuminating Natural Hiſtory is ſo particularly eſſential to the perfect underſtanding of it, that I may aver a clearer Idea may be conceived from

Sciences, Mr. le Chevalier Sloane, *car j'avoue que c'eſt à ſa bonté que je ſuis redevable du ſuccès, que j'ai eu dans cette entrepriſe.*

Je ne ſuis pas peintre de profeſſion, ainſi j'eſpere qu'on excuſera plus aiſément quelques fautes de Perſpective, & quelques autres fineſſes de l'Art, où j'ai peut-être manqué; car il me ſemble que les Plantes, ou les autres choſes que j'ai deſſinées exactement, quoi que ſans Perſpective, peuvent être auſſi utiles pour l'Hiſtoire naturelle, & même plus, que ſi elles étoient exprimées plus hardiment, & d'une maniere plus pittoreſque. J'ai toujours deſſiné les Plantes toutes fraiches, & dans le moment qu'on venoit de les cueillir, & les Animaux, ſur tout les Oiſeaux, pendant qu'ils étoient vivans, excepté un très petit nombre: je leur ai donné à chacun ſon attitude propre; & autant qu'il a été poſſible, j'ai joint les Oiſeaux aux Plantes deſquelles ils ſe nourriſſent, ou aux-quelles ils ont quelque rapport. J'ai peint, à différentes repriſes, les Poiſſons qui perdent leurs couleurs, lorſqu'ils ſont hors de l'eau: on m'en fourniſſoit toûjours de nouveaux, quand les autres ne pouvoient plus me ſervir; cependant je n'ai pas eu cette commodité pour tous, car il y en a quelques eſpeces, que j'ai trouvées très rares, & de quelques unes je n'ai vû qu'un ou deux Poiſſons. Pour les Reptiles, comme ils vivent pluſieurs mois ſans manger, je n'ai trouvé aucune difficulté à les peindre vivans.

A mon retour de l'Amérique en l'année 1726, j'eus la ſatisfaction de voir mon travail approuvé; & pluſieurs de ceux que j'ai nommés ci-deſſus, gens très verſés dans l'Hiſtoire naturelle, m'honorerent de leurs avis, & jugeant que mon ouvrage méritoit d'être publié, ils crurent que la dépenſe de la gravure rendroit cette entrepriſe trop difficile. Ce ſentiment qui venoit de ſi bons juges me découragea alors de la pouſſer plus loin, & je quittai le deſſein d'aller à Paris ou à Amſterdam où j'avois projetté d'abord de faire graver mes deſſeins. Enfin, encouragé par les bons avis, & les inſtructions de ces inimitable Peintre Mr. Joſeph Goupy, *j'ai appris à les graver moi même; & quoi que je n'aye pas ſuivi la méthode des graveurs, qui eſt de hacher les traits, aimant mieux ſuivre le trait des plumes, ce qui demande plus de travail, je me flatte que ma maniere a mieux réuſſi pour mon deſſein.*

Il eſt ſi néceſſaire, pour bien entendre l'Hiſtoire naturelle, d'enluminer les deſſeins qui en repréſentent quelque partie, que je puis aſſûrer qu'on ſe formera une

from the Figures of Animals and Plants in their proper colours, than from the most exact Description without them: wherefore I have been less prolix in the Description, judging it unnecessary to tire the Reader with describing every Feather, yet, I hope I have said enough to distinguish them without confusion.

As to the Plants I have given them the *English* and *Indian* names they are known by in these Countries: and for the *Latin* names I was beholden to the above-mentioned learned and accurate Botanist Dr. *Sherard.*

Very few of the Birds having names assigned them in the country, except some which had *Indian* names; I have called them after *European* Birds of the same Genus, with an additional Epithet to distinguish them. As the Males of the Feather'd Kind (except a very few) are more elegantly coloured than the Females, I have throughout exhibited the Cocks only, except two or three; and have added a short description of the Hens, wherein they differ in colour from the Cocks, the want of which method has caused great confusion in works of this nature.

Of the Paints, particularly Greens, used in the illumination of figures, I had principally a regard to those most resembling Nature, that were durable and would retain their lustre, rejecting others very specious and shining, but of an unnatural colour and fading quality. Yet give me leave to observe there is no degree of Green, but what some Plants are possess'd of at different times of the year, and the same Plant changes its Colour gradually with it's Age: for in the Spring the Woods and all Plants in general are more yellow and bright; and as the Summer advances, the Greens grow deeper, and the nearer their fall are yet of a more dark and dirty colour. What I infer from this is, that by comparing a Painting with a living Plant, the difference of colour, if any, may proceed from the above-mentioned cause.

As to the *French* Translation I am obliged to a very ingenious Gentleman, a Doctor of Physick, and a *Frenchman* born, whose Modesty will not permit me to mention his Name.

une meilleure idée des Plantes, & des Animaux en les voyant représentés avec leurs couleurs naturelles, que par la description la plus exacte sans le secours des figures: c'est pourquoi je me suis moins étendu dans mes descriptions, & j'ai cru qu'il étoit inutile de fatiguer le Lecteur, en s'arrêtant sur chaque plume en particulier; cependant j'espere en avoir assez dit pour les distinguer sans confusion.

J'ai donné aux Plantes les noms Anglois & Indiens, par lesquelles elles sont connues dans ces pays là; & le Dr. Sherard, *ce savant & exacte Botaniste, a eu la bonté de me fournir les noms Latins.*

Comme dans le pays il y a peu d'Oiseau qui ayent des noms particuliers, excepté quelques uns qui ont des noms Indiens, je leur ai donné ceux des Oiseaux Européens de la même espece, avec un épithete qui les distingue. Dans tout mon ouvrage, je n'ai représenté & décrit que les mâles de chaque espece d'Oiseaux, parceque généralement leurs couleurs sont plus belles que celles des fémelles, hors deux ou trois exemples, où j'ai ajouté une courte description de la fémelle, & des couleurs qui la distinguent du mâle: en négligeant cette méthode, il s'est glissé beaucoup de fautes dans les ouvrages de ce genre.

Dans le choix des couleurs, & en particulier des verdes, pour enluminer les planches, j'ai sur tout eu attention à employer celles qui approchent le plus du naturel, qui sont les plus durables, & conservent le mieux leur lustre; & j'ai rejetté les autres, quoi que brillantes & apparentes, mais peu naturelles, & d'une qualité à se passer bientôt. Cependant qu'on me permette de remarquer qu'il n'y a point de nuance de verd dont quelques Plantes ne soyent colorées en différens temps de l'année; & la même Plante change sa couleur en vieillissant; car dans le Printems les Plantes des Bois, & toutes les Plantes en général, sont plus jaunes & plus brillantes, & à mesure que l'Eté avance, le verd devient plus foncé, & vers le tems de la chûte il est encore plus obscur & plus sale; d'où je conclus que la différence de couleur, si on en trouve, en comparant une Plante vivante avec sa représentation, peut procéder de la cause ci-dessus mentionnée.

Quant à la traduction Françoise, un de mes Amis, Docteur en Médecine, & François, a bien voulu s'en donner la peine, à condition qu'il ne seroit pas nommé.

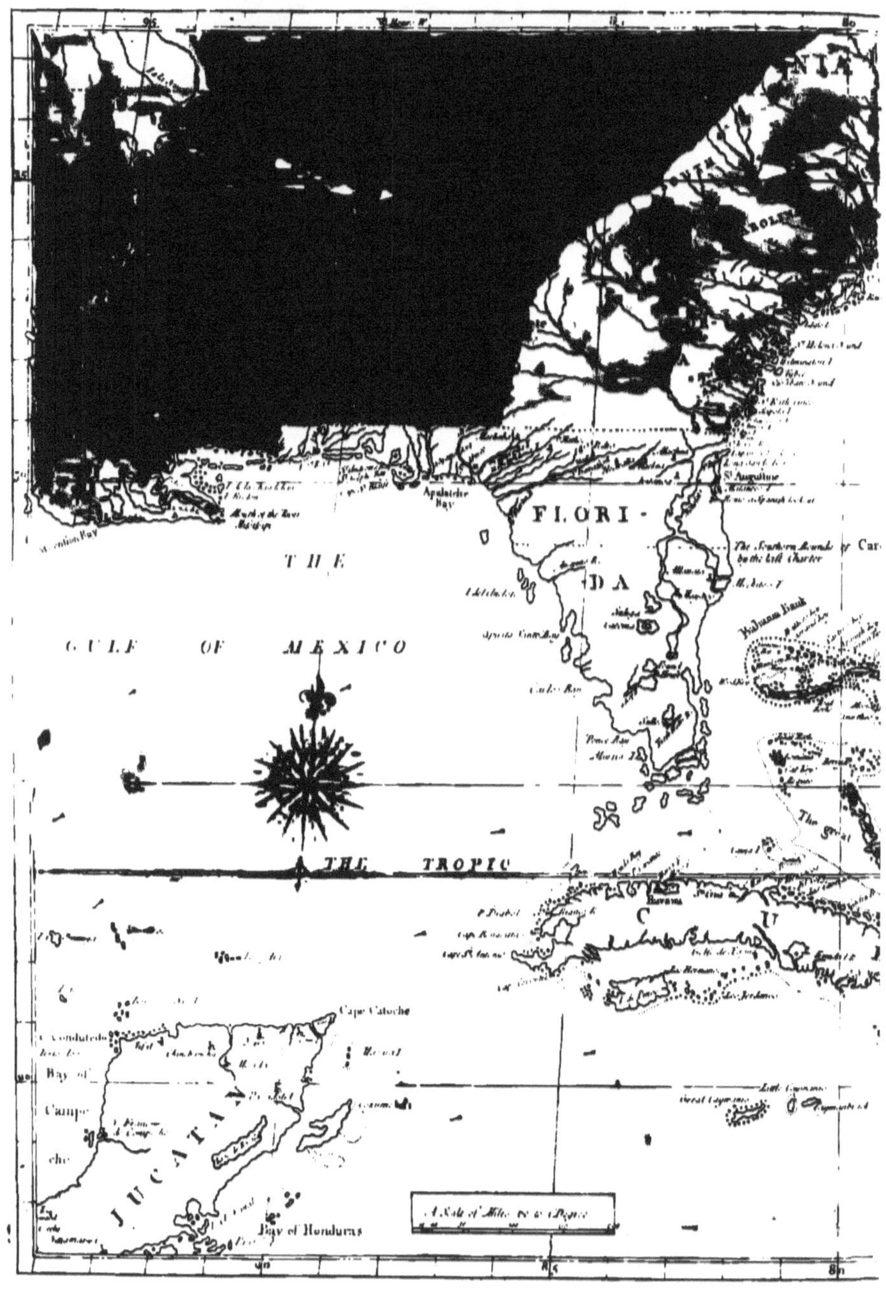
FLORI-
DA
THE
GULF OF MEXICO
THE TROPIC
Apalatchee Bay
St Augustine
The Southern Bounds of Car
by the last Charter
Bahama Bank
Havana
Cape Catoche
Bay of
Campe
che
JUCATAN
Bay of Honduras
Great Cayman
Little Cayman

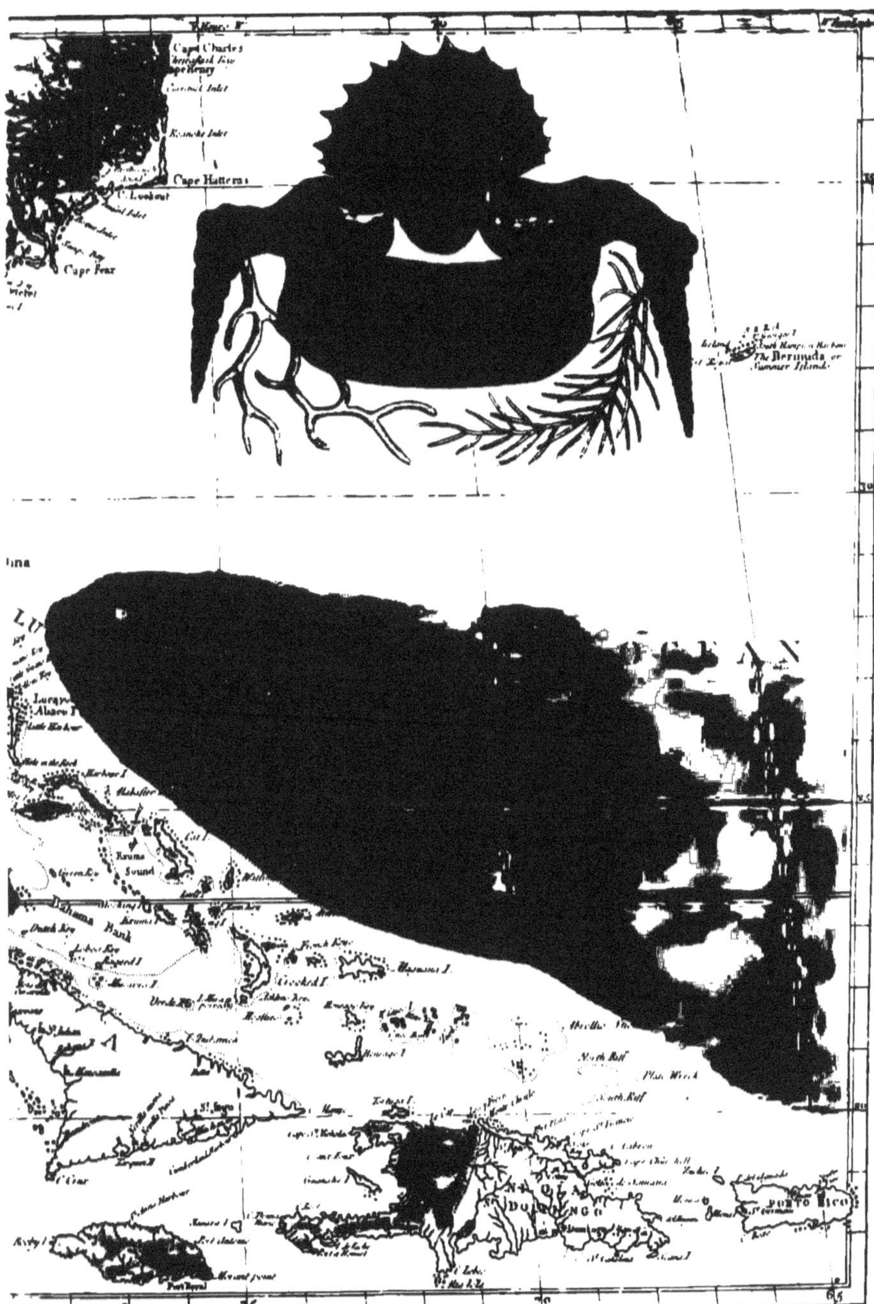

Cape Charles
Cape Henry
Cape Hatteras
C. Lookout
Cape Fear
The Bermuda or Summer Islands
Exuma Sound
Bahama Bank
Crooked I
North Kiff
Plate Wreck
PORTO RICO
DOMINGO
Port Royal

An ACCOUNT of *CAROLINA*, AND THE *BAHAMA* Islands.

RELATION de la *CAROLINE*, ET DES Isles de *BAHAMA*.

Of CAROLINA.

AROLINA was first discovered by Sir *Sebastian Cabot*, a native of *Bristol*, in the reign of King *Henry* the Seventh, about the year 1500; but the settling of it being neglected by the *English*, a colony of *French* Protestants, by the encouragement of *Gaspar Coligni*, Admiral of that Kingdom, were transported thither, and named the place of their first settlement *Arx Carolina*, in honour of their Prince, *Charles* IX. King of *France*; but in a short time after, that Colony was by the *Spaniards* cut off and destroyed, and no other attempt made by any *European* Power to resettle it, till the 29th of *May* 1664, when eight hundred *English* landed at Cape *Fear*, and took possession of the Country; and in the year 1670, King *Charles* II. in pursuance of his claim by virtue of the discovery, granted it to certain noble persons, with extraordinary privileges, as appears by the patent of that King unto *George* Duke of *Albemarle*, *Edward* Earl of *Clarendon*, *William* Earl of *Craven*, *John* Lord *Berkley*, *Anthony* Lord *Ashley*, Sir *George Cartwright*, Sir *William Berkley*, and Sir *John Colliton*, Baronet, who were thereby created true and absolute Lords and Proprietors of the Province of *Carolina*, to hold the same *in Capite* of the Crown of *England*, to them, their Heirs, and Assigns, for ever.

De la *CAROLINE*.

A Caroline *fut découverte, vers l'an* 1500, *sous le regne d'*Henri VII *par le Chevalier* Cabot, *natif de* Bristol; *mais les* Anglois *ayant négligé de s'y établir, on y transporta une colonie de protestans* François, *à la sollicitation de* Gaspard de Coligni, *Amiral de* France. *Ceux-ci voulant faire honneur à leur Roi*, Charles IX. *donnerent le nom d'*Arx Carolina *au lieu de leur premier établissement dans ce pays-là. Peu de temps après, cette colonie fut entierement détruite par les* Espagnols; *& aucune des puissances de l'Europe n'avoit fait de nouvelles tentatives pour s'y fixer, lors que huit cens* Anglois *aborderent, le* 29 Mai *de l'année* 1664, *au* Cap Fear, *& prirent possession du pays. En* 1670, *le* Roi Charles II. *usant du droit qui lui étoit acquis en vertu de la premiere découverte, donna, avec de très grands privileges, ce pays à quelques personnes de qualité, comme on le voit par la patente que ce Roi accorda à* George *Duc d'*Albemarle, *à* Edward *Comte de* Clarendon, *à* Guillaume *Comte de* Craven, *aux Lords* Jean Berkley *&* Antoine Ashley, *aux Chevaliers* George Cartwright, Guillaume Berkley, *&* Jean Colliton, *qui furent declarés par ladite patente seigneurs & propriétaires absolus de la province de* Caroline, *pour être ladite province par eux, leurs héritiers, & ayant cause, à jamais possédée & tenue comme fief relevant immédiatement de la Couronne d'*Angleterre.

Of the Air of CAROLINA.

CAROLINA contains the northernmost part of *Florida*, and lies in the Northern *Temperate Zone*, between the Latitude of twenty-nine and thirty-six degrees, thirty minutes North. It is bounded on the East by the *Atlantick* Ocean, on the West by the *Pacifick* or *South Sea*, on the North by *Virginia*, and on the South by the remaining part of *Florida*. *Carolina*, thus happily situated in a Climate parallel to the best parts of the Old World, enjoys in some measure the like blessings. It is very little incommoded by excess either of heat or cold. *June*, *July* and *August* are part of them sultry, but where the Country is opened and cleared of Wood, the winds have a freer passage, and thereby the heats are much mitigated, and the air grows daily more healthy. About the middle of *August* the declining of the heats begins to be perceiv'd by the coolness of the nights, and from *September* to *June* following, no Country enjoys a more temperate air. The Winter months are so moderate, and the air so serene, that it sufficiently compensates for the heats in Summer, in which it has the advantage of all our other Colonies on the Continent; even in *Virginia*, though joining to *Carolina*, the Winters are so extreme cold, and the frosts so intense, that *James* River, where it is three miles wide, is sometimes froze over in one night, so as to be passed. The coldest winds in *Carolina* usually blow from the North-west, which in *December* and *January* produce some days of frost, but the Sun's elevation soon dissipates and allays the sharpness of the wind, so that the days are moderately warm, though the nights are cold; after three or four days of such weather usually follow warm sun-shiny days; thus it continues many days with some intervals of cloudy weather, which is succeeded by moderate soaking showers of rain, continuing not often longer than a day, then the air clears up with a sudden shift of wind from South to North-west, which again usually brings cold days, and so on.

De l'air de la *CAROLINE*.

LA Caroline *contient la partie la plus Septentrionale de la* Floride, *& est dans la Zone tempérée Septentrionale, entre le vingt neuvieme & le trente sixieme degrés, trente minutes de latitude. Elle est bornée à l'Orient par l'*Océan Atlantique, *à l'Occident par la Mer du sud, au Nord par la* Virginie, *& au Midi par le reste de la* Floride. *Dans cette heureuse situation, & dans ce climat parallele à celui des plus belles parties de l'ancien Monde, la* Caroline *jouit en quelque maniere des mêmes avantages que celles-ci. Elle n'est gueres sujette aux excès du froid & du chaud. Les mois de* Juin, Juillet, *&* Août, *y sont en partie étouffans; mais dans les endroits où le pays est ouvert & sans bois, les vents, qui y ont un passage plus libre, y temperent beaucoup les chaleurs, & l'air y devient de jour en jour de plus sain en plus sain. Vers le milieu d'*Août, *on commence à s'appercevoir de la diminution des chaleurs par la fraîcheur des nuits; & depuis le mois de* Septembre, *jusqu'à celui de* Juin, *l'air y est aussi tempéré qu'en aucun pays du monde. Les mois de l'Hiver y sont si doux, & l'air y est alors si serein, qu'on est par là suffisamment recompensé des chaleurs de l'été: en quoi la* Caroline *a l'avantage sur toutes nos autres Colonies du continent; & même sur la* Virginie, *quoi que celle-ci soit contiguë à la* Caroline; *car les Hivers y sont froids à un tel excès, & les gelées si fortes, que la riviere de* James *y gele quelquefois en une seule nuit, dans les endroits où elle a trois miles de large, de maniere à pouvoir être traversée à pié. Les vents les plus froids de la* Caroline *viennent ordinairement du Nord-ouest, & produisent en* Decembre *& en* Janvier *quelques jours de gelée; mais l'élévation du soleil y met bientôt fin, & adoucit tellement l'âpreté du vent, que les jours y sont passablement chauds, quoi que les nuits y soyent froides. A trois ou quatre jours d'un pareil temps succedent ordinairement des jours chauds où le soleil luit, & cela dure plusieurs jours avec des intervalles d'un temps nébuleux, qui est suivi de pluyes douces & pénétrantes. Il arrive souvent que ces pluyes ne durent pas plus d'un jour: après quoi le temps s'éclaircit par le changement subit du vent, qui souffle du Sud, au Nord-ouest, & ramene ordinairement des jours chauds, & ainsi de suite.*

Tho' in the beginning of *February* some few Trees and smaller Plants decorate the Woods with their Blossoms, yet the Spring makes but slow progress till the beginning of *April*, when it advances suddenly with frequent rains.

In *May*, *June* and *July*, it rains not often but vehemently, with much lightning, and very loud thunder, which produces numerous effects of its vehemence on Trees split from top to bottom; but as the Country is not populous, the terrible effects of these destructive phænomena happen not very often on the Inhabitants.

At the latter end of *July* or *August* it rains in great quantities, usually a fortnight or three weeks, overflowing all the Savannah and lower Ground: at which time there appears wild Fowls of various sorts, particularly of the wading kinds, which retire as the fall of the water.

Usually once in about seven years these rains are attended with violent storms and inundations, which commonly happen about the time of the hurricanes that rage so fatally amongst the Sugar Islands between the Tropicks, and seem to be agitated by them, or from the same cause, but are much mitigated in their force by the time they reach *Carolina*; and though they affect all the Coast of *Florida*, yet the further North they proceed, so much the more they decrease in their fury, *Virginia* not having often much of it, and North of that still less. Though these hurricanes are seldom so violent as in the more Southern parts, yet in *September* 1713, the winds raged so furiously, that it drove the Sea into *Charles-Town*, damaging much the fortifications, whose resistance it was thought preserved the town. Some low situated houses, not far from the Sea, were undermined and carried away with the Inhabitants; Ships were drove from their anchors far within Land; particularly a Sloop in *North Carolina* was drove three miles over Marshes into the Woods. Another in like manner was drove on Land, and wedged in between two Trees, the hull of which in that situation I saw some years after; and to the best of my memory, the keel was ten or twelve feet above the ground: This last was in *Ilathera*, one of the *Bahama* Islands.

In Woods of Pine Trees are frequently seen glades or openings, occasioned by the fall of Trees, which lie prostrate one way, by which is formed a strict and regular avenue an hundred feet wide, more or less, and some miles long: These are likewise the effects of violent gusts of wind.

Those parts of *Carolina* near the Sea are not always exempt from fogs; but the upper parts of the Country are seldom otherwise than serene.

In *February* and *March* the Inhabitants have a custom of burning the Woods, which causes such a continual smoke, that not knowing the cause, it might be imagined to proceed from fog, or a natural thickness in the air: Likewise the smoke of the Tar-kilns contribute not a little to deceive Strangers, and possesses them with an ill opinion of the air of *Carolina*: Add to these, an annual custom of the *Indians* in their huntings, of setting the Woods on fire many miles in extent.

The Northern Continent of *America* is much colder than those parts of *Europe* which are parallel to it in Latitude. This is evident from the mortal effects the frosts have on many Plants in *Virginia*, that grow and stand the Winters in *England*, though 15 Degrees more North; and what more confirms this is the violent and sudden freezing of large Rivers, as before-mentioned.

Admitting from these circumstances, that in the northermost part of our Island the frosts are not more intense than in *Virginia*, it will then appear that the Winters in *Virginia*, though in the Latitude of 37 Degrees North, and parallel with the South Part of *Spain*, are as cold as in the North Part of *Scotland*, which is in the Latitude of 57, that is 20 Degrees more North.

This great disparity of Climate holds throughout our Northern Colonies: *Newfoundland*, and the South of *Hudson*'s Bay, being not habitable for cold, though in the Latitude of the South Parts of *England*.

The frosts of *Carolina* and *Virginia* continue not long without intervals of warmer weather, yet by their ill effects cause a deficiency of many useful productions, which Countries in the same Latitude in *Europe* are blessed with, such as Wine, Oil, Dates, Oranges, and many things impatient of hard frost.

There has indeed of late been some efforts towards the making of Wine both in *Virginia* and *Carolina*; the success of which, time will discover.

Some Oranges there are in *Carolina*, but in the Maritime Parts only. I never saw nor heard of one produced ten miles from Salt Water. Such is the great difference of temperature between the Maritime Parts, and those lying distant from the Sea, as the following instance may serve to illustrate.

Accomack is a narrow slip of Land in *Virginia*, having the Sea on one side, and the Bay of *Chesapeck* on the other. Here I saw Fig-trees, with trunks of a large size, and of many years standing, without

Quoi que les bois y soyent ornés des fleurs de quelques arbres, & des plus petites plantes, au commencement de Février, *le Printemps n'y fait que peu de progrès jusques vers le commencement* d'Avril, *& alors les pluyes frequentes y font tout pousser d'une vitesse surprenante.*

Il y pleut rarement, mais à verse dans les mois de Mai, *de* Juin, *& de* Juillet; *& ces pluyes sont accompagnées de beaucoup d'éclairs, & de tonnerres affreux, qui fendent un grand nombre d'arbres, depuis le haut jusqu'au bas; mais comme le pays est peu peuplé, les habitans sont rarement exposés aux effets terribles & meurtriers de ces météores.*

Vers la fin de Juillet *ou d'*Août, *il y pleut ordinairement quinze jours, ou trois semaines de suite, & en si grande abondance que tout le plat pays, & les terres basses sont inondés. On voit alors paraître des oiseaux sauvages de plusieurs especes, & sur tout des oiseaux aquatiques, qui se retirent, lors que l'eau vient à baisser.*

Pour l'ordinaire, ces pluyes sont accompagnées, environ une fois en sept ans, de violentes tempêtes & d'inondations, qui arrivent communément vers le temps des ouragans furieux, qui font de si terribles ravages dans les Iles Antilles *&* Caribes, *entre les* Tropiques, *& qui paroissent être causés par ces pluyes, ou provenir de la même cause. Ces ouragans s'affoiblissent considérablement, en approchant de la* Caroline; *& quoi qu'ils affectent toute la côte de la* Floride, *leur violence diminue cependant à proportion qu'ils avancent vers le Nord; la* Virginie *n'en étant que rarement incommodée, & les pays Septentrionaux l'étant encore moins. Quoi que ces ouragans ne soyent pas souvent à la* Caroline *aussi violens qu'ils le sont dans les parties plus Méridionales, les vents y furent néanmoins si terribles au mois de* Septembre *de l'année* 1713. *qu'ils poussèrent la Mer jusques dans* Charles-Town, *& en endommagèrent considérablement les fortifications, à la résistance desquelles on attribua la conservation de la ville. Quelques maisons, situées sur les terreins bas, & voisines de la Mer, furent sappées par les fondemens, & entraînées avec les habitans. Des vaisseaux furent chassés du lieu où ils étoient à l'ancre, bien avant dans les terres; & dans la* Caroline Septentrionale, *une chaloupe en particulier fut chassée jusques dans les bois, après avoir fait trois milles par dessus des marais. Une autre fut pareillement poussée dans les terres, & demeura enclavée entre deux arbres, où j'en ai retrouvé le corps dans la même situation quelques années après; & autant qu'il m'en souvient, la quille en étoit à dix ou douze piés de terre: cette dernière étoit dans* Ilathere, *une des Iles de* Bahama.

On voit souvent dans des forêts de pins des clairières, ou places entièrement découvertes par la chute des arbres qui demeurent couchés du même côté, ce qui forme une avenue droite & reguliere de cent piés de large, plus ou moins, & de quelques milles de long; & ce sont encore là les effets des violens coups de vent.

Cette partie de la Caroline, *qui est voisine de la Mer, n'est pas toujours exempte de brouillards; mais la partie haute du pays est rarement sans un air serein.*

Les habitans ont pour coutume de bruler les bois dans les mois de Février *& de* Mars, *ce qui cause une fumée si continuelle, que ceux qui n'en sçauroient pas la raison, pourroient s'imaginer que cela vient d'un brouillard, ou d'une épaisseur qui seroit naturelle à l'air. La fumée des fourneaux à goudron ne contribue pas peu non plus à tromper les étrangers, & à les prévenir contre l'air de la* Caroline; *à quoi il faut ajouter une coutume annuelle, que les* Indiens *ont dans leurs chasses, de mettre le feu à des bois de plusieurs milles d'étendue.*

*Le continent Septentrional de l'*Amérique, *est beaucoup plus froid que les parties de l'*Europe *qui ont la même latitude. Cela est évident par les effets mortels que les gelées produisent sur plusieurs plantes de la* Virginie, *qui croissent en* Angleterre, *& y resistent à l'Hiver, quoi qu'elles y soyent à 15 degrés de plus vers le Nord: ce qui se trouve encore confirmé plus fortement par la rapidité & la violence avec laquelle nous avons déjà dit que de larges rivieres y gèlent.*

En admettant donc sur ces circonstances, que dans la partie la plus Septentrionale de la Grande Brétagne, *les gelées ne sont pas plus fortes que dans la* Virginie, *il paroît que, quoi que celle-ci soit au 37me degré de latitude Septentrionale, & sous les mêmes paralleles que la partie Méridionale d'*Espagne, *les Hivers y sont néanmoins aussi froids qu'au Nord d'*Ecosse, *qui est au 57me degré de latitude, c'est-à-dire de vingt degrés plus au Nord que la* Virginie.

Cette grande différence de climat se maintient dans toutes nos colonies du Nord: l'Ile de Terre Neuve, *& le Midi de la baye d'*Hudson *étant inhabitables à cause du froid, quoi que d'ailleurs sous la même latitude que la partie Méridionale d'*Angleterre.

Quoi que les gelées de la Caroline *& de la* Virginie *soyent fréquemment interrompues par des intervalles de temps plus chaud, elles ne laissent pas de priver ces pays de plusieurs productions utiles, dont on jouit dans les pays d'*Europe *qui sont sous la même latitude, comme le vin, l'huile, les dates, les oranges, & plusieurs autres choses qui ne peuvent résister au grand froid.*

On a fait à la verité depuis peu quelques tentatives pour faire du vin tant en Virginie *qu'en* Caroline; *& le temps nous apprendra le succès, qu'on aura.*

Il y a quelques oranges dans la Caroline; *mais ce n'est que dans les parties maritimes, & je n'ai jamais vû, ni oui dire qu'il y en eût une seule à dix milles de la Mer; tant est grande la différence de la température de l'air, entre les contrées maritimes, & celles qui sont loin de la Mer. L'exemple suivant montrera peut-être encore mieux la vérité de ce que j'avance.*

Il y a en Virginie *une bande étroite de terre, nommée* Accomack, *qui a la Mer d'un côté, & la baye de* Chesapeck *de l'autre. J'y vis du premier côté des figuiers, dont les troncs étoient fort gros, & fort anciens,*

sans

without any injury received by hard weather. On the opposite shore were only Fig-trees of a very small size, occasioned by their being often killed to the ground.

Yet this is not so remarkable, as that the same kind of Tree will endure the cold of *Carolina* five miles distant from the Sea, so well as *Accomack*, though five or six Degrees North of it.

Many, or most part of the Trees and Shrubs in *Carolina*, retain their verdure all Winter, though in most of the low and herbacious Plants, Nature has required a respite; so that the grass, and what appears on the ground, looks withered and rusty, from *October* to *March*.

Of the Soil of CAROLINA.

THE whole Coast of *Florida*, particularly *Carolina*, is low; defended from the Sea by Sand-banks, which are generally two or three hundred yards from low-water mark, the Sand rising gradually from the Sea to the foot of the Bank, ascending to the height of fourteen or sixteen feet. These Banks are cast up by the Sea, and serve as a boundary to keep it within its limits. But in hurricanes, and when strong winds set on the shore, they are then overflowed, raising innumerable hills of loose sand further within Land, in the hollows of which, when the water subsides, are frequently left infinite variety of Shells, Fish, Bones, and other refuse of the Ocean. The Sea on these Coasts seldom makes any sudden or remarkable revolution, but gets and loses alternately and gradually.

A Grampus cast on the shore of *North Edisto* River, sixteen feet long, I observed was in less than a month covered with sand. Great winds often blow away the sand two or three feet deep, and expose to view numbers of shells and other things, that has lain buried many months, and sometimes years.

At *Sullivans* Island, which is on the North side of the entrance of *Charles-Town* harbour, the Sea on the West side has so incroached (though most defended, it being on the contrary side to the Ocean) that it has gained in three years time, a quarter of a mile laying prostrate, and swallowing up vast Pine and Palmeto-trees. By such a progress, with the assistance of a few hurricanes, it probably, in some few years, may wash away the whole Island, which is about six miles in circumference.

At about half a mile back from the Sand-banks before-mentioned, the Soil begins to mend gradually, producing Bays, and other Shrubs; yet, till at the distance of some miles, it is very sandy and unfit for tillage, lying in small hills, which appear as if they had been formerly some of those sand-hills formed by the Sea, though now some miles from it.

Most of the Coast of *Florida* and *Carolina*, for many miles within Land, consists of low Islands, and extensive Marshes, divided also by innumerable Creeks, and narrow muddy Channels, thro' which only Boats, Canoes, and Periaguas can pass.

These Creeks, or rather Gutters, run very intricately through the Marshes, by which in many places a communication is necessitated to be cut from one Creek to another, to shorten the passage, and avoid those tedious meanders.

These inland passages are of great use to the Inhabitants, who without being exposed to the open Sea, travel with safety in Boats and Periagua's; yet are necessitated sometimes to cross some Rivers and Sounds, eight or ten miles wide, or go far about. The further parts of these Marshes from the Sea, are confined by higher Lands, covered with Woods, through which, by intervals, the Marsh extends in narrow tracts higher up the Country, and contracts gradually as the ground rises: These upper tracts of Marsh-land, by their advantageous situation, might with small expence be drained, and made excellent Meadow-land, the Soil being exceeding good. But so long as such spacious tracts of higher Lands lie uncultivated, and continue of no other use than for their Cattle to range in, such improvements are like to lie neglected, and the Marshes, which is a considerable part of the Country, remain of little or no use.

The Soil of *Carolina* is various; but that which is generally cultivated consists principally of three kinds, which are distinguished by the names of *Rice Land*, *Oak* and *Hiccory Land*, and *Pine barren Land*. *Rice Land* is most valuable, though only productive of that grain, it being too wet for any thing else. The situation of this Land is various, but always low, and usually at the head of Creeks and Rivers, and before they are cleared of wood are called *Swamps*; which being impregnated by the washings from the higher Lands, in a series of years are become vastly rich, and deep of Soil, consisting of a sandy loam of a dark brown colour. These Swamps, before they are prepared for Rice, are thick, over-grown with Underwood and lofty Trees of mighty bulk, which by excluding the sun's beams, and preventing the exha-

sans avoir éprouvé aucuns effets facheux de la rigueur du temps, tandis que du côté opposé il n'y en avoit que de fort petits, parceque ces arbres avoient été souvent détruits jusqu'à la racine.

Mais une chose plus remarquable encore, c'est que la même espece d'arbre n'endurera pas le froid de la Caroline *à cinq milles de la Mer, aussi aisément que celui d'*Accomack*, quoi que ce dernier soit de cinq ou six degrés plus au Nord que la* Caroline.

Un grand nombre des arbres & des arbrisseaux de la Caroline, *ou la plupart d'entr'eux conservent leur verdure pendant tout l'Hiver. La Nature s'y repose pourtant dans la plupart des plantes basses & de l'espece herbacée, de sorte que depuis le mois d'*Octobre *jusqu'à celui de* Mars, *la verdure, & tout ce qui est sur la terre paroît fané & brunâtre.*

Du terroir de la *CAROLINE.*

TOUTE la côte de la Floride *est basse, mais sur tout la* Caroline. *Elle est à couvert de la Mer, & défendue par des bancs de sable, qui sont ordinairement à deux, où trois cens verges de l'endroit où l'eau est la plus basse, le sable s'élevant peu à peu de la Mer vers le pié du banc, qui arrive jusqu'à la hauteur de quatorze ou quinze piés. Ces bancs sont formés par la Mer qui les accumule, & lui servent comme de digue pour la contenir dans ses bornes, mais dans les ouragans. & lors que des vents violens soufflent vers la côte, ils sont inondés, & élevent plus avant dans les terres une multitude de petites montagnes de sable mouvant, dans les creux desquelles on trouve souvent, quand l'eau se retire, une variété infinie de coquillages, de poissons, d'os, & d'autres choses que la Mer rejette. Il est rare que la Mer cause aucune révolution soudaine & remarquable sur cette côte, où elle gagne, & perd du terrain alternativement, & par degrés*

Un grand marsouin, ou morhouch, de seize piés de long, fut jetté sur le bord de la riviere de Nord-Edisto, *& je remarquai qu'en moins d'un mois il fut entierement couvert de sable. Des vents violens emportent souvent le sable de deux ou trois piés d'épais, & découvrent une multitude de coquillages, & d'autres choses qui y sont demeurés ensevelis pendant plusieurs mois, & quelquefois pendant des années.*

A l'île de Sollivan, *qui est du côté Septentrional de l'entrée du port de* Charles-Town, *la Mer a tellement empiété vers l'Ouest, (où l'île est pourtant le plus à couvert, parceque c'est le côté opposé à la Mer) qu'elle a gagné en trois ans de temps un terrain d'un quart de mille, & a renversé & englouti des pins, & des palmites d'une grandeur énorme. Si elle continuoit à y faire des progrès de ce genre, elle pourroit assez probablement, & à l'aide de quelques ouragans, emporter enfin l'île entiere qui a environ six milles de circonférence.*

A environ un demi mille en delà des bancs de sable, dont nous venons de parler, le terroir commence peu à peu à devenir meilleur, & produit des lauriers, & d'autres arbrisseaux. Il est cependant sablonneux jusques à quelques milles de là, & peu propre pour le labourage, ne consistant qu'en petites hauteurs, qui semblent avoir été autrefois quelques unes de ces montagnes de sable que nous avons dit que la Mer formoit, quoi qu'elles en soyent à présent à quelques milles de distance.

La plus grande partie de la côte de la Floride, *& de la* Caroline, *ne consiste, pendant plusieurs milles dans les terres, qu'en îles basses, & en marais spacieux, divisés eux-mêmes en une multitude innombrable de criques ou petites bayes, & de canaux étroits & bourbeux, dans lesquels il ne peut passer que des barques, des canots, & des périaguas.*

Ces criques, ou plûtot ces ruisseaux serpentent avec beaucoup de confusion au travers des marais, ce qui oblige quelquefois les gens du lieu à couper en plusieurs endroits des canaux de communication d'une crique à l'autre, pour accourcir le passage, & éviter ces tortuosités ennuyeuses.

Ces canaux, qui entrent ainsi dans les terres, sont fort utiles aux habitans, qui voyagent en sûreté dans des bateaux, & des périaguas, ou grands canots, sans s'exposer à la grande Mer. Il sont néanmoins obligés quelquefois de traverser des rivieres, & des bayes de huit ou dix milles de large, ou de prendre de grands circuits. Les extrémités de ces marais, les plus éloignées de la Mer, sont bornées par des terrains plus élevés, qui sont couverts de bois, au travers desquels le marais, s'étend par intervalles en petites portions de terre, en avançant dans le pays, & se retrécit par degrés à mesure que le terrain s'éleve. Ces endroits les plus élevés des marais étant tres avantageusement situés, & le terroir admirable, on pourroit à peu de frais les dessécher, & en faire des prairies excellentes; mais tant qu'on laissera sans culture une si grande étendue de pays élevé, & qu'on continuera à ne s'en servir que pour y laisser roder des bestiaux, il y a apparence qu'on ne travaillera pas à de semblables améliorations, & que les marais, qui sont une partie considérable du pays, demeureront inutiles, ou de peu de service.

Le terroir de la Caroline *varie, mais la partie qu'on a coutume de cultiver, est principalement de trois sortes, qu'on distingue par les noms de* Terre à Ris, Terre à Chênes & à Noyers *(de l'espéce appellée* Hiccori*), &* Terre stérile à Pins. *La* Terre à Ris *est la plus considérable, quoi qu'elle ne produise que ce grain, étant trop humide pour produire autre chose. Sa situation varie, mais elle est toujours basse, & communément à la source des criques & des rivieres: avant que les terres de cette espece soyent dégagées de bois, on les appelle* swamps, *& ces* swamps *étant impregnés par les eaux qui descendent des terrains plus élevés, sont devenus, au bout d'un certain nombre d'années, extrêmement riches, & d'un terroir profond, qui consiste en une terre grasse & sablonneuse d'un brun foncé. Avant qu'ils soyent préparés pour y semer du ris, ils sont couverts de taillis épais, & d'arbres très grands, & d'arbres d'une grosseur,*

&

exhalation of theſe ſtagnating Waters, occaſions the Land to be always wet, but by cutting down the Wood is partly evaporated, and the Earth better adapted to the culture of rice; yet great Rains, which uſually fall at the latter part of the Summer, raiſes the Water two or three feet, and frequently cover the Rice wholly, which nevertheleſs, though it uſually remains in that ſtate for ſome Weeks, receives no detriment.

The next Land in eſteem is that called *Oak* and *Hiccory-Land*; thoſe Trees, particularly the latter, being obſerved to grow moſtly on good Land. This Land is of moſt uſe, in general producing the beſt Grain, Pulſe, Roots, and Herbage, and is not liable to Inundations; on it are alſo found the beſt kinds of Oak for timber, and Hiccory, an excellent wood for burning. This Land is generally light and ſandy, with a mixture of loom.

The third and worſt kind of Land is the *Pine barren Land*, the name implying its character. The Soil is a light ſteril Sand, productive of little elſe but Pine-Trees, from which notwithſtanding are drawn beneficial commodities, of abſolute uſe in Shipping, and other uſes, ſuch as Maſts, Timber, *&c.* Pitch, Tar, Roſin and Turpentine. One third part of the Country is, I believe, of this Soil.

Though what is already ſaid may ſuffice for a general deſcription of the inhabited Lands of *Carolina*, and of which the greateſt part of the Soil conſiſts, yet there are ſome Tracts interſperſed of a different nature and quality; particularly Pine-Lands are often intermixed with narrow tracts of low Lands, called *Bay Swamps*, which are not confined by ſteep banks, but by their gradual Sinking ſeem little lower than the Pine-Land through which they run. In the middle of theſe Swamps, the Water ſtands two or three feet deep, ſhallowing gradually on each ſide. Their breadth is unequal, from a quarter to half a mile, more or leſs, extending in length ſeveral miles. On this wet Land grows a variety of evergreen Trees and Shrubs, moſt of them Aquaticks, as the *Alcea Floridana*, *Red Bay*, *Water Tupelo*, *Alaternus*, *Whorts*, *Smilax*, *Ciſtus Virg.* or the upright Honyſuckle, *Magnolia lauri, folio*, &c.

The Swamps ſo filled with a profuſion of fragrant and beautiful Plants, give a moſt pleaſing entertainment to the Senſes; therein excelling other parts of the Country; and by their cloſeneſs and warmth in Winter are a receſs to many of the wading and water-fowls. This Soil is compoſed of a blackiſh ſandy Loam, and proves good Rice-Land; but the trouble of grubbing up, and clearing it of the Trees and Underwood has been hitherto a diſcouragement to the culture of it.

Another kind of Land may be obſerved more ſteril than that of Pine barren Land. This Land is rejected, and not capable of cultivation, and produces nothing but ſhrubby Oaks, bearing Acorns at the height of two feet. I think it is called *Shrubby Oak Land*.

All the lower (which are the inhabited) parts of *Carolina*, are a flat ſandy Country; the Land riſing imperceptibly to the diſtance of about an hundred miles from the Sea, where looſe ſtones begin to appear, and at length Rocks, which at the nearer approach to the Mountains, increaſe in quantity and magnitude, forming gradual Hills, which alſo increaſe in height, exhibiting extenſive and moſt delightful proſpects. Many ſpacious tracts of Meadow-Land are confined by theſe rugged Hills, burdened with graſs ſix feet high. Other of theſe Vallies are repleniſhed with Brooks and Rivulets of clear water, whoſe banks are covered with ſpacious tracts of Canes, which retaining their leaves the year round, are an excellent food for Horſes and Cattle, and are of great benefit particularly to *Indian* Traders, whoſe Caravans travel theſe uninhabited Countries; to theſe ſhady thickets of Canes (in ſultry weather) reſort numerous herds of Buffelo's, where ſolacing in theſe limpid ſtreams they enjoy a cool and ſecret retreat. Pine barren, Oak, and Hiccory-Land, as has been before obſerved to abound in the lower parts of the Country, engroſs alſo a conſiderable ſhare of theſe upper parts.

The richeſt Soil in the Country lies on the Banks of thoſe larger Rivers, that have their ſources in the mountains, from whence in a ſeries of time has been accumulated by inundations ſuch a depth of prolifick matter, that the vaſt burden of mighty Trees it bears, and all other productions, demonſtrates it to be the deepeſt and moſt fertile of any in the Country. Yet pity it is that this excellent Soil ſhould be liable to annual damage from the ſame cauſe that enrich'd it, for being ſubject to be overflow'd leſſens the value of it. In other places on the banks of theſe Rivers extend vaſt thickets of Cane, of a much larger ſtature than thoſe before-mentioned, they being between twenty and thirty feet high, growing ſo cloſe, that they are hardly penetrable but by Bears, Panthers, Wild Cats, and the like. This Land, in depth of Soil, ſeems equal to the preceding, and is equally liable to inundations. Though the worſt Land is generally remote from Rivers, yet there are interſpers'd ſpacious tracts of rocky ground, covered with a ſhallow but fertile Soil. Many of theſe Vallies are ſo regularly

bounded

& d'une hauteur prodigieuſe; qui en écartant les rayons du ſoleil, &, en empêchant l'évaporation de ces eaux croupiſſantes, fait que la terre eſt toujours humide; mais en abattant le bois, cette humidité s'évapore en partie, & la terre en devient plus propre à faire venir le ris. Cependant des pluyes abondantes, qui tombent d'ordinaire vers la fin de l'Eté, élevent l'eau jusqu'à la hauteur de deux ou trois piés, & couvrent ſouvent le ris en entier; & quoi qu'il demeure communément pluſieurs ſemaines dans cet état, il n'en eſt nullement endommagé.

La terre la plus eſtimée, après la précédente, eſt celle qu'on appelle Terre à Chênes, & à Noyers ou Hiccoris, *car on à remarqué que ces arbres, & ſur tout les derniers, viennent pour la pluſpart dans un bon terroir. Celui ci eſt généralement d'une grande utilité: il produit des grains, des legumes, des racines, & des herbes excellentes, & il n'eſt pas expoſé aux inondations: on y trouve les meilleurs chênes pour le bois de charpente, & du* Hiccori, *qui eſt un bois admirable pour bruler. Généralement parlant, cette terre eſt legere & ſablonneuſe, avec un mélange de terre graſſe.*

La troiſieme & moindre eſpece de terre eſt la Terre ſtérile à Pins, *dont le nom marque aſſez ce qu'elle eſt. Elle conſiſte en un ſable leger & ſtérile, qui ne produit guerres que des pins, dont on tire cependant des choſes très utiles, & d'un néceſſité abſolue pour la bâtiſſe des vaiſſeaux & autres uſages, comme des mâts, du bois de charpente, &c. de la poix, du goudron, de la réſine, & de la térébenthine. Je penſe qu'un tiers du terroir du pays eſt de cette eſpece.*

Quoi que ce que nous avons déja dit de la Caroline *puiſſe être regardé comme une deſcription ſuffiſante & générale des terres qui y ſont habitées, & de ce que la pluſpart de ces terres produiſent, j'ajoûterai cependant, qu'il y a par ci par là quelques coins de terre d'une nature & d'une qualité différente. Les terres à pins en particulier ſont ſouvent entremellées de terrains étroits & bas, qu'on appelle* Swamps *à laurier, qui ne ſont pas bornés par des hauteurs eſcarpées, mais qui, en s'abbaiſſant peu à peu, paroiſſent un peu plus bas que la terre à pins qu'ils traverſent. L'eau eſt d'environ deux ou trois piés de profondeur au milieu de ces* Swamps, *& diminue par degrés de chaque côté: leur largeur eſt inégale; & a entre un quart de mille & un demi mille, plus ou moins: leur longueur eſt de pluſieurs milles. Il croît ſur ce terrain humide une grande variété d'arbres & d'arbriſſeaux toujours verds: la pluſpart ſont aquatiques, comme l'*alcea Floridana, *le* laurier rouge, *le* tupelo d'eau, *l'*alaterne, *l'*airelle ou mirtile, *le* ſmilax, *le* ciſtus de Virginie, *le* chevre-feuille droit, *le* magnolia, *ou* laurier de la Caroline, *&c.*

Les Swamps, *ainſi remplis d'une multitude de belles plantes odoriférantes, ſont raviſſans pour les ſens; & ſurpaſſent en cela les autres parties du pays; ils ſont en Hiver, par leurs épaiſſeur & leur ombrage, l'azile & l'abri d'un grand nombre d'oiſeaux maricageux & aquatiques. Le terroir de ces endroits eſt un terre graſſe, noire & ſablonneuſe, qu'on a reconnue propre à produire du ris; mais la peine d'en arracher les arbres & le taillis, pour l'en dégager, a été juſqu'ici l'envie de la cultiver.*

On remarque encore dans la Caroline *une autre eſpece de terre plus ſtérile que la terre à pins. Cette terre eſt entierement négligée, & incapable de culture; & ne produit que des petits chênes, qui portent du gland à la hauteur de deux piés. Je crois qu'on l'appelle* Terre aux chênes nains.

Toutes les parties baſſes, qui ſont auſſi les parties habitées de la Caroline, *forment un pays plat & ſablonneux. Le terrain s'éleve imperceptiblement juſqu'à une diſtance d'environ cent milles de la Mer, où l'on apperçoit quelques pierres détachées, & enfin des rochers, dont le nombre & la grandeur augmentent, à meſure qu'on approche des montagnes. Ces rochers forment des collines qui augmentent auſſi par degrés en hauteur, & offrent des perſpectives fort étendues, & tres agréables. Ces collines raboteuſes ſervent de bornes à un grand nombre de prairies ſpacieuſes, couvertes d'herbe de ſix piés de haut. Quelques unes de ces vallées ſont remplies de foſſés, & de ruiſſeaux d'eau claire, dont les bords ſont couverts de cannes à perte de vûe, qui gardent leurs feuilles toute l'année, & fourniſſent ainſi aux chevaux, & aux beſtiaux une nourriture excellente: elles ſont en particulier d'une grande utilité aux marchands* Indiens, *dont les caravannes voyagent dans ces pays inhabités. Dans les chaleurs exceſſives une multitude de troupeaux de buffles ſe retirent dans ces touffes épaiſſes de cannes, où trouvant une eau claire & courante pour étancher leur ſoif, ils jouiſſent en ſureté d'une fraîcheur délicieuſe. Nous avons déja obſervé, qu'il y avoit beaucoup de terre ſtérile à pins, & de terre à chênes & à Hiccoris, dans les parties les plus baſſes du pays; & il y en a auſſi beaucoup dans les plus élevées.*

Le plus excellent terroir du pays eſt ſur les bords des grandes rivieres, qui ont leurs ſources dans les montagnes, d'où par la ſuite des temps eſt deſcendue avec les inondations une quantité de matiere graſſe & fructifiante, qui s'y eſt accumulée à une hauteur conſidérable. Auſſi la quantité prodigieuſe d'arbres monſtrueux que ce terroir porte, & toutes ſes autres productions démontrent aſſez qu'il eſt le plus profond, & le plus fertile de tout le pays. D'un autre côté c'eſt grand dommage, qu'un fond auſſi excellent ſoit expoſé, comme il l'eſt tous les ans, à perdre de ſa bonté par la même cauſe qui en a fait la richeſſe; car les inondations, auxquelles il eſt ſujet, en diminuent la valeur. Il y a dans d'autres endroits du pays, & ſur les bords de ces rivieres de longues enfilades de cannes extrémement touffues, d'une toute autre hauteur que celles dont nous venons de parler, puiſqu'elles s'élevent juſqu'à vingt & trente piés. Elles croiſſent ſi près les unes des autres, qu'il n'y a guerres que les ours, les pantheres, les chats ſauvages, & autres animaux ſemblables, qui puiſſent y pénétrer: ce dernier terroir paroît égaler le précédent en profondeur, & n'être pas moins ſujet aux inondations. Quoi que l'eſpece de terre la

plus

bounded by ſteep rocks, that in ſeveral of them remain only an iſthmus, or narrow neck of land, to enter otherwiſe would be wholly incloſed. From theſe rocks guſh out plentiful ſtreams of limpid water, refreſhing the lower grounds, and in many places are received into ſpacious baſons, formed naturally by the rocks.

At the diſtance of about half way between the ſea and mountains, ten miles wide of fort *Savannah*, there lies, ſcattered on the earth, irregular pieces of white ſtone, or alabaſter, ſome very large, but in general they were from the ſize of a buſhel to various degrees leſs; ſome lay under the ſurface, but none ſeemed to lie deep in the earth. Theſe ſtones or pieces of rock extended five miles in width, where we croſſed them, and, as the traders and *Indians* affirmed to me, three hundred in length, running in a north-weſterly direction.

The *Apalatchian* mountains have their ſouthern beginning near the bay of *Mexico*, in the latitude of 30, extending northerly on the back of the *British* colonies, and running parallel with the ſea coaſt, to the latitude of 40. By this parallel ſituation of the mountains and ſea coaſt, the diſtances between the mountains and the maritime parts of moſt of our colonies on the continent, muſt conſequently be pretty near equal in the courſe of their whole extent: but as the geography of theſe extenſive countries is hitherto imperfect, the weſtern diſtances between the ſea and mountains cannot be aſcertained, though they are generally ſaid to be above two hundred miles. The lower parts of the country, to about half way towards the mountains, by its low and level ſituation, differ conſiderably from thoſe parts above them, the latter abounding with bleſſings, conducing much more to health and pleaſure: but as the maritime parts are much more adapted for commerce, and luxury, theſe delightful countries are as yet left unpeopled, and poſſeſſed by wolves, bears, panthers, and other beaſts.

A great part of theſe mountains are covered with rocks, ſome of which are of a ſtupendious height and bulk; the ſoil between them is generally black and ſandy, but in ſome places differently coloured, and compoſed of pieces of broken rock, and ſpar, of a glittering appearance, which ſeem to be indications of minerals and ores, if proper ſearch was made after them. Foſſil coal fit for fuel hath been diſcovered on Colonel *Byrd*'s eſtate in *Virginia:* cheſnuts and ſmall oaks are the trees that principally grow on theſe mountains, with ſome *Chinapin*, and other ſmaller ſhrubs; the graſs is thin, mixt with vetch and wild peas; on ſome other tracts of theſe mountains is very little vegetable appearance.

In this ſtate, with regard to the ſoil, and apparent productions, the mountains appear at the ſources of the *Savannah* river, continuing ſo with little variation, as 'tis thought, ſome hundred miles north.

In the year 1714 I travelled from the lower part of St. *James*'s river in *Virginia* to that part of the *Apalatchian* mountains where the ſources of that river riſe, from which to the head of the *Savannah* river, is about four degrees diſtance in latitude. As ſome remarks I then made may ſerve to illuſtrate what I have now ſaid, I hope it may not be amiſs to recite ſo much of them as may ſerve for that purpoſe.

At ſixty miles from the mountains, the river, which fifty miles below was a mile wide, is here contracted to an eighth part, and very ſhallow, being fordable in many places, and ſo full of rocks, that by ſtepping from one to another it was every where paſſable. Here we kill'd plenty of a particularly kind of wild geeſe; they were very fat by feeding on freſh water ſnails, which were in great plenty, ſticking to the tops and ſides of the rocks. The low lands joining to the rivers were vaſtly rich, ſhaded with trees that naturally diſlike a barren ſoil, ſuch as black walnut, plane, and oaks of vaſt ſtature. This low land ſtretched along the river many miles, extending back half a mile more or leſs, and was bounded by a ridge of ſteep and very lofty rocks, on the top of which we climbed, and could diſcern ſome of the nearer mountains, and beheld moſt delightful proſpects, but the country being an entire foreſt, the meanders of the rivers, with other beauties, were much obſcured by the trees. On the back of this ridge of rocks the land was high, riſing in broken hills, alternately good and bad. Some miles further the banks of the river on both ſides were formed of high perpendicular rocks, with many leſſer ones ſcattered all over the river, between which innumerable torrents of water were continually ruſhing.

At the diſtance of twelve miles from the mountains we left the river, and directed our courſe to the neareſt of them. But firſt we viewed the river, and croſſed it ſeveral times, admiring its beauties, as well as thoſe of the circumjacent parts. Aſcending the higher grounds we had a large proſpect of the mountains, as well as of the

plus mauvaiſe du pays ſoit généralement éloignée des rivieres, il y a néanmoins par-ci par-là de longues étendues de pays pleines de rochers, qui ſont couvertes d'un terrain peu profond, mais fertile. Pluſieurs de ces vallées ſont ſi régulierement renfermées entre des rochers eſcarpés, qu'il ne reſte à un nombre d'entr'elles qu'une iſthme ou gorge fort étroite pour y entrer, ſans quoi elles en ſeroient totalement entourées. Il deſcend de ces rochers des courans abondans & rapides d'une eau claire qui rafraîchit les terrains les plus bas, & qui, en bien des endroits, eſt reçue dans de larges baſſins, que les rochers y forment naturellement.

On trouve à moitié chemin, ou environ, entre la Mer & les montagnes, & à dix milles à côté du fort Savane, *des morceaux informes de pierre blanche ou d'albâtre diſperſés ſur la terre. Il y en a de très gros, mais j'ai remarqué qu'en général ils avoient depuis la groſſeur d'un boiſſeau juſqu'à diverſes autres groſſeurs plus petites. Quelques uns ſont ſous la ſurface, mais aucun ne paroît être fort avant dans la terre. Ces pierres, ou morceaux de rochers, s'étendent ſur un terrein de cinq milles de large, à l'endroit où nous les traverſames, & à ce que nous aſſurerent les marchands & les* Indiens, *ſur trois cens milles de long, allant vers le Nord-Oueſt.*

Les monts Apalaches *ont le commencement de leur partie Méridionale proche de la baye du* Méxique, *au trentieme degré de latitude: ils s'étendent vers le Nord derriere les colonies* Angloiſes, *& leur chaine eſt parallele à la côte maritime juſqu'au quarantieme degré de latitude. De ce parallélisme des montagnes & des côtes de la Mer il s'enſuit, que les diſtances qui ſont entre les montagnes, & les parties maritimes de la pluſpart de nos colonies du continent, doivent être à peu près égales dans leur étendue; mais comme la Géographie de ces vaſtes pays eſt encore imparfaite, on ne ſauroit déterminer les diſtances qui ſont entre la Mer & les montagnes à l'Occident, quoi qu'on les faſſe monter en général à plus de deux cens milles. Comme les parties les plus baſſes du pays ſont de niveau, juſqu'à environ moitié chemin vers les montagnes, cette ſituation baſſe & unie fait qu'elles different conſidérablement des parties qui ſont au deſſus d'elles; & ces dernieres abondent beaucoup plus que les précédentes en tout ce qui peut contribuer à la ſanté & au plaiſir; mais comme les parties maritimes ſont plus propres au commerce, & favoriſent d'avantage le luxe, ces délicieuſes contrées ſont encore déſertes, & ſans autres habitans que des loups, des ours, des panthères, & d'autres bêtes féroces.*

Une grande partie de ces montagnes eſt couverte de rochers, dont quelques uns ſont d'une groſſeur, & d'une hauteur épouventables: Le terrain, qui eſt entre ces montagnes, eſt ordinairement noir & ſablonneux; mais en quelques endroits il eſt d'une autre couleur, & conſiſte en un mélange de morceaux de rochers briſés, & de ſpalt, qui ont une eſpece de brillant, & ſemblent indiquer par là qu'on y trouveroit des mines, & des minéraux, ſi on en faiſoit une recherche convenable. On a découvert une mine de charbon propre à brûler ſur les terres que le Colonel Byrd *poſſéde en* Virginie. *Les principaux arbres qui croiſſent ſur ces montagnes, ſont des châteigniers, de petits chênes, quelques* chinc pins, *& autres petits arbriſſeaux. L'herbe y eſt peu épaiſſe, & mêlée de veſſe, & de pois ſauvages. Il y a d'autres portions de ces montagnes, où il ne paroît que très peu de plantes & de végétaux.*

Les montagnes paroiſſent être dans cet état, par rapport au terroir & à ſes productions, vers les ſources de la riviere de Savanne, *& continuent ainſi ſans beaucoup de variation, à ce qu'on croit, pluſieurs centaines de milles vers le Nord.*

En 1714. je voyageai depuis la partie la plus baſſe de la riviere de James *en* Virginie, *juſqu'à l'endroit des monts* Apalaches, *où ſont les ſources de cette riviere, deſquelles il y a environ quatre degrés de latitude de diſtance juſqu'aux ſources de la riviere de* Savanne. *Comme quelques remarques que je fis alors peuvent ſervir à donner du jour à ce que je viens de dire, j'eſpere qu'il ne ſera pas hors de propos d'inſérer ici ce qui peut produire cet effet.*

A ſoixante milles de diſtance des montagnes, la riviere, qui à 50 milles plus bas eſt large d'un mille, n'a qu'un huitieme de cette largeur: elle y eſt très baſſe, guéable en pluſieurs endroits, & ſi pleine de rochers, qu'on pouvoit la paſſer par tout, en ſautant de l'un à l'autre. Nous tuames dans cet endroit un grand nombre d'une eſpece particuliere d'oyes ſauvages: elles etoient fort graſſes, parcequ'elles vivoient de limaçons d'eau douce, qui étoient attachés en abondance au haut, & ſur les côtés des rochers. Les terres baſſes, voiſines des rivieres étoient fort graſſes, & ombragées d'arbres, qui naturellement n'aiment pas un terroir ingrat, tels que le noyer noir, le plane, & des chênes d'un hauteur prodigieuſe. Ces terres baſſes s'étendoient pluſieurs milles le long de la riviere, & avoient environ un mille de large, plus ou moins. Elles étoient bornées par une chaîne de précipices, & de rochers d'une très grande hauteur, au haut deſquels nous grimpames, & d'où nous vimes les plus beaux coups d'œil du monde; mais le pays entier n'étant qu'une forêt, les tortuoſités des rivieres, & les autres beautés du païſage étoient conſidérablement offuſquées par les arbres. Le terrein etoit haut derriere cette chaîne de rochers, & s'élevoit en collines diviſées: il étoit alternativement bon, & mauvais. A quelques milles plus loin, les bords de la riviere étoient formés de chaque côté de rochers hauts, & perpendiculaires; & il y en avoit un grand nombre de plus petits diſperſés par toute la riviere, entre leſquels ſortoient ſans ceſſe des torrens innombrables.

Nous quittames la riviere, quand nous fumes à douze milles des montagnes; & nous tournames nos pas vers celles, qui étoient les plus voiſines de nous; mais auparavant nous conſidérames avec ſoin la riviere, & la traverſames pluſieurs fois, admirant toujours ſes beautés, & celles des endroits circonvoiſins. Quand nous montames ſur les terreins les plus

the river below us, which here divided into narrow rocky Channels, and formed many little iſlands.

So ſoon as we had left the river, the land grew very rugged and hilly, increaſing gradually in height all the way. Arriving at the foot of the firſt ſteep hill we purſued a Bear, but he climbing the rocks with much more agility than we, he took his leave. Proceeding further up, we found by many beaten tracts, and dung of bears, that the mountains were much frequented by them, for the ſake of cheſnuts, with which at this time theſe mountains abounded.

The rocks of theſe mountains ſeem to engroſs one half of the ſurface, they are moſt of a light gray colour, ſome are of a coarſe grain'd alabaſter, others of a metallic luſtre, ſome pieces were in form of ſlate and brittle, others in lumps and hard; ſome appeared with ſpangles, others thick, ſprinkled with innumerable ſmall ſhining ſpecks like ſilver, which frequently appeared in ſtrata at the roots of trees when blown down.

Theſe different ſpars appeared moſt on the higheſt and ſteepeſt parts of the hills, where was little graſs and feweſt trees, but the greateſt part of the ſoil between the rocks is generally of a dark coloured ſandy mould, and ſhallow, yet fertile, and productive of good corn, which encourages the *Tallipooſes*, a clan of the *Cherikee* nation of *Indians*, to ſettle amongſt them, in the latitude of 34, and are the only *Indian* nation that has a conſtant reſidence upon any part of this whole range of mountains.

Certain places in *Virginia*, towards the heads of rivers, are very much impregnated with a nitrous ſalt, which attracts for many miles round numerous herds of cattle, for the ſake of licking the earth, which at one place is ſo wore away into a cave, that a church, which ſtands near it, has attained the indecent Name of *Licking hole Church*.

Of the WATER.

THE larger rivers in *Carolina* and *Virginia* have their ſources in the *Apalatchian* mountains, generally ſpringing from rocks, and forming caſcades and waterfalls in various manners, which being collected in their courſe, and uniting into ſingle ſtreams, cauſe abundance of narrow rapid torrents, which falling into the lower grounds, fill innumerable brooks and rivulets, all which contribute to form and ſupply the large rivers.

Thoſe rivers which have not their ſources in the mountains riſe from cypreſs ſwamps, ponds, and low marſhy grounds at different diſtances from the ſea.

All thoſe rivers which have their ſources in the mountains, have cataracts about one third of the diſtance from the mountains to the ſea. Theſe cataracts conſiſt of infinite numbers of various fixed rocks, ſcattered promiſcuouſly in all parts of the river, ſo cloſe to one another, and in many places ſo high, that violent torrents and lofty caſcades are continually flowing from between and over them. The extent of theſe cataracts (or falls, as they are commonly called) is uſually four or five miles; nor are the rivers deſtitute of rocks all the way between them and the mountains: but between theſe falls and the ſea, the rivers are open, and void of rocks, and conſequently are navigable ſo far, and no further, which neceſſitates the *Indians* in their paſſage from the mountains, to drag their canoes ſome miles by land, till they get below the cataracts, from which they have an open paſſage down to the ſea, except that the rivers in ſome places are incumbered by trees carried down and lodged by violent torrents from the mountains.

The coaſts of *Florida*, including *Carolina* and *Virginia*, with the ſounds, inlets, and lower parts of the rivers, have a muddy and ſoft bottom.

At low water there appears in the rivers and creeks immenſe beds of oyſters, covering the muddy banks many miles together; in ſome great rivers extending thirty or forty miles from the ſea; they do not lie ſeparate, but are cloſely joined to one another, and appear as a ſolid rock a foot and a half or two feet in depth, with their edges upwards.

The rivers ſpringing from the mountains are liable to great Inundations, occaſioned not only from the numerous channels feeding them from the mountains, but the height and ſteepneſs of their banks, and obſtructions of the rocks.

When great rains fall on the mountains, theſe rapid torrents are very ſudden and violent; an inſtance of which may give a general idea of them, and their ill conſequences.

In

étroits, nous vîmes en plein les montagnes, & la riviere au deſſous de nous; & cette derniere s'y diviſoit à nos yeux en petits canaux étroits & pleins de rochers, & formant pluſieurs petites Iles.

Nous n'eûmes pas plutôt quitté la riviere, que le terrain devint raboteux, & montagneux, augmentant toujours de hauteur à meſure que nous avancions. En arrivant au pié de la premiere montagne eſcarpée, nous nous mimes à pourſuivre un ours; mais voyant qu'il grimpoit ſur les rochers beaucoup plus agilement que nous, nous primes congé de lui. En avançant toujours, nous trouvâmes par pluſieurs traces d'ours, & par une quantité de fumier de ces animaux, qu'il en venoit un grand nombre dans ces montagnes, à cauſe des châtaignes, dont elles étoient alors remplies.

Les rochers de ces montagnes paroiſſent occuper une moitié de leur ſurface: la pluſpart ſont d'un gris clair: quelques uns ſont d'un albâtre groſſier: d'autres ont un brillant métallique: il y en a qui ont la forme de l'ardoiſe, & ſont fragiles; & d'autres qui ſont durs & en blocs: quelques uns ont des paillettes: d'autres ſont parſemés d'une multitude innombrable de petites mouchetures brillantes comme de l'argent; & on en voit ſouvent des couches à la racine des arbres que le vent a abbatus.

Ces différentes eſpeces de ſpalt paroiſſent en plus grande quantité ſur les endroits les plus hauts, & les plus eſcarpés des montagnes, où il y a le moins de verdure & d'arbres; mais la plus grande partie du terroir entre les rochers eſt ſablonneux, & d'une couleur foncée: il eſt fertile, quoi que peu profond, & produit de bon grain: ce qui a engagé les Tallipooſes, *qui ſont une tribu de la Nation* Indienne *appellée* Cherikees, *à venir s'y établir, environ au 34me degré de latitude: ils ſont les ſeuls* Indiens, *qui ayent une réſidence fixe ſur toute cette chaîne de montagnes.*

Certains endroits de la Virginie, *vers les ſources des rivieres, ſont fortement impregnés d'un ſel nitreux, qui y attire de pluſieurs milles à la ronde une multitude de troupeaux, & de beſtiaux. Il y viennent pour le ſeul plaiſir de lécher la terre, qu'ils ont tellement creuſée avec leurs langues, qu'une égliſe, qui en eſt voiſine, en a été appellée aſſez indécemment* l'Egliſe du trou léché.

De l'E A U.

LES grandes rivieres de la Caroline, *& de la* Virginie, *prennent leurs ſources dans les monts* Apalaches. *Elles ſortent communément des rochers, & forment une grande variété de caſcades, & de chutes d'eau, qui ſe raſſemblant dans leur cours, & ſe réuniſſant en un, forment un grand nombre de torrens étroits & rapides, qui tombent ſur les terreins plus bas, & rempliſſent une multitude innombrable de foſſés & de ruiſſeaux, qui tous enſemble contribuent à former, & à remplir les grandes rivieres.*

Les rivieres, qui n'ont pas leurs ſources dans les montagnes, viennent des ſwamps à cypriès des étangs, & des terreins bas & marecageux, à diverſes diſtances de la Mer.

Toutes les rivieres qui ont leurs ſources dans les montagnes, ont des cataractes, à environ un tiers de la diſtance qu'il y a entre ces montagnes & la Mer. Ces cataractes conſiſtent en un nombre infini de rochers de diverſes groſſeurs, diſperſés çà & là dans tous les endroits des rivieres, ſi voiſins les uns des autres, & d'une ſi grande hauteur en pluſieurs endroits, qu'il deſcend continuellement d'entre ces rochers, & même par deſſus eux, des torrens rapides, & des caſcades magnifiques. L'étendue de ces cataractes ou chutes (comme, on les appelle d'ordinaire) eſt communément de quatre à cinq milles; & les rivieres ne ſont jamais ſans rochers depuis ces chutes d'eau juſqu'aux montagnes; mais entre ces chutes & la Mer, les rivieres ſont à découvert, & dégagées de rochers, & par conſequent navigables juſques là, & non pas plus loin, ce qui oblige les Indiens *qui les paſſent, en venant des montagnes, à trainer leurs canots pluſieurs milles de ſuite ſur la terre, juſqu'à ce qu'ils arrivent au deſſous des cataractes, d'où ils ont un paſſage ouvert & libre juſqu'à la Mer. Il arrive ſeulement que dans quelques endroits les rivieres ſont embarraſſées par des arbres que des torrens violens font deſcendre des montagnes, & y laiſſent.*

Les côtes de la Floride, *y compris la* Caroline *& la* Virginie, *avec les bayes, les paſſages d'eau dans la Mer, & les parties les plus baſſes des rivieres, ont un fond mou & bourbeux.*

Quand l'eau eſt baſſe, on voit dans les rivieres, & les criques d'immenſes couches d'huîtres, qui en couvrent les bords bourbeux pendant pluſieurs milles de ſuite: ces couches s'étendent juſqu'à trente, ou quarante milles de la Mer dans certaines grandes rivieres: les huîtres ne ſont pas ſéparées, mais jointes de ſi près les unes aux autres, qu'elles paroiſſent comme un rocher ſolide d'un pié & demi, ou de deux piés d'épaiſſeur, ayant les bords de leurs écailles en haut.

Les rivieres, qui viennent des montagnes, ſont ſujettes à de grandes inondations, cauſées non ſeulement par la multitude de petits canaux qui deſcendent des montagnes, & viennent les remplir; mais encore par la hauteur eſcarpée de leurs bords, & par l'obſtruction que les rochers y cauſent.

Quand il pleut abondamment ſur les montagnes, ces torrens rapides ſont tres violens & très ſubits: un ſeul exemple peut en donner une idée generale, & en faire comprendre les mauvais effets.

An

In *September* 1722, at Fort *Moor*, a little fortress on the *Savannah* river, about midway between the Sea and Mountains, the waters rose twenty-nine feet in less than forty hours. This proceeded only from what rain fell on the mountains, they at the Fort having had none in that space of time.

It came rushing down the river so suddenly, and with that impetuosity that it not only destroyed all their grain, but swept away and drowned the cattle belonging to the garrison. Islands were formed, and others joined to the land. And in some places the course of the river was turned. A large and fertile tract of low land, lying on the south side of the river, opposite to the Fort, which was a former settlement of the *Savannah Indians*, was covered with sand three feet in depth, and made unfit for cultivation. This steril land was not carried from the higher grounds, but was washed from the steep banks of the river. Panthers, Bears and Deer were drowned, and found lodged on the limbs of trees. The smaller animals suffered also in this calamity; even reptiles and insects were dislodged from their holes, and violently hurried away, and mixing with harder substances were beat in pieces, and their fragments (after the waters fell) were seen in many places to cover the ground.

There is no part of the Globe where the signs of a deluge more evidently appears than in many parts of the Northern Continent of *America*; which, though I could illustrate in many instances, let this one suffice. Mr. *Woodward*, at his plantation in *Virginia*, above an hundred miles from the Sea, towards the sources of *Rappahannock* river, in digging a well about seventy feet deep, to find a spring, discovered at that depth a bed of the *Glossopetra*, one of which was sent me.

All parts of *Virginia*, at the distance of sixty miles, or more, abound in fossil shells of various kinds, which in *Stratums* lie imbedded a great depth in the earth, in the banks of rivers and other places, among which are frequently found the *Vertebras*, and other bones of sea animals. At a place in *Carolina* called *Stono*, was dug out of the earth three or four teeth of a large animal, which, by the concurring opinion of all the *Negroes*, native *Africans*, that saw them, were the grinders of an Elephant: And in my opinion they could be no other; I having seen some of the like that are brought from *Africa*.

Of the ABORIGINES of AMERICA.

CONcerning the first peopling of *America*, there has been various conjectures how that part of the Globe became inhabited. The most general opinion is, that it was from the Northern Parts of *Asia*. The distance between the Western Parts of the old World and *America* is too well known to suppose a passage that way practicable from one Continent to the other. The difference from the Eastermost Part of the old World to *America* not being known, there is a probability that the Continent of the North-East Part of *Asia* may be very near, if not contiguous to that of *America*; or according to the *Japonese* Maps in Sir *Hans Sloane*'s Museum, the passage may be very easy from a chain of islands at no great distance from each other there laid down. The great affinity of the *Americans* with the *Eastern Tartars* in the resemblances of their features, hair, customs, *&c.* adds some weight to this conjecture. But, without taking upon me to determine this point, I shall attempt to give some account of these *American Aborigines* as they now exist.

Though the difference between the inhabitants of the various parts of the old World is such as would startle one's faith, to consider them all as descendants of *Adam*; in *America* it is otherwise. The inhabitants there (at least of the Northern hemisphere, if not from pole to pole) seem to be the same people, or sprung from the same stock; this affinity in the *Aborigines* of *America* with one another, holds not only in regard to resemblance, in form and features, but their customs, and knowledge of arts are in a manner the same; some little differences may be in the industry of one nation more than others, and a small mechanick knowledge that some may have more than others. I am the more persuaded to this opinion, having had many opportunities of seeing and observing the various nations of *Indians* inhabiting the whole extent of North *America* from the *Equinoctial* to *Canada*, particularly the *Charibeans*, *Mosquitos*, *Mexicans*, *Floridans*, and those extending on the back of all our colonies, the Northermost of which differ no otherwise from the *Charibeans* (who inhabit near the *Equinoctial*) than in being not altogether so swarthy, and generally somewhat of a larger stature.

I have not the like knowledge of the inhabitants of South *America*; but from what I could ever learn of them, the characters of their persons, customs, *&c.* differ but little from those of the North.

If the relations of *Herrera*, *Solis*, and other *Spanish* Authors could be relied on, they were, I confess, enough to excite in us an high opinion of the knowledge and politeness of the *Mexicans*, even in the more abstruse arts of Sculpture and Architecture, the darling sciences of the Ancients, and which added such glory to the *Greeks* and *Romans*, whose unparallel'd fabricks still remain a testimony of their superior know-

Au mois de Septembre *de l'année* 1722, *au fort de* Moor, *qui est une petite forteresse sur la* Savanne, *environ à moitié chemin entre la Mer & les montagnes, l'eau monta de vingt neuf piés, en moins de quarante heures: cela provenant de la pluye qui étoit tombée sur les montagnes, les habitans du fort n'en ayant point eu durant tout ce temps là.*

Le torrent se précipita si subitement, & avec tant d'impétuosité dans la riviere, que non seulement il détruisit tous les grains, mais même emporta les bestiaux appartenans à la garnison, & les noya. Il se forma de nouvelles iles, & il y en eut d'anciennes qui se joignirent à la terre ferme. Le cours de la riviere fut détourné dans quelques endroits. Un espace considérable de terrein bas & fertile, situé au midi de la riviere, à l'opposite du fort, & qui étoit un ancien établissement des Indiens de la Savanne, *fut couvert de sable jusqu'à la hauteur de trois piés, & rendu incapable de culture. Ce sable stérile n'y fut pas apporté des terreins hauts; mais le torrent le détacha des bords escarpés de la riviere. Des panthères, des ours, & des bêtes fauves furent noyés & trouvés sur les branches des arbres. Les petits animaux souffrirent aussi de cette calamité. Il n'y eut pas jusqu'aux reptiles & aux insectes, qui ne furent arrachés de leurs trous, emportés avec violence, & brisés par les matieres dures, avec lesquelles ils se mêlerent; & après la retraite des eaux, on trouva la terre couverte en plusieurs endroits des morceaux de leurs corps.*

*Il n'y a aucun endroit du Globe, où les marques du déluge paroissent avec plus d'évidence que dans plusieurs pays de l'*Amérique *Septentrionale. J'en pourrois donner ici plus d'un exemple; mais je me contenterai de celui-ci. Monsieur* Woodward *étant à sa plantation de la* Virginie, *à plus de cent milles de la Mer, vers les sources de la riviere de* Rappahannock, *& y faisant creuser un puits à plus de soixante & dix piés de profondeur pour trouver une source, découvrit à cette même profondeur un lit de dents de requin pétrifiées, dont une me fut envoyée.*

Tous les cantons de la Virginie, *qui sont à soixante milles & plus de la Mer, abondent en coquillages fossiles de toutes les especes, qui sont par grands lits sous terre à une profondeur considérable, au bord des rivieres & ailleurs, & parmi lesquels on trouve souvent des vertebres, & autres ossemens d'animaux marins. Il y a à la* Caroline *un endroit nommé* Stono, *où l'on tira de dessous terre trois, ou quatre dents d'un grand animal, que les negres, qui sont naturels d'*Afrique, *jugerent tous être les dents mâchelieres d'un éléphant. J'en avois déja vû de semblables qu'on avoit apportées d'*Afrique, *& il ne paroit pas, que celles qu'on avoit deterrées pussent être les dents d'un autre animal.*

Des NATURELS *de l'Amérique.*

*IL y a eu diverses conjectures sur la maniere, dont l'*Amérique, *cette vaste partie de nôtre Globe, s'est originairement peuplée. L'opinion la plus générale est, que ses premiers habitans y sont venus des parties septentrionales d'*Asie. *La distance de l'Occident de l'ancien Monde à l'*Amérique *est trop connue, pour laisser supposer un passage praticable d'un continent à l'autre; au lieu que la distance des pays les plus orientaux de nôtre hémisphere au continent d'*Amérique *étant inconnue, il est probable que les pays du* Nord-Est *de l'*Asie *sont plus voisins de l'*Amérique, *que l'opinion commune ne le suppose. Le grand rapport qu'il y a entre les* Amériquains, *& les* Tartares Orientaux, *qui se ressemblent dans leurs traits, leurs cheveux, leurs coûtumes,* &c. *donne du poids à cette conjecture; mais je n'entreprendrai point de décider la question; & je me contenterai de dire quelque chose de ce que ces naturels d'*Amérique *sont aujourd'hui.*

*La différence qu'il y a entre les habitans des diverses parties du monde ancien est de nature à pouvoir ébranler la foi de ceux qui les regardent comme étant tous la postérité d'*Adam; *mais il n'en est pas de même en* Amérique, *dont les habitans, (au moins ceux de l'hémisphere Septentrional, si ce n'est d'un pole à l'autre) paroissent être un même peuple, provenu d'une seule & même source. Ce rapport des naturels de l'*Amérique *les uns avec les autres, a lieu non seulement dans une ressemblance de figure & de traits, mais encore dans celle de leurs coûtumes & de leurs arts, qui sont en quelque sorte les mêmes, à de légeres différences près, dans l'industrie & les arts méchaniques, où une nation peut avoir quelque supériorité sur l'autre. J'en suis d'autant plus persuadé que j'ai eu bien des occasions de voir & d'observer les divers peuples* Indiens, *qui habitent tout le continent de l'*Amérique *Septentrionale, depuis la ligne équinoxiale jusqu'au* Canada; *& en particulier les* Caribes, *les* Musquitos, *les* Méxiquains, *les habitans de la* Floride, *& ceux qui s'étendent derriere toutes nos colonies, & dont les plus Septentrionaux ne different des* Caribes, *qui sont voisins de la ligne equinoxiale, qu'en ce qu'ils ne sont pas tout à fait si noircis par le soleil, & qu'en général ils ont la taille un peu plus haute.*

*Je n'ai pas la même connoissance des habitans de l'*Amérique *Méridionale; mais par tout ce que j'ai pu en apprendre, leurs personnes, & leurs coûtumes sont peu differentes de celles des peuples du* Nord.

*S'il en falloit croire les relations d'*Herrera, *de* Solis, *& d'autres* Espagnols, *elles suffiroient en vérité, pour nous faire concevoir une haute idée du savoir, & du bon goût des* Méxiquains, *même dans la Sculpture & l'Architecture, arts si difficiles, si chéris des anciens, & qui ont acquis aux* Grecs *& aux* Romains *une gloire, dont nous avons encore des témoignages dans les restes inimitables d'édifices élevés par eux*

knowledge in those arts, though above 2000 years have passed since the finishing of some of them. Yet that all those stupendous buildings which the *Spanish* Authors describe, standing at the time of their conquering the city and territory of *Mexico*, should be so totally destroyed, that an hundred years after its conquest there should remain not the least fragment of art or magnificence in any of their buildings; hard fate!

For my own part I cannot help my incredulity, suspecting much the truth of the above-mentioned relations, which (agreeable to the humour of that nation) seems calculated to aggrandize their atchievements in conquering a formidable people, who in reality were only a numerous herd of defenceless *Indians*, and still continue as perfect Barbarians as any of their neighbours.

ou il y a plus de deux mille ans, & où leur supériorité dans les arts se trouve si noblement caractérisée; mais par quelle fatalité se peut il que tant d'édifices superbes, dont les auteurs Espagnols nous donnent des descriptions, & qu'ils nous disent avoir été sur pié lors de la conquête de la ville, & du territoire du Mexique soyent tombés dans une ruine si prompte & si totale, que cent ans après on n'ait pu retrouver la moindre trace de savoir & de grandeur dans aucune des fabriques de ces peuples?

Pour moi, je sens que l'incrédulité me gagne, & que malgré moi, je soupçonne beaucoup la vérité des relations ci-dessus, qui quadrent avec le caractere Espagnol, & ne paroissent destinées qu'à prêter de l'éclat aux prouesses de cette nation, en la supposant victorieuse d'un peuple formidable, qui n'étoit pourtant en réalité qu'un attroupement nombreux d'Indiens sans défense, & qui continue à n'être aujourd'hui qu'une multitude de peuples aussi barbares à tous égards qu'aucuns de leurs voisins.

Of the INDIANS *of* Carolina *and* Florida.

MR. *Lawson*, in his account of *Carolina*, printed *Anno* 1714, has given a curious sketch of the natural dispositions, customs, &c. of these Savages. As I had the same opportunities of attesting that Author's account as he had in writing it, I shall take the liberty to select from him what is most material, which otherwise I could not have omitted from my own observation. I cannot but here lament the hard fate of this inquisitive traveller, who, though partial in his favourable opinion of these Barbarians, died by their bloody hands, for they roasted him alive in revenge for injuries they pretended to have received from him.

Their Persons. The *Indians* of *Carolina* are generally tall, and well shap'd, with well-proportion'd limbs, though their wrists are small, their fingers long and slender; their faces are rather broad, yet have good features and manly aspects; their noses are not flat, nor their lips too thick; their eyes are black, and placed wide from one another; their hair is black, lank, and very coarse, approaching to the substance of horsehair; the colour of their skin is tawny, yet would not be so dark did they not daub themselves over with Bear's oyl continually from their infancy, mixing therewith some vegetable juices, particularly that of the *Sanguinaria*, figur'd in *Hort. Elt.* p. 334. Vol. II. The Women before marriage are generally finely shaped, and many of them have pretty features. No people have stronger eyes, or see better in the night or day than *Indians*, though in their houses they live in perpetual smoke; their beards are naturally very thin of hair, which they are continually plucking away by the roots; they never pare their nails, but laugh at the *Europeans* for paring theirs, which they say disarms them of that which Nature designed them for; they have generally good teeth, and a sweet breath. There are few amongst these *Americans* so robust, and of so athletick a form as is amongst *Europeans*, nor are they so capable of lifting great burthens, and enduring so hard labour; but in hunting they are indefatigable, and will travel further, and endure more fatigue than a *European* is capable of. In this employment their women serve instead of pack-horses, carrying the skins of the Deer they kill, which by much practice they perform with incredible labour and patience. I have often travelled with them 15 and 20 miles a day for many days successively, each woman carrying at least 60, and some above 80 weight at their back.

Running and leaping these Savages perform with surpassing agility. They are naturally a very sweet people, their bodies emitting nothing of that rankness that is so remarkable in Negroes; and as in travelling I have been sometimes necessitated to sleep with them, I never perceived any ill smell; and though their cabbins are never paved nor swept, and kept with the utmost neglect and slovenliness, yet are void of those stinks or unsavory smells that we meet with in the dwellings of our poor and indolent.

Their Habits. *Indians* wear no covering on their heads, their hair, being very long is twisted and rolled up in various manners, sometimes in a bunch on each ear, sometimes on one ear only, the hair on the other side hanging at length, or cut off. Others having their hair growing on one side of their head at full length, while the hair of the other side is cut within an inch or two of the roots, standing upright. Some of the modish wear a large bunch of downy feathers thrust through a hole made in one and sometimes both ears; others strow their heads usually with the down of Swans.

In Summer they go naked, except a piece of cloth between their legs, that is tuck'd into a belt, and hangs in a flap before and behind. Their ordinary Winter dress is a loose open waistcoat without sleeves, which is usually made of a Deer skin, wearing the hairy side inwards or outwards in proportion to the cold or warmth of the season; in the coldest weather they cloath themselves with the skins of Bears, Beavers, *Rackoons*, &c. besides warm and very pretty garments made of feathers. They wear leather buskins on their legs, which they tie below the knee. Their *Mockasins*, or shoes,

Des INDIENS de la *Caroline*, & de la *Floride*.

MOnsieur Lawson nous a donné une excellente ébauche du naturel, & des coutumes de ces Sauvages, dans sa relation de la Caroline, imprimée en 1714; & comme j'ai les mêmes raisons d'attester la vérité de ce qu'il en dit, qu'il avoit de le mettre par écrit, je prendrai la liberté d'extraire de son ouvrage ce qu'il y a de plus important, & ce qu'il ne m'auroit pas été possible d'omettre, en ayant été témoin oculaire. Je plains de tout mon cœur le sort de ce voyageur curieux, qui, malgré sa partialité sur le compte de ces barbares, périt misérablement par leurs mains cruelles, & fut rôti tout vif, en revanche des injures qu'ils prétendoient en avoir reçûes.

En général, les Indiens de la Caroline sont grands, de belle taille, & bien proportionnés. Ils ont cependant le poignet petit, & les doigts longs & menus. Quoi que leurs visages tirent sur le large, ils ont pourtant les traits beaux & le regard mâle, & n'ont ni le nez plat, ni les lévres trop grosses. Ils ont les yeux noirs, & fort éloignés l'un de l'autre. Leurs cheveux sont de la même couleur, mais plats, & d'un rude qui les approche beaucoup du crin. Leur teint, qui est basané, seroit cependant moins rembruni, si, dès leur enfance, ils ne se barbouilloient pas continuellement, depuis la tête jusqu'aux piés, d'huile d'ours qu'ils mêlent avec des sucs de plantes, sur tout avec celui de la sanguinaire, dont on trouve la figure in Hort. Eltham. p. 334. Vol. II. Les femmes sont ordinairement de belle taille avant le mariage, & il y en a beaucoup de jolies. Il n'est point de nation qui ait les yeux plus forts, ni qui voye mieux de nuit & de jour que les Indiens, quoi qu'ils soyent éternellement entourés de fumée dans leurs maisons. Ils ont naturellement peu de barbe, dont ils ne cessent d'arracher les poils. Ils ne se coupent jamais les ongles, & se moquent des Européens qui le font, & qui, disent ils, se privent par là des armes que la Nature leur a données. Ils ont généralement les dents belles, & l'haleine douce. Il n'y a qu'un très petit nombre de ces Américquains, qui soyent aussi robustes, & qui ayent autant l'air d'athletes que les Européens; aussi ne sauroient ils lever d'aussi grands fardeaux, ni soutenir des travaux aussi rudes; mais ils sont infatigables à la chasse, & feront des voyages beaucoup plus longs, & plus pénibles qu'aucun Européen n'en pourroit soutenir. Dans cet exercise les femmes leur servent de chevaux de charge, pour porter les peaux des bêtes fauves qu'ils tuent; ce qu'une longue pratique les accoutume à faire avec une patience, & un travail incroyable. J'ai souvent voyagé plusieurs jours de suite avec eux, & fait 15 & 20 milles par jour, chaque femme portant au moins soixante livres, & quelques unes plus de quatre vingt livres pésant sur le dos.

Ces sauvages courent & sautent avec une agilité surprenante. Ils sentent naturellement très bon, leurs corps n'exhalant rien qui approche de la mauvaise odeur qu'on remarque dans les negres. Dans mes voyages, il m'a souvent fallu coucher avec eux; mais je ne me suis jamais apperçu qu'ils sentissent mauvais; & quoi que leurs cabanes ne soyent jamais pavées, ni balayées, & qu'ils les laissent devenir très sales, elles sont toujours exemptes de ces odeurs puantes, & désagréables que l'indolence, & la pauvreté causent quelquefois parmi nous.

Les Indiens ne se couvrent point la tête, & comme ils ont les cheveux longs, ils les tressent, & les retroussent de plusieurs manieres. Quelquefois ils les mettent moitié sur une oreille & moitié sur l'autre; d'autres fois, ils n'en retroussent que la moitié sur une oreille, tandis que ceux de côté opposé pendent de toute leur longueur, ou sont coupés. Quelques uns laissent croître entierement leurs cheveux d'un côté de la tête, tandis que ceux de l'autre côté sont coupés à un pouce de la racine, & sont droits & hérissés. Ceux qui se mettent du bel air, portent un gros bouquet de plumes de duvet qu'ils fourrent dans un trou fait exprès à une de leurs oreilles, & quelquefois à toutes les deux: d'autres se jonchent la tête de duvet de cygne.

Ils vont nuds en Eté, sans autre couverture qu'un morceau d'étoffe entre les jambes, attaché en forme de baudrier, & dont un bout pend par devant, & l'autre par derriere. Leur ajustement ordinaire en Hiver est une veste ouverte & volante, sans manches, faite d'une peau de daim, dont ils mettent le poil, en dehors ou en dedans, selon que la saison est froide, ou tempérée. Dans le fort de l'Hiver ils s'habillent de peaux d'ours de castors, de raccoons, &c. sans compter les habillemens fort jolis, & forts chauds qu'ils font avec des plumes. Ils ont aux jambes des bottines de cuir, qu'ils attachent au dessous du genou. Leurs Mockasins

ſhoes are made of bear or buck-ſkins, without heels, and are made as fit for the feet as a glove to the hand.

The women wear ſhort petticoats of woollen, and ſome of moſs. In ſummer they generally go naked from the waſte upwards, but in winter they wrap themſelves in a mantle of ſkins or woollen cloth, which they purchaſe of the *Engliſh*. Their hair they manage in a different manner from the men, ſometimes rolling it up in a bunch to the crown of their head, others braid it, and bind it with wreaths of peak and ronoack, which are ſhells ground into regular pieces, with holes bored through them, and ſtrung; this is their money, and both ſexes uſe it for their principal ornaments with which they deck themſelves, making of them pendants, bracelets, girdles, garters, &c. Beſides which, the military men eſpecially, wear at their breaſts a concave ſhell, cut to the form of, tho' ſomewhat leſs than a gorget; this is an univerſal decoration with all the *Indians* of the northern continent; and as all their mechaniſm, for want of good tools, is performed with great labour, ſo theſe gorgets bear a great price in proportion to their largeneſs and carving. Their war captains and men of diſtinction have uſually the portrait of a ſerpent, or other animal, on their naked bodies; this is done by puncture and a black powder conveyed under the ſkin. Theſe figures are eſteemed not only as ornamental, but ſerve to diſtinguiſh the warriors, making them more known and dreaded by their enemies. In their hunting marches, at the entrance of the territories, or hunting grounds of an enemy, the captain, or leader of them chips off the bark from one ſide of a tree, on which he delineates his own perſon, with the dreadful hieroglyphick figure before-mentioned, which is ſometimes a rattle-ſnake open mouth'd, at a corner of his mouth, twiſting in ſpiral meanders round his neck and body, the hero alſo holding in his hand a bloody *Tommahawk*. By this menace or challenge is ſignified, that he whoſe pourtrait is there diſplayed, hunts in theſe grounds, where if any of his enemies dare intrude, they ſhall feel the force of his *Tommahawk*.

At their going on enterprizes of war, they dreſs in their greateſt gallantry, daubing their hair with bear's-fat and the juice of the *pochoon*-root, and another red root, ſticking therein the wings and feathers of birds, beſides rings of copper, *Peak* and *Wampum* in their ears, at the ſame time painting their faces in various manner, ſometimes red, with a circle of black round one eye, others have one ſide of their face red and the other black, whilſt others daub their faces with white clay, black lead, and other colours. This they do not only to terrify their enemies, but that they ſhould not be known again; for in all their hoſtilities againſt the *Engliſh*, the ſavages always appeared in this diſguiſe.

Of their Arms. There are very few *Indians* (and thoſe very remote) that retain the uſe of bows and arrows, they being now ſupplied with guns by the *Engliſh*. Their bows were made of the locuſt-tree, *i. e. Pſeudo-acacia*, it being when old a very tough and pliant wood. Their arrows were reeds headed with pieces of ſtone, ſpurs of turky-cocks, and the bones of fiſh. Beſides bows and arrows, *Tommahawks* were the only weapons of war they had. Theſe were of two kinds; one was a ſtaff about three feet long, with a large knob at the end; the others were made of ſtone ground to an edge, of the form and ſize of a ſmall hatchet, and fixed to a ſtrong handle; theſe would cut, and were of moſt uſe, as well for war as for hollowing their canoes, and other mechanick uſes; with theſe they fought and worked, but ſince the introduction of iron hatchets, which they ſtill call *Tommahawks*, they have wholly laid aſide their ſtone ones.

Of their Food and Cookery. The *Indians* are a temperate people, not from a Principle of Virtue, but from an ancient ſavage and indolent cuſtom, which all the examples of induſtry and œconomy can never eradicate. They have a vaſt country to range in, and the choice of the moſt delightful and fertile parts of it to inhabit, by which with little labour they might indulge the greateſt luxury. Yet ſo little are they inclined that way, or even make ſo little uſe of theſe bleſſings, that, by depending wholly on providence, they are ſometimes drove to neceſſity. Except a few hens, which were firſt brought among them by the *Europeans*, the *Indians* breed no tame animals for food, and conſequently eat neither beef, mutton, nor pork, yet are fond of theſe meats, when they get them amongſt the *Engliſh*. No animal is of ſo general uſe to them as the deer, which ſupplies them with food and raiment; yet theſe following animals are alſo their food, buffelo's, elks, hares, ſquirrels, bears, panthers, wild-cats, pole-cats, opoſſums, rackoons, bevers, aligators, terrapins and ſerpents, beſides all ſorts of fowls, not rejecting the rapacious kinds. The *Nymphæ* of waſps they eſteem a dainty. Fiſh of all kinds are a great part of the food of thoſe who inhabit near the ſea.

The only grain they cultivate is *Maiz*, which, with various kinds of pulſe, they had amongſt them before the arrival of the *Europeans*. In ſummer they feed much on vegetables, particularly *Maiz* before it is ripe, and while tender, they roaſt it in the fire, alſo

Moccaſins, *ou ſouliers ſont de peaux, d'ours ou de bœufs, ſans talons, & auſſi juſtes au pié qu'un gand l'eſt à la main.*

Les femmes portent des jupes courtes de laine, & quelques unes en portent de mouſſe. En Eté, la pluſpart d'entre elles vont nues, depuis la ceinture en haut; mais en Hiver elles s'enveloppent d'un manteau de peau, ou de drap de laine qu'elles achetent des Anglois. *Elles ajuſtent leurs têtes différemment de celles des hommes. Quelquefois leurs cheveux ſont retrouſſés en un ſeul paquet juſques ſur la couronne: d'autres les treſſent, & les attachent avec des cordons de* Peak, *& de* Ronoack, *qui ſont des morceaux de coquillages auxquels on donne une forme reguliere, en les éguiſant ſur une meule, & qu'on perce par le milieu pour les enfiler. Ces coquillages ſont leur monnoye, & les deux ſexes en font leurs plus grands ajuſtemens: ils s'en parent, & en font des pendans, des bracelets, des ceintures, des jarretieres, &c. Les gens de guerre en particulier portent, outre ces choſes, ſur la poitrine une coquille concave, taillée en forme de hauſſe-col, quoi qu'un peu plus petite. C'eſt un ornement d'un uſage univerſel chez tous les* Indiens *du continent Septentrional; & comme tous leurs ouvrages leur coûtent beaucoup de travail, faute de bons outils, ces hauſſe-cols ſont d'un prix conſidérable à proportion de leur volume, & de leur ſculpture. Leurs Officiers de guerre, & les perſonnes de diſtinction parmi eux portent ordinairement ſur leurs corps à nud la figure d'un ſerpent, ou d'un autre animal, ce qu'ils font en ſe piquant entre cuir & chair, & en y introduiſant une poudre noire. Ces figures ſont non ſeulement regardées comme une parure, mais ſont encore la marque de diſtinction des gens de guerre, qui les fait connoître de leurs ennemis, & les leur rend redoutables. Lors qu'ils ſont dans une marche de chaſſe, & ſur les bords du territoire ou pays de chaſſe d'un ennemi, leur chef ou capitaine enleve l'écorce d'un arbre tout d'un côté, & ſur l'endroit découvert il deſſine ſa propre perſonne avec la terrible figure hiéroglyphique ci-deſſus mentionnée, qui eſt quelquefois un ſerpent à ſonnette, ayant la gueule béante: il en place la tête vers le coin de ſa bouche, & le repréſente comme ſe tortillant en ligne ſpirale autour de ſon cou, & de ſon corps. Le héros tient auſſi dans ſa main un* Tommahawk *ſanglant; & cette menace ou plûtot ce défi ſignifie que lui N**** dont on voit ici le portrait, chaſſe ſur ce terrein, & que ſi aucun de ſes ennemis a l'audace d'y venir, ils ſentira la force de ſon* Tommahawk.

Quand ils vont à quelque expédition militaire, ils ſe parent de leurs ajuſtemens les plus magnifiques, barbouillent leurs cheveux d'huile d'ours, & de jus de Sanguinaire, *ou d'une autre racine rouge, & y enfoncent les ailes & les plumes de divers oiſeaux: de plus ils mettent à leurs oreilles des anneaux de* Peak *& de* Wampum, *& ſe peignent le viſage de diverſes manieres, & quelquefois en rouge avec un cercle noir autour d'un œile. Quelques uns ont un côté du viſage rouge, & l'autre noir: d'autres ſe barbouillent la face d'une terre blanche, de mine de plomb noire, & d'autres couleurs. Ils le font non ſeulement pour épouvanter leurs ennemis, mais encore pour n'être pas reconnus; car dans toutes leurs hoſtilités contre les* Anglois, *les ſauvages ont toujours paru ſous ce déguiſement.*

*Il n'y a que peu d'*Indiens *(encore ſont-ils fort éloignés) qui ayent conſervé l'uſage de l'arc & des fléches, les* Anglois *leur ayant fourni des fuſils. Leurs arcs étoient faits de bois de* locus, *c'eſt-à-dire de* Pſeudo-acacia, *bois fort ferré & très ſouple, quand il eſt vieux. Leurs fléches étoient des roſeaux armés par un bout de morceaux de pierres, d'éperons de coq d'Inde, & d'arrêtes de poiſſon. Ils n'avoient, outre l'arc & les fléches, d'autres armes guerrieres que les* Tommahawks, *qui étoient de deux eſpeces: l'un conſiſtoit en un bâton d'environ trois piés de long, avec un gros nœud au bout; & les autres étoient de pierre aiguiſée & tranchante, de la figure & de la groſſeur d'une petite hache, attachée à un gros manche. Ils étoient coupans, & fort utiles, tant pour faire la guerre, que pour creuſer leurs canots, & pour d'autres uſages méchaniques. Ils s'en ſervoient pour ſe battre, & pour travailler; mais depuis l'introduction des haches de fer, qu'ils appellent encore* Tommahawks, *ils ont entierement abandonné leurs haches de pierre.*

Les Indiens *ſont ſobres, non par vertu, mais par une férocité, & une indolence anciennes & habituelles, que tous les éxemples de l'induſtrie, & de l'œconomie la plus parfaite ne déracineroient pas de leurs cœurs. Ils ont un vaſte pays, où ils peuvent roder & errer en liberté: ils en peuvent choiſir à diſcrétion les endroits les plus délicieux, & les plus fertiles pour en faire leur demeure, & ſatisfaire ainſi ſans peine à la volupté la plus rafinée; mais leur penchant les y porte ſi peu, & ils font même ſi peu d'uſage de ces avantages, que laiſſant à la providence le ſoin entier de les fournir de tout, il leur arrive quelquefois de manquer du néceſſaire. A la réſerve de quelques poules, qu'on leur a originairement apportées d'*Europe, *les* Indiens *n'élevent aucuns animaux domeſtiques pour s'en nourrir; & par conſequent ils ne mangent ni bœuf, ni mouton, ni porc; quoi qu'ils ſoyent très friands de ces viandes, quand ils peuvent en attrapper parmi les* Anglois. *L'animal, dont ils font l'uſage le plus général, eſt le daim, qui leur fournit la nourriture, & le vêtement. Cependant les buffles, les élans, les lievres, les écureuils, les ours, les pantheres, les chats ſauvages, les fouines, les opoſſums, les raccoons, les caſtors, les crocodiles, les tortues de terre, les ſerpens, & les oiſeaux de toutes les eſpeces, ſans en excepter ceux de proye, ſont auſſi partie de leur nourriture. Les criſalides de guêpes ſont pour eux un mets délicieux. Le poiſſon de toutes les eſpeces fait la principale nourriture de ceux qui demeurent près de la Mer.*

Le ſeul grain qu'ils cultivent c'eſt le Maïz. *Ils mangent diverſes eſpeces de pois, & de féves, qu'ils avoient avant l'arrivée des* Européens. *En Eté ils mangent beaucoup de légumes & de verdure, ſur tout du* Maïz, *qu'ils arrachent avant qu'il ſoit mûr, & qu'ils rôtiſſent ſur le feu, lors qu'il eſt*

pumkins, gourds, squashes, melons, cucumbers, potatoes; besides peaches, rasberries, and strawberries, which their woods abound in. *Indians* seldom plant corn enough to last them the year round, yet in some measure they supply that want by their autumn-collection of black walnuts, hiccory nuts, chinkapins and acorns, which they lay up for winter store; from these they press wholesome oil, particularly from the acorns of the live oak. The kernels also of these nuts and acorns being beat in a mortar to a paste, serve to thicken and enrich their broths.

Besides roasting and boiling, they *barbacue* most of the flesh of the larger animals, such as buffalo's, bear and deer; this is performed very gradually, over a slow clear fire, upon a large wooden gridiron, raised two feet above the fire. By this method of curing venison it will keep good five or six weeks, and by its being divested of the bone, and cut into portable pieces, adapts it to their use, for the more easy conveyance of it from their hunting quarters to their habitations. Fish is also thus preserved for the better conveyance of it from the maritime to the inland countries. The manner of their roasting is by thrusting sticks through pieces of meat, sticking them round the fire, and often turning them. At their festivals they make some compound dishes, which, as I have often partook of, the following may serve as a specimen of their cookery. They stew the lean of venison till little liquor remains, which is supplied with marrow out of their deer's bones; to which is added, the milky pulp of *Maiz* before it hardens. It is common with some nations at great entertainments, to boil bear, deer, panther, or other animals, together in the same pot; they take out the bones, and serve up the meat by itself, then they stew the bones over again in the same liquor, adding thereto purslain and squashes, and thicken it with the tender grain of *Maiz*, this is a luscious soup. A fawn cut out of the deer's belly, and boiled in its natural bag, is a dish in great esteem with them. The pigeons, described p. 23. Vol. I. afford them some years great plenty of oil, which they preserve for winter use; this and sometimes bears-fat they eat with bread, with it they also supply the want of fat in wild turkeys, which in some winters become very lean by being deprived of their food, by the numerous flights of the migratory pigeons devouring the acorns, and other mast. Oil drawn from nuts and acorns have also their peculiar uses in cookery. *Indians* (as has been before said) are often without corn, (and from the same negligent principle) when they have it, they are often without bread, contenting themselves with eating the grain whole, after being softened by boiling it with their meat. They thicken their broths with *Roccahomony*, which is indeed, for that purpose, much preferable to oatmeal or *French* barley. Peaches they dry in the sun for winter-use, and bake them in the form of loaves. *Phishimons*, whorts, and some other fruit and wild berries they also preserve for winter, using them in their soups and other ways. *Indians* also eat the earth-nuts, which they call *Tuccaho*. Turkeys, hares, squirrels, with other smaller animals, they roast with their guts in their bellies; they use instead of salt, wood-ashes; yet I have seen amongst the *Chigasaws* very sharp salt in christalline lumps, which they told me was made of a grass growing on rocks in fresh rivers. *Indians* eat no raw sallets, and have an aversion to pepper and mustard. Victuals are common throughout the whole kindred, and often to the whole town, especially when they are in hunting quarters, then they all fare alike, whoever of them kills the game.

They have no fence to part one another lots in their corn fields, every man knows his own, and it scarce ever happens that they rob one another of so much as an ear of corn, which if any is found to do, the thief is sentenced by the elders to work or plant for him that was robbed, till he is recompenced for all the damage he has suffered in his corn-field: yet they make no scruple to rob the *English*, having been taught this lesson by the latter. They are very kind and charitable to one another, but more especially to those of their own nation, for if any one of them have suffered loss by fire or otherwise, they make a general collection for him, every one contributing to his loss in proportion to his abilities.

Of the Habitations *of the* Indians.

THE *Wigwams*, or cabbins of the *Indians* are generally either circular or oval, having but one floor, but of various dimensions, some containing a single family, others four or five families, but of the same kindred. In building their fabricks they stick into the ground at about four or five feet asunder, very long pliant poles, bending their tops, and tying them together with bark; then they brace them together with other poles to strengthen them, afterwards covering them all over, both roof and sides with bark, particularly that of sweet gum, cypress, and cedar, so that they are warm and tight, and will keep firm against

encore tendre. Les potirons, les citrouilles, les squashes, les melons, les concombres, & les pommes de terre font une autre partie de leur nourriture, sans compter les pêches, les framboises, & les fraises dont leurs bois sont remplis. Il est rare que les Indiens *sement assez de bled pour en recueillir pour toute l'année, mais ils y suppléent par les amas qu'ils font en Automne de noix noires, de* hickoris, *de* chinkapins, *& de glands, qui sont leurs provisions d'Hiver. Ils en expriment une huile fort saine, sur tout des glands du chêne verd. Ils battent aussi les glands & les dedans des noix dans un mortier, & reduisent le tout en une pâte, dont ils se servent pour épaissir leurs bouillons, & leur donner de la force.*

Outre les apprêts de rôtir & de bouillir, ils grillent la plus grande partie de la chair des grands animaux comme des buffles, des ours, & des daims: ce qui ne se fait qu'à la longue, avec un feu lent & clair, & sur un large gril de bois, élevé de deux pieds au dessus du feu. Par cette maniere d'apprêter la venaison, elle se conserve bonne pendant cinq ou six semaines; & si l'on en ôte les os, & qu'on la coupe par morceaux portatifs, la facilité de les transporter met les Indiens *en état de s'en servir, lors qu'ils quittent le lieu de leur chasse, pour s'en retourner chez eux. Ils accommodent aussi le poisson de la même maniere, pour le transporter plus aisément des côtes maritimes dans les parties intérieures du pays. Pour rôtir la viande, ils la mettent par morceaux, passent un bâton dans chaque morceau, plantent tous ces bâtons en terre autour du feu, & les tournent souvent. Dans leurs festins ils font quelques plats composés, dont j'ai souvent goûté, & dont la description suivante pour redonner une idée de leur cuisine. Ils étuvent le maigre de la venaison, jusqu'à ce qu'il n'y reste guères de jus: ils remplacent ce jus avec une moële qu'ils tirent des os du daim; & ils y ajoûtent la poulpe du* maiz, *qui est alors laiteux, & qu'ils prennent avant que ce grain durcisse. Il arrive souvent à quelques uns de ces peuples, quand ils veulent donner de grands repas, de faire bouillir à la fois, & dans un même pot des morceaux d'ours, de daim, de panthere, & d'autres animaux. Ils désossent la viande, & la servent à part: ensuite ils étuvent de nouveau les os dans la même liqueur, y ajoûtant du pourpier & des* squashes; *& ils épaississent le tout avec des grains de* maiz, *encore tendres: cette soupe est fort rassasiante. Un faon, arraché du ventre de sa mere, & bouilli dans le sac qui l'y contenoit, est un mets fort estimé chez eux. Il y a des années, où les pigeons que nous avons décrits, Vol. I. p. 23. leur fournissent en grande abondance une huile qu'ils gardent pour l'Hiver. Ils la mangent, & quelquefois aussi la graisse d'ours, avec du pain, & s'en servent aussi pour suppléer au défaut de graisse des dindons sauvages, qui dans certains Hivers deviennent extrêmement maigres, parce que leur nourriture leur est enlevée par de nombreuses volées de pigeons passagers, qui viennent dévorer les glands, & autres fruits de ce genre. Les huiles qu'on tire des noix, ou des glands ont aussi leurs usages particuliers pour la cuisine. Les* Indiens, *comme nous l'avons dit, sont souvent dépourvûs de bled; & par le même esprit de négligence, lors qu'ils ont du bled, ils manquent souvent de pain, & se contentent de manger le grain entier, après l'avoir amolli, en le faisant bouillir avec leur viande. Ils épaississent leur bouillon avec du* roccahomoni, *qui en effet vaut beaucoup mieux pour cet usage que le gruau, & l'orge de* France. *Ils font sécher au soleil des pêches, qu'ils gardent pour l'Hiver, & qu'ils cuisent au four, en forme de pains. Ils cuisent aussi pour la même saison des* Pishimons, *des bayes d'airelle, & d'autres fruits & bayes sauvages, qu'ils mettent dans leurs soupes, & dans d'autres plats. Les* Indiens *mangent aussi une espece de truffes, qu'ils appellent* tuccahoe. *Ils rôtissent des dindons, des lievres, des écureuils & d'autres animaux plus petits, sans leur ôter les entrailles. J'ai vû chez les* Chigasaws *un sel fort acre, en forme de morceaux de cristal, qu'ils me dirent avoir été fait d'une herbe qui croît sur des rochers, dans des rivieres d'eau douce. Les* Indiens *ne mangent point de salade, & ont en aversion le poivre & la moutarde. Les vivres sont communs à toute une famille, & souvent à une ville entiere, sur tout quand ils sont dans leurs pays de chasse; car alors ils mangent tous les uns comme les autres, qui que ce soit qui tue la venaison.*

Ils n'ont point de hayes pour séparer leurs champs: chacun connoit ce qui lui appartient; & il n'arrive jamais qu'ils s'entre-dérobent, non pas même un seul épi de bled. Si quelque fripon est attrappé, les vieillards le condamnent à travailler, & à semer pour celui qu'il a volé, jusqu'à ce qu'il l'ait indemnisé du tort qu'il a fait à son champ. Ils ne font cependant nul scrupule de voler les Anglois, *qui leur ont donné l'exemple. Ils sont bons & charitables les uns envers les autres, mais sur tout envers ceux de leur propre nation; car si quelqu'un d'entre eux a éprouvé des pertes par le feu ou autrement, ils font une cueillette générale, & chacun se cotise à proportion de ses facultés, pour réparer le dommage qu'il a souffert.*

Des *Habitations* des *Indiens.*

LES Wigwams, *ou cabanes des* Indiens *sont en général ou circulaires, ou ovales. Elles n'ont que le rez de chaussée, & sont de plusieurs grandeurs, quelques unes contenant une seule famille, & d'autres en contenant quatre ou cinq, mais qui sont tous parens. Pour construire leurs maisons, ils plantent en terre, à 4 à 5 pieds de distance l'une de l'autre, des perches très longues & très souples: ils les ployent toutes par le haut, & les lient ensemble avec des écorces d'arbres; puis ils les attachent ensemble avec d'autres perches, pour en fortifier l'union: ils les couvrent ensuite, tant sur le toit que sur les côtes, d'écorces d'arbres, sur tout de celles de l'arbre à gomme odoriférante, Vol. II. p. 65. du cyprès,*

gainst all weathers. In the top of the roof is left a hole to let out the smoak, under which, in the middle of the cabbin, is their fire; in the sides is left a hole or two for light, and a door at one end; round the cabbin are fixed to the walls broad benches of split cane, laying thereon mats or skins, on which they sleep. Their state-cabbins, for the reception of embassadors, and other publick transactions, are built with greater magnificence, being loftier, and of far larger dimensions, the inside being hung with mats of rushes or cane, as is also the *Wigwam* of the king, and some others of prime note.

They have also houses for the summer, which are built more open and airy, which in sultry weather they sleep in. A town of *Totero Indians*, seated on *Meherin* river, is built with strong posts or trees drove into the ground close to one another, the interstices being stopt up with moss, and covered with the bark of the sweet gum-tree, from two of which trees, being bereaved of their bark, I gathered more than my hat full of the fragrant rosin that trickles from between the bark and the wood, and by the heat of the sun condenses to a resemblance of transparent amber.

Of their Arts *and* Manufactures.

ARTS amongst the *Indians* are confined to a very narrow compass, the business of their lives being war and hunting, they trouble themselves with little else, deeming it ignominious for a *Cockarouse*, that is, a war-captain, or good hunter, to do mechanick works, except what relates to war or hunting, the rest they leave to the women and sorry hunters. Their canoes are made of pine or tulip trees, which (before they had the use of *English* tools, they burned hollow, scraping and chipping them with oyster-shells and stone-hatchets. Their mats are neatly made of rushes, and serve them to lie on and hang their cabbins with; they also make very pretty baskets of rushes and silk-grass, dyed of various colours and figures, which are made by the *Indians* of *Virginia*, and those inhabiting further north. But the baskets made by the more southern *Indians*, particularly the *Choctaughs* and *Chigasaws*, are exceeding neat and strong, and is one of their master-pieces in mechanicks. These are made of cane in different forms and sizes, and beautifully dyed black and red with various figures; many of them are so close wrought that they will hold water, and are frequently used by the *Indians* for the purposes that bowls and dishes are put to. But that which they are more especially useful for to the *English* inhabitants is for portmantuas, which being made in that form are commodious, and will keep out wet as well as any made of leather. The principal of their cloth-manufacture is made of the inner bark of the wild mulberry, of which the women make for themselves petticoats and other habits. This cloth, as well as their baskets, is likewise adorned with figures of animals represented in colours; its substance and durableness recommends it for floor and table-carpets. Of the hair of buffalo's, and sometimes that of *Rackoons*, they make garters and sashes, which they dye black and red; the fleshy sides of the deer-skins and other skins which they wear, are painted black, red and yellow, which in winter they wear on the out-side, the hairy side being next their skins. Those who are not good hunters dress skins, make bowls, dishes, spoons, tobacco-pipes, with other domestick implements. The bowls of their tobacco-pipes are whimsically, tho' very neatly made and pollished, of black, white, green, red, and gray marble, to which they fix a reed of a convenient length. These manufactures are usually transported to some remote nations, who having greater plenty of deer and other game, our neighbouring *Indians* barter their commodities for their raw hides with the hair on, which are brought home and dressed by the sorry hunters. The method of dressing their skins is by soaking them in deer's brains, tempered with water, scraping them with an oyster-shell till they become soft and pliable. *Maiz*, when young, and beat to a pulp, will effect the same as the brains; then they cure them with smoak, which is performed by digging a hole in the earth, arching it over with hoop-sticks, over which the skin is laid, and under that is kindled a slow fire, which is continued till it is smoaked enough.

Of their Hunting. Before the introduction of fire-arms amongst the *American Indians*, (though hunting was their principal employment) they made no other use of the skins of deer, and other beasts, than to cloath themselves, their carcasses for food, probably, then being of as much value to them as the skins; but as they now barter the skins to the *Europeans* for other cloathing and utensils they were before unacquainted with, so the use of guns has enabled them to slaughter far greater number of deer and other animals than they did with their primitive bows and arrows. This destruction of deer and other animals being chiefly for the sake of their skins, a small part of the venison they kill suffices them; the remainder is left to rot, or

cipres, & du cedre; de sorte qu'elles sont chaudes, compactes, & de résistance contre toutes sortes de temps. On laisse au haut du toit un trou pour laisser passage à la fumée, le feu étant au milieu de la cabane, immédiatement au dessous de ce trou. On laisse pareillement un trou ou deux sur les côtés, pour laisser entrer le jour, & l'on pratique une porte à une des extrémités. On place en dedans, & tout autour de la cabane contre le mur de larges bancs faits de cannes, & on y étend des nattes, ou des peaux, sur lesquelles les Indiens dorment. Leurs cabanes de parade, destinées pour recevoir les ambassadeurs, & pour d'autres affaires publiques, sont bâties plus magnifiquement, & infiniment plus grandes. Le dedans en est tendu de nattes de jonc, ou de canne, comme sont aussi les cabanes du Roi, & de quelques autres personnes de la premiere distinction.

Ils ont aussi pour l'Eté des maisons plus ouvertes & plus aériés, où ils couchent, quand le chaud est étouffant. Il y a sur la riviere Méhérin, *une ville d'*Indiens de Totero, *qui est bâtie de gros pôteaux, ou d'arbres enfoncés dans la terre & mis les uns contre les autres: les interstices en sont bouchés avec de la mousse, & couverts d'écorce de l'arbre à gomme odoriférante. Je recueillis un jour sur deux de ces arbres, qui étoient dépouillés de leur écorce, plus que mon plein chapeau de la gomme odoriférante qui coule d'entre l'écorce & le bois; la chaleur du soleil la condense, & elle ressemble alors à de l'ambre transparent.*

Des *Arts & Manufactures* des *Indiens.*

LES arts sont extrêmement bornés chez les Indiens. *Comme la guerre, & la chasse sont l'emploi de toute leur vie, ils ne s'embarrassent gueres d'autres choses; & ils trouvent qu'il est honteux à un cocorous, c'est à dire à un capitaine, ou à un bon chasseur de travailler de ses mains, à moins que ce ne soit pour des choses qui ont du rapport a la guerre, ou à la chasse, laissant le reste à faire aux femmes, & aux mauvais chasseurs. Leurs canots sont de bois de pin, ou d'arbre à tulippes. Avant qu'ils se servissent des outils* Anglois, *ils les creusoient avec le feu, les gratant, & les coupant avec des écailles d'huitres, & des haches de pierre. Leurs nattes sont très proprement faites de jonc: ils couchent dessus, & en tapissent leurs cabanes. Ils font aussi, avec du jonc & de l'herbe à soye, de très jolis paniers, teints de diverses couleurs, & dont les figures sont variées: c'est l'ouvrage des* Indiens *de la* Virginie, *& de ceux qui habitent plus avant dans le Nord; mais les paniers faits par les* Indiens *les plus Méridionaux, sur tout par les* Choctaughs *& les* Chigasaws, *sont extrêmement propres & forts, & un de leurs chef-d'oeuvres en fait de méchanique: ils sont faits de canne, & sont de formes & de grandeurs différentes, & magnifiquement teints en noir & en rouge, avec diverses figures. Plusieurs sont travaillés si serrés qu'ils peuvent retenir l'eau, & sont souvent employés par les* Indiens *aux usages où l'on applique les jattes, & les plats; mais la grande utilité que les* Anglois *en retirent, c'est de s'en servir comme de porte-manteaux: quand on leur en donne la forme, ils sont aussi commodes, & écartent l'humidité aussi sûrement qu'aucune malle de cuir. L'étoffe dont ils ont le plus de manufactures est faite de l'écorce intérieure du meurier sauvage. Les femmes s'en font des jupes, & d'autres hardes. Cette étoffe, aussi bien que leurs paniers, est ornée de figures d'animaux, représentés en diverses couleurs. Sa grande force & le long temps qu'elle dure, la rend propre à faire des tapis de pié, & de table. Les* Indiens *font des jarretieres, & des ceintures de poil de buffle, & quelquefois de poil de* Raccoon, *qu'ils teignent en noir & en rouge. Les côtés intérieurs des peaux de daim & autres animaux qu'ils portent, sont teints en noir, en rouge, & en jaune: en Hiver ils les portent à nud, ayant le côté velu sur leur chair. Ceux qui sont mauvais chasseurs apprêtent les peaux, & font des écuelles, des plats, des cuilleres, des pipes à fumer & d'autres ustensiles domestiques. Les fourneaux de leurs pipes sont d'une forme bisarre, mais très délicate; ils sont bien polis, & de marbre noir, blanc, verd, rouge, ou gris. On y attache un roseau de longueur convenable. On porte ordinairement ces manufactures à des nations éloignées, qui ont des daims, & d'autres animaux en plus grande abondance que les* Indiens, *nos voisins. Ceux-ci échangent ces denrées contre leurs cuirs cruds, & garnis de poil. Ils rapportent ces cuirs chez eux, & les font apprêter par les mauvais chasseurs. On prépare ces peaux, en les trempant dans de la cervelle de daim délayée dans de l'eau, & en les gratant avec des écailles d'huitre, jusqu'à ce qu'elles soyent souples & douces. Du bled d'inde, encore jeune & battu en bouillie, produit le même effet que la cervelle de daim. On assaisonne ensuite ces cuirs à la fumée; & pour cet effet on fait un trou en terre: on forme au dessus de ce trou une voute avec des cerceaux sur lesquels on étend un peau; & on fait sous cette peau un feu lent, qu'on entretient jusqu'à ce qu'elle soit suffisamment fumée.*

Quoi que la chasse fût la principale occupation des Indiens *d'*Amérique *avant l'introduction des armes à feu parmi eux, ils n'employoient les peaux de daims, & d'autres animaux qu'à s'habiller, leur chair étant alors, selon toutes les apparences, aussi utile aux* Indiens *qui s'en nourrissoient, que leurs dépouilles dont ils se couvroient; mais aujourd'hui qu'ils échangent ces peaux pour d'autres habillemens que les* Européens *leur apportent, & pour des utensiles qu'ils ne connoissoient pas auparavant l'usage des fusils les a mis en état de tuer un bien plus grand nombre de daims, & d'autres animaux, qu'ils ne faisoient autrefois avec leurs arcs & leurs flêches. Comme leur grand but, en détruisant tant d'animaux & de bêtes fauves, est de s'en procurer la peau, une petite partie de la venaison qu'ils tuent leur suffit: le reste, ou pourrit, ou devient la proye des* loups,

or becomes a prey to the wolves, panthers, and other voracious beasts. With these skins they purchase of the *English*, guns, powder and shot, woollen cloath, hatchets, kettles, porridge-pots, knives, vermilion, beads, rum, &c.

Their methods of hunting and fishing differ from ours, particularly in their manner of deceiving deer, by an artificial head of one, by which they the more easily come up with, and kill their game. This is made with the head of a buck, the horns being diminished by scraping them hollow for lightness of carriage; to the head is left the skin of the breast and neck, which is extended with hoops for the arms to enter; the hunter's coat is also a deer's skin; the eyes are well represented by the globular shining seeds of the *Pavia*, or scarlet flowering horse-chesnut. In these habilements an *Indian* will approach as near a deer as he pleases, the exact motion or behaviour of a deer being so well counterfeited by them, that it has been frequently known for two hunters to come up with stalking heads together, and unknown to each other, so that an *Indian* has been kill'd instead of a deer.

Their annual custom of fire hunting is usually in *October*. At this sport associate some hundreds of *Indians*, who, spreading themselves in length through a great extent of country, set the woods on fire, which with the assistance of the wind is driven to some peninsula, or neck of land, into which deers, bears, and other animals are drove by the raging fire and smoak, and being hemm'd in are destroyed in great numbers by their guns.

Of their Sagacity.

The *Indians* are generally allowed to have a good capacity, which seems adapted and even confined to their savage way of life. Reading and writing is the highest erudition that I have known or heard any of them attain to; tho' a great number of them have been, and still continue to be educated at *Williamsburg*-college in *Virginia*, by the benefaction of the great Mr. *Boyle*, whose pious design was, that after attaining a due qualification, they should inculcate amongst their brethren true religion and virtue, yet I have never heard of an instance conformable to that worthy intention. And so innate an affection have they to their barbarous customs, that tho' from their infancy they have been bred, and fared well with the *English*, yet as they approach towards manhood, it is common for them to elope several hundred miles to their native country, and there to resume their skins, and savage way of life, making no farther use of their learning so unworthily bestowed upon them.

But I shall here remark, that although every clan or nation hath a language peculiar to itself, there is one universal language like the *Lingua Franca* in the sea-ports of the *Mediterranean*, which is understood by all their chiefs and great men thro' a great part of north *America*.

Though their disesteem for literature, or their incapacity of attaining it is such, that is in some measure compensated by a sagacity or instinct that *Europeans* are incapable of, and which is particularly adapted to their conveniency of life. An instance or two is as follows:

When a body of *Indians* set out on an hunting journey of five hundred miles, more or less, perhaps where none of them ever were; after the imaginary place of rendezvous is agreed on, they then consult what direction it lies in, every one pointing his finger towards the place, though but little variation appears in their pointings, the preference of judgment is given to the eldest; thus it being concluded on, they set out all singly, and different ways, except the women, who jog on a constant pace, while the men traverse a vast tract of land in hunting on each side, and meet together in small parties at night. Thus they proceed onward their journey, and though they range some hundred miles from one another, they all meet at the place appointed. And if any obstruction happens, they leave certain marks in the way, where they that come after will understand how many have passed and which way they are gone. They are never lost, though at the greatest distance from home; and where they never were before, they will find their way back by a contrary way from that they went.

An *Indian* boy that was brought up very young to school at *Williamsburgh*, at the age of 9 or 10 years, ran from school, found means (no body knew how) to pass over *James* river, and then travelled through the woods to his native home, though the nearest distance was three hundred miles, carrying no provision with him, nor having any thing to subsist on in his journey but berries, acorns, and such like as the wood afforded.

They know the north point wherever they are; one guide is by a certain moss that grows most on the north side of trees.

Their sagacity in tracing the footsteps of one another is no less wonderful: on a dry surface, where none but themselves are able to discern the least impression of any thing, they often make discoveries; but on moist land that is capable of impression, they will give a near guess, not only of the number of *Indians* that have passed, but by the make and stitching of their *Mockasins*, will know of what nation they are,

loups, des pantheres, & d'autres animaux carnaciers. Les Anglois *leur donnent pour ces peaux des fusils, de la poudre, du plomb, du drap, des haches, des chaudieres, des marmites, des couteaux, du vermillon, des perles, du rum, &c.*

Leur chasse, & leur pêche different de la nôtre; mais particulierement dans la maniere de tromper les daims: ils trouvent le moyen d'approcher aisément de ces animaux, & de les tuer, à l'aide d'une tête artificielle de leur espece: elle est faite de la tête d'un mâle, dont on a creusé les cornes, en les grattant pour les rendre légeres, & faciles, à porter: on laisse à cette tête la peau de la poitrine & du cou, qu'on étend avec des cercles, afin que les bras du chasseur y puissent entrer: l'habit de ce dernier est aussi fait de peau de daim; les yeux de l'animal sont très bien représentés par des grains de semence de chataigne rouge, dont la fleur est écarlate: équipé de la sorte, un Indien *approche un daim d'aussi près qu'il lui plaît, le mouvement & l'allure du daim étant si parfaitement imité par ces peuples, qu'on a souvent vû deux chasseurs s'approcher mutuellement avec ces têtes contrefaites, sans se connoître l'un l'autre, & l'un des deux être tué pour un daim.*

*Ils ont coutume de chasser tous les ans avec le feu; & ils le font d'ordinaire dans le mois d'*Octobre. *Pour cet effet les* Indiens *se rassemblent par centaines, se répandent ensuite dans une grande étendue de pays, & mettent en feu des forêts entieres: à l'aide du vent, ce feu est dirigé vers quelque péninsule, ou langue de terre, où les daims, les ours, & autres animaux sont chassés par la violence du feu & par la fumée: on les y investit, & l'on en détruit une grande multitude à coups de fusil.*

On convient en général que les Indiens *ont de l'esprit; mais cet esprit paroît n'être propre qu'au genre de vie qu'ils menent, & s'y renferme entierement. Lire & écrire sont le plus haut degré de science auquel j'en aye jamais vû arriver aucun, ou oui dire qu'on en ait jamais vû parvenir: cependant un grand nombre d'entre eux ont été élevés, & continuent encore à l'être au college de* Williamsbourg *en* Virginie, *par la générosité de l'illustre Monf.* Boyle, *dont le pieux dessein étoit de faire en sorte que, se rendant capables dans cette école, ils pussent inculquer à leurs freres* Indiens *la véritable religion, & la vertu. Je n'ai cependant jamais oui dire qu'aucun d'eux ait répondu à une intention si louable. Ces peuples naissent avec un amour si grand pour leurs coûtumes barbares, que, quoi que bien élevés & bien nourris dès leur enfance parmi les* Anglois, *il leur est ordinaire, lors qu'ils approchent de l'âge d'homme, de déserter, & de s'en aller à plusieurs centaines de milles retrouver leur pays natal, pour y reprendre leurs habits de peau, & leur train de vie sauvage, sans jamais songer, à faire usage du savoir qu'ils méritoient si peu qu'on leur fît acquerir.*

J'observerai ici, que, quoi que chaque nation Indienne ait un langage particulier, ils en ont encore un aussi universel parmi eux que la langue franque *l'est dans les ports de la* Méditerranée, *& qui est entendu dans la plus grande partie de l'*Amérique Septentrionale *par tous les chefs & les gens de distinction.*

Ce grand mépris qu'ils ont pour la litérature, ou si l'on veut leur incapacité de parvenir à l'acquérir, est compensée en quelque sorte par une sagacité ou instinct, dont les Européens *sont incapables, & qui contribue d'une façon particuliere à la commodité de leur vie. En voici un, ou deux exemples:*

Lors que des Indiens *se mettent en marche pour aller chasser à cinq cens milles du lieu où ils se trouvent, & peut-être dans un endroit où ils n'ont jamais été, ils conviennent d'un lieu de rendez-vous imaginaire, & examinent de quel côté il peut être, chacun d'eux le montrant du doigt. Quoi que tous ces doigts paroissent varier très peu pour le côté qu'ils indiquent, on préfere l'opinion du plus ancien de la troupe; & quand il a décidé, ils partent tous séparément, & par differens chemins, excepté les femmes qui vont toujours en droite ligne, & du même pas, tandis que les hommes vont çà & là, traversant de vastes pays à droite, & à gauche. Le soir ils se rencontrent par petits bandes: ils continuent ainsi leur voyage; & quoi qu'ils errent à des centaines de milles les uns des autres; ils se rencontrent tous au lieu assigné; & si quelque chose les arrête, ils laissent sur leur chemin certaines marques, par lesquelles ceux, qui y viennent après eux, comprennent qu'il a passé par là un tel nombre de chasseurs, qui ont pris d'un tel côté: ils ne se perdent jamais, quelque loin qu'ils soyent de chez eux; & dans les endroits où ils ne sont jamais venus auparavant, ils savent trouver le chemin du logis, & s'y en retournent par des routes contraires à celles par lesquelles ils sont partis.*

Un jeune garçon Indien, *qu'on avoit mis tout enfant au college de* Williamsbourg, *s'en échappa à l'âge de 9 à 10 ans, & trouva le moyen, sans qu'on sût comment, de traverser la riviere de* James, *& de gagner au travers des bois son pays natal, qui étoit au moins à trois cens milles de là, sans aucune provision, & sans autre subsistence pendant son voyage que des bayes, du gland, & d'autres fruits que les bois produisent.*

Ils connoissent le Nord, quelque part qu'ils soyent, & en ont entre autres indices une certaine mousse, qui, la plupart du temps croît sur le côté Septentrional des arbres.

La sagacité avec laquelle ils s'entresuivent à la trace n'est pas moins surprenante. Ils font souvent des découvertes sur un terrein sec, où il n'y a qu'eux qui puisse remarquer la moindre trace de quoi que ce soit mais quand ils sont sur un terrein humide, capable de recevoir impression, non seulement ils devineront, à peu de chose près, le nombre des Indiens *qui ont passé par l'endroit, mais ils connoîtront encore, à la forme*

&

are, and consequently whether friends or enemies. This is a piece of knowledge on which great consequences depend; therefore, they who excel in it are highly esteemed, because these discoveries enable them to ambuscade their enemies, as well as to evade surprizes from them; and also to escape from a superior number by a timely discovery of their numerous tracts. One terrible warlike nation gives them more of this speculative trouble than all others: these are the *Senegars*, a numerous people seated near the lakes of *Canada*, who live by depredation and rapine on all other *Indians*, and whose whole employment is to range in troops all over the Northern continent, plundering and murdering all that will not submit: women and children they carry away captive, and incorporate with themselves. By this policy they are numerous and formidable to all the nations of *Indians* from their Northern abodes to the gulph of *Florida*, except some few who pay them tribute for their safe-guard.

If a prisoner attempts to escape, they cut his toes and half his feet off, lapping the skin over the stump, and make a present cure. This commonly disables them from making their escape, they not being so good travellers as before; besides, the impression of their half feet making it easy to trace them.

In their war-expeditions they have certain hieroglyphicks, whereby each party informs the other of the successes or losses they have met with; all which is so exactly performed by their *Sylvan* marks and characters, that they are never at a loss to understand one another.

Their Drunkenness.

The Savages are much addicted to drunkenness, a vice they never were acquainted with till the Christians came amongst them. Rum is their beloved liquor, which the *English* carry amongst them to purchase skins and other commodities with. After taking a dram, they are insatiable till they are quite drunk, and then they quarrel, and often murder one another, though at other times they are the freest from passion of any people in the world. They are very revengeful, and never forget an injury till they have received satisfaction, yet they never call any man to account for what he did when he was drunk, but say it was the drink that caused his misbehaviour, therefore he ought to be forgiven.

Their Wars.

Indians ground their wars on enmity, not interest, as *Europeans* generally do; for the loss of the meanest person of the nation they will go to war, and lay all at stake, and prosecute their design to the utmost, till the nation they were injured by being wholly destroyed. They are very politick in carrying on their war, by advising with the ancient men of conduct and reason that have been war captains; they have likewise field counsellors, who are accustomed to ambuscades and surprizes, in which consists their greatest atchievements; for they have no discipline, nor regular troops, nor did I ever hear of a field battle fought amongst them. A body of *Indians* will travel four or five hundred miles to surprise a town of their enemies, travelling by night only, for some days before they approach the town. Their usual time of attack is at break of day, when, if they are not discovered, they fall on with dreadful slaughter, and scalping, which is to cut off the skins of the crown from the temples, and taking the whole head of hair along with it as if it was a night cap: sometimes they take the top of the scull with it; all which they preserve, and carefully keep by them for a trophy of their conquest. Their caution and temerity is such, that at the least noise, or suspicion of being discovered, though at the point of execution, they will give over the attack, and retreat back again with precipitation.

Part of an enterprize of this kind I chanced to be a witness of which was thus: Some *Chigasaws*, a nation of *Indians* inhabiting near the *Mississipi* River, being at variance with the *French*, seated themselves under protection of the *English* near Fort *Moor* on *Savana* River: with five of these *Indians* and three white men we set out to hunt; after some days continuance with good success, at our returning back, our *Indians* being loaded with skins, and barbacued buffello, we espied at a distance a strange *Indian*, and at length more of them appeared following one another, in the same tract as their manner is: our five *Chigasaw Indians* perceiving these to be *Cherikee Indians* and their enemies, being alarm'd, squatted, and hid themselves in the bushes, while the rest of us rode up to the *Cherokees*, who were then increased to above twenty: after some parley, we took our leave of each other, they marching on towards their country, and we homeward; in a short time we overtook our *Chigasaws*, who had hid their loads, and were painting their faces, and tripping up every little eminence, and preparing themselves against an assault. Though the *Cherikees* were also our friends, we were not altogether unapprehensive of danger, so we separated from our *Indian* companions, they shortening their way by crossing swamps and rivers, while we with our horses were necessitated to go further about, with much difficulty, and a long march, for want of our *Indian* guides.

We

& à la couture de leurs souliers de quelle nation ils sont, & par conséquent s'ils sont amis ou ennemis. Comme il leur est d'une importance infinie d'acquérir cette connoissance, ceux qui y excellent sont en grande estime parmi eux, parceque ces sortes de découvertes les mettent en état de dresser des embûches à leurs ennemis, d'éviter d'en être surpris, & d'échapper à leur poursuite, en découvrant à propos la supériorité de leur nombre. Il y a parmi eux une nation terrible & guerriere, qui les oblige, plus que toutes les autres, à s'occuper de ce genre de spéculation. Ce sont les Sennagars, *peuple nombreux qui se tient près des lacs du* Canada, *& qui vit de rapine & du butin qu'ils fait sur tous les autres* Indiens. *Toute l'occupation de ces* Indiens *se borne à errer par bandes dans tout le continent Septentrional, & à piller, ou tuer tous ceux qui refusent de se soumettre: ils emmenent captifs leurs femmes & leurs enfans, & les incorporent parmi eux. Cette politique les rend nombreux & formidables à toutes les nations* Indiennes, *qui sont depuis les habitations du Nord jusqu'au golfe de la* Floride, *excepté un petit nombre, qui leur paye tribut pour leur sûreté.*

Si un prisonnier tache de s'échapper d'eux, ils lui coupent les orteils & la moitié du pié, laissant la peau pour envelopper le moignon qu'ils guérissent sur le champ. Cette opération empêche ordinairement les prisonniers de s'enfuir, tant parce qu'ils sont incapables de voyager comme auparavant, que parceque l'impression de leurs piés à demi coupés fait qu'on les suit aisément à la trace.

Dans leurs expéditions militaires, chaque parti se sert de certains hiéroglyphes, pour informer les autres de ses succès, ou de ses pertes; & cela se fait avec la derniere exactitude par des marques, & des caracteres qu'ils laissent dans les forêts, & à l'aide desquels ils ne sont jamais embarrassés pour s'entendre les uns les autres.

Les sauvages sont fort sujets à l'ivrognerie, vice qu'ils ne connoissoient point, avant que les chrétiens se mêlassent parmi eux. Le rum est leur liqueur favorite, & les Anglois *leur en portent en échange de peaux & d'autres denrées. Dès qu'ils en ont goûté, on ne sauroit les en rassasier, qu'ils ne soyent tout-à-fait ivres. Alors ils se querellent, & s'entretuent fort souvent, quoi que dans d'autres temps ils soyent les peuples du monde les plus exempts de colere. Ils sont très vindicatifs, & ne pardonnent jamais une injure qu'ils n'en ayent eu satisfaction. Ils ne demandent cependant aucun compte à un homme de ce qu'il a fait dans son ivresse; ils disent alors que c'est la liqueur qui à causé sa faute, & que par conséquent il faut la lui pardonner.*

Généralement parlant, les Européens *font la guerre par intérêt, mais les* Indiens *la font par inimitié. La perte de la personne la moins considérable de leur nation, suffit pour leur faire prendre les armes, tout risquer, & porter les choses à la derniere extrémité, jusqu'à ce qu'ils ayent entiérement detruit le peuple qui leur a fait injure. En guerre ils usent de beaucoup de politique, & prennent avis des vieillards qui ont autrefois montré du jugement & de la conduite, lors qu'ils étoient capitaines. Ils ont aussi un conseil de guerre, composé de membres accoûtumés aux embuscades, & aux surprises, en quoi leurs plus grands exploits consistent; car ils n'ont ni discipline, ni troupes reglées: aussi n'ai je jamais entendu parler d'aucune bataille rangée parmi eux. Un corps d'*Indiens *fera un voyage de quatre ou cinq cens milles, uniquement pour surprendre une ville ennemie; & ces peuples ne marchent de nuit que quelques jours avant d'approcher de la ville. Le temps ordinaire de leur attaque est la pointe du jour; & alors, s'ils ne sont point découverts, ils tombent sur les habitans, & en font un carnage affreux: ils leur arrachent la peau de la tête, en la coupant depuis les temples, & la leur enlevent avec toute la chévelure, comme s'ils leur ôtoient un bonnet: quelquefois ils emportent aussi le crane, & gardent le tout soigneusement, pour en faire un trophée de leur conquête. Leur précaution, & leur timidité sont si grandes, qu'au plus petit bruit, & sur le moindre soupçon d'être découverts, ils abandonnent leur attaque, sur le point même d'en venir à l'exécution, & s'en retournent précipitamment.*

Le hazard me rendit témoin d'une partie d'une entreprise de cette espece: ce qui arriva ainsi. Quelques Chigasaws, *peuples qui habitent près de la riviere de* Mississipi, *ayant des démêlés avec les* François, *se mirent sous la protection des* Anglois, *près du fort* Moor *sur la riviere de* Savanne. *Nous nous mîmes en chemin, cinq de ces* Indiens *& trois blancs, pour une partie de chasse. Après quelques jours d'un succès heureux, comme nous nous en retournions avec nos* Indiens *chargés de peaux, & de buffle grillé, nous apperçumes de loin un* Indien *étranger, & enfin nous en vimes plusieurs, qui se suivoient à la file, comme c'est leur coutume. Nos cinq* Indiens Chigasaws, *les reconnoissant pour des* Indiens Cherikees *leurs ennemis, prirent l'allarme, & allerent se tapir & se cacher dans des buissons, tandis que nous piquames nos chevaux vers les* Cherikees. *Ceux-ci s'étoient augmentés jusqu'au nombre de plus de vingt. Après quelques pourparlers, nous nous séparames. Ils continuerent de s'avancer vers leurs pays, & nous de marcher vers nos demeures. En peu de temps nous atteignimes nos* Chigasaws, *qui avoient caché leurs paquets, & se peignoient le visage: ils franchissoient toutes les petites éminences, & se préparoient à soutenir un assaut. Quoi que les* Cherikees *fussent aussi de nos amis, nous ne laissions pas de craindre quelque danger; de sorte que nous nous séparames de nos camarades* Indiens, *qui abbregeoient leur chemin en traversant des* swamps *& des rivieres; tandis, qu'avec nos chevaux, nous étions obligés de faire de grands circuits, qui rendoient nôtre marche longue & difficile, faute de nos*

guides

We arrived at the Fort before it was quite dark: about an hour after, while we were recruiting our exhausted spirits, we heard repeated reports of guns in the woods, not far from us, by which we concluded that the *Cherikees* were come up with the *Chigasaws*, and that they were firing at each other: nor were we undeceived, 'till the next morning, when we were informed, that our *Indians* discharged their guns for joy that they were alive, and had escaped their enemies. But had they then known of a greater escape, they would have had more reason to rejoice, for the next morning some men of the garrison found hid in a close cane swamp two large canoes painted red; this discovered the bloody attempt the *Cherikees* had been upon when we met them, who, with sixty men in these canoes came down the river between two and three hundred miles, to cut off the little town of the *Chigasaws*; but from some little incident being disheartened, and not daring to proceed, were returning back, by land when we met them. And so great was their dread of us, and our few *Chigasaws*, that fearing we should follow them, they run precipitately home, leaving some of their guns and baggage behind them, which some time after were found and taken up by our *Chigasaws*, when they went for their packs they had hid. It is the custom of *Indians*, when they go on these bloody designs, to colour the paddles of their canoes, and sometimes the canoe, red. No people can set a higher esteem on themselves, than those who pretend to excel in martial deeds, yet their principles of honour, and what they deem glorious, would in other parts of the world be esteem'd most base and dishonourable: they never face their enemies in open field (which they say is great folly in the *English*) but skulk from one covert to another in the most cowardly manner; yet their confidence in, and the opinion they have of the prowess of white men is such, that a party of them being led on by an *European* or two, have been frequently known to behave with great bravery.

Their savage nature appears in nothing more than their barbarity to their captives, whom they murder gradually with the most exquisite tortures they can invent. At these diabolical ceremonies attend often both sexes, old and young, all of them with great glee and merriment assisting to torture the unhappy wretch, till his death finishes their diversion. However timorous these savages behave in battle, they are quite otherwise when they know they must die, shewing then an uncommon fortitude and resolution, and in the height of their misery will sing, dance, revile, and despise their tormentors till their strength and spirits fail.

A warlike crafty *Indian*, called *Brims* (who had been an enterprising enemy to the *English*, as well as to a nation of *Indians* in alliance with them) was taken prisoner, and delivered up to the *English*, who, for reasons more political than humane, return'd him back again to be put to death by the *Indians* that took him. He was soon environ'd by a numerous circle of his tormentors, preparing for him the cruellest torments. *Brims*, in this miserable state and crisis of his destiny, addresses himself to the multitude, not with complaisance and humility, but with the utmost haughtiness and arrogance, reviling and despising them for their ignorance in not knowing how to torture, telling them that if they would loosen him (for they could not think it possible for him unarmed to escape from such a multitude) he would shew them in what manner he would torture them were they in his power. He then demanded the barrel of an old gun, one end of which he put into the fire; while every body were attentive to know his design, he suddenly snatches up the red hot barrel, furiously brandishing it about, breaks through the astonished multitude who surrounded him, run to the bank of the river, from which he leap'd down above 100 feet, and swam over, enter'd into a thicket of canes, and made his escape. He afterwards made peace with the *English*, and liv'd many years after with reputation in his own country.

Indians healthful. The *Indians* have healthful constitutions, and are little acquainted with those diseases which are incident to *Europeans*, as gout, dropsies, stone, asthma, phthisic, calentures, paralytic, apoplexies, small-pox, measles, &c. although some of them arrive to a great age, yet in general they are not a long liv'd people, which in some measure may be imputed to their great negligence of their health by drunkenness, heats and colds, irregular diet and lodging, and infinite other disorders and hardships (that would kill an *European*) which they daily use. *Their little Knowledge of Physic and Surgery.* To this happy constitution of body is owing their little use of physic, and their superficial knowledge therein, is proportionable. No malady is taken in hand without an exorcism to effect the cure: by such necromantic delusions, especially if the patient recovers, these crafty doctors, or conjurers (which are both in one) raise their own credit; insinuating the influence they have with the good spirit to expunge the evil one out of the

guides Indiens. *Nous arrivâmes au fort, avant qu'il fut tout-à-fait nuit. Environ une heure après, comme nous étions à réparer nos forces épuisées, nous entendîmes, assez près de nous dans les bois, les bruits repétés de plusieurs coups de fusil: ce qui nous fit juger que les* Cherikees *en étoient venus aux mains avec les* Chigasaws, *& qu'ils faisoient feu les uns sur les autres. Nous ne sçumes de cette erreur, que le matin suivant, qu'on nous dit que nos* Indiens *avoient déchargé leurs fusils de joye de ce qu'ils étoient en vie, & avoient échappé à leurs ennemis; mais ils se seroient bien autrement rejouis, s'ils avoient su quel plus grand danger ils avoient évité; car le lendemain au matin quelques hommes de la garnison trouverent cachés dans un* swamp *épais de cannes deux grands canots peints en rouge: ce qui nous mit au fait du dessein meurtrier des* Cherikees *que nous avions rencontrés. Ces derniers, au nombre de soixante, avoient descendu la riviere l'espace d'environ deux cens cinquante milles, & venoient pour détruire la petite ville des* Chigasaws; *mais quelque leger incident les décourageа; & n'ayant pas osé aller plus avant, ils s'en retournoient chez eux par terre, lors que nous les rencontrames. Ils eurent tant de peur de nous & de nos* Chigasaws, *que craignant que nous ne les poursuivissions, ils regagnerent précipitamment leur pays, laissant derriere eux une partie de leurs fusils & de leur bagage, qui furent trouvés quelque temps après, & pris par nos* Chigasaws, *lors qu'ils allerent reprendre les paquets qu'ils avoient cachés. Lors que les* Indiens *partent pour ces expeditions sanguinaires, c'est leur coûtume de peindre les* pagayes *ou avirons de leurs canots, & quelquefois les canots mêmes en rouge. Il n'est point de peuples qui s'estiment plus que ceux de ces* Indiens *qui prétendent l'emporter sur les autres pour les exploits guerriers: cependant leurs maximes en fait d'honneur, & les choses qu'ils regardent comme glorieuses, seroient regardées dans d'autres parties du monde comme infiniment basses & déshonorantes. Ils ne vont jamais faire face à leurs ennemis en rase campagne, & ils disent que les* Anglois *sont de grands fous de le faire, mais ils vont incessamment d'une retraite à une autre, & se dérobent à l'ennemi de la maniere du monde la plus lâche. Ils ont cependant une si haute idée de la valeur des hommes blancs, & tant de confiance en eux, qu'on les a souvent vûs se comporter avec beaucoup de bravoure, lors qu'ils avoient un* Européen, *ou deux à la tête d'un de leurs partis.*

Leur naturel sauvage ne se montre en rien tant que dans la barbarie, avec laquelle ils traittent leurs captifs, qu'ils font mourir à petit feu, & au milieu des plus affreux tourmens. Souvent on voit les deux sexes, jeunes & vieux, assister à ces cérémonies infernales avec tout le plaisir & l'allégresse imaginables, aidant tous à l'envi à supplicier le malheureux patient, jusqu'à ce que sa mort mette fin à leur joye. Quelques timides que soyent ces sauvages dans leurs batailles, ils donnent dans l'extrémité opposée, lors qu'ils savent qu'ils doivent mourir; car alors ils montrent un courage & une résolution au dessus du commun; & au fort de leur misere, on les voit chanter, danser, & traitter leurs bourreaux avec mépris, jusqu'à ce que leurs forces & leurs esprits soyent épuisés.

Un Indien, *nommé* Brims, *homme fin, grand guerrier, ennemi des* Anglois, *& qui avoit beaucoup entrepris contre eux, & contre une nation d'*Indiens *leurs alliés, fut pris prisonnier & livré aux* Anglois, *qui pour des raisons plus politiques qu'humaines, le rendirent aux* Indiens *qui l'avoient pris, pour être mis à mort par eux. Il fut bientôt environné d'une cercle de bourreaux qui lui préparoient les tortures les plus cruelles. Dans cet état critique & misérable,* Brims *s'addressa à la multitude, non sur un ton de douceur & d'humilité, mais avec toute la hauteur & l'arrogance imaginable, leur disant d'un ton d'ironie & de mépris, que leur ignorance étoit extrême dans l'art de tourmenter, & que s'ils vouloient lui laisser la liberté de son corps, il leur montreroit le genre de supplice qu'il leur feroit souffrir, s'ils étoient en son pouvoir. Eux qui croyoient qu'il étoit impossible à un seul homme désarmé d'échapper à une si grande foule, lui accorderent sa requête. Alors il leur demanda le canon d'un vieux fusil, qu'on lui donna, & dont il mit un bout dans le feu. Tandis que tous les spectateurs étoient attentifs à deviner son dessein, il saisit tout-à-coup le canon rouge, se mit à le brandler çà & là, se fit jour au travers de la multitude étonnée qui l'entouroit, courut au bord de la riviere, d'où il se précipita dans l'eau de la hauteur de plus de cent piés, & la traversa. Arrivé à l'autre bord, il entra dans une touffe de cannes fort épaisses, & se déroba ainsi à ses ennemis. Il fit ensuite la paix avec les* Anglois, *& vécut plusieurs années en grande estime dans son pays.*

Les Indiens *sont d'une constitution saine, & ne connoissent guerres la goute, l'hidropisie, la pierre, l'asthme, la phthisie, les fievres chaudes, la paralisie, l'apoplexie, la petite vérole, la rougeole, & les autres maladies auxquelles les* Européens *sont sujets. Quoi que quelques uns d'entre eux parviennent à un âge avancé, on peut dire en général qu'ils ne vivent pas long tems; ce qu'on peut attribuer en partie au peu de soin qu'ils prennent de leur santé, à leur yvrognerie, au froid & au chaud qu'ils bravent, à l'irrégularité de leur diéte, au changement continuel de leur demeure, aux déreglemens & aux fatigues sans nombre auxquelles ils s'exposent journellement, & qui tueroient un* Européen. *C'est à l'excellente constitution de leur corps, qu'ils doivent le peu d'usage qu'ils font de la Médecine: aussi n'en ont ils qu'une connoissance superficielle & proportionnée à leurs besoins: tout médecin, qui se charge de la guérison de quelque maladie que ce soit, la commence par un exorcisme: ces invocations illusoires mettent le docteur ou magicien (car chez eux c'est tout un) dans un grand crédit, sur tout si le malade guérit, les médecins insinuant alors qu'ils ont beaucoup d'influence sur le bon esprit, pour chasser du corps*

the body of the patient, which was the only cauſe of their ſickneſs. There are three remedies that are much uſed by all the *Indians* of the northern continent of *America*; theſe are bagnio's, or ſweating houſes, ſcarrification, and the uſe of *Caſena* or *Yapon*. The firſt is uſed in intermitting fevers, colds, and many other diſorders of the body: theſe bagnio's are uſually placed on the banks of a river, and are of ſtone, and ſome of clay; they are in form and ſize of a large oven, into which they roll large ſtones heated very hot; the patient then creeps in, and is cloſely ſhut up; in this warm ſituation he makes lamentable groans, but after about an hour's confinement, out from his oven he comes, all reeking in torrents of ſweat, and plunges into the river. However abſurd this violent practice may ſeem to the learned, it may reaſonably be ſuppoſed that in ſo long a ſeries of years they have uſed this method, and ſtill continue ſo to do, they find the benefit of it.

Amongſt the benefits which they receive by this ſweating, they ſay it cures fevers, diſſipates pains in the limbs contracted by colds, and rheumatic diſorders, creates freſh ſpirits and agility, enabling them the better to hunt.

When the *Indians* were firſt infected by the *Europeans* with the ſmall-pox, fatal experience taught them that it was a different kind of fever from what they had been ever uſed to, and not to be treated by this rough method of running into the water in the extremity of the diſeaſe, which ſtruck in and deſtroy'd whole towns before they could be convinced of their error. Scarrification is uſed in many diſtempers, particularly after exceſſive travel: they cut the calves of their legs in many gaſhes, from which oftentimes is diſcharg'd a quantity of coagulated blood, which gives them preſent eaſe, and they ſay, ſtops and prevents approaching diſorders. The inſtrument for this operation is one of the deadly fangs of a rattle-ſnake, firſt cleanſed from its venom by boiling it in water.

As I have (Vol. II. p. 57.) figured and deſcribed the *Caſena*, I ſhall here only obſerve, that this medecinal ſhrub, ſo univerſally eſteem'd by the *Indians* of north *America*, is produced but in a ſmall part of the continent, confined by northern and weſtern limits, viz. North to lat. 37. and weſt to the diſtance of about fifty miles from the ocean: yet the *Indian* inhabitants of the north and weſt are ſupplied with it by the maritime *Indians* in exchange for other commodities. By the ſour faces the *Indians* make in drinking this ſalubrious liquor, it ſeems as little agreeable to an *Indian* as to an *European* palate, and conſequently that the pains and expences they are at in procuring it from remote diſtances, does not proceed from luxury (as tea with us from *China*) but from its virtue, and the benefit they receive by it.

Indians are wholly ignorant in Anatomy; and their knowledge in Surgery very ſuperficial; amputation and phlebotomy they are ſtrangers to; yet they know many good vulnerary and other plants of virtue, which they apply with good ſucceſs: the cure of ulcers and dangerous wounds is facilitated by ſevere abſtinence, which they endure with a reſolution and patience peculiar to themſelves. They knew not the pox in north *America*, till it was introduced by the *Europeans*.

Indian Women.

Indian women by their field, as well as by domeſtick imployment, acquire a healthy conſtitution, which contributes no doubt to their eaſy travail in child bearing, which is often alone in the woods; after two or three days have confirmed their recovery, they follow their uſual affairs, as well without as within doors: the firſt thing they do after the birth of the child, is to dip, and waſh it in the neareſt ſpring of cold water, and then daub it all over with bear's oil: the father then prepares a ſingular kind of cradle, which conſiſts of a flat board about two foot long, and one broad, to which they brace the child cloſe, cutting a hole againſt the child's breech for its excrements to paſs through; a leather ſtrap is tied from one corner of the board to the other, whereby the mother ſlings her child on her back, with the child's back towards hers; at other times they hang them againſt the walls of their houſes, or to the boughs of trees; by theſe, and other conveniencies, theſe portable cradles are adapted to the uſe of *Indians*; and I can't tell why they may not as well to us, if they were introduced here. They cauſe a ſingular erectneſs in the *Indians*, nor did I ever ſee a crooked *Indian* in my life.

Indians are very peaceable, they never fight with one another, except drunk. The women particularly are the patienteſt and moſt inoffenſive creatures living: I never ſaw a ſcold amongſt them, and to their children they are moſt kind and indulgent.

The *Indians* (as to this life) ſeem to be a very happy people, tho' that happineſs is much eclipſed by the inteſtine feuds and continual wars one nation maintains againſt another, which ſometimes continue ſome ages, killing and making captive, till they become ſo weak, that they are forced to make peace for want of recruits to ſupply

corps de leurs maladies le mauvais eſprit, qui étoit la ſeule cauſe de leur indiſpoſition. Tous les Indiens *du continent Septentrional* d'Amérique *font un grand uſage de trois remedes, qui ſont le bain & les étuves, la ſcarification, & la décoction de* Caſena *ou* Yapon. *On employe le prémier dans les fievres intermittentes, les rhumes, & pluſieurs autres dérangemens du corps. Les bains & les étuves ſont bâtis pour l'ordinaire ſur le bord d'une riviere: on les conſtruit de pierre ou d'argile: ils ont la forme & le volume d'un grand four: on commence par y rouler de groſſes pierres, qu'on a rendues extrémement chaudes; le patient ſe gliſſe enſuite dans le four, qu'on ferme exactement: il pouſſe des cris lamentables dans cette ardente priſon: on l'en retire après une heure de torture; & au ſortir de là, il ſe jette encore tout dégoutant de ſa propre ſueur au milieu de la riviere. Quelque abſurde que la pratique d'un remede auſſi violent puiſſe paroître aux ſavans, on peut raiſonablement conclure de ce que ces peuples continuent à s'en ſervir depuis tant d'années, qu'ils s'en trouvent bien.*

Entre autres bons effets qu'ils attribuent à cette ſueur, ils diſent qu'elle guérit les fievres, diſſipe les douleurs qui viennent de froid, & les rheumatiſmes; & qu'en leur redonnant des eſprits & de l'agilité, elle les met en état de mieux chaſſer.

Lors que les Indiens *furent infectés pour la prémiere fois de la petite vérole par les* Europiens, *une fatale expérience leur apprit que c'étoit une fievre d'une eſpece différente de celle, qu'ils avoient connue juſqu'alors; & qu'il ne falloit pas la traitter comme ils faiſoient les autres fievres, en ſe jettant ſans aucun ménagement dans l'eau au fort de leur mal; car l'eau fit rentrer le venin, & détruiſit des villes entieres, avant qu'ils puſſent être convaincus de leur erreur.*

Ils ont recours à la ſcarification pour bien des maux, mais ſur tout après des marches exceſſives. Ils ſe font au gras de la jambe pluſieurs entailles, d'où il ſort ſouvent une abondance de ſang caillé: cette opération les ſoulage ſur le champ, & prévient, diſent ils, des maladies qui ne tarderoient pas à ſe manifeſter: ils la font avec une des dents meurtrieres du ſerpent à ſonnettes, qu'ils nettoyent prémierement de ſon venin, en la faiſant bouillir dans de l'eau.

J'ai donné au Vol. II. p. 57. *la figure & la deſcription du* Caſena. *J'obſerverai ſeulement ici, que cet arbriſſeau médicinal, ſi univerſellement eſtimé des* Indiens *du Nord de* l'Amérique, *ne croît que dans une très petite partie du continent, qui ne paſſe pas le 37me degré de latitude Septentrionale, & eſt vers l'oueſt, à environ 50 milles de l'Océan. Les* Indiens *Septentrionaux & Occidentaux en ſont cependant fournis par les* Indiens *maritimes, qui prennent d'autres denrées en échange. A en juger par les grimaces que font les* Indiens *en buvant cette liqueur ſalutaire, elle flatte auſſi peu leur goût que celui des* Européens; *& par conſequent les peines, & la dépenſe qu'il leur en coûte pour ſe la procurer, ont pour motif, non la volupté qui nous fait aller chercher le thé juſqu'à la* Chine, *mais les vertus de ce remede, & les bons effets qu'on en éprouve.*

Les Indiens *ignorent entierement l'Anatomie; & leur Chirurgie eſt très ſuperficielle: l'amputation, & la ſaignée leur ſont inconnues. Ils connoiſſent cependant un grand nombre de vulnéraires, & d'autres plantes médicinales, qu'ils employent avec ſuccès. La cure des ulceres, & des playes dangereuſes ſe facilite par une abſtinence rigide, qu'ils ſoutiennent avec un courage & une patience qui ne ſont donnés qu'à eux. Anciennement les* Indiens *de* l'Amérique *Septentrionale ne connoiſſoient point la vérole: les* Européens *l'ont introduite parmi eux.*

Comme les femmes Indiennes *ſont ſans ceſſe en campagne, ou occupées à leurs affaires domeſtiques, elles acquierent une conſtitution ſaine, qui contribue ſans doute à la facilité de leurs accouchemens. Elles enfantent ſouvent ſeules au milieu des bois; & après deux ou trois jours de repos, qui ſuffiſent pour les retablir entierement, elles vaquent de nouveaux aux affaires du dehors & du dedans. La prémiere choſe qu'elles font après la naiſſance de leur enfant, c'eſt de le plonger dans la prémiere fontaine d'eau froide qu'elles rencontrent, & de l'y laver: après quoi elles le barbouillent d'huile d'ours depuis la tête juſqu'aux piés. Le pere lui fait enſuite un berceau d'une eſpece ſinguliere, qui conſiſte en une planche d'environ deux piés de long ſur un de large: ils y attachent l'enfant bien fermé avec des bandelettes, laiſſant un trou vis-à-vis de ſon derriere, pour ſervir de paſſage à ſes excrémens: on attache auſſi d'un coin de la planche à l'autre une bande de cuir, avec laquelle la mere jette ſon enfant derriere elle, & ſe met dos à dos avec lui. D'autres fois les* Indiennes *pendent ces berceaux contre les murailles de leurs maiſons, ou même à des branches d'arbres. Ces berceaux étant portatifs, ſont commodes à ces peuples; & je ne vois pas pourquoi ils ne pourroient pas nous être d'une utilité égale, ſi on les introduiſoit parmi nous. Je n'ai jamais vû un ſeul* Indien *contrefait; & c'eſt l'uſage de ces berceaux qui leur rend la taille ſi droite & ſi belle.*

Les Indiens *ſont très paiſibles, & ne s'entrebattent jamais, ſi l'ivreſſe ne s'en mêle. Les* Indiennes *ſur tout ſont les plus patientes, & les meilleures créatures du monde. Je n'en ai jamais vû une ſeule, qui aimât à gronder, & à criailler; & elles ſont toutes la bonté & la douceur même à l'égard de leurs enfans.*

Les Indiens *paroiſſent être très heureux par rapport à la vie préſente. Leur bonheur eſt cependant bien diminué par leurs querelles inteſtines, & par les guerres continuelles qu'une nation fait à l'autre. Ils les continuent quelquefois des ſiecles entiers, tuant, ou prénant priſonniers tout ce qu'ils trouvent de part & d'autre, juſqu'à ce que devenus trop foibles,*

supply their wars. This probably has occasioned the depopulated state of north *America* at the arrival of the *Europeans*, who by introducing the vices and the distempers of the old world, have greatly contributed even to extinguish the race of these savages, who it is generally believed were at first four, if not six times as numerous as they now are.

I shall now conclude my account of the *Indians*, in which I might have been more prolix, but I chose rather to confine myself to what I learn'd by a personal knowledge of them; and as natural history is the subject of this book, I conceive it impertinent to relate tedious narratives of religious ceremonies, burials, marriages, &c. which are too often the product of invention, or credulity in the relater. *Indians* being so reserv'd and averse to reveal their secret mysteries to *Europeans*, that the relations of the most inquisitive can be but little depended on.

faibles, ils furent enfin obligés de faire la paix, faute de recrues. Vraisemblablement c'étoit de là que venoit l'état dépeuplé de l'Amérique Septentrionale, qui étoit dépeuplée, lors que les Européens y arriverent. Ceux-ci, en y introduisant les vices & les maladies du monde ancien, ont contribué à une espece d'extinction de la race de ces sauvages, qu'on croit avoir été d'abord six fois plus nombreux qu'ils ne le sont aujourd'hui.

Je pourrois m'étendre d'avantage sur les Indiens du Nord de l'Amérique; mais j'aime mieux finir ici, & me contenter de n'en dire que ce que j'en ai appris par moi-même; mais comme l'histoire naturelle est le sujet de mon livre, & que les Indiens sont si réservés même avec les Européens sur le chapitre de leurs mystères, il seroit ridicule, à mon avis, de m'étendre d'une maniere ennuyeuse sur le détail de leurs cérémonies religieuses, de leurs funérailles, de leurs mariages, dont les relations ne sont que trop souvent le fruit de l'invention, ou de la crédulité de l'écrivain; car les Indiens sont si réservés, & ont une si grande répugnance à réveler leurs mystères secrets aux Européens, que ce qu'en disent les plus curieux est très mal fondé.

Of the Agriculture *of* Carolina.

THE lands of *America* from a series of years have accumulated such a coat of prolifick soil that tillage is in a manner useless. So soon as the fertility of a field is exhausted by repeated crops, they take down the fence which inclosed it, and let it lie as useless; this fence is removed to another fresh piece of land, some of which yields them plentiful crops twenty years successively without respite, or any other tillage than with an hough, to raise the earth where the grain is drop'd. At a planter's entering on fresh land, he is necessitated first to clear it of a vast burden of large trees and under wood; so much of which as is moveable is piled in heaps, and burned, the trunks being left to rot, which is usually effected in six or eight years; In the mean time maiz, rice, &c. is sown between the prostrate trees.

The fields are bounded by wooden fences, which are usually made of pine split into rails of about twelve or fourteen feet long; the frequent removing of these fences to fresh land, and the necessity of speedy erecting them are partly the reasons why hedges are not hitherto made use of, besides the facility of making wooden fences in a country abounding in trees.

De l'*Agriculture* de la *Caroline*.

LES terres d'Amérique se sont couvertes d'une si grande quantité de terroir prolifique, qui s'y est accumulé pendant une longue suite d'années, qu'à l'aide de cet engrais, la culture y est en quelque sorte inutile. Dès que la fertilité d'un champ est épuisée par le grand nombre de récoltes consécutives, on en ôte les clôtures qui l'environnoient, & on le laisse là, comme étant devenu inutile. On transporte ces clôtures sur des pieces de terres toutes fraîches, dont quelques unes fournissent des récoltes abondantes pendant vingt ans consécutifs, sans se reposer & sans autre culture que celle de soulever la terre avec la houe dans les endroits où l'on a semé. Lors qu'un planteur entre en possession d'une nouvelle terre, il est obligé de commencer par la débarasser d'une quantité considérable de grands arbres & de bois taillis. Tout ce qu'on en peut transporter est mis en tas, & brûlé, & on en laisse pourrir les troncs sur la terre, ce qui d'ordinaire arrive en sept ou huit ans, pendant lequel temps on seme du maiz, du ris, &c. entre les arbres abbatus.

Les champs sont entourés de barrieres de bois, qui sont faites ordinairement de bois de pin fendu en barreaux de 12, à 14 pieds de long. Le transport fréquent de ces barrieres d'un lieu à un autre, & la necessité de les remettre promptement sur pié, sont en partie la raison pourquoi on n'a pas jusqu'ici fait usage de hayes, sans compter la facilité de faire des barrieres de bois dans un pays, où il y a des arbres en abondance.

Frumentum Indicum. Maiz *dictum.*

Of the Grain, Pulse, Roots, Fruit and Herbage, with their Cultivation.

Indian Corn.

THIS is the native grain of *America*, from whence other parts of the world were at first supplied: it agrees with all climates from the equinoctial to the latitude of 45. Yet the climate which best agrees with it, and produces the fairest and largest corn, is that between the degrees of 30 and 40. Of this grain there are reckoned two sorts, differing in stature, largeness of the spike and grain, and different time of ripening, besides accidental variety in the colours of the grain. The largest is cultivated in *Virginia* and *Carolina*. It is usually planted in *April*, and the largest ripeneth not 'till *October*, and is frequently left standing in the field 'till *December* before it is gather'd in: the smaller grain ripening in half the time of the large, recommends it to the *Indians*, who according to their custom, do not provide corn for the whole winter; this by its quick ripening affords them early food, and is therefore by them most propagated: this kind is also cultivated in *New England*, where heat is deficient for ripening the larger kind, and it is also propagated in *Languedoc*, and in some parts of *Italy*, and in kindly summers will come to maturity in *England*, as I myself have experienced, the large kind grows usually nine or ten feet high, and sometimes in strong land, to the height of fourteen feet. The smaller sort grows commonly five or six feet high. In planting this corn, six or eight grains are drop'd in the circumference of about thirty inches, and covered with a hough: when it appears some inches above ground, the supernumeraries, if any, are pulled up, and three left in a triangle to grow, they are also weeded, and earth raised about them with a hough, which being repeated three or four times in the summer, raises a hill about them. After the corn is come up some small height, there are drop'd into every hill two or three beans called *Bonavis*, which as they shoot up are supported by the stalks of the corn, and are ripe and gathered before the corn. These hills of corn are at the distance of about four feet or under, regularly planted in

Des grains, légumes, racines, fruits, & herbages, & de leur culture.

Bled d'*Inde*.

CE grain est naturel à l'Amérique, qui en a d'abord fourni aux autres parties du monde. Il s'accommode de tous les climats, depuis la ligne équinoxiale jusqu'au 45me degré de latitude. Cependant le climat, qui lui convient le mieux, & qui produit le plus gros & le plus beau, est entre le 30me & le 40me degré. On distingue deux especes de ce bled qui different par leur hauteur, la grosseur de l'épi & du grain, & le temps de leur maturité, sans compter quelques différences accidentelles dans la couleur du grain. On cultive le plus gros à la Virginie & à la Caroline. On le plante d'ordinaire au mois d'Avril: le plus gros ne meurit qu'en Octobre, & on le laisse souvent de bout dans les champs jusqu'en Décembre, avant de le recueillir. Comme le plus petit grain meurit dans la moitié du temps du plus gros, les Indiens en font cas: parceque leur coutume étant de ne pas se pourvoir de bled pour tout l'Hiver, celui-ci, par sa prompte maturité, leur fournit bientôt, la nourriture dont ils ont besoin, & est par conséquent plus cultivé par eux que l'autre. Cette même espece est aussi cultivée dans la nouvelle Angleterre, où l'on manque du degré de chaleur nécessaire pour meurir l'espece la plus grosse. On en fait pareillement venir en Languedoc, & dans quelques endroits d'Italie, & quand les Etés sont chauds en Angleterre, il y vient à maturité, comme j'en ai moi même fait l'experience. La grosse espece croit ordinairement jusqu'à la hauteur de neuf à dix piés, & est quelquefois de quatorze piés de haut dans les terres fortes. La plus petite espece croit ordinairement de cinq à six piés de haut. Quand on plante ce bled, on en met six, sept, ou huit grains, dans un circuit d'environ trente pouces, & on le couvre avec une houe. Lors qu'il est de quelques pouces hors de terre, on arrache les jets surnumeraires, s'il s'en trouve, & on n'en laisse croître que trois qui sont en triangle: on en arrache aussi les mauvaises herbes, & on éleve la terre autour avec une houe: cette derniere operation, répétée quatre fois pendant l'Eté, forme une petite éminence tout à l'entour. Lors que le bled est parvenu à quelque hauteur, on seme dans chaque éminence deux ou trois de ces féves, qu'on appelle bonavis, & qui à mesure qu'elles sortent de terre, sont soutenues par les tiges du bled: elles meurissent & se recueillent avant lui. Ces éminences de bled

in lines or quincunx order: in *June* the plants are suckered, *i. e.* stripping off the superfluous shoots. In *August* they are topped, and their blades stripped off, and tied in small bundles for winter provender for horses and cattle. About the same time the spikes or ears of corn that grow erect naturally, are bent down to prevent wet entering the husk that covers the grain, and preserves it from rotting. In *October*, which is the usual harvest month, the spikes of corn with their husks are cut off from the stalks, and housed, and in that condition is preserved till it is wanted for use. It is then taken out of the husk, and the grain separated from the *Placenta* or Core. Then it is made saleable, or fit for use. This grain in *Virginia* or *Carolina*, is of most general use, and is eat not only by the negro slaves, but by the generality of white people. Its easy culture, great increase, and above all its strong nourishment, adapts it to the use of these countries as the properest food for negro slaves, some of which, at a time when by the scarcity of this grain they were obliged to eat wheat, found themselves so weak that they begged of their master to allow them *Indian* corn again, or they could not work. This was told me by the Hon. Colonel *Byrd* of *Virginia*, whose slaves they were, adding, that he found it his interest to comply with their request.

It is prepared various ways, tho' but three principally; the first is baking it in little round loaves, which is heavy, tho' very sweet and pleasant while it is new. This is called *Pone*.

The second is called *Mush*, and is made of the meal, in the manner of hasty-pudding; this is eat by the negroes with cyder, hog's-lard, or molasses.

The third preparation is *Homony*, which is the grain boiled whole, with a mixture of *Bonavis*, till they are tender, which requires eight or ten hours; to this *Homony* is usually added milk or butter, and is generally more in esteem than any other preparation of this grain. The spikes of this corn before they become hard, are the principal food of the *Indians* during three summer months; they roast them in the embers, or before a fire, and eat the grains whole. The *Indians* prepare this grain for their long marches by parching and beating it to powder, this they carry in bags, and is always ready, only mixing with it a little water at the next spring.

bled sont plantées regulierement, & en lignes droites, ou en échiquier, environ à quatre piés de distance les unes des autres. Dans le mois de Juin *on émonde les tiges, c'est à dire, qu'on en ôte les rejettons superflus. Au mois d'*Août *on les étête, on dépouille les tiges, & on les lie par petites bottes qu'on garde pour servir en Hyver de nourriture aux Chevaux & aux bestiaux. Environ dans le même temps, on courbe vers la terre les épis, qui naturellement sont droits, afin d'empêcher l'humidité d'entrer dans la cosse qui couvre le grain, & en prévient la pourriture. Au mois d'*Octobre, *temps ordinaire de la moisson, on coupe les épis du haut de leurs tiges: on les engrange ensuite; & on les garde en cet état, jusqu'à ce qu'on en ait besoin. Lors qu'on en veut faire usage, on les tire de la cosse, & on détache le grain du* Placenta. *On peut alors le vendre, ou s'en servir. Ce grain est de l'usage le plus général à la* Virginie, *& à la* Caroline; *& il y sert de nourriture non seulement aux negres, mais encore à la plus part des blancs. La facilité de le cultiver, sa grande multiplication, & plus que tout cela, la force qu'il procure à ceux qui s'en nourrissent, le rendent d'une utilité particuliere à ces pays, comme étant le grain le plus propre pour des esclaves negres. Quelques uns de ces derniers ayant été obligés de manger du pain de froment, dans un temps où ce grain avoit manqué, se sentirent si affoiblis de ce changement, qu'ils prierent leur maître de leur redonner du bled d'*Inde, *sans lequel ils ne pouvoient travailler. Je tiens ce fait de Monsieur le Colonel* Byrd. *habitant de la* Virginie, *dont ces gens étoient les esclaves, & qui me dit de plus, qu'il avoit trouvé son compte à leur accorder ce qu'ils demandoient.*

On le prépare de plusieurs manieres; mais il n'y en a que trois principales. La premiere consiste à en faire de petits pains ronds, qui sont pésans & serrés, mais d'un goût tres agréable, quand ils sont frais: on les appelle Pones.

La seconde préparation s'appelle Mush, *& n'est qu'une bouillie fait avec de la farine de ce bled: les negres la mangent avec du cidre, du sain doux, ou de la mélasse.*

La troisiéme préparation s'appelle Homony, *& consiste à faire bouillir les grains entiers avec du* Bonavis, *jusqu'à ce qu'ils soyent tendres, ce qui demande huit, ou dix heures de temps: on ajoûte ordinairement à ce* Homony *du lait, ou du beurre; & ce mets est généralement plus estimé qu'aucune autre préparation du bled d'*Inde. *Avant que les épis de ce bled soyent durcis, ils sont, pendant trois mois de l'Eté, la principale nourriture des* Indiens, *qui les rôtissent sous la cendre chaude, ou devant le feu, & en mangent les grains entiers. Quand ces peuples ont de longues marches à faire, ils rôtissent du bled d'*Inde: *le battent pour le reduire en poudre, & portent dans des sacs cette poudre, qui est toujours prête pour leur usage, puisqu'ils ne font que la mêler avec un peu d'eau, à la premiere source qu'ils rencontrent.*

O R I Z A.

Rice.

THIS beneficial grain was first planted in *Carolina*, about the year 1688, by Sir *Nathaniel Johnson*, then governor of that province, but it being a small unprofitable kind, little progress was made in its increase. In the year 1696, a ship touched there from *Madagascar* by accident, and brought from thence about half a bushel of a much fairer and larger kind, from which small stock it is increased as at present.

The first kind is bearded, is a small grain, and requires to grow wholly in water. The other is larger and brighter, of a greater increase, and will grow both in wet and tolerable dry land. Besides these two kinds, there are none in *Carolina* materially different, except small changes occasioned by different soils, or degeneracy by successive sowing one kind in the same land, which will cause it to turn red.

In *March* and *April* it is sown in shallow trenches made by the hough, and good crops have been made without any further culture than dropping the seeds on the bare ground, and covering it with earth; or in little holes made to receive it without any further management. It agrees best with a rich and moist soil, which is usually two feet under water, at least two months in the year. It requires several weedings till it is upwards of two feet high, not only with a hough, but with the assistance of fingers. About the middle of *September* it is cut down and housed, or made into stacks till it is thrash'd with flails, or trod out by horses or cattle; then to get off the outer coat or husk, they use a hand-mill, yet there remains an inner film which clouds the brightness of the grain, to get off which it is beat in large wooden mortars, and pestles of the same, by negro slaves, which is very laborious and tedious. But as the late governor *Johnson* (as he told me) had procured from *Spain* a machine which facilitates the work with more expedition, the trouble and expence ('tis hoped) will be much mitigated by his example.

Le Ris.

CE grain bienfaisant fut semé pour la premiere fois à la Caroline, *vers l'an 1688, par Mons. le chevalier* Johnson, *qui étoit alors gouverneur de ce pays là; mais l'espece, qu'on sema, étant petite & peu profitable, on ne la multiplia pas beaucoup. En 1696, un vaisseau, qui venoit de* Madagascar, *y aborda par accident, & y apporta de cette Ile environ un demi boisseau de Ris, d'une espece beaucoup plus grosse, & plus belle; & c'est de cette petite provision que le Ris s'y est multiplié, comme nous le voyons aujourd'hui.*

La premiere espece de Ris est barbue, le grain en est petit, & ne croît que dans l'eau. Le ris de la seconde espece est plus gros, plus clair, & multiplie d'avantage: il croît & dans l'eau, & dans les terres assez seches. Il n'y à la Caroline *que ces deux especes de ris, qui soyent essentiellement differentes: il y arrive seulement quelques petits changemens qui proviennent des différens terroirs; ou bien le Ris dégénere & devient rouge, lorsqu'on seme continuellement la même espece dans la même terre.*

On le seme, aux mois de Mars *& d'*Avril, *dans des sillons peu profonds faits avec la houe; & on en a vu de grandes récoltes sans autre culture, que celle de jetter la graine sur la terre, & de la couvrir, ou de la mettre, sans autre soin, dans de petits trous faits pour la recevoir. De tous les terroirs, celui dont le Ris s'accommode le mieux, c'est le terroir gras & humide, qui d'ordinaire est deux piés dessous l'eau, au moins pendant deux mois de l'année. Il faut sarcler plusieurs fois le Ris, non seulement avec la houe, mais même avec la main, jusqu'à ce qu'il ait plus de deux piés de haut. Vers la mi-*Septembre, *on le coupe & on le serre; ou bien on le met en monceaux, jusqu'à ce qu'on le batte avec le fleau, ou qu'on le fasse sortir, en le faisant fouler aux piés par des chevaux & des bestiaux. On se sert d'un moulin à bras pour en ôter la bourse, ou peau extérieure. Il y demeure cependant encore une peau déliée intérieure, qui ternit le brillant du grain: pour en ôter cette saleté, on le bat dans de grands mortiers de bois, & avec des pilons de même matiere: les esclaves négres font cet ouvrage, qui est très ennuyeux & très fatiguant; mais le dernier* Gouverneur, *nommé* Johnson, *ayant fait venir d'*Espagne, *comme il me l'a dit lui-même, une machine qui facilite & hâte considérablement cette opération, il faut esperer, que les autres venant à l'imiter, le travail & la dépense en diminueront beaucoup.*

TRITICUM.

Wheat.

IN *Virginia* they raiſe wheat not only for their own uſe, but for exportation. The climate of *Carolina* is not ſo agreeable to it, ſo that few people there think it their advantage to ſow it. The generality of the inhabitants are ſupplied with flower from *Penſilvania* and *New-York*.

That which is propagated in *Carolina*, came firſt from the *Madera* Iſland, none being found ſo agreeable to this country, it lying in a parallel latitude. The grain has a thinner coat, and yields more flower than that of *England*. The upper parts of the country diſtant from the ſea is ſaid to produce it as well as in *Virginia*; but as there are hitherto but few people ſettled in thoſe diſtant parts, little elſe has been yet planted but *Indian* corn and rice for exportation. Wheat is ſown in *March*, and reaped in *June*.

Le Froment.

ON *recueille du froment à la* Virginie, *tant pour ceux du pays, que pour l'envoyer au dehors; mais le climat de la* Caroline *ne lui eſt pas ſi favorable, & très peu de perſonnes trouvent leur compte à l'y ſemer; la pluſpart des habitans tirent leur farine de la* Penſilvanie, *& de la* Nouvelle Yorke.

Le Froment, qu'on ſeme à la Caroline, *y a été originairement apporté de* Madere, *aucun ne lui convenant mieux que celui de cette île, qui a la même latitude que la* Caroline. *Ce grain a la peau plus fine, & donne plus de farine que celui d'*Angleterre. *On dit qu'il en vient dans la partie du pays la plus haute & la plus éloignée de la Mer, auſſi bien qu'en* Virginie, *mais comme il ne s'eſt établi juſqu'ici que peu de perſonnes dans ces contrées éloignées, on n'y a guères ſemé que du bled d'*Inde, *& du ris, qu'on envoye dehors. Le froment ſe ſeme au mois de* Mars, *& ſe recueille dans celui de* Juin.

HORDEUM.

Barley.

AS *Barbary*, and the northern parts of *Africa*, are much adapted to the growth of barley, *Carolina* lying in about the ſame latitude, is alſo very productive of it: yet it is but little cultivated.

The brewing of beer has been ſometimes attempted with good ſucceſs, but the unſteadineſs, and alternate hot and cold weather in winter is not only injurious to the making malt here, but has the like ill effects in brewing, which has induced ſome people to ſend for malt from *England*.

L'Orge.

COMME la Barbarie, *& les regions Septentrionales de l'*Afrique *ſont très propres à produire de l'Orge, le terrein de la* Caroline, *qui eſt à peu près à la même latitude, y eſt auſſi très favorable, & cependant on ne l'y cultive guères.*

*On y a quelquefois eſſayé avec ſuccès de faire de la bierre, mais l'inconſtance du temps, & l'alternative de froid & de chaud en Hiver, préjudicient beaucoup non ſeulement à la drèche, mais encore à la bierre: ce qui a porté quelques perſonnes à y faire venir de la drèche d'*Angleterre.

AVENA.

Oats.

OATS thrive well in *Carolina*, tho' they are very rarely propagated; *Indian* corn ſupplying its uſe to better purpoſe, particularly for horſes, one quart of which is found to nouriſh as much, and go as far as two quarts of oats.

L'Avoine.

L'*Avoine vient fort bien à la* Caroline, *quoi qu'on l'y cultive peu; le bled d'*Inde *y ſuppléant à meilleur compte, ſurtout pour les chevaux, qu'une meſure de ce bled nourrit autant que le feroient deux meſures d'Avoine.*

Milium *Indicum.*

Bunched Guinea *Corn.*

BUT little of this grain is propagated, and that chiefly by negroes, who make bread of it, and boil it in like manner of firmety. Its chief uſe is for feeding fowls, for which the ſmallneſs of the grain adapts it. It was at firſt introduced from *Africa* by the negroes.

Le Millet *d'Inde.*

ON *ne ſeme guères ce grain à la* Caroline, *& ce ſont principalement les negres qui le cultivent; ils en font du pain, & le bouillent en maniere de bouillie, on s'en ſert principalement pour nourrir la volaille, à laquelle il convient par la petiteſſe du grain. Les negres l'ont originairement apporté d'*Afrique.

Panicum *Indicum ſpica longiſſima.*

Spiked Indian *Corn.*

THIS corn has a ſmaller grain than the precedent, and is uſed as the other is, for feeding fowls: theſe two grains are rarely ſeen but in plantations of negroes, who brought it from *Guinea*, their native country, and are therefore fond of having it.

Le Panis *d'Inde.*

CE *grain eſt plus petit que le précédent, & ſert comme lui de nourriture à la volaille. On voit rarement ces deux ſortes de grains ailleurs que dans les plantations, où il y a des negres: ceux-ci les y ont apportés de* Guinée, *qui eſt leur pays natal, & ſont par conſéquent bien aiſes de les cultiver.*

PHASEOLI.

Kidney-Beans.

OF the kidney-bean kind there are in *Carolina* and *Virginia*, eight or ten different ſorts, which are natives of *America*, moſt of which are ſaid to have been propagated by the *Indians* before the arrival of the *Engliſh*: amongſt them are ſeveral of excellent

Haricots.

IL *y a à la* Caroline *& à la* Virginie *huit, ou dix eſpeces différentes de Haricots, qui ſont naturels à l'*Amérique. *On dit que la pluſpart y ont été multipliés par les* Indiens, *avant l'arrivée des* Anglois. *Pluſieurs de ces eſpeces ſont excellentes pour la table: on les aſſaiſonne de bien*

cellent use for the table, and are prepared various ways, as their various properties require. They are also of great use for feeding *Negroes*, being a strong hearty food.

English beans and peas degenerate after the first or second years sowing, therefore an annual supply of fresh seeds from *England* is found necessary to have them good.

bien des manieres, selon leurs diverses propriétés; & comme c'est une nourriture très forte, on en donne aussi beaucoup aux negres.

*Les Pois & les Feves d'*Angleterre *y dégénerent, après y avoir été semés un an ou deux; c'est pourquoi on trouve à propos d'en faire venir tous les ans une nouvelle provision, afin d'avoir de ces legumes, qui soyent bons.*

Convolvulus *radice tuberose esculenta.*

The American *Potato.*

POtatoes are the most useful root in *Virginia* and *Carolina*, and as they are a great support to the *Negroes*, they are no small part of a planter's crop, every one planting a patch, or inclosed field, in proportion to the number of his slaves. I having been particular in the description of the different kinds and figure of this root, refer my Reader to it. Page 60.

Patates, ou Pommes de terre *Amériquaines.*

LES Patates sont les racines les plus utiles qu'il y ait à la Virginie *& à la* Caroline*; & comme elles sont une nourriture importante pour les negres, elles constituent une partie considérable de la récolte d'un planteur, chacun en plantant une certaine quantité dans un champ clos, à proportion du nombre de ses esclaves. Comme je me suis fort étendu sur la description des differentes especes, & de la figure de cette racine, j'y renverrai mon lecteur.* P. 60.

Volubulis *nigra, radice alba aut purpurca maxima tuberosa.*

Hist. Jam. Vol. I. p. 139.

The Yam.

THE culture of this useful Root seems confined within the torrid Zone, it not affecting any country, North or South, of either Tropick; *Carolina* is the farthest North I have known them to grow, and there more for curiosity than advantage, they increasing so little that few people think them worth propagating. Sir *Hans Sloane*, in his Natural History of *Jamaica*, has given an accurate account of this Root; so I shall only observe, that next to the Potatoe this Root is of more general use to mankind than any other in the old and new World.

L'Ignasme.

LA culture de cette Racine utile paroît ne pouvoir avoir lieu que dans la Zone torride, parcequ'elle ne reussit ni au Nord, ni au Midi de l'un & de l'autre Tropique. La Caroline *est le pays le plus Septentrional, où j'en aye vû croître; encore y est elle plus une curiosité qu'un profit; parce qu'elle y multiplie si peu, que les habitans trouvent qu'elle ne vaut pas la peine qu'on l'y cultive. Comme Mr. le Chevalier* Sloane *nous en a donné une description exacte dans son histoire de la* Jamaique, *je me contenterai d'observer, qu'après la pomme de terre, cette racine est plus généralement utile au genre humain, qu'aucune autre du vieux ou du nouveau Monde.*

Arum *maximum Ægyptiacum quod vulgo* Colocasia.

Eddoes.

THIS I have described and figured, Page 45.

Colocasia, *ou* Calcas.

J'EN ai donné la description & la figure, P. 45.

Lilium, sive Martagon *Canadense flore luteo punctato.*

The Martagon, p. 56.

THE *Indians* boil these Martagon-Roots, and esteem them dainties.

Le Martagon, *p.* 56.

LES Indiens *font bouillir ces Racines, & les regardent comme un manger délicat.*

The common European CULINARY PLANTS, *viz.*

CArrots, Parsneps, Turneps, Pease, Beans, Cabbage and Colliflowers, agree well with the climate of *Carolina*; but after the first or second years sowing, they are apt to degenerate. Therefore an annual supply of fresh seeds from *England* is found necessary to have them good. Thyme, Savory, and all aromatic Herbs are more volatile here than in *England*. All other culinary Roots, Pulse, and herbacious Sallating, are as easily raised, and as good as in *England*.

Les Plantes Potageres ordinaires d'*Europe.*

LES legumes que les Européens *mangent ordinairement, comme les Carotes, les Panais, les Navets, les Pois, les Feves, les Choux, & les Choux-fleurs, s'accommodent très bien du climat de la* Caroline*; mais après qu'on les y a semés un an ou deux, ils sont sujets à dégénérer: c'est pourquoi on a soin, pour les avoir bons, de faire venir d'*Angleterre *une provision annuelle de nouvelles graines. Le Thim, la Sariette, & toutes les autres Herbes odoriférantes, sont plus fortes à la* Caroline *qu'en* Angleterre. *Toutes les autres Racines mangeables, la Salade, & les Legumes s'y élévent aussi aisément, & y ont aussi bon goût qu'en* Angleterre.

IN *Carolina* and *Virginia* are introduced all our *English* FRUIT TREES, though they do not equally agree with the climates of these countries.

ON a introduit tous les ARBRES FRUITIERS Anglois *à la* Caroline *& à la* Virginie, *quoi qu'ils ne s'accommodent pas également bien des climats de ces pays là.*

M A L U S.

The Crab *and* Apple-Tree.

CRabs in *Carolina* are the product of the woods, and differ but little from ours, except in the fragrance of their blossoms, which in *March* and *April* perfume the air. Apples were introduced from *Europe*: they in *Carolina* are tolerably well tasted, though

Le Pommier sauvage, & le Pommier franc.

LES Pommes sauvages de la Caroline *sont le produit des bois, & different très peu des nôtres, si ce n'est par la bonne odeur de leurs fleurs, qui parfument l'air dans les mois de* Mars *& d'*Avril. *Les Pommes y ont été apportées d'*Europe. *Celles de la* Caroline *sont d'un goût passable, mais*

though they keep but a short time, and frequently rot on the trees. In *Virginia* they are better, and more durable, and great quantities of cyder is there made of them. Further North, the climate is still more agreeable, not only to Apples, but to Pears, Plumbs, and Cherries.

mais elles sont de peu de garde, & pourrissent souvent sur l'arbre Elles sont meilleures, & se gardent plus long temps à la Virginie, *où l'on en fait une grande quantité de cidre. Quand on avance vers le Nord, le climat est encore plus favorable tant aux pommes qu'aux poires, aux prunes, & aux cerises.*

P Y R U S.

The Pear-Tree,

PEARS in some parts of *Carolina* are very good and plentiful, particularly on the banks of *Santee* River.

Le Poirier.

IL y a des Poires excellentes, & en abondance dans quelques endroits de la Caroline, *sur tout sur les bords de la riviere de* Santé.

P R U N U S & C E R A S U S.

The Plumb *and* Cherry-Tree.

PLUMBS, and Cherries of *Europe* have hitherto proved but indifferent, which probably may be occasioned for want of artful management. To the same cause may be imputed the imperfection of the other cultivated fruits, in the management of which little else but Nature is consulted.

Le Prunier & le Cerisier.

*JUSQU'ici les Prunes & les Cerises d'*Europe *n'y sont pas des meilleures: ce qui vient probablement de la mal adresse de ceux, qui les cultivent. On peut attribuer à la même cause l'imperfection des autres Fruits, qu'on y fait venir & qui n'ont gueres d'autre culture que celle que la Nature leur donne.*

P E R S I C A.

The Peach-Tree.

OF Peaches there are such abundance in *Carolina* and *Virginia*, and in all the *British* Continent of *America*, that, were it not certain that they were at first introduced from *Europe*, one would be inclined to think them spontaneous, the fields being every where scattered with them, and large orchards are planted of them to feed hogs with, which when they are satiated of the fleshy part, crack the shells, and eat the kernels only. There are variety of kinds, some of the fruit are exceeding good, but the little care that is taken in their culture causes a degeneracy in most. They bear from the stone in three years: and I have known them do it in two. Were they managed with the like art that they are in *England*, it would much improve them; but they only bury the stone in earth, and leave the rest to Nature.

Le Pêcher.

IL y a une si grande abondance de pêches à la Caroline, *à la* Virginie, *& dans tout le continent d'*Amérique *appartenant à l'*Angleterre, *que, s'il n'étoit pas notoire, qu'elles y ont été premierement apportées d'*Europe, *on pencheroit à croire que le pays les produit de lui-même, tous les champs en étant parsemés, & y ayant de grands vergers entierement plantés de ces fruits, pour en nourrir les cochons, qui, quand ils en sont rassasiés, cassent les noyaux, & en mangent les amandes. Il y en a de bien des especes. Quelques unes sont délicieuses, mais le peu de soin avec lequel on les cultive en fait dégénérer la plupart. Ces Arbres portent d'après le noyau au bout de trois ans; & j'en ai vû porter au bout de deux. Si on apportoit à leur culture autant d'art qu'on fait en* Angleterre, *le fruit en seroit beaucoup meilleur; mais on se contente d'en enterrer les noyaux, & de laisser faire le reste à la Nature.*

N U S I P E R S I C A.

The Nectarine-Tree.

NEctarines, though so nearly a-kin to the Peach, yet rarely prove good in *Carolina* and *Virginia*.

L'Arbre qui porte des *pavies*.

QUelque grand que soit le rapport entre les Pavies & les Pêches, il est rare de voir les premiers devenir bons à la Caroline *& à la* Virginie.

M A L U S A R M E N I A C A.

The Apricock-Tree.

APricocks no more than Peaches agree well with this climate; though both these Trees arrive to a large stature.

L'Abricotier.

LES Abricots, non plus que les Pêches, ne s'accommodent pas de ce climat; quoi que les arbres qui les produisent y arrivent à une hauteur considérable.

Glossularia & Ribes.

The Goosberry *and* Currant-Tree.

GOosberries and Currants will not bear fruit in *Carolina* and in *Virginia* sufficient to encourage their cultivation.

Le Groselier, & le Gadellier, ou Groselier rouge.

CES Arbres ne produisent pas assez de fruit à la Caroline, *& à la* Virginie, *pour engager les habitans à les cultiver.*

Rubus Idæus, & Fragaria.

Rasberries *and* Strawberries.

RAsberries are very good, and in great plenty; they were at first brought from *England*.

Strawberries are only of the wood kind, and grow naturally in all parts of the country, except where hogs frequent.

Framboises & Fraises.

*LES Framboises y sont fort bonnes, & en grande abondance. Elles y ont été apportées originairement d'*Angleterre.

Les fraises de bois sont les seules qu'il y ait. Elles croissent naturellement dans tous les endroits du pays, à l'exception de ceux que les cochons fréquentent.

RUBUS.

R U B U S.

Blackberries.

THERE are three or four kinds of Blackberries in the woods, of better flavour than those in *England*; particularly one kind growing near the mountains, approaching to the delicacy of a Rasberry.

Bayes de Buisson.

*IL y a dans les bois trois ou quatre especes de meures de buisson, d'un parfum plus agréable que celles d'*Angleterre*; & il y en a surtout une espece qui croît près des montagnes, & dont la délicatesse approche de celle de la framboise.*

MORUS fructu nigro.

The English *Mulberry-Tree.*

THE common black mulberry produce not so large fruit as they do in *England.*

Le Meurier.

*LE Meurier commun, dont le fruit est noir, ne produit pas d'aussi grosses meures que celui d'*Europe.

MORUS rubra.

The Red Mulberry-Tree.

THIS is the only native mulberry of *Carolina* and *Virginia*, the fruit is long, red, and well tasted.

Le Meurier rouge.

CET Arbre est le seul Meurier naturel à la Caroline, *& à la* Virginie; *son fruit est long, rouge, & d'un goût agréable.*

MORUS fructu albo.

The Silk-Worm Mulberry-Tree.

THE *Italian* or silk-worm mulberry, with small white and some red fruit. These were introduced into *Virginia* by Sir *William Berkley*, when he was governor of that province, for feeding silk-worms, and at length were propagated in *Carolina.*

Le Meurier à vers à soye.

LE Meurier Italien, *ou à vers à soye, porte un petit fruit blanc; quelques uns en ont de rouges. Ces arbres ont été apportés à la Virginie par le Chevalier* Berkley, *lors qu'il était Gouverneur de ce pays-là, pour en nourrir des vers à soye; & ils s'y sont multipliés à la longue.*

C Y D O N I A.

The Quince-Tree.

QUinces in *Carolina* have no more astringency than an apple, and are commonly eat raw. In north *Carolina* is made a kind of wine of them in much esteem.

Le Coignacier.

LES Coins ne sont pas plus astringens à la Caroline *qu'une pomme, & pour l'ordinaire ils se mangent crus. Au Nord de la* Caroline *on en fait une espece de vin fort estimé.*

F I C U S.

The Fig-Tree.

FIGS were first introduced into *Carolina* from *Europe*; they will not grow any where but near the sea, or salt-water, where they bear plentifully; but they are of a small kind, which may be attributed to their want of skilful management. An excellent liquor is made of figs, resembling Mum in appearance and taste: this is most practised in *James's Island* near *Charles-town.*

Le Figuier.

LES figues de la Caroline *viennent originairement d'*Europe: *elles ne croissent dans ce pays-là qu'auprès de la Mer, ou des eaux salées, où les figuiers les produisent en abondance: elles y sont petites dans leur espece, ce qu'on peut attribuer au peu de talent de ceux qui les cultivent: on fait avec les Figues une liqueur excellente, qui a l'apparence & le goût du mum. l'Ile de* James, *près de* Charles-town, *est le lieu où l'on en fait le plus.*

MALI AURANTIA & LIMONIA.

The Orange and Lemon-Tree.

CArolina being in the climate which produces the best Oranges and Lemons in the old World, they might therefore be expected to abound here; but the Winters in *Carolina* being much more severe than in those parts of *Europe* in the same latitude, these trees are frequently killed to the ground by frost. Yet when they are planted near the Sea, or Salt-Water, they are less liable to be injured by frosts, and bear successive crops of good fruit.

L'Oranger & le Limonier.

LA Caroline *étant dans le climat, qui dans le Monde ancien produit les meilleures oranges, & les meilleurs limons, on pourrait s'attendre à les y voir abonder; mais les Hivers étant beaucoup plus rudes à la* Caroline *que dans les parties de l'*Europe *qui ont la même latitude, la force des gelées tue quelquefois les Arbres qui les produisent jusqu'à la racine; cependant lors qu'on les plante auprès de la Mer, ou des eaux salées, ils sont moins sujets aux injures du froid, & donnent de bon fruit plusieurs années de suite.*

MALUS PUNICA.

The Pomegranate-Tree.

POmegranates being equally tender with oranges, require the like salt-water situation; yet I remember to have seen them to great perfection in the gardens of the Hon. *William Byrd*, Esq; on the freshes of *James* river in *Virginia*.

Le Grénadier.

LA Grénade étant un fruit aussi tendre que l'orange, elle demande aussi, comme elle, le voisinage des eaux salées: je me souviens cependant d'avoir vû des grénades parfaites dans les Jardins de Mr. Guillaume Bird, *dans des courans d'eau douce de la riviere de* James *en* Virginie.

VITIS.

The Vine.

GRapes are not only spontaneous in *Carolina*, but all the northern parts of *America*, from the latitude of 25 to 45, the woods are so abundantly replenished with them, that in some places for many miles together they cover the ground, and are an impediment to travellers, by entangling their horses feet with their straying branches; and lofty trees are over-top'd and wholly obscured by their embraces. From which indications one would conclude, that these countries were as much adapted for the culture of the vine, as *Spain* or *Italy*, which lie in the same latitude. Yet, by the efforts that have been hitherto made in *Virginia* and *Carolina*, it is apparent, that they are not blest with that clemency of climate, or aptitude for making wine, as the parallel parts of *Europe*, where the seasons are more equal, and the spring not subject, as in *Carolina*, to the vicissitudes of weather, and alternate changes of warmth and cold, which, by turns, both checks and agitates the rising sap, by which the tender shoots are often cut off. Add to this the ill effects they are liable to by too much wet, which frequently happening at the time of ripening, occasions the rotting and bursting of the fruit. Though the natural causes of these impediments may not presently be accounted for, yet it is to be hoped that time, and an assiduous application, will obviate these inclement obstructions of so beneficial a manufacture as the making of wine may prove.

La Vigne.

LE Raisin vient de lui-même non seulement à la Caroline, *mais encore dans toutes les parties Septentrionales de l'*Amérique, *depuis le 25me jusqu'au 45me degré de latitude; & les bois en sont si remplis que dans quelques endroits la terre est couverte, pendant plusieurs milles, de Vignes qui embarrassent les voyageurs, en arrêtant les pieds des chevaux par l'entrelas de leurs branches rampantes, dont une partie monte aussi au haut des grands arbres, & les obscurcit entierement, en s'y attachant. On conclura peut-être à de pareils indices, que ces pays sont aussi propres à la culture de la Vigne, que l'*Espagne *& l'*Italie, *qui ont la même latitude; cependant il paroît par tout ce qu'on a tâché de faire jusqu'ici pour la cultiver tant à la* Virginie *qu'à la* Caroline, *que ces pays ne jouissent pas d'une température d'air aussi propre à faire venir le Vin, que les pays d'*Europe *qui leur sont paralleles; car dans ces derniers les saisons sont plus égales; & le Printemps n'est pas sujet, comme à la* Caroline, *aux vicissitudes du temps, & à l'alternative du froid & du chaud, qui arrêtent & précipitent successivement la séve dans les branches, de maniere à faire souvent périr les rejettons tendres: ajoûtez à cela les mauvais effets que peuvent produire les pluyes excessives, qui tombent souvent à la* Caroline *vers le temps de la maturité du Raisin, & le font ou pourrir, ou crêver. Quoi qu'on ne puisse pas aisément rendre raison des causes naturelles de ces inconvéniens, on peut néanmoins espérer qu'avec le temps & un travail assidu, on obviera enfin aux obstacles qui nous privent d'un avantage aussi considérable que pourroit le devenir celui de faire du Vin.*

PINUS.

Of Pine-Trees.

THere are in *Carolina* four kinds of Pine-trees, which are there distinguished by the names of

Pitch Pine,
Rich-land Pine,
Short-leav'd Pine,
Swamp *Pine.*

The *Pitch-Pine* is the largest of all the Pine trees, and mounts to a greater height than any of them; its leaves and cones are also larger and longer than those of the other kinds; the wood is yellow, the heart of it is so replete with turpentine, that its weight exceed that of *Lignum Vitæ*; of this wood therefore is made pitch, tar, rosin, and turpentine. The wood is the most durable, and of more general use than any of the other kinds of pines, particularly for staves, heading, and shingles, *i. e.* covering for houses: these trees grow generally on the poorest land.

The *Rich-land Pine* is not so large a tree, nor are its leaves nor cones so long as those of the *Pitch Pine*; besides, the wood contains much less rosin, the grain is of a yellowish white colour; the wood of this tree is inferior to that of the *Pitch Pine*, tho' it splits well, and has its peculiar uses: these grow in better land than the *Pitch Pine*.

The *Short-leav'd Pine* is usually a small tree, with short leaves and small cones. It delights in middling land, and usually grow mixed with oaks.

The *Swamp Pine* grows on barren wet land; they are generally tall and large; the cones are rather large. These trees afford little rosin, but are useful for masts, yards, and many other necessaries.

There is also in *Carolina*, a fir which is there called *Spruce-Pine*.

The numerous species of the fir and pine which our northern colonies abound in, have (till of late) been little known to the curious, of whom no one has contributed more than my indefatigable friend Mr. *P. Collinson*, who, by procuring from the different parts of *America*, a great variety of seeds, and specimens of various kinds, has a large fund for a complete history of this useful tree.

Besides

Des Pins.

IL y a à la Caroline *quatre especes de pins, qu'on y distingue par les noms de*

Pins à poix.
Pins de terre fertile.
Pins à courte feuille.
Pins de *swamp*, ou de marais.

Le Pin à Poix *est le plus gros de tous, & devient plus haut qu'aucun autre. Ses feuilles & ses pommes sont aussi plus grosses & plus longues que celles des autres especes. Le bois en est jaune, & le cœur si rempli de therebentine, que cela le rend plus pesant que le bois de gayac; c'est pourquoi l'on tire de cette espece de pin la poix, le goudron, la résine, & la therebentine. Le bois en est plus durable, & plus généralement utile que celui des autres especes de pins, sur tout pour faire des douves, des fonds de tonneaux, & des bardeaux pour couvrir les maisons. Cet Arbre croît ordinairement sur le terroir le plus maigre.*

Le Pin de terre fertile *n'est pas si grand, & n'a pas les feuilles & les pommes aussi longues que le* Pin à Poix. *On en tire aussi beaucoup moins de résine. Le grain en est d'un blanc jaunâtre; & le bois inférieur à celui du* Pin à Poix. *Il se fend cependant bien, & a son utilité particuliere. Il croît dans un terroir meilleur que celui du* Pin à Poix.

Le Pin à courte feuille *est ordinairement un petit arbre: ses feuilles sont courtes, & ses pommes petites. Il aime un terroir médiocrement fertile, & croît ordinairement parmi des chênes.*

Le Pin de Swamp *croît sur les terres stériles & humides. Il est généralement gros & haut: ses pommes sont plutôt grosses que petites. Il ne donne que peu de résine; mais il est fort utile pour faire des mâts, des vergues, & plusieurs autres choses dont on a besoin.*

Il y a aussi à la Caroline *une espece de sapin, qu'on y appelle le* Pin de Prusse, *à cause de sa ressemblance avec le pin de ce pays là.*

Le grand nombre d'especes de sapins & de pins que nos colonies Septentrionales produisent en abondance, n'ont été connues des curieux que depuis très peu de temps; & aucun d'eux n'a plus contribué à nous en donner la connoissance que mon ami infatigable Mr. P. Collinson, *qui, en faisant venir des différentes parties de l'*Amérique *une grande variété de semences & d'échantillons des diverses especes de pins & de sapins, a aujourd'hui une ample collection des matériaux nécessaires pour former l'histoire complete d'un arbre dont l'utilité est si étendue.*

Outre

Besides the Trees which are figured, there are in *Carolina* these following:

Pinus.	The Pine-Tree, } many kinds.
Abies.	The Firr-Tree, } many kinds.
Acacia.	The Locust-tree, two kinds.
Tilia.	The Lime-tree.
Pavia.	Scarlet flowering Horse Chesnut.
Siliquastrum.	The *Judas*-tree.
Fagus.	The Beech-tree.
Ulmus.	The Elm-tree.
Salix.	The Willow-tree.
Sambucus.	The Elder-tree.
Corylus.	The Hazel-tree.
Carpinus.	The Horn-beam-tree.

Outre les arbres dont nous avons donné les figures, on trouve encore à la Caroline *les arbres suivans, savoir,*

Pinus,	*le Pin.* } *il y en a de plusieurs especes.*
Abies,	*le Sapin.* } *il y en a de plusieurs especes.*
Acacia,	*l'Acacie: il y en a de deux especes.*
Tilia,	*le Tilleul.*
Pavia,	*le Chataignier, qui a pris son nom de Mr. Pierre Pau.*
Siliquastrum,	*le Guainier.*
Fagus,	*le Hêtre.*
Ulmus,	*l'Orme.*
Salix,	*le Saule.*
Sambucus,	*le Sureau.*
Corylus,	*le Coudrier.*
Carpinus,	*le Charme.*

The Manner of making Tar *and* Pitch.

THE *Pitch-Pine* is that from which Tar and Pitch is made, it yielding much more rosin than any of the other kinds: These trees grow usually by themselves, with very few of any other intermixed. The dead trees are only converted to this use, of which there are infinite numbers standing and lying along, being killed by age, lightning, burning the woods, *&c.* The dead trunks and limbs of these trees, by virtue of the rosin they contain, remain sound many years after the sap is rotted off, and is the only part from which the Tar is drawn. Some trees are rejected for having too little heart; these are first tried with a chop of an ax, whether it be lightwood, which is the name by which wood that is fit to make Tar of is called: this lightwood is cut in pieces about four foot long, and as big as ones leg, which with the knots, and limbs, are pick'd up, and thrown in heaps: after a quantity sufficient to make a kiln is thus gathered in heaps, they are all collected in one heap near their centre, on a rising ground, that the water may not impede the work. The lightwood being thus brought into one heap, is split again into smaller pieces; then the floor of the Tar-kiln is made in bigness proportionable to the quantity of the wood; in this manner a circle is drawn thirty foot diameter, more or less, the ground between it being laid declining, from the edges to the centre all round about, sixteen inches, more or less, according to the extent of the circle. Then a trench is dug from the centre of the circle to the edge or rim, and continued about five or six feet beyond it, at the end of which a hole is dug to receive a barrel. In this trench a wooden pipe is let in of about three inches diameter, one end thereof being laid so as to appear at the centre of the circle, the other end declining about two foot, after which the earth is thrown in, and the pipe buried, and so remains till the kiln is built. Then clay is spread all over the circle about three inches thick, and the surface made very smooth; great care is taken to leave the hole of the wooden pipe open at the centre, that nothing may obstruct the Tar running down from all sides into it; this done they proceed to set the kiln as follows, beginning at the centre, they pile up long pieces of lightwood, as close as they can be set end-ways round the hole of the pipe, in a pyramidal form, six feet diameter, and eight or ten feet high; then they lay rows of the four foot split billets from the pyramid all round the floor to the edge, very close one by one, and the little spaces between, are filled up with the split knots before mentioned. In this manner all the wood is laid on the floor, which being made declining to the centre, the wood lies so also; thus they proceed, laying the wood higher and higher quite round till it is raised to thirteen or fourteen foot projecting out, so that when finished, the kiln is about four or five foot broader at the top than at the bottom, and is in form of an hay-stack before the roof is made. Then the short split limbs and knots are thrown into the middle so as to raise it there about two foot higher than the sides, then the kiln is walled round with square earthen turfs about three foot thick, the top being also covered with them, and earth thrown over that. The turfs are supported without by long poles put cross, one end binding on the other in an octangular form, from the bottom to the top, and then the kiln is fit to be set on fire to draw off the tar, which is done in the following manner:

A hole is opened at the top, and lighted wood put therein, which so soon as the fire is well kindled, the whole is closed up again, and other holes are made through the turfs on every side of the kiln, near the top at first, which draws the fire downward, and so by degrees those holes are closed, and more opened lower down, and the long poles taken down gradually, to get at

Maniere de faire le Goudron & la Poix.

LES Pins à Poix, *sont ceux dont on tire la poix & le goudron. On les appelle ainsi, parcequ'ils donnent beaucoup plus de résine, qu'aucun pin des autres especes. Ces Arbres, pour l'ordinaire, croissent séparés, & sont rarement mêlés avec d'autres arbres. Pour faire le goudron, on ne se sert que d'arbres morts, dont il y a une multitude, qui sont ou debout ou couchés, & qui sont morts de vieillesse, ou ont été tués par le tonnerre, par l'incendie des bois, &c. Les troncs morts, & les grosses branches de ces Arbres se conservent sains & entiers pendant plusieurs années, après que la sève en est pourrie, à cause de la résine qu'ils contiennent: ils sont les seules parties de l'arbre d'où l'on tire le goudron. On rejette quelques uns de ces arbres, lors que le cœur en est trop petit. On commence par essayer les arbres, en y faisant une entaille avec une hache, pour voir si le bois en est leger: c'est le nom qu'on donne au bois qui se trouve propre pour en tirer du goudron. On coupe ce bois leger en morceaux d'environ quatre piés de long, & gros comme la jambe: on met ces morceaux à part avec les nœuds & les grosses branches, & on en fait des monceaux. Quand on en a ainsi ramassé un nombre de piles suffisantes pour en former un fourneau, on rassemble toutes ces piles en une seule autour de leur centre, sur un terrein qui va en montant, afin que l'eau ne vienne point traverser l'ouvrage. On fend ensuite en plus petits morceaux le bois leger, ainsi ramassé en un monceau, & on fait le plancher ou l'aire du fourneau de grandeur proportionnée à la quantité du bois. De cette maniere on trace un cercle de trente piés de diametre, plus ou moins, & l'aire, qu'il renferme, va en déclinant tout autour depuis le bord jusqu'au centre d'environ seize pouces, plus ou moins, selon la grandeur du cercle. On creuse ensuite, depuis le centre du cercle jusqu'à cinq à six piés au delà du bord, une tranchée, au bout de laquelle on fait un trou pour y mettre un baril. On met dans cette tranchée un tuyau de bois, d'environ trois pouces de diametre, dont un bout est au centre du cercle, & l'autre va en penchant de la valeur d'environ deux piés, après quoi l'on jette de la terre dans la tranchée, & l'on y ensevelit le tuyau, qui demeure en cet état jusqu'à ce que le fourneau soit bâti. On étend ensuite environ trois pouces épais d'argile sur toute l'aire du cercle, dont on rend la surface très unie. On a grand soin sur tout de tenir l'orifice du tuyau, qui est au centre, bien couvert, & de faire en sorte que rien ne bouche le passage au goudron qui viendra s'y rendre de tous côtés, à cause de la pente du terrein qui le précipitera en bas. Quand tout cela est fait, on procede de la maniere suivante à la structure du fourneau, en commençant au centre. On entasse de longues pieces de bois leger qu'on met de bout, & aussi serré qu'il est possible, au tour du trou du tuyau; & l'on en forme une pyramide de six piés de diametre, & de huit à dix piés de haut: ensuite on range les buches de quatre piés de long tout à l'entour de l'aire, depuis la pyramide jusqu'au bord, une à une & fort serré, & on remplit les petits interstices des nœuds de bois leger dont nous venons de parler. On range ainsi tout le bois sur l'aire, qui allant en penchant vers le centre, donne la même inclinaison au bois. On continue à le ranger ainsi, en montant toujours plus haut, jusqu'à ce que la piramide en soit toute entourée, & on l'éleve jusqu'à la hauteur de treize à quatorze piés toujours en saillie, de sorte que quand la pile de bois est formée, le fourneau est d'environ quatre à cinq piés plus large par le haut que par le bas & a la forme d'une meule de foin qu'on n'a pas encore comblée. On jette ensuite les petits éclats de bois & les nœuds dans le milieu, jusqu'à ce qu'il soit environ deux piés plus haut que les côtés: l'on entoure le fourneau d'une muraille fait avec des tourbes de terre, de figure quarrée, & d'environ trois piés d'épaisseur; & l'on en couvre aussi le faîte, par dessus lequel on jette encore de la terre. Les tourbes sont soutenues par dehors avec de longues perches, mises en travers, & dont un des bouts se replie sur l'autre en forme d'octogone, depuis le bas jusqu'au haut. Pour lors le fourneau est en état d'être mis en feu, pour extraire le goudron: ce qui se fait de la maniere suivante.*

On fait un trou au haut du fourneau: l'on y met du bois allumé, & dès que le feu est bien pris, on referme ce trou: on en fait d'autres ensuite au travers des tourbes de tous les côtés du fourneau, mais prémierement vers le haut, ce qui attire le feu en bas, & par degrés on ferme ces trous, pour en ouvrir d'autres plus bas & en plus grand nombre. On ôte aussi peu à peu les longues perches, pour pouvoir parvenir aux tourbes, & y faire

at the turfs to open the holes. Great care is take[illegible] however, to open more holes on the side [illegible] the wind blows [illegible] than [illegible] the other, in order to drive the fire [illegible] gradually [illegible] let [illegible]. In managing this, great skill is requir[illegible], as well as [illegible] letting it burn too quick, which wastes the T[illegible]; and if [illegible] is not [illegible] enough let in, it will blow, (as they call it) and o[illegible] hurt the workmen; they are likewise frequently throwing earth on the top, to prevent the fire from blazing out, which also wastes the Tar. The second day after firing, the Tar begins to run out at the pipe, where a barrel is set to receive it, and so soon as it is full, another is put in its place, and so on till the kiln runs no more, which is usually in about four or five days; after which all the holes in the sides are stop'd up, and earth thrown on the top, which puts out the fire, and preserves the wood from being quite consumed, and what remains is *Charcoal*. A kiln of thirty foot diameter, if the wood proves good, and is skilfully worked off, will run about 160 or 180 barrels of Tar, each barrel containing 32 gallons. The full barrels are rolled about, every three or four days, for about twenty days, to make the water rise to the top, which being drawn off, the barrels are filled again, bunged up, and fit for use.

In making Pitch, round holes are dug in the earth near the Tar-kiln, five or six feet over, and about three feet deep; these holes are plaistered with clay, which when dry they are filled with Tar, and set on fire; while it is burning it is kept continually stirring, when it is burnt enough (which they often try by dropping it into water) they then cover the hole, which extinguishes the fire, and before it cools it is put into barrels. It wastes in burning about a third part. So that three barrels of Tar makes about two of Pitch.

No Tar is made of green Pine-trees in *Carolina*, as is done in *Denmark* and *Sweden*.

[illegible] les trous. On a grand [illegible], quand le fourneau est en feu, d'ouvrir plus de trous du côté d'où le vent vient que du côté opposé, afin de pousser peu à peu le feu en bas de tous côtés. Il faut beaucoup d'habileté dans la conduite de cet ouvrage, tant pour ne pas laisser bruler le fourneau trop vîte, ce qui consume le goudron, que pour y introduire assez d'air, faute de quoi il creve, comme on dit, & blesse souvent les ouvriers. On a aussi soin de jetter souvent de la terre au haut du fourneau, pour empêcher la flame de s'en échapper, ce qui consumeroit aussi le goudron. Le second jour après qu'on a mis le feu au fourneau, le goudron commence à couler de l'orifice inférieur du canal dans le baril qui y est placé pour le recevoir, & dès que ce baril est plein, on lui en substitue un autre, & ainsi de suite jusqu'à ce que le fourneau soit tari, ce qui arrive ordinairement au bout de quatre à cinq jours: après quoi on bouche tous les trous qui sont sur les côtés du fourneau, & l'on jette de la terre au haut. Cette opération éteint le feu, & empêche le bois d'être entierement consumé. Ce qui reste de ce dernier est du charbon. Si le bois est bon, & habilement employé, un fourneau de trente piés de diametre donnera environ 160, ou 180 barils de goudron de trente deux gallons chacun. Pendant l'espace d'environ trois semaines, on roule les barils tous les trois ou quatre jours, pour en faire monter l'eau au haut qu'on vuide ensuite: & l'on remplit les barils: puis on y met un bondon, & ils sont enfin en état de servir.

Pour faire la poix, on creuse dans la terre voisine du fourneau, & cinq à six piés à travers des trous d'environ trois piés de profondeur: on les enduit d'argile; & quand celle-ci est seche, on les remplit de goudron, & on y met le feu. On ne cesse de remuer la matiere pendant qu'elle brule; & quand elle est suffisamment brulée (ce qu'on essaye souvent en jettant quelques goutes dans l'eau) on éteint le feu en couvrant le trou; & avant que la poix se refroidisse, on la met dans des barils. Dans cette opération, le goudron diminue d'un tiers ou environ, de sorte que trois barils de goudron font environ deux barils de poix.

A la Caroline *on ne tire point de goudron des pins verds, comme on le fait dans le* Dannemark, *&* en Suede.

Of BEASTS.

BEsides the description of those particular beasts inhabiting the countries here treated of, I shall give an account of the beasts in general of *North America*; which are

The Panther.
Wild Cat.
Bear.
White Bear.
Wolfe.
Buffelo.
Moose Deer.
Stag.
Fallow Deer.
Greenland Deer.
Rabbit.
Bahama Coney.
Monax.
Gray Squirrel.
Gray Fox Squirrel.
Black Squirrel.
Ground Squirrel.
Flying Squirrel.
Gray Fox.
Raccoon.
Opossum.
Polecat.
Weasle.
Minx.
Beaver.
Otter.
Water-Rat.
House-Rat.
Musk-Rat.
House-Mouse.
Field-Mouse.
Moles.
Quick-hatch.
Porcupine.
Seale.
Morse.

These I shall divide into the four following classes.

Beasts of a different genus from any known in the Old World.

The *Opossum.*
Raccoon.
Quick-hatch.

Beasts of the same genus, but different in species from those of Europe, *and the Old World.*

The Panther.
Wild Cat.
Buffelo.
Moose Deer.
Stag.
Fallow Deer.
Gray Fox.
Gray Squirrel.
Gray Fox-Squirrel.
Black Squirrel
Ground Squirrel.
Flying Squirrel.
Polecat.
Porcupine.

Beasts

Des ANIMAUX.

OUtre la description des animaux particuliers qui habitent les pays, dont nous parlons actuellement, je donnerai un détail des animaux de l'Amérique Septentrionale en général, qui sont

La Panthere.
Le Chat sauvage.
L'Ours.
L'Ours blanc.
Le Loup.
Le Buffle.
L'Elan.
Le grand Cerf.
Le Daim.
Le Daim de la terre verte.
Le Lapin.
Le Connil de Bahama.
La Marmote Américaine.
L'Ecureuil gris.
L'Ecureuil, couleur de renard gris.
L'Ecureuil noir.
L'Ecureuil de terre.
L'Ecureuil volant.
Le Renard gris.
Le Raccoon.
*L'*Opossum.
Le Putois.
La Belette.
Le Minx.
Le Castor.
La Loutre.
Le Rat d'eau.
Le Rat domestique.
Le Rat musqué.
La Souris domestique.
Le Mulot.
La Taupe.
Le Quick-hatch.
Le Porc-épic.
Le Veau marin.
Le Cheval marin.

Je diviserai ces animaux dans les quatre classes suivantes.

Animaux d'un genre différent de tous ceux qu'on connoit dans le Monde ancien.

*L'*Opossum.
Le Raccoon.
Le Quick-hatch.

Animaux de même genre, mais différens dans l'espece de ceux de l'*Europe*, & de l'ancien Monde.

La Panthere.
Le Chat sauvage.
Le Buffle.
Le Cerf de Canada.
Le grand Cerf.
Le Daim.
Le Renard gris.
L'Ecureuil gris.
L'Ecureuil, couleur de renard gris.
L'Ecureuil noir.
L'Ecureuil de terre.
L'Ecureuil volant.
Le Putois.
Le porc-épic.

Animaux

Beasts of which the same are in the Old World.

The Bear.	The House-Rat.
White Bear.	Musk-Rat.
Wolf.	House-Mouse.
Weasle.	Field-Mouse.
Beaver.	Mole.
Otter.	Seale.
Water-Rat.	Morse.

Animaux dont on trouve les mêmes especes dans l'ancien Monde.

L'Ours	*Le Rat domestique.*
L'Ours blanc.	*Le Rat musqué.*
Le Loup.	*La Souris domestique.*
La Bélette.	*Le Mulot.*
Le Castor.	*La Taupe.*
La Loutre.	*Le Veau marin.*
Le Rat d'eau.	*Le Cheval marin.*

Beasts that were not in America, *'till they were introduced there from* Europe.

The Horse.	The Goat.
Ass.	Hog.
Cow.	Dog.
Sheep.	Cat.

Animaux qui n'étoient pas en *Amérique*, & qu'on y a apportés d'*Europe*.

Le Cheval.	*La Chevre.*
L'Ane.	*Le Cochon.*
La Vache.	*Le Chien.*
La Brebis.	*Le Chat.*

P A N T H E R A.

The Panther.

THE panther at its full growth is three feet high, of a reddish colour, like that of a lion, without the spots of a leopard, or the stripes of a tyger, the tail is very long. They prey on deer, hogs, and cattle; the deer they catch by surprize, and sometimes hunt them down. They very rarely attack a man, but fly from him: tho' this fierce and formidable creature is an overmatch for the largest dog, yet the smaller cur, in company with his master, will make him take a tree, which they will climb to the top of with the greatest agility. The hunter takes this opportunity to shoot him, though with no small danger to himself, if not killed outright; for descending furiously from the tree, he attacks the first in his way, either man or dog, which seldom escape alive. Their flesh is white, well tasted, and is much esteemed by the *Indians* and white People.

La Panthere.

LA panthere est de trois pieds de hauteur, à sa crue entiere. Sa couleur est rougeâtre, comme celle du lion. Elle n'a ni les taches du léopard, ni les rayes du tigre. Sa queüe est fort longue. La panthere fait la chasse aux daims, aux cochons, & aux bestiaux: elle attrape les daims par surprise, & les force quelquefois à la course. Elle attaque rarement un homme, & s'enfuit plutôt de lui. Quoique cette bête feroce & terrible soit de beaucoup supérieure en force au plus gros chien, cependant un chien des plus petits, s'il est avec son maître, la fera fuir & gagner un arbre, au haut duquel elle monte avec toute l'agilité possible. Le chasseur prend ce temps pour tirer sur elle, mais ce n'est pas sans s'exposer lui-même à un danger éminent, s'il ne la tue pas du premier coup, car s'il ne fait que la blesser, elle descend de l'arbre avec fureur, attaque le premier des deux qui se trouve dans son chemin, homme ou chien: & il est rare qu'il en échappe. La chair de cet Animal est blanche, de bon goût, & fort estimée des Indiens, *& des Blancs.*

C A T U S Americanus.

The Wild Cat.

THIS beast is about three times the size of a common cat: it is of a reddish grey colour, the tail is three inches and a half long: it much resembles a common cat, but has a fierce and more savage aspect: they climb trees, and prey on all animals they are able to overcome; and tho' by their smallness they are unable to take deer in the manner that panthers do by running them down, yet lying snug on the low limbs of trees, they leap suddenly on the backs of the deer as they are feeding, fixing so fast with their claws, and sucking them, that the deer by vehement running being spent, becomes a victim to the wild cat.

Le Chat sauvage.

CET Animal est environ trois fois aussi gros qu'un chat ordinaire: il est d'un gris rougeâtre: sa queüe a trois pouces & demi de long: il ressemble beaucoup au chat domestique; mais il a l'air beaucoup plus feroce, & plus sauvage. Il monte sur les arbres, & fait sa proye de tous les animaux qu'il peut venir à bout de vaincre. Quoi qu'il ne puisse pas, à cause de sa petitesse, prendre un daim, en le forçant à la course, comme fait la panthere, il en vient à bout, en se tapissant dans les branches les plus basses des arbres, & sautant tout à coup sur le dos du daim, pendant qu'il broute: il s'y attache si fortement avec ses griffes, en le suçant, que le daim harassé & rendu à force de courir, tombe d'épuisement, & devient la victime du Chat sauvage.

U R S U S.

The Bear.

THE Bears in *North America* are somewhat smaller than those of *Europe*, otherwise there appears no difference between them. They never attack man, except oppressed by hunger in excessive cold seasons, or wounded by him. Vegetables are their natural food, such as fruit, roots, &c. on which they subsist wholly 'till cold deprives them of them. It is then only they are compell'd by necessity, and for want of such food, to prey on hogs and other animals. So that Bears seem with no more reason to be ranked with rapacious carnivorous beasts, than jays and magpies do among birds of prey, which in frigid seasons, being deprived of their natural vegetable food, hunger compels to set upon and kill smaller birds. I have seen a chaffinch forced by the like necessity, to feed on putrid carrion: Bears as well as all other wild beasts, fly the company of man, their greatest enemy, and as the inhabitants advance in their settlements, Bears, *&c.* retreat further into the woods, yet the remoter plantations suffer not

L'Ours.

LES Ours du Nord de l'Amérique sont de quelque chose plus petits que ceux d'Europe; & à cela près on n'y apperçoit aucune différence. Ils n'attaquent jamais l'homme, à moins qu'ils ne soyent pressés par la faim dans les Hivers extrêmement rudes, ou que l'homme ne les blesse. Leur nourriture naturelle sont les légumes, le fruit, les racines, &c. dont ils vivent entièrement, jusqu'à ce que le froid les en prive. Ce n'est qu'alors que la nécessité, & le manque de cette nourriture les porte à dévorer des cochons, & d'autres animaux. D'où il paroît qu'on n'a pas plus de sujet de compter l'ours parmi les bêtes voraces & carnacieres, que de ranger dans la classe des oiseaux de proye les geais & les pies, qui privés en Hiver de leur nourriture naturelle & végétable, sont poussés par la faim à se jetter sur les petits oiseaux, pour en faire leur pâture. J'ai vû un pinçon, dans une nécessité semblable, se nourrir de charognes. Les Ours, comme les autres bêtes sauvages, fuyent la compagnie de l'homme, qui est leur plus grand ennemi; & à mesure que les colons s'établissent plus avant dans le pays, les Ours, &c. se retirent plus loin dans les bois:

not a little by their depredations, they destroying ten times more than they eat of *Maiz* or *Indian* corn. They are so great lovers of potatoes, that when once discovered by them, it is with difficulty they are deterred from getting the greatest share. They have a great command of their fore paws, which by their structure seem as much adapted to the grubbing up roots as the snouts of hogs, and are much more expeditious at it. Nuts, acorns, grain, and roots are their food, several kind of berries by their long hanging are part of their Autumn and Winter subsistance, the stones and indigested parts appearing in their dung, as those of the *Cornus*, *Smilax*, *Tupelo*, &c. the berries of the *Tupelo* tree are so excessive bitter, that at the season Bears feed on them, their flesh receives an ill savour. In *March*, when herrings run up the creeks and shallow waters to spawn, Bears feed on them, and are very expert at pulling them out of the water with their paws. Their flesh is also very rank and unsavoury, but at all other times is wholesome, well tasted, and I think excelled by none; the fat is very sweet, and of the most easy digestion of any other. I have myself, and have often seen others eat much more of it, than possibly we could of any other fat, without offending the stomach.

A young Bear fed with Autumn's plenty, is a most exquisite dish. It is universally granted in *America*, that no man, either *Indian* or *European*, ever killed a Bear with young. The inhabitants of *James* river in *Virginia* in one hard Winter killed several hundred Bears, amongst which was only two females, which were not with young. This is a fact notoriously known by the inhabitants of that river, from many of whom I had it attested. They are, notwithstanding their clumsy appearance, very nimble creatures, and will climb the highest trees with surprising agility, and being wounded will descend breech foremost, with great fury and resentment, to attack the aggressor, who without armed assistance has a bad chance for his life.

bois : cependant les plantations les plus éloignées souffrent beaucoup des déprédations de ces Animaux, qui détruisent dix fois plus de Maiz, ou bled d'Inde, qu'ils n'en mangent. Ils sont si friands de pommes de terre, que, quand ils en ont découvert quelque part, on a bien de la peine, quelque peur qu'on leur fasse, à les empêcher d'en attraper la meilleure partie. Ils font ce qu'ils veulent de leurs pattes de devant, qui par leur structure paroissent aussi propres, que le groüin des cochons à arracher des racines : aussi le font ils avec beaucoup plus de vitesse qu'eux. Ils se nourrissent de noix, de gland, de grains, & de racines. En Automne & en Hyver ils vivent en partie de plusieurs sortes de bayes, qui restent long tems sur les arbres, comme on le voit par les noyaux, & les parties indigestes de ces bayes qui se trouvent dans leurs excrémens, tels que ceux du cornouiller, du smilax, du Tupelo, &c. *Les bayes du* Tupelo *sont si amères, que dans la saison où les Ours s'en nourrissent, leur chair en contracte un mauvais goût : elle est aussi d'un goût très mauvais & très fort dans le mois de Mars, parceque'alors les harangs montent dans les petits ruisseaux, & dans les criques pour y frayer, & que les Ours en mangent, étant fort adroits à les tirer de l'eau avec leurs pattes ; mais dans toute autre saison, leur chair est saine & de bon goût, & ne le cede à aucune chair que ce soit : la graisse en est très délicate, & plus aisée à digérer que toute autre : j'en ai mangé moi-même, & j'en ai souvent vû manger à d'autres en plus grande quantité que nous ne pourrions faire d'aucune autre graisse, sans néanmoins incommoder l'estomach.*

*Un jeune ours, nourri des fruits que l'Automne lui fournit en abondance, est un manger délicieux. On convient universellement dans toute l'Amé*rique, *que jamais homme, soit* Indien, *soit* Européen, *n'y a tué une Ourse pleine. Les habitans des bords de la rivière de* James *en* Virginie, *tuerent dans un Hyver fort rude, plusieurs centaines d'ours, parmi lesquels il ne se trouva que deux ourses, lesquelles n'étoient pas pleines. C'est un fait notoire parmi tous les habitans des bords de cette rivière, & plusieurs me l'ont certifié. Ces Animaux, malgré leur air massif, sont très agiles, & grimpent sur les plus hauts arbres avec une vitesse surprenante. Si on les y blesse, ils en descendent à reculons avec beaucoup de fureur & de ressentiment, pour tomber sur l'aggresseur, qui court grand risque de sa vie, s'il n'est muni de bonnes armes.*

URSUS albus Marinus.

The White Bear.

THE White Bear seems to be the most Northern quadruped of any other, and is found most numerous within the *Arctic* circle, on the continents of both *Europe* and *America*. They are never found far within land, but inhabit the shores of frozen Seas and on islands of ice. Their chief food is fish, particularly the carcasses of dead whales cast on shore; they also devour seals, and what other animals they can come at. They are very bold and voracious, which oblige the Northern voyagers, at their whale fishings, to be very vigilant in avoiding being devoured by them. Within these few years there have been exhibited at *London* two of these Animals, one of which, though not above half grown, was as big as two common Bears. By the account given of them by Northern voyagers, they are of a mighty stature at their full growth; a skin of one measur'd thirteen feet in length. In shape they much resemble the common Bear, yet differ from them in the following particulars, viz. Their bodies are covered with long thick woolly hair, of a white colour; their ears are very small, short, and rounding; their necks very thick, their snouts thicker, and not so sharp as in the common Bear.

L'Ours blanc.

*DE tous les quadrupedes, l'Ours blanc paroît être le plus Septentrional. C'est dans la Zone froide Septentrionale qu'on en trouve le plus dans les continens d'*Europe *& d'*Amérique : *on ne les trouve jamais fort avant dans les terres, mais ils se tiennent sur les bords des Mers glacées, & sur des Isles de glace. Le poisson est leur grande nourriture, mais sur tout les carcasses de baleines mortes, jettées sur le rivage. Ils dévorent aussi des veaux marins, & tous les autres animaux qu'ils peuvent attraper. Ils sont très hardis, & très voraces : ce qui oblige les voyageurs du Nord, qui vont à la pêche de la baleine, de se tenir bien sur leurs gardes, pour éviter d'en être dévorés. On montroit, il y a quelques années, à* Londres, *deux de ces Animaux, dont un étoit aussi gros que deux ours ordinaires, quoi qu'il n'eût encore que la moitié de sa crue. Selon tout ce que nous en disent ceux qui voyagent dans le Nord, ces Animaux sont d'une grandeur énorme, quand ils ont leur crue entiere, & l'on en a mesuré la peau d'un, qui étoit de treize pieds de long. Leur taille ressemble beaucoup à celle des ours ordinaires, dont ils different dans les points suivans. Leur corps est couvert d'une laine longue & blanche ; leurs oreilles sont fort petites, courtes, & arrondies : ils ont le cou fort gros, & le museau plus gros & moins pointu que l'ours ordinaire.*

LUPUS.

The Wolf.

THE Wolves in *America* are like those of *Europe* in shape and colour, but are somewhat smaller; they are more timorous and not so voracious as those of *Europe*, a drove of them will flie from a single man: yet in very severe weather there has been some instances to the contrary. Wolves were domestick with the *Indians*, who had no other dogs before those of *Europe* were introduced, since which the breed of Wolves and *European* dogs are mixed and become prolific. It is remarkable, that the *European* dogs, that have no mixture of Wolfish blood, have an antipathy to those that have, and worry them whenever they meet: the Wolf-Breed act only defensively, and with his tail between his legs, endeavours to evade the others fury. The Wolves in *Carolina* are very numerous, and more destructive than any other animal. They go in droves by night, and hunt deer like hounds, with dismal yelling cries.

Le Loup.

*LES Loups d'*Amérique *ont la forme & la couleur de ceux d'*Europe ; *mais ils sont un peu plus petits. Ils sont aussi plus timides, & moins voraces ; & une bande de ces Animaux fuira devant un seul homme. On a cependant vû des exemples du contraire dans des Hyvers très rudes. Anciennement les Loups étoient les animaux domestiques des* Indiens, *qui n'avoient point d'autres chiens, avant qu'on leur en amenât d'*Europe. *Depuis ce temps-là, les races des Loups & des chiens d'*Europe *se sont mêlées, & sont devenues prolifiques. C'est une chose remarquable, que les chiens d'*Europe *qui n'ont en eux aucune mélange du Loup, ont de l'antipathie pour ceux de la race bigarrée, & les houspillent toutes les fois qu'ils les rencontrent. Ces derniers ne se tiennent avec eux que sur la défensive, & tâchent seulement d'éviter la fureur des autres, ayant toûjours la queüe entre les jambes. Les Loups de la* Caroline *sont en très grand nombre, & plus malfaisans qu'aucun autre animal. Ils s'attroupent dans la nuit, & vont chasser le daim, comme des chiens, en poussant les hurlemens les plus affreux.*

BISON

BISON Americanus.

The Bufalo.

THESE Creatures, though not so tall, weigh more than our largest oxen; the skin of one is too heavy for the strongest man to lift from the ground: their limbs are short, but very large; their heads are broad, their horns are curved, big at their basis, and turn inward, on their shoulders is a large prominence or bunch, their chests are broad, their hind parts narrow, with a tail a foot long, bare of hairs, except that at the end is a tuft of long hairs. In Winter their whole body is covered with long shagged hair, which in Summer falls off, and the skin appears black, and wrinkled, except the head, which retains the hair all the year. On the forehead of a Bull the hair is a foot long, thick and frizled, of a dusky black colour; the length of this hair hanging over their eyes, impedes their sight, and is frequently the cause of their destruction: but this obstruction of sight is in some measure supplied by their good noses, which is no small safeguard to them. A Bull in Summer with his body bare, and his head muffled with long hair, makes a very formidable appearance. They frequent the remote parts of the country near the mountains, and are rarely seen within the settlements.

They range in droves, feeding in open savannas morning and evening; and in the sultry time of the day they retire to shady rivulets and streams of clear water, gliding through thickets of tall canes, which though a hidden retreat, yet their heavy bodies causing a deep impression of their feet in moist land, they are often trac'd, and shot by the artful *Indians*: when wounded they are very furious, which cautions the *Indians* how they attack them in open savannas, where no trees are to skreen themselves from their fury. Their hoofs more than their horns are their offensive weapons, and whatever opposes them are in no small danger of being trampled into the earth. Their flesh is very good, of a high flavour, and differs from common beef, as venison from mutton. The bunch on their backs is esteemed the most delicate part of them; they have been known to breed with tame cattle, that were become wild, and the calves being so too, were neglected; and though it is the general opinion, that if reclaiming these animals were impracticable (of which no trial has been made) to mix the breed with tame cattle, would much improve the breed, yet no body has had the curiosity, nor have given themselves any trouble about it. Of the skins of these Beasts the *Indians* make their Winter *Moccasins*, i. e. shoes; but being too heavy for cloathing, are not so often put to that use: they also work the long hairs into garters, aprons, *&c.* dying them into various colours.

Le Buffle.

CET Animal, quoique moins haut, est cependant plus pesant que nos plus gros bœufs. Une seule peau de buffle est si pesante, que l'homme le plus fort ne sauroit la lever de terre. Cet Animal a les membres courts, mais fort gros. Sa tête est large; & ses cornes sont courbées, grosses à leur racine, & rentrent en dedans. Il a sur les épaules une bosse très grosse, & très élevée. Sa poitrine est large, & la partie postérieure de son corps étroite. Sa queüe est d'un pié de long, & n'a pour tout poil qu'une touffe de longs crins à son extrémité. Tout le corps du buffle est couvert en Hiver d'un poil long & rude, qui tombe en Eté, & laisse voir une peau noire & ridée, à l'exception de la tête, qui demeure velüe toute l'année. Le poil, qui est sur le front du mâle, est d'un pié de long, épais, frisé, & d'un noir sale: comme il lui pend sur les yeux, il l'embarrasse dans sa fuite, & est souvent cause de sa perte; mais cet obstacle à sa vüe est en quelque maniere réparé par la finesse de son odorat, qui ne contribue pas peu à sa sûreté. En Eté le mâle paroît formidable, avec cette longue coëffure sur le front, & son corps entiérement ras. Les Buffles se tiennent fort avant dans le pays, & près des montagnes; & paroissent rarement dans les endroits où il y a des établissemens.

Ils vont par bandes courir le pays; ils paissent le matin & le soir dans des campagnes découvertes; & pendant la plus grande chaleur du jour, ils se retirent à l'ombre, au bord des petits ruisseaux d'une eau claire, qui court au travers de plusieurs touffes de cannes fort hautes. Quoi que cette retraite soit cachée, la pesanteur de leurs corps rend l'impression de leurs piés dans la terre humide si profonde, qu'ils sont souvent suivis à la trace, & tirés par l'Indien habile à cette chasse. Ils sont très furieux, quand ils sont blessés: ce qui fait que les Indiens ne les attaquent qu'avec beaucoup de précaution dans les endroits découverts, où ils n'ont point d'arbres pour se mettre à l'abri de leur fureur. Les cornes des piés sont pour ces Animaux des armes plus offensives que celles de leur tête; & tout ce qui s'oppose à leur passage court grande risque d'être foulé par eux, & enfoncé dans la terre. Leur chair est très bonne, d'un goût relevé, & differe du bœuf ordinaire, comme la venaison differe du mouton: l'éminence qu'ils ont sur le dos est regardée comme le morceau le plus délicat. On en a vû s'accoupler, & multiplier avec des bestiaux privés, qui étoient devenus sauvages; & les veaux, qui en provenoient, l'étant aussi, on les a négligés. L'opinion générale est, qu'il est impossible d'apprivoiser ces animaux, quoi qu'on n'en ait jamais fait l'essai: cependant on amélioreroit beaucoup la race des bœufs privés, en la mêlant avec cette espece sauvage. Personne néanmoins n'a eu cette curiosité, & ne s'est donné la moindre peine pour cela. Les Indiens font de la peau de ces Animaux leurs Moccasins ou souliers d'Hiver; mais ce cuir étant trop pesant pour s'en habiller, ils ne l'appliquent pas si souvent à cet usage. Ils font aussi de leur long poil des jarretieres, des tabliers, &c. qu'ils teignent en diverses couleurs.

ALCE maxima Americana nigra.

The Moose or Elk.

THIS stately Animal is a native of *New England*, and the more Northern parts of *America*, and are rarely seen South of the Latitude of 40, and consequently are never seen in *Carolina*. I never saw any of these Animals; but finding the relations that have been given of their stupendous bulk and stature, savour so much of hyperbole, I was excited to be the more inquisitive concerning them; which in *America* I had frequent opportunities of both *Indians* and White Men who had killed them: from which enquiries I could not understand that any of them ever arrive to the height of six feet, which is no more than half the height of what Mr. *Josselin* says they are in his account of *New England*. and though in a later account this lofty animal has been shortened a foot and a half, there still remains four feet and an half to reduce it to its genuine stature.

A very curious Gentleman, and native of *New England*, informs me, that they abound in the remoter parts of that colony, and are very rarely seen in the inhabited parts, and as rarely brought alive into the settlements: it therefore seems probable, that the aforesaid exaggerated accounts of this Animal was an imposition on the too credulous relaters, who never saw any themselves. The above Gentleman further adds, that a Stag Moose is about the bigness of a middle sized ox. The Stag of this Beast hath palmated horns, not unlike those of the *German* Elk, but differs from them in having branched brow-antlers. See a figure of the horns, *Philos. Transact.* No 444.

L'Elan.

CET Animal majestueux est naturel de la nouvelle Angleterre, *& des parties les plus septentrionales de l'*Amérique. *On en voit rarement au dessous du 40me degré de latitude, & par conséquent jamais à la* Caroline. *Je n'ai vû de ma vie aucun de ces Animaux; mais trouvant un grand air d'hiperbole dans les relations qu'on nous a données de leur taille énorme & de leur hauteur, cela m'a engagé à m'en enquerir avec plus de soin, & de curiosité; & j'ai eu souvent occasion en* Amérique *de m'en informer des* Indiens *& des Blancs qui en avoient tué. De tout ce qu'ils m'ont dit j'ai compris qu'aucun de ces Animaux ne pouvoit avoir six piés de haut, ce qui n'est pourtant que la moitié de la hauteur que Monsieur* Josselin *leur prête dans sa relation de la nouvelle* Angleterre. *Cet Animal gigantesque se trouve encore raccourci d'un pié & demi dans une relation moderne, qui ne lui laisse que quatre piés & demi de hauteur.*

Une Gentil-homme, très curieux & natif de la nouvelle Angleterre, *m'a assuré qu'il y en a un grand nombre dans les parties les plus reculées de cette colonie; qu'on les voit très rarement dans les endroits habités; & qu'il est aussi rare qu'on les amene en vie dans les établissemens: il est donc probable que les relations outrées dont nous venons de parler, ne sont que des fables qu'on a débitées aux auteurs trop crédules, de qui nous les tenons, & qui n'ont eux mêmes jamais vû aucun de ces Animaux: le même Gentil homme a ajouté que l'Elan mâle est environ de la grosseur d'un bœuf de moyenne taille. Il a la couronnure assez semblable à celle de l'Elan d'*Allemagne; *mais elle en est différente en ce qu'il a les maitres andouillers* branchus. Voyez la figure de ses cornes, Transact. Philos. No 444.

CERVUS Major Americanus.

The Stag *of* America.

THIS Beast nearest resembles the *European* red deer, in colour, shape, and form of the horns, though it is a much larger animal, and of a stronger make; their horns are not palmated, but round, a pair of which weighs upwards of thirty pounds; they usually accompany busaloes, with whom they range in droves in the upper and remote parts of *Carolina*, where as well as in our other colonies, they are improperly called elks. The *French* in *America* call this Beast the *Canada* Stag. In *New England* it is known by the name of the grey Moose, to distinguish it from the preceding beast, which they call the black Moose.

Le Cerf d'*Amérique*.

CET *Animal ressemble extremement au cerf rouge d'*Europe *par sa couleur, sa forme, & ses cornes: il est cependant beaucoup plus gros, & de tournure à être plus fort. Ses cornes ne sont pas paumées, mais rondes. Un seul bois de cet Animal pese plus de trente livres. Ces cerfs accompagnent ordinairement les buffles, & s'attroupent avec eux dans les parties les plus hautes & les plus éloignées de la* Caroline, *où on les appelle improprement élans, de même que dans nos autres colonies. Les* François d'Amérique *appellent cet Animal Cerf du Canada. Dans la nouvelle* Angleterre *on le connoit sous le nom de* Moose *gris, pour le distinguer de l'animal précédent, qu'ils appellent* Moose noir.

DAMA Americana.

The Fallow Deer.

THESE are the most common Deer of *America*; they differ from the fallow Deer in *England*, in the following Particulars, viz. they are taller, longer legged, and not so well haunched as those of *Europe*; their horns are but little palmated, they stand bending forward, as the others do backward, and spread but little. Their tails are longer. In colour these Deer are little different from the *European* fallow Deer, except that while young their skins are spotted with white. Near the Sea they are always lean, and ill tasted, and are subject to botts breeding in their heads and throats, which frequently discharge at their Noses.

Le Daim fauve.

LES *daims fauves sont les daims les plus communs de l'*Amérique; *& different des daims fauves d'*Angleterre *dans les points suivans. Ils sont plus hauts, ont les jambes plus longues, & la cuisse moins belle que ceux d'*Europe. *Leurs cornes sont peu paumées: elles panchent autant en avant que celles des autres daims panchent en arriere, & sont peu ouvertes. Ils ont la queüe plus longue que le daim d'*Europe, *& n'en different gueres pour la couleur, excepté que, quand ils sont jeunes, ils ont la peau tachetée de blanc. Près de la Mer, Ils sont toûjours maigres, & de mauvais goût; & il s'engendre fréquemment dans leurs têtes & dans leurs gorges de petits vers ronds qu'ils rejettent souvent par le nez.*

CAPREA Greenlandica. Raii Syn. quad. p. 90.

The Greenland Deer.

IN the year 1738 and 1739, Sir *Hans Sloane* had brought him from *Greenland* a buck and a doe of this kind of Deer. The buck was about the height of a calf of a month old, and at a distance so much resembled one, that at first view it has been taken for a calf, before the horns were grown. These Deer have thicker necks, and larger limbs, than the fallow deer; the horns are much curved, and stand bending forward, the brow antlers are placed near together, and are palmated. In Winter they are warmly cloathed, with thick woolly hair, of a dusky white colour, which at the approach of Spring falls off, and is succeeded by a cooler Summer covering of short smooth hair, of a brown colour. The does have also horns. The noses of these Deer are in a singular manner covered with hair. These seem to be a different species of Deer from the Rein Deer of *Lapland*.

Le Daim de la terre verte.

EN 1738 & 1739, *on apporta de la Terre verte à Monsieur le Chevalier* Sloane, *un mâle, & une femelle de cette espece de daim. Le mâle étoit environ de la hauteur d'un veau d'un mois; & il lui ressembloit tellement de loin, qu'd'abord on le prit pour un veau, avant que les cornes lui fussent venues. Ces sortes de daims ont le cou, & les membres plus gros que les daims ordinaires. Leurs cornes sont très courbées, & se replient en avant: leur maitres andouillers se touchent, & sont paumés. En Hiver ils sont couverts d'une laine épaisse d'un blanc sale, qui les tient chaudement, & qui tombe à l'approche du Printemps. Elle est remplacée par un habit d'Eté plus frais, qui est d'un poil brun, court, & uni. Les femelles ont aussi des cornes. Ces daims ont le nez couvert de poil d'une façon singuliere. Il semble, que ce soit une espece de daim, qui differe des rennes de la* Laponie.

CUNICULUS.

The Rabbet.

THE Rabbet of *Carolina* is also common to the other Northern parts of *America*; they are commonly called Hares. They differ but little in appearance from our wild rabbet, being of like form and colour, as is also the colour and taste of the flesh. They do not burrow in the ground, but frequent marshes, hiding in sedgy watery thickets, and when started run for refuge into hollow trees, into which they creep as high as they can, but by kindling a fire, the smoke smothers and compels them to drop down, and so are taken. In Autumn these Rabbets are subject to large maggots, which are bred between the skin and flesh.

Le Lapin.

LE *lapin de la* Caroline *se trouve aussi dans toutes les autres parties Septentrionales de l'*Amérique. *On l'appelle communément lievre. Il paroît differer très peu de nôtre lapin sauvage par sa couleur & sa forme, & par le goût & la couleur de sa chair. Ces lapins ne font pas de terriers pour y demeurer, mais fréquentent les marais, & se cachent dans des touffes épaisses de joncs pointus, baignés d'eau. Quand on les fait lever, ils courent se réfugier dans des arbres creux, où ils se fourrent aussi haut qu'il leur est possible; mais en allumant du feu dans ces arbres, on y fait monter une fumée qui les étouffe, & les force de se laisser tomber en bas; & alors ils sont pris. En Automne ces lapins sont sujets à des vers qui s'engendrent entre cuire & chair.*

MARMOTA Americana.

The Monax.

THIS Animal is about the bigness of a wild rabbet, and of a brown colour. The head also resembles most that of a rabbet, except that the ears are short like those of a squirrel. The feet are like those of a rat, the tail like that of a squirrel, but much less

La Marmote *Amériquaine*.

CET *Animal est environ de la grosseur d'un lapin sauvage, & d'une couleur brune. Sa tête ressemble extremement à celle d'un lapin, excepté qu'il a les oreilles courtes comme celles d'un écureuil. Il a des piés de rat, & la queüe d'un écureuil, mais beaucoup moins garnie de poil*

leſs hairy. It feeds on bread, fruit, and other vegetative diet; at certain times they retire to their ſubterraneous lodgings, and ſleep continually a month or longer together. They are inhabitants of *Maryland*, *Penſilvania*, &c. Their fleſh is eſteemed good meat.

poil; il ſe nourrit de pain, de fruits, & autres végétaux: en certaines ſaiſons il ſe retire dans des trous ſouterrains, où ils dort pendant un mois entier, ou plus. Il eſt naturel de Marilande, *de* Penſilvanie, *&c. Sa chair eſt bonne a manger.*

VULPI affinis Americana.

The Raccoon.

THE Raccoon is ſomewhat ſmaller, and has ſhorter legs than a fox. It has ſhort pointed ears, a ſharp noſe, and a bruſh tail, tranſverſely marked with black and gray; the body is gray, with ſome black on its face and ears. They reſemble a fox more than any other creature, both in ſhape and ſubtlety, but differ from him in their manner of feeding, which is like that of a ſquirrel, and in not burrowing in the ground. They are numerous in *Virginia* and *Carolina*, and in all the Northern parts of *America*, and are a great nuſance to corn fields and henrooſts: their food is alſo berries, and all other wild fruit. Near the Sea, and large rivers, oyſters and crabs are what they very much ſubſiſt on; they diſable oyſters when open, by thruſting in one of their paws, but are often catch'd by the ſudden cloſing of it, and held ſo faſt (the oyſter being immoveably fixed to a rock of others) that when the tide comes in they are drowned. They lye all the day in hollow trees, and dark ſhady ſwamps: at nights they rove about the woods for prey. Their fleſh is eſteemed good meat, except when they eat fiſh. Through their *Penis* runs a bone in form of an *S*.

Le Raccoon.

LE Raccoon eſt un peu plus petit, & a les jambes plus courtes qu'un renard. Il a les oreilles courtes & pointues, le nez auſſi pointu, la queüe converte d'un poil rude, & mêlée en travers de taches noires & griſes. Son corps eſt gris, avec un peu de noir ſur le muſeau & les oreilles. Il reſſemble plus qu'aucun autre animal, au renard par ſa taille & ſa fineſſe, mais il en differe par ſa maniere de manger, qui eſt celle de l'écureuil, & en ce qu'il ne fait point de terriers. Il y a un grand nombre de Racoons à la Virginie, *à la* Caroline, *& dans toutes les parties Septentrionales de l'*Amérique, *où ils font de grands ravages dans les champs ſemés de bled, & parmi la volaille. Ils ſe nourriſſent auſſi de bayes, & de tous les autres fruits ſauvages. Les huîtres & les crabes ſont leur grande nourriture près de la Mer, & des grandes rivieres. Ils eſtropient les huîtres, en y fourrant une de leurs pattes, quand elles ſont ouvertes; mais ils y ſont ſouvent attrappés, parceque'elles ſe referment ſubitement, & qu'elles les pincent ſi ſerré, & ſont ſi fortement attachées à des rochers d'autres huîtres, que quand la marée vient à monter, ils ſont infailliblement noyés. Pendant tout le jour ils couchent dans des arbres creux, & dans des marais épais & ombragés; & pendant la nuit ils rodent dans les bois pour chercher pâture. Leur chair eſt bonne à manger, excepté dans les temps où ils ſe nourriſſent de poiſſon. Ils ont tout le long du Penis un os, qui a la forme d'une S.*

MARSUPIALE Americanum.

The Opoſſum.

THE *Opoſſum* is an Animal peculiar to *America*, particularly all the northern continent abound with them as far North as *New England*; and as *Merian* has deſcribed them at *Surinam*, it is probable they inhabit as far to the South as they do to the North. This Beaſt being of a diſtinct genus, has little reſemblance to any other creature. It is about the ſize of a large rabbet: the body is long, having ſhort legs; the feet are formed like thoſe of a rat, as are alſo its ears; the ſnout is long; the teeth like thoſe of a dog. Its body is covered thinly with long briſtly whitiſh hair; the tail is long, ſhaped like that of a rat, and void of hair: but what is moſt remarkable in this Creature, and differing from others, is its falſe belly, which is formed by a ſkin or membrane (incloſing its dugs) which it opens and cloſes at will. Though contrary to the laws of Nature, nothing is more believed in *America*, than that theſe Creatures, are bred at the teats of their dams; but as it is apparent from the diſſection of one of them by Dr. *Tyſon*, that their ſtructure is formed for generation like that of other animals, they muſt neceſſarily be bred and excluded the uſual way of other quadrupeds; yet that which has given cauſe to the contrary opinion is very wonderful; for I have many times ſeen the young ones juſt born, fixt and hanging to the teats of their dams when they were not bigger than mice: in this ſtate all their members were apparent, yet not ſo diſtinct and perfectly formed, but that they looked more like a *Fœtus* than otherwiſe, and ſeemed inſeperably fixed to the teats, from which no ſmall force was required to pull their mouths; and then being held to the teat, would not fix to it again. By what method the dam after excluſion fixes them to her teats, is a ſecret yet unknown. See *Philoſ. Tranſact.* N° 239. and N° 290. In *Breſil* it is called *Cariguey*a.

Mr *Le Brun*, in his Travels through *Moſcovy*, *Perſia*, &c. to the *Eaſt-Indies*, Vol. II. p. 347, hath given a Figure and imperfect Deſcription of an Animal ſomewhat reſembling this ſpecies of Creatures, which he ſaw kept tame near *Batavia*, in the iſland of *Java*, and was there called *Filander*.

L'Opoſſum.

*L'*Opoſſum *eſt un animal particulier à l'*Amérique, *ſur tout à l'*Amérique *Septentrionale, où l'on en trouve une grande quantité juſqu'à la latitude de la nouvelle* Angleterre; *& comme* Mérian *nous a donné une deſcription de ceux qui ſont à* Surinam, *il eſt probable qu'on en trouve auſſi loin vers le Sud que vers le Nord. Cet Animal étant d'un genre diſtinct des autres animaux, ne reſſemble guères à aucun d'eux. Il eſt à peu près de la groſſeur d'un gros lapin: ſon corps eſt long: ſes jambes ſont courtes; ſes pieds, & ſes oreilles ſont comme ceux d'un rat: il a le muſeau long, & les dents comme celles du chien. Son corps eſt couvert en petite quantité de longs poils blanchâtres, & rudes: ſa queüe eſt longue, raſe, & ſemblable à celle d'un rat; mais ce qu'il y a de plus remarquable dans cet Animal, & qui le différencie de tout autre, c'eſt ſon faux ventre, qui eſt formé d'une peau ou membrane, qui renferme ſes trayons ou mamelles, & qu'il ouvre & ferme, comme bon lui ſemble. Les* Amériquains *croyent plus fermement qu'aucune choſe du monde, quoi que contre les loix de la Nature, que ces Animaux s'engendrent aux mamelles de leurs meres; mais comme il paroît par la diſſection d'un de ces Animaux faite par le Docteur* Tyſon, *qu'ils ſont conſtruits pour la génération comme les autres animaux, il faut néceſſairement qu'ils s'engendrent & viennent au monde à la maniere des autres quadrupedes. Cependant ce qui a donné lieu à l'opinion contraire eſt très ſurprénant; car j'ai ſouvent vû les petits de ces Animaux, attachés & pendus aux trayons de leurs meres au moment qu'ils venoient de naître, n'étant pas plus gros que des ſouris. Dans cet etat on appercevoit tous leurs membres, mais ſi peu diſtincts, & ſi peu formés, que ces petits avoient plutôt l'air de fœtus que d'autre choſe, & qu'ils paroiſſoient inſeparablement attachés aux mamelles de la mere, dont il ne falloit pas peu de force pour détacher leurs gueules, qui ne s'y refixoient plus, lorſqu'on les en approchoit après la ſéparation. On ignore encore comment la mere trouve le moyen d'attacher ſes petits à ſes mamelles, après les avoir mis bas. Voy. les* Tranſact. Philoſ. Nomb. *239. & 290. L'*Opoſſum *s'appelle* Cariguey*a au* Bréſil.

Monſieur Le Brun, *nous a donné dans ſes voyages aux* Indes Orientales, *par la* Moſcovie, *la* Perſe, *&c.* Vol. II. p. 347. *une figure & une deſcription imparfaite d'un animal qui a quelque reſſemblance avec celui ci, & qu'il a vû apprivoiſé dans l'île de* Java, *près de* Batavia, *où il s'appelloit* Filander.

F I B E R.

The Beaver.

BEavers inhabit all the Northern continent of *America*, from the latitude of 30 to the latitude of 60. They differ nothing in form from the *European* Beaver; they are the moſt ſagacious and pro-

Le Caſtor.

*LES Caſtors habitent toute la partie Septentrionale du continent d'*Amérique, *depuis le 30me juſqu'au 60me degré de latitude. Leur forme n'eſt en rien différente de celle du Caſtor d'*Europe. *Ils ſont les plus* ju-

provident of all other quadrupeds; their œconomy and inimitable art in building their houses would puzzle the most skilful Architect to perform the like; in short, their performances would almost conclude them reasonable creatures. Their houses they always erect over water, which is a necessary situation, that as they being amphibious, may in the most convenient manner enjoy both elements, and on any immergency plunge into the water. These edifices are usually three stories high, one of them under water, another over that, and a third over both: the uppermost chamber serves as a retreat and a store-room in case of inundations, and though Instinct guides them to such places, which by situation are less liable to rapid streams, and that these apartments are built with a strength better able to resist torrents, than human art can perform, with the like materials; yet these artful fabricks are often swept away by impetuous currents, which necessitates them to rebuild in another place. The materials that compose these fabricks are trees, with the limbs of trees, cut into different dimensions fitting their purpose, besides reeds, sedge, mud, &c. The capacity and unanimity of these Creatures is in nothing more remarkable, than in their cutting down trees with their teeth, and carrying them considerable distances. I have measured a tree thus fallen by them, that was three feet in circumference, and in height proportionable, which I was assured by many was much smaller than some they cut down. Their joint concurrence and manner of carrying such vast loads is so extraordinary, that it can hardly be imagined, but that the seeing this remarkable performance must have been attempted by one or other, yet I never heard it confessed by any white Man that he saw it. Whether they perform this work in dark nights only, or that they are endowed with a greater sagacity than other Animals to conceal their secret ways, I know not. Some are taken by white Men, but it is the more general employment of *Indians*, who as they have a sharper sight, hear better, and are endued with an instinct approaching that of beasts, are so much the better enabled to circumvent the subtleties of these wary creatures. See a farther account of this Animal, and of the use of the *Castoreum*, in *Philos. Transact.* N° 430.

ingénieux, & les plus prévoyans de tous les quadrupédes. Le plus habile architecte seroit fort embarassé à imiter l'art, & l'œconomie admirable, avec laquelle ils construisent leurs maisons. En un mot on seroit tenté, en voyant leurs ouvrages, de les regarder comme des créatures raisonnables. Ils élevent toûjours leurs édifices sur l'eau, & cette situation, vû leur espece amphibie, les met à portée de jouir le plus commodément du monde des deux élémens, & de se plonger dans l'eau toutes fois & quantes que l'occasion le requiert. Ces édifices ont d'ordinaire trois étages, dont l'un est sous l'eau, & les deux autres par dessus celui-ci. Le plus élevé des trois leur sert de retraite & de magazin en cas d'inondation; car quoique leur instinct leur fasse choisir pour demeure les endroits, dont la situation les expose le moins à des courans rapides, & qu'ils communiquent à ces appartemens une force plus capable d'y résister que tout l'art humain ne pourroit le faire avec les mêmes matériaux, ces habiles ouvriers voyent néanmoins fréquemment leurs édifices emportés par l'impétuosité des courans, & sont obligés de les rebâtir ailleurs. Les matériaux, qu'ils employent pour leurs edifices, sont des arbres, & de grosses branches d'arbres, qu'ils coupent & taillent de toutes les manieres qui leur conviennent, outre des cannes ou roseaux, des herbes de marais, de la boue, &c. L'habileté, & le parfait accord de ces Animaux, ne sont jamais plus remarquables, que quand ils coupent des arbres avec leurs dents, & les transportent à des distances considérables. J'ai mesuré un arbre qu'ils avoient abattu de la sorte, qui avoit trois piés de circonférence, & étoit haut à proportion. Plusieurs personnes m'assurerent alors, que cet arbre étoit beaucoup plus petit que de certains arbres qu'ils abattoient quelquefois. La maniere dont ils réunissent leurs efforts, pour porter ces fardeaux énormes, est si extraordinaire, qu'il n'est pas croyable que quelques personnes n'ayent taché d'être témoins oculaires d'un fait si remarquable. Cependant, soit que ces Animaux n'y travaillent que dans des nuits fort obscures, ou qu'ils soyent plus adroits que les autres animaux à cacher leurs pratiques secretes, je n'ai jamais vû aucun Blanc se vanter de l'avoir vû. Quelques uns sont pris par les Blancs; mais c'est plus généralement l'occupation des Indiens, *qui ayant la vûe & l'ouye meilleures que les Blancs, & étant doués d'un instinct approchant de celui des bêtes, n'en sont que plus propres à déconcerter la ruse de ces créatures subtiles.* Voyez une plus ample relation sur ces animaux, & sur l'usage du Castoreum, *Transact. Philos. Numb.* 430.

URSULO affinis Americana.

The Quickhatch.

THIS Animal inhabits the very Northern parts of *America*, and has not been observed by any Author, or known in *Europe* till the year 1737, one was sent to Sir *Hans Sloane* from *Hudson's Bay*. It was about fourteen Inches high, and in shape most resembled a bear, particularly the head. The legs were short and thick, the feet like those of a bear, the number of toes on each foot were five, with strong claws; it had a brush tail, the whole body was covered with a very thick hairy furr of a dark brown colour.

My want of an opportunity of figuring this with the monax, porcupine, and *Greenland* deer, is amply supplied by Mr. *Edwards*, of the Royal College of Physicians, who in a collection of the figures and descriptions of fifty rare Animals, has amongst them figured these with great truth and accuracy.

Le Quickhatch.

C'EST *Animal se trouve vers le Nord de* l'Amérique. *Aucun auteur n'en avoit parlé, & il étoit encore inconnu en* Europe *en* 1737, *qu'on en envoya un de la Baye* d'Hudson *à Monsieur le Chevalier* Sloane. *Il avoit environ quatorze pouces de hauteur, & pour la forme il ressembloit extrêmement à un ours, sur tout par la tête. Il avoit les jambes courtes & grosses, & des pattes d'ours, dont chacune avoit cinq ergots armés de fortes griffes: sa queüe étoit courte: & tout son corps couvert d'une fourrure fort épaisse & d'un brun foncé.*

Si l'occasion m'a manqué de donner ici la figure de cet Animal, de la marmotte, du porc-épic, & du daim de la Terre-verte, *ce défaut est amplement réparé par Monsieur* Edwards, *du College Royal des Médecins, qui dans une collection qu'il a faite des figures & des descriptions d'une cinquantaine d'animaux rares, y a introduit des figures très véritables, & très exactes de ceux ci.*

HISTRIX pilosus Americanus.

The Porcupine *of* North America.

THIS Beast is about the size of a Beaver, and somewhat resembles it in the form of its body, and head, having also four teeth, placed in like manner with those of the beaver; its ears are small, round, and almost hid by the hairs about them; the legs are short, the fore feet having each four toes, and the hind feet five on each foot, with very long claws; the tail is somewhat long, which with its whole body is covered with long soft furr, of a dark brown colour, amongst which were thinly interspersed stiff bristly hairs, much longer than the furr: its quills, which are the characteristic of this Animal, are largest on the hind part of the back, yet are not above three inches in length, gradually shortening toward the head and belly; the point of every quill is very sharp and jagged, with very small prickles, nor discernable but by a microscope. The nose is remarkably covered with hair. These Porcupines are natives of *New England*, and the more Northern parts of *America*, and are sometimes, tho' rarely, found as far South as *Virginia*.

Le porc-épic de l'*Amérique Septentrionale*.

C'EST *Animal est à peu près de la grosseur du castor, & lui ressemble un peu par le corps & par la tête, ayant quatre dents de devant placées comme les siennes. Il a les oreilles petites, rondes, & presqu'ensevelies dans le poil qui les entoure. Ses jambes sont courtes: ses piés de devant ont chacun quatre ergots; & ceux de derriere en ont chacun cinq, tous armés de longues griffes. Sa queüe est assez longue, & est couverte, aussi bien que tout son corps, d'une laine longue, douce, d'un brun foncé, & clairement entremêlée de crins durs & hérissés, beaucoup plus longs que cette laine. Les piquans, qui caractérisent cet Animal, sont dans leur plus grande longueur à la partie postérieure du dos, quoique les plus longs n'excedent pas trois pouces: ils vont en accourcissant peu à peu vers la tête & le ventre: chaque piquant a une pointe fort aigue, & dentelée tout à l'entour de petites pointes qui ne sont visibles qu'au microscope. Son nez est couvert de poil d'une maniere très remarquable. Ces sortes de Porc-épics sont naturels de la nouvelle* Angleterre, *& des parties les plus Septentrionales de* l'Amérique. *On les trouve quelquefois, mais très rarement, dans des parties aussi Méridionales que la* Virginie.

E Q U U S.

The Horse.

THE Horses of *Carolina* are of the *Spanish* breed, occasioned by some hundreds of them being drove as plunder from the *Spanish* settlements, about the year ——. They are small, yet hardy, and will endure long journeys, and are not subject to so many maladies as are incident to Horses in *England*. As stallions have been introduced from *England*, the breed must necessarily be improved, *Carolina* being in a climate that breeds the finest Horses in the World.

Le Cheval.

LES *Chevaux de la* Caroline *sont de race* Espagnole, *& sont descendus de quelques centaines de Chevaux qu'on y chassa des établissemens* Espagnols, *sur lesquels on prit ce butin en l'année* ——. *Ils sont petits, mais courageux, & soutiennent de longs voyages. Ils ne sont pas sujets à tant de maladies que les chevaux* Anglois. *Comme on y a envoyé* d'Angleterre *des étalons, cela doit nécessairement en avoir amelioré la race, la* Caroline *étant dans un climat qui produit les plus beaux chevaux du monde.*

V A C C A.

The Cow.

COWS and Oxen in *Carolina* are of a middling size; Cows yield about half the quantity of milk as those of *England*. In the upper parts of the country the milk is well tasted, but where Cows feed in salt marshes, the milk and butter receives an ill flavour. Cattle breed so fast, and are so numerous in *Carolina*, that many run wild, and without having the owner's mark, are any one's property.

La Vache.

LES *Boeufs & les Vaches de la* Caroline *sont de moyenne taille; & les Vaches donnent environ la moitié autant de lait que celles d'*Angleterre. *Le lait a bon goût dans les parties les plus hautes du pays; mais dans celles où les Vaches paissent dans des marais salés, le lait & le beurre en contractent un goût désagréable. Les bestiaux multiplient si vite, & en si grand nombre à la* Caroline, *que plusieurs deviennent sauvages, & appartiennent au premier venu, faute d'avoir la marque du propriétaire.*

O V I S.

The Sheep.

THE Sheep of *Carolina* being of *English* breed, have the like appearance, and are of a middling size; their flesh is tolerably well tasted, and will probably be much better, when they are fed in the hilly parts of the country. The wool is fine, and though they are not so much cloathed with it as Sheep in the Northern parts, yet they have much more than those which inhabit more South. An instance of which I observed in Sheep carried from *Virginia* to *Jamaica*, which as they approached the South, gradually dropt their fleeces, which by the time they arrived at the island, was all fallen off, and was succeeded by hair, like that of goats. This, besides infinite other instances, shews the wise designs of Providence, in bestowing on these Creatures extraordinary cloathing, so necessary to human life in cold countries, and easing them of that load which otherwise might be insupportable to them in sultry countries, and of little use to man.

Le Mouton.

COMME *les Moutons de la* Caroline *sont de race* Anglois, *ils paroissent absolument les mêmes que ceux d'*Angleterre. *Ils sont de moyenne taille. Leur chair est d'un goût assez passable, & selon toutes les apparences deviendra beaucoup meilleure, quand on les fera paître sur les montagnes du pays. Leur laine est belle; & quoiqu'ils n'en soyent pas autant couverts que les moutons qui sont plus au Nord, ils en ont cependant plus que ceux qui sont plus au Midi. C'est ce que j'ai remarqué dans des moutons qu'on avoit portés de* Virginie *à la* Jamaique, *& qui, à mesure qu'ils s'avançoient vers le Midi, perdoient peu à peu leur laine, dont il ne leur restoit rien du tout en arrivant dans l'Isle, & qui y étoit remplacée par un poil semblable à celui des chevres. Cet exemple, & un grand nombre d'autres, font voir la sagesse des vûes de la Providence, qui dans les pays froids, a donné à ces Animaux des fourrures qui y sont si nécessaires au genre humain, & dans des pays où les chaleurs sont étouffantes, les décharge de ce fardeau, qui pourroit leur devenir insupportable, & ne sauroit guères être utile aux habitans.*

P O R C U S.

The Hog.

THE Hogs of *Carolina* and *Virginia* are of a small breed, and a rusty reddish colour. Their being liable to the attacks of rapacious beasts, seem'd to have embolden'd, and infused into them a fierceness much more than our *English* swine; and when attacked will, with their united force, make a bold stand, and bloody resistance. The great plenty of mast, and fruit, so adapts these countries to them, that they breed innumerably, and run wild in many parts of the country. Their flesh excels any of the kind in *Europe*, which peaches and other delicates they feed on contribute to. But to such hogs, they design to make bacon of, they give *Indian* corn to harden the fat.

Le Cochon.

LES *Cochons de la* Caroline *& de la* Virginie *sont petits, & d'un rouge brun. Il semble que les dangers qu'ils courrent de la part des bêtes féroces, les ayent enhardis, & leur ayent inspiré un courage, que n'ont pas, à beaucoup près, nos cochons* d'Angleterre. *Quand ils sont attaqués, ils reunissent leurs forces, & font ensemble une résistance vigoureuse & sanglante. Ces pays leur conviennent extrêmement par l'abondance du gland, & du fruit qui s'y trouvent: aussi ces Animaux y multiplient ils si prodigieusement, qu'ils sont sauvages dans plusieurs endroits de ces contrées. Leur Chair est meilleure que celle des cochons* d'Europe; *& son bon goût provient en partie des pêches & autres fruits délicats dont ces Animaux se nourrissent. Quand on se propose d'en faire du lard, on donne du bled* d'Inde *à ceux qu'on destine à cet usage, pour en affermir la graisse.*

Of FISH.

A List of the common Names of the Fish of Carolina, *exclusive of those before figured and described.*

SEA FISH.

- Whale.
- Grampus.
- Shark.
- Dog-fish.
- Porpesse.
- Tiebur.
- Bottle-nose.
- Sword-fish.
- Saw-fish.
- Devil-fish.
- Cavally.
- Blue-fish.
- Drum-black.
- Drum-red.
- Angel-fish.
- Shad.
- Garr-white.
- Garr-green.
- Mullet.
- Sole.
- Plaise.
- Sting-Ray.
- Thornback.
- Flounder.
- Bass.
- Sea Tench.
- Sheep-head.
- Eel.
- Eel Conger.
- Eel Lamprey.
- Fat-back.
- Herring.
- Taylor.
- Smelt.
- Breem.
- Trout.
- Toad fish.
- Sun-fish.
- Black-fish.
- Rock-fish.
- Crabs, &c.

RIVER FISH.

- Pike.
- Pearch.
- Trout.
- Roach.
- Dace.
- Carp.
- Cat-fish.

Some Observations concerning the Fish on the Coasts of Carolina *and* Virginia.

Des POISSONS.

Liste des noms ordinaires des poissons de la *Caroline*, dans laquelle les noms de ceux dont on a donné ci-dessus la figure & la description ne sont point compris.

POISSONS DE MER.

- *La Baleine.*
- *L'Espaular.*
- *Le Requain.*
- *Le Chien de Mer.*
- *Le Marsouin.*
- *La Raye à fouët.*
- *Le grand Nez.*
- *L'Epée.*
- *La Scie.*
- *Le Diable de Mer.*
- *Le* Cavalli.
- *Le Poisson bleu.*
- *Le Tambour noir.*
- *Le Tambour rouge.*
- *L'Ange.*
- *L'Alose.*
- *L'Eguille blanche.*
- *L'Eguille verte.*
- *Le Mulet.*
- *La Sole.*
- *La Plie.*
- *La Raye à aiguillon.*
- *La Raye bouclée.*
- *Le Carrelet.*
- *Le Bar.*
- *La Lote de Mer.*
- *La Tête de mouton.*
- *L'Anguille.*
- *Le Congre.*
- *La Lamproye.*
- *Le gros Dos.*
- *Le Hareng.*
- *Le Tailleur.*
- *L'Eperlan.*
- *La Brême.*
- *La Truite.*
- *La Grenouille de Mer.*
- *La Lune.*
- *Le Poisson noir.*
- *Le Poisson de Roc.*
- *La Crabe, &c.*

POISSON DE RIVIERE.

- *Le Brochet.*
- *La Perche.*
- *La Truite.*
- *Le Rouget.*
- *Le Dard.*
- *La Carpe.*
- *Le Chat.*

Observations sur le poisson des côtes de la *Caroline* & de la *Virginie.*

BALÆNA.

Whales.

WHales of different species are sometimes cast on shore, as are grampus's in storms and hurricanes.

Baleine.

DANS les tempêtes & les ouragans des Baleines de diverses especes sont quelquefois jettées sur le rivage, comme le sont aussi les espaulars ou morhouch.

DIABOLUS Marinus.

The Devil-fish.

THIS is a flat Fish, and somewhat resembles a Scate. On its head are two or more horns; in each jaw is a thick flat bone, which by moving horizontally in the manner of mill stones, grinds its food, which is shell-fish, &c. A small fish of this kind I once caught in a net, but it unluckily falling overboard, I was deprived of an opportunity of observing it, which I much regretted, not only for its scarcity, but the extraordinary oddness of its structure. It is a large fish, and of great strength, as will appear by the following circumstance. A sloop of 80 tons lying at anchor in the harbour of *Charles-Town*, was on a sudden observed to move and scud away at a great rate. This being in view of hundreds of spectators, and it being known that no body was on board it, caused no small consternation; at length it appeared to be one of these fish, which had entangled its horns with the cable, and carried the sloop a course of some leagues before it could disentangle itself from it, which at length it did, and left the sloop at anchor again, not far from the place he moved it from.

Le Diable de Mer.

CE Poisson est plat, & ressemble un peu à la raye. Il a deux ou plusieurs cornes sur la tête. Il a à chaque machoire un os épais & plat, qui en se mouvant horizontalement, comme une meule de moulin, broye sons manger qui consiste en coquillages, &c. J'attrapai une fois dans un filet un petit poisson de cette espece, mais il retomba malheureusement dans l'eau, & je fus ainsi privé d'une occasion de l'examiner. Je le regrettai, tant pour la rareté de ce poisson, que pour sa forme bizarre & singuliere. Il est grand, & d'une force extraordinaire, comme on en peut juger par l'exemple suivant. Un vaisseau de 80 *tonneaux étoit à l'ancre dans le port de* Charles-Town, *& l'on s'apperçut tout d'un coup qu'il étoit en mouvement, & qu'il sortoit du port avec beaucoup de vitesse. Cela se passa sous les yeux de plusieurs centaines de spectateurs, qui sçachant qu'il n'y avoit personne à bord de ce vaisseau, demeurerent dans la plus grande consternation: on connut à la fin que cela venoit d'un de ces Poissons, qui ayant embarrassé ses cornes dans le cable, avoit tiré le vaisseau en Mer l'espace de quelque lieues, avant que de pouvoir s'en débarrasser: il s'en détacha à la fin, & laissa le vaisseau à l'ancre, à peu de distance du lieu d'où il l'avoit fait partir.*

PORCUS.

The Porpesse.

POrpesses are numerous in bays and creeks, where by their furious pursuit of other fish, they often plunge themselves so far on shore, that for want of a sufficient depth of water to retreat back, they are left on land, and become a prize to the discoverer, they yielding much oil. These fish will not be taken by a bait: they are gregarious, being rarely seen single. They are strait bodies, but by their undulating motion in swimming, and by their appearing alternately in and out of the water, they seem to be curved and resemble the shape of the dolphin, as they are figured in the sculptures of the Ancients.

Le Marsouin.

IL y a un grand nombre de Marsouins dans les bayes & les criques, où il leur arrive souvent de s'enfoncer, en poursuivant avec furie d'autres poissons, & en se trouvant loin du rivage, & faute d'une eau assez profonde ils se trouvent enfin à sec, & deviennent une capture considérable pour le premier qui les découvre, par la quantité d'huile qu'on en tire. On ne sauroit prendre ces poissons par aucun appas. Il s'attroupent, & on les trouve rarement seuls. Ils ont le corps droit, mais le mouvement ondulant qu'ils font en nageant, & celui qu'ils se donnent en sortant de l'eau, & en y rentrant alternativement, les fait paroître courbés, & de la forme dont les sculptures des Anciens nous representent les dauphins.

LAMIA.

LAMIA.

The Shark.

SHarks in *Carolina* are not so numerous, large and voracious as they are between the *Tropicks*, yet the coasts, bays, and larger rivers have plenty of them, as well as of a diminutive kind of Shark, called a Dog-fish, which are eat.

Le Réquin.

CES Poissons ne sont ni en si grand nombre, ni si gros, ni si voraces dans la Caroline *qu'entre les* Tropiques, *cependant on en trouve beaucoup sur les côtes, dans les bayes, & dans les grandes rivierres, aussi bien qu'une plus petite espece de Réquin qu'on appelle Chien marin, & qui se mange.*

CORACINO *Affines.*

Black and Red Drum Fish.

THESE Fish are about the size of Cods, and shaped not unlike them. They are esteemed very good fish, and by their great plenty are no small benefit to the inhabitants, who in *April* and *May* resort in their canoes to the bays and large rivers, and at night, by the light of a fire in their canoes, kill great plenty of them, by striking them with harpoons, besides in the day time with hook and line. Many of them are yearly barrell'd up with salt, and sent to the *West Indies*.

Le Chien de Mer.

*CES Poissons sont environ de la grosseur, & ont à peu près la forme des morues fraiches. On les regarde comme excellens. Leur grande abondance les rend fort utiles aux habitans, qui, dans les mois d'*Avril *& de Mai, vont avec leurs canots dans les bayes & les grandes rivierres, & y en tuent pendant la nuit un grand nombre à la lumiere du feu, en les frappant avec des harpons, sans compter ce qu'ils en prennent de jour au crochet & à la ligne. On en met tous les ans une grande quantité dans des barils, pour les envoyer salés aux* Indes Occidentales.

LUPUS.

The Bass.

THE *Bass* is a Fish of equal size, and esteemed very good, they are found both in salt, and in fresh water, in great plenty.

Le Bar.

LES Bars *sont des poissons de même grosseur que le chien de Mer; & on les regarde comme un excellent manger. On en trouve abondamment, tant dans l'eau salée, que dans l'eau douce.*

HALICES.

Herrings.

HErrings in *March* leave the salt waters, and run up the rivers and shallow streams of fresh water in such prodigious shoals, that people cast them on shore with shovels. A horse passing these waters, unavoidably tramples them under his feet; their plenty is of great benefit to the inhabitants of many parts of *Virginia* and *Carolina*.

But the most extraordinary inundation of Fish happens annually a little within the northern cape of *Chesapeek* Bay in *Virginia*, where there are cast on shore usually in *March*, such incredible Numbers of fish, that the shore is covered with them a considerable depth, and three miles in length along the shore. At these times the inhabitants from far within land, come down with their carts and carry away what they want of the fish; there remaining to rot on the shore many times more than sufficed them. From the putrefaction that this causes, the place has attain'd the name of *Maggoty Bay*.

These Fish are of various kinds and sizes, and are drove on shore by the pursuit of Porpesses and other voracious fish, at the general time of spawning; amongst the fish that are thus drove on shore, is a small fish called a *Fat-back*, it is thick and round, resembling a mullet, but smaller. It is an excellent sweet fish, and so excessive fat, that butter is never used in frying, or any other preparation of them. At certain seasons and places there are infinite numbers of these fish caught, and are much esteemed by the inhabitants for their delicacy.

All the sea and river fish that I observed in *Carolina*, differ from those in *Europe* of the same kind; except pikes, eels and herrings, though possibly there may be more that escaped my knowledge.

Le Harang.

AU mois de Mars *les Harangs quittent l'eau salée, & montent dans les rivierres, & les ruisseaux peu profonds d'eau douce. Ils y entrent en si grande quantité, & sont si entassés les uns sur les autres, que les pêcheurs les jettent sur le rivage avec des pelles. Un cheval ne sauroit traverser ces eaux, sans les fouler au pids. Leur abondance est d'un grand profit aux habitans de plusieurs endroits de la* Virginie, *& de la* Caroline.

Mais l'endroit où ils viennent tous les ans en plus grand nombre, c'est un peu au dedans du cap Septentrional de la baye de Chesapeck *dans la* Virginie, *où ils sont ordinairement jettés sur le rivage, vers le mois de* Mars, *avec un abondance si incroyable, qu'il en est couvert à une profondeur énorme, & jusqu'à trois miles le long de la côte. Dans cette saison, ceux des habitans, qui demeurent avant dans les terres, viennent vers la Mer avec leurs charettes, & emportent le poisson dont ils ont besoin. Ils en laissent, & il en pourrit sur le rivage infiniment plus qu'ils n'en emportent. La putréfaction que cela cause sur le lieu, l'a fait nommer la* Baye vermineuse.

Ces Poissons varient pour l'espece & pour la grosseur. Ils sont poussés sur le rivage par les marsouins & autres poissons voraces, qui les poursuivent & leur donnent la chasse dans la saison où tous les poissons frayent. Parmi ceux qui sont poussés de la sorte vers le rivage, il se trouve un petit poisson qu'on appelle le Dos gras. *Il est épais, & rond: il ressemble à un mulet; mais il est plus petit, d'un goût délicieux, & d'une graisse si prodigieuse, qu'on n'employe jamais de beurre ni pour le frire, ni pour l'appréter autrement. On prend en certaines saisons & en certains lieux une multitude innombrable de ces Dos gras; & les habitans en font un grand cas à cause de la délicatesse de leur goût.*

Tous les poissons, que j'ai vûs à la Caroline, *different de ceux de la même espece, qui sont en* Europe, *excepté le brochet, l'anguille, & le harang. Il peut cependant y en avoir quelques uns de ces derniers, qui ne sont point venus à ma connoissance.*

STURIO.

The Sturgeon.

AT the approach of the Spring, Sturgeons leave the deep recesses of the Sea, and enter the rivers, ascending by slow degrees to the upper parts to cast their spawn. In *May*, *June*, and *July*, the rivers abound with them; at which time it is surprising, though very common, to see such large fish elated in the air, by their leaping some yards out of the water: this they do in an erect posture, and fall on their sides, which repeated percussions are loudly heard some miles distance in still evenings: it is also by this leaping action that many of them are taken, for as some particular parts of the rivers afford them most food, to those places they resort in

L'Esturgeon.

AUX approches du Printemps, les Esturgeons quittent le fond de la Mer, & entrent dans les rivierres, montant lentement vers les endroits élevés pour y pondre leurs œufs. Les rivierres en sont remplies dans les mois de Mai, *de* Juin, *& de* Juillet. *C'est alors une chose étonnante, quoique très commune, de voir ces grands poissons s'élever en l'air, & malgré leur volume, sauter au dessus de l'eau à la hauteur de plusieurs verges: ce qu'ils font le corps droit, mais ils retombent sur le côté; & dans des soirées tranquiles, on entend très distinctement le bruit de leurs chutes réitérées. Cette habitude de sauter hors de l'eau en fait prendre un grand nombre, parceque'ils viennent en abondance dans cer-*

greater plenty. Here the inhabitants (as the *Indians* taught them) place their canoes and boats, that when the Sturgeons leap, these boats and canoes may receive them at their fall. It is dangerous passing over these leaping holes, as they are called, many a canoe, and small boat having been overset by the fall of a Sturgeon into it.

At the latter end of *August* great numbers of these Sturgeons approach to the cataracts, and rocky places of the river, where the *English* and *Indians* go to strike them, which they do with a cane 14 feet in length, and pointed at the smaller end; with this the striker stands at the head of the canoe, another steering it. The striker when he discovers one lying at the bottom (which they generally do in six or eight feet depth) gently moves the pointed end of the cane to the fish, giving it a sudden thrust between the bony scales into its body, at which the fish scuds away with great swiftness, drawing the cane after it, the great end of which appearing on the surface of the water, directs the striker which way to pursue his chace. The fish being tired, slackens its pace, which gives the striker an opportunity of thrusting another cane into it, then it scuds away as before, but at length by loss of blood faulters, and turning its belly upwards, submits to be taken into the canoe.

A she Sturgeon contains about a bushel of spawn, and weighs usually three hundred, and some three hundred and fifty pounds, and are about nine feet long: the males are less.

Twenty miles above *Savanna* fort, on the *Savanna* river, where the cataracts begin, three of us in two days killed sixteen, which to my regret were left rotting on the shore, except what we regaled our selves with at the place, and two we brought to the garrison. Such is the great plenty and little esteem of so excellent a Fish, which by proper management might turn to a good account, by pickling and sending them to the Sugar Islands.

Speculative knowledge in things merely curious, may be kept secret without much loss to mankind. But the concealing things of real use is derogating from the purposes we were created for, by depriving the Publick of a benefit designed them by the donor of all things. It is on this motive I here insert a receipt for pickling Sturgeon and Caviair, which though not a *Nostrum*, is not known to many, especially in *America*, where it can be of most use.

These receipts I was favoured with by his Excellency Mr. *Johnson*, late Governor of *South Carolina*, which he told me he got translated from the original in *High Dutch*, which was wrote in gold letters and fixed in the Town Hall at *Hambourgh*. At the same time and place he procured nets for catching them, with a design of manufacturing this useful fish in his government. But perplexities ensuing not long after, obstructed his design, which otherwise would probably have given a good example to so laudable an undertaking.

To pickle Sturgeon.

LET the Fish when taken, cool on the ground, 24, 36, or 48 hours, as the weather requires; then cut it in pieces, and throw it into clean water, shifting the water several times; whilst it is soaking, wash and brush it with hard brushes, till it is very clean, which it will be in two or three hours, and than you may tie it up with bass, and boil it: put the fish in the kettle when the water is cold, and in the boiling, the fat must be taken off very well: put in somewhat more salt than in boiling other fish, and scum it well, and boil it very softly till it be tender, an hour or an hour and half, or two hours, according to the age of the fish, and then let it cool very well, and put it into pickle: the pickle must be made of five eighths of beer vinegar, and three eighths of the broth it was boil'd in mix'd together, and salt the pickle very well with unbeat salt, somewhat more than will make a fresh egg swim, and that will cure it.

To make Caviair.

AS soon as the Sturgeon is catched, rip up the belly, take out the roe, and cut it as near as you can, flake by flake asunder, and salt it with good *Spanish* salt, extraordinary sharp, putting it into a basket, and there let it lie at least six weeks, and then take it out, and wash off the salt very well; then lay it on boards in the sun, so thin as that it may soon dry on both sides. It must be turned, but care must be taken that it be not too hard dried, but that you may pack it close, and as you pack it, take out all the thick skins, in which you must be very nice; and when it is packed very close, you must then take some heavy weights and lay upon it, that it may be pressed very hard; then it will be as close as a cheese to keep for use.

THESE

tains endroits des rivieres, où ils trouvent le plus de pâture, & que les habitans, qui ont été instruits par les Indiens, *y mettent leurs canots & leurs bateaux, afin de les y recevoir lorsqu'ils retombent. Il est dangereux de passer par dessus ces endroits profonds, qu'on appelle trous sautans, plusieurs bateaux ayant été renversés par la chute d'un seul esturgeon qui s'y étoit précipité.*

*Vers la fin d'*Août *une multitude de ces poissons s'approchent des cataractes, & des endroits de la riviere qui sont pleins de rochers, & alors les* Anglois *& les* Indiens *vont les attaquer avec une canne de 14 pids de long, pointue par le bout le plus menu. Celui, qui doit frapper le poisson se tient la canne à la main au bout du bateau, qu'une autre gouverne: lorsque le premier apperçoit un Esturgeon au fond de l'eau (& ordinairement on les y découvre à six, sept, ou huit pids de profondeur) il avance doucement le bout pointu de sa canne vers lui, & le frappant subitement entre ses écailles, lui en enfonce la pointe dans le corps. le poisson s'enfuit aussi-tôt avec une extrême rapidité, traînant après lui la canne, dont le gros bout, qui paroît sur la surface de l'eau, sert de guide au pêcheur pour poursuivre sa proye: l'Esturgeon fatigué retarde sa course, & par là donne à celui qui l'a frappé le temps de lui darder une seconde canne dans le corps: il reprend la fuite comme auparavant; mais perdant à la fin ses forces avec son sang, il chancelle, se tourne sur le dos, & se laisse tirer dans le canot.*

La femelle contient environ un boisseau d'œufs, & pèse ordinairement 300 livres; quelques unes vont jusqu'à 350: elles ont autour de neuf pids de long. Les mâles sont plus petits.

A vingt milles au dessus du fort Savanne, *sur la riviere de* Savanne, *& à l'endroit où commencent les cataractes, nous en primes, trois que nous étions, seize en deux jours; & à mon grand regret, nous les laissâmes pourrir sur le rivage, à la reserve de ce que nous en avions pris pour nous régaler sur le lieu, & de deux que nous apportames à la garnison: tant est grande l'abondance, & tant on fait peu de cas de cet excellent Poisson, qui, mis à profit comme il convient, pourroit nous devenir fort utile, en l'envoyant mariné aux* Iles Antilles.

On peut, sans qu'il en coute beaucoup au genre humain, faire un secret des connoissances speculatives qui sont de pure curiosité; mais cacher des choses d'une utilité réelle, c'est s'écarter du but de notre création, c'est priver le Public d'un bien qui lui a été destiné par celui de qui nous tenons toutes choses. Pour ne point me rendre coupable de cette derniere faute j'insérerai ici une recette pour mariner l'Esturgeon & une autre pour faire le caviar: je n'en suis pas l'inventeur, mais elles sont peu connues, sur tout en Amérique, *où elles peuvent devenir fort utiles.*

C'est de son Excellence Monsieur Johnson, *dernier Gouverneur de la* Caroline *Méridionale, que je les tiens: il m'a dit qu'il les avoit fait traduire d'un original* Allemand, *qui étoit écrit en lettres d'or à la maison de ville de* Hambourg. *Comme il avoit dessein d'établir dans son Gouvernement une manufacture pour l'apprêt d'un poisson si utile, il fit faire en même temps & sur le même lieu des filets pour en attraper; mais des embarras vinrent peu après traverser son dessein, qui sans cela auroit probablement servi d'exemple dans l'exécution pour plusieurs entreprises aussi louables.*

Maniere de mariner l'Esturgeon.

QUAND le poisson est pris, laissez le refroidir sur la terre pendant 24, 36, ou 48 heures, selon que le temps le requiert. Coupez le ensuite par morceaux, & jettez le dans de l'eau bien nette, que vous renouvellerez plusieurs fois. Pendant qu'il trempera, vous aurez soin de le laver & de le brosser avec des brosses rudes, jusqu'à ce qu'il soit parfaitement net, ce qui arrivera en deux ou trois heures; & alors vous le lierez avec du jonc, & le ferez bouillir. Pour cet effet, mettez vôtre poisson dans la chaudiere, pendant que l'eau est froide; & quand l'eau est bouillante, il en faut ôter toute la graisse avec grand soin. Mettez y ensuite un peu plus de sel qu'on n'en met d'ordinaire pour faire bouillir d'autre poisson: écumez bien l'eau, & faites bouillir doucement vôtre esturgeon, jusqu'à ce qu'il soit tendre, ce qui arrivera au bout d'une heure, d'une heure & demie, ou de deux heures au plus, suivant l'âge du poisson. Cela fait, laissez le bien refroidir, & mettez le dans la marinade. On la fait, en mettant cinq huitiemes de vinaigre de bierre dans trois huitiemes de l'eau où le poisson a bouilli. Vous salerez bien le tout de gros sel, en mettant un peu plus qu'il n'en faut pour faire surnager un œuf frais; ce qui conservera la marinade.

Maniere de faire le Caviar.

*DES que l'esturgeon est pris, ouvrez lui le ventre, ôtez en les œufs, coupez les par morceaux, & salez les de bon sel d'*Espagne, *le plus âpre que faire se pourra. Mettez le tout dans un panier, & l'y laissez au moins six semaines, sans y toucher. Otez l'en au bout de ce temps, & lavez le bien dans l'eau. Etendez le ensuite au soleil sur des planches, & qu'il soit assez mince pour pouvoir se secher bientôt des deux côtés. Pour cet effet il faut le retourner; mais prenez bien garde de le durcir, en le faisant trop secher. Il faut qu'il soit encore assez mou pour que vous puissiez l'empaqueter fort serré. En le mettant en paquet, ôtez en avec grand soin toutes les peaux épaisses; & quand vous l'aurez ainsi bien serré, vous mettrez un poids considérable par dessus, pour le presser autant qu'il peut l'être. Il aura pour lors la consistence du fromage, & pourra se garder pour le besoin.*

CES

THESE rocky parts of the Rivers abound also with many excellent kind of Fish, particularly pearch of a very large size, and delicate taste, which in *August* and *September* become so fat by feeding on grapes, which drop from vines hanging over the rivers, that their *abdomens* are lined with flakes of fat, as thick as ones fingers. There are besides peculiar to these upper parts of the *Savanna* River a singular species of river turtle, which by boiling with the shell on, the whole becomes tender and eatable, which shell before it is boiled, seem as hard as those of the other kinds.

Some Remarks on American *BIRDS.*

THE Birds of *America* generally excel those of *Europe* in the beauty of their plumage, but are much inferior to them in melodious notes; for except the Mockbird, I know of none that merits the name of a song bird, unless the red bird known in *England* by the name of the *Virginian* nightingale may be allowed it: this deficiency I have observed to be still greater in Birds, of the torrid parts of the World, whose chattering odd cries are little entertaining; this is evidenced in a small tract, printed in the year 1667, giving an account of *Surinam*, then possessed by the *English*, which says that the Birds there, for beauty, claim a priority to most in the World, but making no other harmony than in horror, one howling, another skreaking, a third as it were groaning and lamenting, all agreeing in their ill concerted voices.

In *America* are very few *European* land birds, but of the water kinds there are many, if not most of those found in *Europe*, besides the great variety of species peculiar to those parts of the World.

Admitting the World to have been universally replenished with all animals from *Noah*'s ark after the general deluge, and that those *European* Birds which are in *America* found their way thither at first from the old World, the cause of disparity in number of the land, and water kinds, will evidently appear by considering their different structure, and manner of feeding, which enables the water fowl to perform a long voyage with more facility than those of the land. The *European* water fowl (though they travel southerly in Winter for food) are most of them Natives of very Northern parts of the World, where they return to make their principal abode; this their situation probably may have facilitated their passage by the nearness of the two continents to each other at these places of their abode.

In the island of *Bermudas* it frequently happens that great flights of water fowl are blown from the continent of *America* by strong North West winds on that island, the distance of which from that part of the continent, where such a wind must have drove them is little less than a thousand miles: as there has not been observed any land birds, forced in this manner on that island, it seems evident that they are unable to hold out so long a flight, and consequently those few *European* land birds that are in *America*, passed over a narrower strait of Sea from the old to the new World, than that from the Continent to *Bermudas*.

Though the nearness or joining of the two Continents be not known, we may reasonably conclude it to be within, or very near the arctic circle, the coasts of the rest of the Earth being well known; so that those few *European* Land Birds that are in *America* must have passed thither from a very frigid part of the old World, and though these Birds inhabit the more temperate parts of *Europe*, they may also inhabit the very Northern parts, and by a firmer texture of body may be by Nature better enabled to endure extreme cold than Sparrows, Finches, and other *English* Birds, which are with us fifty to one more numerous, but are not found in *America*.

Though these reasons occur to me, I am not fully satisfied, nor do I conclude that by this method they passed from one Continent to the other, the climate, and their inability of performing a long flight, may reasonably be objected.

To account therefore for this extraordinary circumstance, there seems to remain but one more reason for their being found on both Continents, which is the nearness of the two parts of the Earth to each other heretofore, where now flows the vast *Atlantick Ocean*.

It is remarkable, that these *European* Land Birds that are found in *America* are of the small kinds, particularly the *Regulus Cristatus* is one, and is the very smallest of the *European* Birds.

There are in *America*, as well as in *Europe*, many Birds of passage; those which abide in *Carolina* the Winter, necessity drives from the frigid parts of the North, in search of food with which the more Southern countries abound: but where Summer Birds of passage go at the approach of Winter, is as little known as to where those of *Europe* go.

The general and most natural conjecture is, that they retreat to distant countries, but as no ocular testimonies have been produced, some Naturalists may have concluded, that for want of such information,

*CES endroits des rivieres, qui sont pleins de rochers, abondent aussi en plusieurs autres especes d'excellent poisson, particulierement en perches d'une grosseur prodigieuse, & d'un goût délicat. Dans les mois d'*Août *& de* Septembre*, où elles se nourrissent des raisins qui tombent des vignes qui pendent sur les rivieres, elles deviennent si grasses, qu'elles ont le ventre doublé de couches de graisse d'un doigt d'épaisseur. Il y a encore une espece singuliere de tortue de riviere qui est particuliere à ces endroits de la riviere de* Savanne*. Quand on la fait bouillir, sans en ôter l'écaille, le tout devient tendre & bon à manger, quoiqu'avant que de bouillir, cette écaille soit aussi dure que celle des autres especes de tortues.*

Remarques sur les OISEAUX d'*Amerique.*

*GEnéralement parlant, les oiseaux d'*Amérique *surpassent ceux d'*Europe *pour la beauté de leurs plumes, mais ils leur sont très inférieurs pour la douceur du ramage: car excepté le Moqueur, je n'en connois aucun qui mérite d'être compté parmi les oiseaux qui chantent, à moins qu'on ne croye pouvoir faire cet honneur à l'oiseau rouge, nommé le cardinal. J'ai remarqué que ce défaut étoit encore plus grand dans les oiseaux qui habitent les régions de la zone torride, & dont le babil & les cris bizarres, ne font pas grand plaisir. Cela est attesté dans un petit livre, imprimé en 1667, contenant une relation de* Surinam *que les* Anglois *possédoient alors, & où il est dit que les oiseaux de cet endroit-là, sont supérieurs en beauté à tous les autres oiseaux du monde, mais qu'ils n'ont pour tout ramage que des cris d'horreur, l'un hurlant, l'autre poussant des sons perçans, l'autre se lamentant d'une façon lugubre, & tous s'accordant à écorcher les oreilles par leurs voix discordantes.*

En Amérique *il y a peu d'oiseaux terrestres des especes* Européennes*, mais on y en trouve un grand nombre des especes* Européennes *aquatiques, si même on ne les y trouve toutes, sans compter une multitude d'especes différentes qui sont particulieres aux régions* Amériquaines.

En admettant que le Monde a été universellement repeuplé de toutes sortes d'animaux par ceux qui sont sortis de l'arche de Noé *après le déluge, & que les oiseaux* Européens*, qu'on trouve en* Amérique*, y sont originairement venus de l'ancien Monde, on verra évidemment la cause de la disparité du nombre des especes terrestres, & des especes aquatiques, en examinant leurs différentes formes, & la différence de leurs manieres de se nourrir, en conséquence de laquelle l'oiseau aquatique fait un long voyage avec plus de facilité que l'oiseau terrestre. Quoique les oiseaux aquatiques d'*Europe *voyagent vers le Sud en Hiver, pour trouver leur pâture, ils sont nés pour la plus part dans des pays fort Septentrionaux, où ils retournent toujours comme à leur principal séjour. Il est probable que cette situation de leur demeure a facilité leur passage, par la proximité des deux continens aux endroits qu'ils habitent.*

Des volées considérables d'oiseaux aquatiques, poussés par un vent de Nord Ouest *violent, viennent souvent du continent d'*Amérique *dans l'isle* Bermude*, entre laquelle & la partie du continent d'où ces vents doivent nécessairement les avoir chassés, il y a bien près de trois cens trente lieues de distance. Comme on n'a pas remarqué qu'aucuns oiseaux terrestres soyent chassés de la sorte vers cette île, il paroît évident qu'ils ne sauroient soutenir un vol si long, & que par conséquent le peu d'oiseaux terrestres* Européens *qu'on voit en* Amérique*, ont, pour passer du vieux Monde au nouveau, traversé une portion de Mer plus étroite que celle qui est entre le continent, & l'île* Bermude.

Quoique la proximité, ou la jonction des deux continens ne nous soit pas connue, nous pouvons raisonnablement conclurre qu'elle est renfermée (du moins à peu de chose près) dans le cercle arctique, parceque nous connoissons les côtes du reste du Monde. De sorte que le petit nombre d'oiseaux terrestres Européens *qui sont en* Amérique*, doivent nécessairement y être venus d'une des plus froides parties du Monde ancien, & quoi qu'ils habitent les régions les plus tempérées de l'*Europe*, ils peuvent aussi habiter les parties les plus Septentrionales, & en conséquence d'un corps plus vigoureux, être naturellement plus capables d'endurer un froid extrême, que ne le sont les moineaux, les pinçons, & les autres petits oiseaux, dont nous avons en* Angleterre *cinquante contre un, mais qu'on ne trouve point dans le nouveau Monde.*

Ces raisons se présentent à mon esprit, mais elles ne me convainquent pas entierement, & je n'en conclus pas que ces oiseaux ayent passé ainsi d'un continent à l'autre, puisqu'on peut raisonnablement objecter le climat, & l'impossibilité où ils sont de soutenir leur vol si long tems.

Il paroît donc qu'on ne sauroit donner qu'une raison de plus de leur séjour dans l'un & l'autre continent, savoir la proximité où ces deux parties de la Terre étoient autrefois l'une de l'autre à l'endroit que la vaste Océan Atlantique *occupe aujourd'hui.*

Il faut remarquer que les oiseaux terrestres Européens*, qu'on trouve en* Amérique*, sont des petites especes, & en particulier le roitelet huppé, qui est le plus petit de tous les oiseaux d'*Europe.

Il y a plusieurs oiseaux de passage en Amérique*, aussi bien qu'en* Europe*. Ceux qui restent à la* Caroline *pendant l'Hiver, y viennent par nécessité des froides régions du Nord, pour chercher leur nourriture qu'ils trouvent en abondance dans des pays plus Méridionaux, mais on ignore autant les endroits où les oiseaux de passage, qu'on y voit paroître en Eté, se retirent aux approches de l'Hiver, qu'on ignore la retraite de ceux d'*Europe.

La conjecture générale, & la plus naturelle est, qu'ils se retirent dans des pays éloignés: mais comme il ne s'est encore présenté aucuns témoins de cette retraite, les Naturalistes l'ont sans doute supposée, faute d'être informés

mation, these birds absent themselves in a different manner. If the immenseness of the Globe be considered, and the vast tracts of land remaining unknown but to its barbarous natives, 'tis no wonder we are yet unacquainted with the retreat of these itinerant birds.

The reports of their lying torpid in caverns and hollow trees, and of their resting in the same state at the bottom of deep waters, are notions so ill attested, and absurd in themselves, that they deserve no farther notice.

If with submission I may offer my own sentiments, I must join in the general opinion, with this additional conjecture, *viz.* that the place to which they retire is probably in the same latitude of the Southern hemisphere, or where they may enjoy the like temperature of air, as in the country from whence they came: by this change they live in perpetual Summer, which seems absolutely necessary for their preservation, because all Summer Birds of passage subsist on insects only, and have tender bills adapted to it, and consequently are unable to subsist in a cold country, particularly Swallows, Martins, and a few others that feed only on the wing.

Though the warm parts of the World abound most with animals in general, water fowl may be excepted, there being of them a greater number and variety of species in the Northern parts of the World, than between the Tropicks: yet rigid Winters compel them to leave their native frozen country, and retire Southward for Food, and though they sometimes approach within a few degrees of the Northern Tropick, very few are ever seen within it, and at the return of the Spring, they go back again to the North, and there breed: why water fowl particularly should abound most in cold climates, I can no otherwise attempt to account for, than that as Nature has endowed all creatures with a sagacity for their preservation, so these birds to avoid the danger of voracious animals (to which they are more exposed than land birds) chuse to inhabit where they least abound: all rivers and watery places in the Southern latitudes abound so with ravenous fish, Turtles, Alligators, Serpents, and other destructive creatures, that the extinction of water fowl would probably be in danger, were they wholly confined to these latitudes: yet there are some species of the Duck kind, peculiar to these torrid parts of the World, which pearch and roost upon trees for their greater security, of these are the Whistling-Duck. Hist. Jam. p. 324. The *Bahama* Duck, Vol. I. p. 93. of this work. The Summer Duck, Vol. I. p. 97. besides some others observed by *Margrave* and *Hernandes*.

Land-Birds which breed and abide in Carolina *in the Summer, and retire in Winter.*

The Cuckow of *Carolina*.
The Goat Sucker.
The Summer red Bird.
The Tyrant.
The red-headed Woodpecker.
The blue grosbeck.

The blue Linnet.
The painted Finch.
The yellow Titmouse.
The purple Martin.
The humming Bird.
The crested Flycatcher.

Land Birds which come from the North, and abide in Virginia *and* Carolina *the Winter, and retire again to the North at the approach of Spring.*

The Pigeon of Passage.
The Fieldfare of *Carolina*.
The Chatterer of *Carolina*.

The Lark.
The Snow Bird.
The Purple Finch.

European *Land-Birds inhabiting* America.

The greater Butcher Bird.
The Sand Martin.
The Cross-bill.

The Cole-Titmouse.
The Creeper.
The golden Crown-Wren.

European *Water-Fowls, which I have observed to be also Inhabitants of* America, *which tho' they abide the Winter in* Carolina, *most of them retire North in the Spring to breed.*

The common Wild Duck.
The Teal.
The Pochard.
The Shoveler.
The Shag.
Penguin.
Alka Hoieri.
Razor-bill.
The Woodcock.
Snipes, both kinds.

Sea-pye.
The grey Heron.
The Turn-stone.
The green Plover.
The grey Plover.
Elk or Wild Swan.
Divers.
Sea Gulls.
Godwit.
Red Shank.

The

absentent de la maniere dont ils s'absentent. Si l'on considere la grandeur immense de notre Globe, & les vastes régions qui ne sont connues qu'aux peuples barbares qui en sont les naturels, il n'est pas étonnant, que nous ignorions encore les retraites de ces oiseaux voyageurs.

Ce qu'on dit, qu'on les trouve engourdis dans des cavernes & des arbres creux, ou qu'ils demeurent immobiles & dans le même état au fond de certaines eaux profondes, sont des relations si mal attestées, & d'une absurdité si frappante, qu'elles ne méritent pas qu'on y fasse attention.

S'il m'est permis de dire ici mon opinion, je me déclarerai pour le sentiment général, en y ajoûtant de mon chef un conjecture, savoir que l'endroit ou ces oiseaux se retirent est vraisemblablement à la même latitude dans l'hémisphere Méridional, ou dans des climats où ils peuvent jouir de la même température d'air qu'ils ont dans le pays, qu'ils quittent: au moyen de ce changement ils jouissent d'un Eté perpétuel, qui paroît d'une nécessité absolue pour leur conservation; parceque tous les oiseaux, qui sont de passage en Eté, ne vivent que d'insectes, qu'ils ont des becs foibles propres pour cela, & que par conséquent ils ne sauroient subsister dans les pays froids, sur tout les hirondelles, les martinets, & quelques autres qui ne vivent que de ce qu'ils attrapent en volant.

*Quoique les pays chauds soyent en général les mieux peuplés d'animaux, on peut en excepter les oiseaux aquatiques, qui sont en plus grand nombre, & plus variés pour l'espece dans les parties Septentrionales de la Terre qu'entre les Tropiques. Cependant des Hivers rudes les forcent de quitter leurs pays glacés, & d'aller chercher une retraite & leur nourriture vers le Sud. Ils s'approchent quelquefois assez du Tropique Septentrional pour n'en être qu'à quelques degrés, mais on en voit très rarement passer au de là, & au retour du Printemps, ils regagnent le Nord, & y multiplient. Toute la raison que je puis donner pourquoi les oiseaux aquatiques en particulier sont en plus grande abondance dans les climats froids que par tout ailleurs, c'est que comme la Nature a mis dans tous les animaux une portion d'intelligence qui les porte à chercher leur conservation, ces oiseaux pour se dérober aux poursuites des animaux voraces, auxquels ils sont plus exposés que les oiseaux terrestres, habitent par préférence dans les endroits où ces animaux sont en plus petit nombre. Toutes les rivieres, & les marais, qui sont dans l'hémisphere Méridional, sont si remplis de poissons voraces, de tortues de Mer, de crocodiles, de serpens, & autres poissons meurtriers, que si les oiseaux aquatiques ne sortoient point des pays méridionaux, l'espece courroit grande risque d'en être détruite. Il y a cependant quelques especes de canards particulieres à la zone torride, qui pour leur plus grande sureté vont percher & se jucher sur des arbres. De cet ordre sont, l'*anas fistularis arboribus insidens*. Hist. Jam. p. 324. le canard de* Bahama, *Vol. I. p. 93 de cet ouvrage: le canard d'Eté, Vol. I. p. 97, sans compter quelques autres especes observées par* Margrave & Hernandès.

Oiseaux terrestres, qui demeurent à la *Caroline*, y multiplient pendant l'Eté, & la quittent en Hiver.

Le Coucou de la Caroline.
La Tete-chevre de la Caroline.
Le Preneur de Mouches rouge.
Le Tiran.
Le Picverd à tête rouge.
Le gros Bec bleu.

La Linote bleue.
Le Pinçon de trois couleurs.
La Mésange jaune.
Le Martinet couleur de pourpre.
Le Colibri.
Le Preneur de Mouches huppé.

Oiseaux qui viennent du Nord demeurer à la *Virginie* & à la *Caroline* pendant l'Hiver, & s'en retournent dans le Nord aux approches du Printemps.

Le Pigeon de passage.
La Grive brune de passage.
Le Jaseur de la Caroline.

L'Alouette.
Le Moineau de neige.
Le Pinçon violet.

Oiseaux terrestres *Européens* dont les mêmes se trouvent en *Amérique*.

Le grand Lanier.
Le Martinet des rivages.
Loxia.

La Mésange noire.
Certhia.
Le Roitelet huppé.

Oiseaux aquatiques *Européens*, d'ont j'ai trouvé les mêmes especes en *Amérique*, qui passent l'Hiver à la *Caroline*, mais pour la plus part se retirent vers le Nord au Printemps, pour y faire leurs petits.

Le Canard sauvage.
La Cercelle.
Le Morillon.
Le Canard à bec plat.
Le petit Cormorant.
Le Penguin.
Alka Hoieri.
Anas Arctica.
La Bécasse.
Les deux especes de Bécassine.

La Pie de Mer.
Le Héron gris.
L'Alouette de Mer.
Le Pluvier verd.
Le Pluvier cendré.
Le Cigne sauvage.
Les Plongeons.
Les Mouëttes.
Le Chevalier aux piés verts.
Le Chevalier aux piés rouges.

Les

The following American *Sea-Fowl also frequent the Coast of* Virginia *and* Carolina *in Winter: and are called*

Black Duck.	Bullneck
Black Flutterers.	Water-Witch.
Whistlers.	

The Black Duck is considerably bigger than the common Wild Duck, and is esteemed preferable to it for the goodness of its flesh, which never tastes fishy.

There remains to be observed that in the Winter season there are great variety of different species of sea-fowl in numerous flocks feeding promiscuously in open bays and sounds, which being at a great distance from land, is their security, and is the cause that they are seldom shot, and consequently little known; yet have they their enemies in the deep; for voracious fish devouring and maiming them, they are frequently cast disabled on shore, which has given me an opportunity of observing, that most of these fowl are such whose plumage consist most of down, as Loons, Doukers, *&c.* Nature having provided them with suitable cloathing for such bleak exposures.

Les Oiseaux *Amériquains* suivans fréquentent en Hiver les côtes de la *Virginie* & de la *Caroline*: on les appelle

Canard noir.	*Cou de taureau.*
Voltigeurs noirs.	*Sorciere d'eau.*
Siffleurs.	

Le Canard noir est beaucoup plus gros que le canard sauvage ordinaire; & sa chair est plus estimée, parcequ'elle n'a jamais le goût de poisson.

Je dois remarquer de plus, que pendant l'Hiver il y a une grande variété d'especes d'oiseaux marins, qui viennent par grandes troupes, & mangent ensemble pêle mêle dans les bayes ouvertes, & dans les rades, où ils se tiennent à une grande distance de la terre pour leur sûreté; c'est pourquoi l'on en tue rarement; & pour la même raison on les connoît très peu; mais ils ont leurs ennemis même dans la mer; car les poissons voraces les devorent, ou les estropient; & quand le cas arrive, ils sont souvent jettés sur le rivage; ce qui m'a donné occasion d'observer que la plûpart de ces oiseaux sont de l'espece dont le plumage est du duvet, dont les mouettes & les plongeons, &c. sont couverts, la Nature leur ayant donné un habit qui les garde contre les vents froids auxquels ils sont continuellement exposés.

Of INSECTS.

FROM the influence of the Sun's continual heat between the Tropicks, the numerous species of insects abound more within those limits, than in Countries that lie North or South of them; particularly many species that are adapted by Nature to live only in those hot climates, not enduring the cold of Northern climates: besides the perpetual Summer in those hot Countries enables them to procreate the year round, which Winter Countries will not admit of. Notwithstanding these advantages may conduce to supply the torrid Zone with the greatest number of insects, yet *Carolina* and the more Northern Countries are replenished with innumerable species, which though they lie all the Winter in a state of inaction, are in their different changes protected from the cold by such various and wonderful methods, that nothing excites more admiration of the wisdom of our great Creator. This I own a sufficient motive to have attempted some progress in describing them; but considering now imperfect bare descriptions would be without figures, which would have been impracticable for me to execute, without omitting subjects I thought of more consequence, I concluded to take notice only of the particular genus's I observed in *Carolina*, besides those which are figured, and interspersed in this work.

The Earth-worm.	The Cock-roche.
The Leg-worm, or *Guinea* worm.	The Cricket.
The Naked Snail.	The Beetle.
Chinche, Wall-louse, or Bugs.	The Fire fly.
Fleas.	The Butterfly.
Chego.	The Moth.
The Louse.	The Ant.
The Wood-worm.	The Bee.
The Forty-legs, or *Centipes.*	The Humble-bee.
The Wood-louse.	The Wasp.
The Adder-bolt.	The Fly.
The *Cicada*, or Locust.	The *Musquito.*
The Grasshopper.	The Sand-fly.
The Man Gazer.	The Spider.

Des INSECTES.

COMME le soleil fait incessamment sentir sa chaleur entre les Tropiques, les insectes, dont les especes sont si nombreuses, abondent plus dans ces climats que dans les pays qui en sont au Nord, & au Midi: il y en a même un grand nombre d'especes qui sont de Nature à ne pouvoir vivre que dans ces climats brulans, & qui ne peuvent endurer le froid des pays Septentrionaux: d'ailleurs l'Eté perpétuel qui regne entre les Tropiques les rend capables de multiplier toute l'année, ce que des pays exposés à l'Hiver ne leur permettroient pas. Quoique les avantages des climats de la Zone torride puissent contribuer à y faire naître un plus grand nombre d'insectes que par tout ailleurs, la Caroline, *& des pays encore plus Septentrionaux sont néanmoins remplis d'une multitude innombrable d'especes d'insectes, qui à la verité demeurent dans un état d'inaction pendant tout l'Hiver, mais qui trouvent dans leurs différens changemens des moyens si variés & si miraculeux de se garantir du froid, que rien au monde n'excite d'avantage à admirer la sagesse infinie du Créateur. Ce motif suffisoit, je l'avoue, pour me porter à tâcher d'en donner quelques descriptions; mais après avoir consideré combien de pures descriptions seroient imparfaites, si je n'y joignois des figures qu'il m'auroit été impossible d'exécuter qu'en omettant des choses que je regardois comme plus importantes, je me suis résolu de ne faire mention que des especes particulieres que j'ai remarquées à la* Caroline, *outre celles dont les figures sont dispersées dans cet ouvrage.*

Le Ver de Terre.	*Le Ravet.*
Le Ver de Guinée.	*Le Grillon.*
Le Limas.	*Le Scarabée, ou Escarbot.*
La Punaise.	*La Mouche luisante.*
La Puce.	*Le Papillon de jour.*
Le Chégo.	*Le Papillon, de nuit ou la Tigne.*
Le Pou.	*La Fourmi.*
Le Ver qui ronge le bois.	*Les Abeilles.*
Le Scolopendre.	*Le Bourdon.*
La Cloporte.	*La Guêpe.*
La Demoiselle	*La Mouche.*
La Cigale.	*Le Mousquite, ou Maringouin.*
La Sauterelle.	*Le* Formica-leo.
Le Prie dieu.	*L'Araignée.*

Of the BAHAMA Iſlands.

HE *Bahama* Iſlands (called at their firſt diſcovery *Lucaies* or the *Lucaian* Iſlands) are a tract of ſmall Iſlands extending from the gulph of *Florida* in a South Eaſt direction almoſt the whole length of *Cuba*. The moſt Northern of theſe Iſlands is *Grand Bahama*, which lies in the 27th degree of North latitude, *Crooked Iſland* being the Southernmoſt, is in the latitude of 22 North. Theſe Iſlands, according to the Map, conſiſt of ſome hundreds, moſt of them very ſmall; about half a ſcore of the largeſt are from 20 to 50 leagues in compaſs. Theſe are *Grand Bahama*, *Andros*, *Abbaco*, *Eleuthera* or *Ilathera*, *Providence*, *Crooked Iſland*, and *Cat Iſland*. The Iſland of *Providence* lies in the latitude of 25 North, it is eighteen miles long, and about ten broad; on the North ſide of it ſtands *Naſſaw*, the principal town of theſe Iſlands, and ſeat of Government: oppoſite to the town lies *Hog Iſland*, which is a narow ſlip of land, covered with *Palmeto* and other trees, and is about four miles long, which ſtretching parallel with the coaſt of *Providence*, makes a harbour before the town capable of admitting ſhips of about four hundred tuns. The town has about   houſes, moſt of them built with *Palmeto* leaves, a few being of ſtone: a quarter of a mile from the town ſtands the Governor's houſe, on the top of a ſteep hill, which on the North ſide overlooks the town, and commands a proſpect of the harbour, and Sea, ſprinkled with innumerable rocks and little Iſlands; on the South ſide of the houſe alſo is ſeen a glimmering ſight of the Sea croſs the Iſland South: at the Weſt end of the town ſtands a fort.

Grand Bahama is the largeſt of the *Bahama* Iſlands; it is low, wet, and full of bogs: the Iſlands of *Andros*, and that of *Abbaco*, being very little better, yet they are all of uſe, and much frequented for hunting, fiſhing, and the plenty of excellent timber, and other uſeful woods they abound in: the Iſlands of *Exuma*, and *Crooked Iſland* have many ſalt ponds, for which they are much frequented: theſe Iſlands, with *Cat Iſland*, are ſaid to abound with the moſt good ſoil of any of the other, particularly *Cat Iſland*, which was formerly called St. *Salvador*, or *Guanahani*, and is yet more remarkable for being the firſt land diſcovered in *America* by *Chriſt. Columbus*: between *Grand Bahama* Iſland, and the Iſland of *Cuba* on the gulph of *Florida*, lies a knot of ſmall Iſlands called the *Beminus*, abounding in ſeals: hither the *Bahamians* reſort to kill them, carrying proper utenſils and veſſels for boiling and barrelling up the oil drawn from theſe animals. The Iſlands before mentioned are the principal for extent, and goodneſs of ſoil: the reſt are generally ſmall, and very rocky, and contain ſo ſmall a quantity of ſoil, that they are not worth ſettling: according to the opinion of the moſt knowing and intelligent inhabitants, *Crooked Iſland* and *Cat Iſland* (which are eſteemed the two beſt) contain not above a tenth or an eighth part at moſt of the land that is plantable, and the greater part of that indifferent; the number of inhabitants on the Iſland of *Providence* are computed to be ſomewhat leſs than three hundred; three hundred more are ſaid to inhabit *Ilathera*, and three hundred more on *Harbour Iſland*, which is a ſmall Iſland near *Ilathera*. Theſe were the number of inhabitants which in the year 1725 was computed to be on the *Bahama Iſlands*, beſides about   Negro Slaves.

Though the crown of *England* claims all the *Bahama Iſlands*, yet there are no reſidential inhabitants, except on the three before mentioned. The barrenneſs of theſe rocky Iſlands, and the little ſoil they contain imploys not many hands in its culture: therefore the greater part of the inhabitants get their living other ways, viz. the more enterpriſing in building ſhips, which they lade with ſalt at *Exuma* and *Crooked Iſland*, and carry it to *Jamaica*, and to the *French* at *Hiſpaniola*. They alſo ſupply *Carolina* with ſalt, turtle, oranges, lemons, &c. but the greater number of the *Bahamians* content themſelves with fiſhing, ſtriking of turtle, hunting *Guanas*, cutting *Braſiletto* wood, *Ilathera* bark, and that of wild cinnamon or *Winter's* bark, for theſe purpoſes they are continually roving from one Iſland to another, on which ſhores they are frequently inriched with lumps of amber griſe, which was formerly found more plentiful on the ſhores of theſe Iſlands. The principal food on which the *Bahamians* ſubſiſt, is fiſh, turtle, and *guanas*; there are a few cattle, and ſheep, but they increaſe not ſo much here as in more Northern countries, eſpecially ſheep: goats agree better with this climate. Their bread is made of maiz, or *Indian* corn, and alſo of wheat; the firſt they cultivate, but not ſufficient for their conſumption. Wheat is imported to them in flower from the Northern colonies. There are produced likewiſe plenty of potatoes and yams, which ſupply the want of bread, and are ſo much the better adapted to their rocks, as agreeing well with a barren ſoil. Beſides water, the moſt general and uſeful of all liquors, their drink is *Madera* wine, rum punch, and other liquors, imported to them.

Of

Des *Iles* de *BAHAMA.*

ES *Iles de* Bahama, *qu'on nomme Iles* Lucaies, *lorſque la découverte en fut faite, ſont une ſuite de petites Iles qui s'étendent depuis le golfe de la* Floride *vers le Sud eſt preſque tout le long de l'île de* Cuba. *La plus Septentrionale de toutes eſt la grande Ile de* Bahama, *ſituée au 27me degré de latitude Septentrionale.* L'Ile Crochue, *qui eſt la plus Méridionale, eſt au 22me degré de latitude Septentrionale. Ces Iles ſont au nombre de pluſieurs centaines, & la pluſpart fort petites. Il y en a environ dix des plus grandes, qui ont depuis vingt, juſqu'à cinquante lieues de tour. On les nomme la* Grande Bahama, Andros, *l'Ile* Lucaye, Ilathere, *l'Ile de la* Providence, *l'Ile* Crochue, *& l'Ile du* Chat. *L'Ile de la* Providence *eſt au 25me degré de latitude Septentrionale: elle a dix-huit milles de long, & environ dix milles de large:* Naſſau, *qui eſt la capitale de toutes ces Iles, & le lieu de la réſidence du Gouverneur, eſt ſituée au Nord de l'Ile: vis à vis de cette ville eſt l'Ile du* Cochon, *qui n'eſt qu'une petite bande étroite de terre, couverte de palmiers & d'autres arbres: elle a environ quatre milles de long; & comme elle eſt parallele à la côte de l'Ile de la* Providence, *elle forme devant la ville de* Naſſau *un port capable de contenir des vaiſſeaux de quatre cens tonneaux: la ville a environ   maiſons, dont la pluſpart ſont bâties de feuilles de palmier: il y en a peu qui ſoyent bâties de pierre. La maiſon du Gouverneur eſt à un quart de mille de la ville, ſur le haut d'une montagne eſcarpée qui a vûe ſur la ville du côté du Nord, & commande le port & la Mer, qui dans cet endroit eſt hériſſée d'une multitude innombrable de rochers, & pleine de petites Iles. On entrevoit auſſi la Mer du côté Méridional de cette maiſon, en portant ſa vûe au delà vers le Sud. Il y a un fort à l'extremité Occidentale de la ville.*

La grande Ile de Bahama *eſt la plus conſidérable des Iles* Lucayes: *elle eſt baſſe, humide, & pleine de fondrieres & de marais. Les Iles d'*Andros, *& de* Lucaye, *quoique très peu meilleures, ſont utiles & fréquentées pour la chaſſe & la pêche, & à cauſe de l'abondance d'excellent bois de charpente, & d'autres bois utiles qu'elles produiſent. L'Ile d'*Exume, *& l'Ile* Crochue *ſont très fréquentées pour le grand nombre de leurs ſalines. On dit que ces deux Iles, auſſi bien que l'Ile du* Chat, *ſont les plus riches de toutes les* Lucayes *en bon terroir, ſur tout la derniere, qu'on appelloit autrefois* San Salvador, *ou* Guanahani: *mais ce qui la rend le plus remarquable, c'eſt qu'elle eſt la premiere terre que* Chriſtophe Columb *ait découverte en* Amérique. *Il y a entre la* Grande Bahama *& l'Ile de* Cuba *ſur le golfe de la* Floride *un peloton de petites Iles qu'on appelle les* Bémines, *& qui abondent en veaux marins. Les* Bahamiens *les y vont tuer, & y portent les utenſiles & les vaiſſeaux néceſſaires pour faire bouillir, & mettre en barils la graiſſe qu'ils en tirent. Les Iles, dont nous avons parlé ci deſſus, ſont les principales des* Lucayes, *tant pour l'étendue que pour la bonté du terroir: toutes les autres ſont petites, pleines de rochers, & ont ſi peu de terroir, qu'elles ne valent pas la peine qu'on s'y établiſſe. Selon l'opinion des* Bahamiens *les plus habiles & les plus intelligens, l'Ile* Crochue, *& l'Ile du* Chat, *qu'on eſtime les deux meilleures, n'ont tout au plus qu'un dixieme, ou un huitieme de terroir plantable, & pour la pluſpart aſſez mauvais. On compte que le nombre des habitans de l'Ile de la* Providence *ſe monte à un peu moins de trois cens, qu'*Ilathere *en a un auſſi trois cens, & que la petite Ile du* Havre, *& qui en eſt voiſine en a trois cens autres: c'eſt le nombre auquel on trouva en 1725, que ſe montoient les habitans des Iles de* Bahama, *ſans compter   eſclaves negres.*

*Quoique la couronne d'*Angleterre *réclame toutes les Iles de* Bahama, *il n'y a d'habitans réſidentaires que dans les trois ci deſſus nommées. La ſtérilité de ces Iles pleines de rochers, & le peu de terroir qu'il y a ne fourniſſent d'occupation qu'à un bien petit nombre d'hommes pour leur culture: c'eſt pourquoi la pluſpart des habitans gagnent leur vie d'une autre maniere. Les plus entreprénans s'occupent à bâtir des vaiſſeaux qu'ils chargent de ſel à* Exuma, *& à l'Ile* Crochue, *pour le porter à la* Jamaque, *& aux* François *qui ſont dans l'Ile de* St. Domingue: *ils fourniſſent auſſi à la* Caroline *du ſel, des tortues, des oranges, des citrons,* &c. *mais la pluſpart des* Bahamiens *ſe contentent de pêcher, de tuer des tortues de Mer, de chaſſer des iguanes, & de couper du bois de* Bréſil, *de la* Chaqueville, *& de l'écorce de l'arbre de canelle ſauvage, autrement nommée écorce de M.* Winter: *c'eſt pour cela qu'ils vont ſans ceſſe d'une Ile à une autre, & ils s'enrichiſſent ſouvent, en trouvant ſur les rivages de ces Iles de gros morceaux d'ambre gris, qui y étoit autrefois en plus grande abondance. La principale nourriture des* Bahamiens *eſt le poiſſon, les tortues, & les iguanas. Il y a dans ces Iles quelques beſtiaux & des moutons; mais ils n'y multiplient pas tant que dans des pays plus Septentrionaux, ſur tout les moutons: les chevres s'accommodent mieux de ce climat. Les habitans font leur pain de maiz, ou de bled d'*Inde, *& de froment. Ils cultivent le prémier, mais dans un quantité inſuffiſante pour leur conſommation. On leur apporte des colonies du Nord le froment en farine. Le pays produit auſſi en abondance des pommes de terre, & des* ignames, *qui s'accommodant d'un terroir ſtérile, n'en viennent que mieux dans ces rochers. Les* Bahamiens, *outre l'eau, qui eſt la plus generale & la plus ſaine de toutes les liqueurs, boivent du vin de* Madere, *du* Punch *fait avec du* Rum, *& d'autres liqueurs qu'on leur porte.*

De

Of the Air of the Bahama *Islands.*

THE *Bahama* Islands are blessed with a most serene air, and are more healthy than most other countries in the same latitude, they being small, having a dry rocky soil, and pretty high land, are void of noxious exhalations, that lower and more luxuriant soils are liable to. This healthiness of the air induces many of the sickly inhabitants of *Carolina* to retire to them for the recovery of their health; the Northermost of these Islands lie as much without the Northern *Tropick*, as the Southermost do within it, their extent of latitude being about five degrees; yet that distance, so near the *Tropick*, causes little difference in their temperature; but those Islands that lie West, and nearest the coast of *Florida*, are afflicted with cold winds, blowing from the North-West over a vast tract of continent, to those which lye East, the winds have a larger tract of Sea to pass, which blunts the frigid particles, and allay the sharpness of them. At the Island of *Providence*, in *December* 1725, it was two days so cold, that we were necessitated to make a fire in the Governour's kitchen to warm us, yet no frost nor snow ever appears there, nor even on *Grand Bahama*, which lies not twenty leagues from the coast of *Florida*, yet there the Winters are attended with frost and snow.

The North side of *Cuba* also enjoys the benefit of these refreshing winds, particularly that part of the Island on which the *Havanna* stands; to this, no doubt, is owing the healthiness of the air and good character of that proud *Emporium*; the conquest of which, by *British* arms, would put us in possession of a country much more agreeable to *British* constitutions, than any of the Islands between the *Tropicks*, and under God, enable them to multiply, and stand their ground, without the necessity of such numerous recruits from their mother-country, as has been always found necessary to prevent a total extinction of the inhabitants of our unhealthy Sugar Islands.

I never heard that any of the *Bahama* Islands are subject to earthquakes, and though thunder and lightening is as frequent in these Islands, as in most parts of the World in these latitudes, yet it is less violent than on the continent, where the air is more stagnated. The winds blow three quarters of the year East, and between the South and the East; in Winter the winds are most at North and North-West. *August* and *September* are blowing months, and are attended with hurricanes; at which time the winds are very changeable, shifting suddenly to all points of the compass. Tho' the trees and plants are never deprived of their leaves by long droughts, as at *Jamaica*, and other of the Sugar Islands, they frequently are; yet it rains not often, but so violently, that it supplies the deficiency of more frequent refreshments.

Of the SOYL.

THE *Bahama* Islands may not only be said to be rocky, but are in reality entire rocks, having their surface in some places thinly covered with a light mould, which in a series of time has been reduced to that consistence from rotten trees and other vegetables.

Thus much of the character of these Islands being considered, one would expect that they afforded the disagreeable prospect of bare rocks; but on the contrary, they are always covered with a perpetual verdure, and the trees and shrubs grow as close and are as thick cloathed with leaves, as in the most luxuriant soil.

Though the productive soil on these rocky Islands is small, the plantable land, as it is here called, consists of three kinds, distinguished by their different colours, as the black, the red, and the white.

The black land is at the declivity of narrow valleys and low places, into which it is washed from the ascents above them; the corruption of vegetable matter, which lie in some places several inches deep, of a dark colour, light, and fine grained. This soil is very productive the first two or three years. In these little valleys, or gullies, have formerly been planted sugar-canes, of which were made rum and molasses; but as the fertility of this land was soon exhausted, obliged the proprietors to desist from cultivating it.

The next land in goodness is the red land, which is more of a natural soil than the black; it has no good aspect, yet is more durable than the black, and is tolerably productive.

The white ground is found best for *Indian* corn, it is a light-colour'd sand; and though it appears little better than that on the Sea-side, to which it usually joins, yet it produces a small kind of maiz, with good increase. In many places, where the rocks are loose, they are broke into portable pieces, and piled in heaps, between which is planted yams, cassadar, potatoes, melons, *&c.* which fructify beyond imagination. Cotton grows on these Islands without cultivation, in the most barren places; it is here perennial, and is said to produce cotton inferior to none in the World.

There

De l'Air des îles de *Bahama*.

LES îles de Bahama *jouissent de l'air du monde le plus serein; & il est plus sain que celui d'aucun des autres pays qui ont la même latitude, parceque ces îles étant petites, d'un terroir sec & plein de rochers, & passablement élevées, elles sont exemptes des mauvaises exhalaisons auxquelles des terreins plus bas & plus fertiles sont exposés. C'est ce qui engage plusieurs des habitans de la* Caroline, *dont la santé est mauvaise, à se retirer dans ces îles pour s'y rétablir. Les plus Septentrionales d'entre elles sont autant au delà du Tropique du* Cancer, *que les plus Meridionales en sont en deça, leur latitude ayant environ cinq degrés d'étendue: cette grande proximité du Tropique y cause cependant peu de différence dans la temperature de l'air; mais celles qui sont à l'Ouest, & très voisines de la côte de la* Floride *sont incommodées par des vents froids, qui venant du Nord Ouest après avoir soufflé sur un grand pays du continent, ont un plus grand chemin à traverser sur la Mer pour arriver à celles qui sont à l'est; ce qui en émousse le froid, & le rend moins pénétrant. En* 1725, *au mois de* Decembre, *il fit un si grand froid pendant deux jours à l'île de la* Providence, *que nous fumes obligés de faire du feu dans la cuisine du Gouverneur, pour nous chauffer. On n'y voit pourtant jamais de glace, ni de neige, pas même à la grande île de* Bahama, *qui n'est pas à vingt lieues de la côte de la* Floride, *où les Hivers sont néanmoins accompagnés de neiges, & de gelées.*

Le côté Septentrional de l'île de Cuba *a aussi l'avantage de jouir de ces vents rafraichissans, surtout l'endroit de l'île où est la* Havanne; *& c'est à quoi nous devons sans doute attribuer la bonté de l'air, & la grande réputation de cette superbe ville de commerce, dont la conquête faite par l'*Angleterre *lui acquerroit un pays beaucoup plus favorable à la constitution des* Anglois *qu'aucune des îles qui sont entre les Tropiques, & avec l'aide de Dieu les mettroit en état de s'y multiplier, & d'y maintenir leur terrein, sans être obligés d'y envoyer de nombreuses recrues de leur pays natal, comme ils ont toujours été dans la nécessité de le faire, pour éviter l'extinction totale des habitans de ces îles mal saines, où nous cultivons les cannes de sucre, savoir les* Antilles.

Je n'ai jamais oui dire qu'aucune des îles de Bahama *fût sujette aux tremblemens de terre; & quoique les éclairs & le tonnerre y soyent aussi fréquens que dans la plupart des régions du Monde qui ont la même latitude, le tonnerre y est cependant moins violent que sur le continent, où l'air a moins de circulation. Les vents d'Est & de Sud-Est y soufflent neuf mois de l'année; & ceux du Nord & du Nord-Ouest y soufflent presque toujours en Hiver. Les mois d'*Août *& de* Septembre *y sont fort venteux, & sujets à des ouragans; & alors le vent y change sans cesse, faisant continuellement le tour de la boussole. Quoique les arbres & les plantes n'y soyent jamais dépouillés de leurs feuilles par de longues secheresses, comme ils le sont souvent à la* Jamaique, *& dans les îles* Antilles, *il y pleut néanmoins rarement, mais avec une violence qui supplée au défaut d'arrosemens plus fréquens.*

Du terroir des îles de *Bahama*.

ON peut dire des îles de Bahama, *non seulement qu'elles sont pleines de rochers, mais encore qu'elles sont elles-mêmes des rochers entiers. La surface est couverte en quelques endroits d'une terre légere, qui dans une longue suite d'années s'y est formée de la pourriture des arbres & d'autres végétaux.*

On croiroit au portrait que nous faisons de ces îles, qu'elles n'offrent aux yeux que le coup d'œil désagréable de rochers tous nuds; au lieu qu'elles sont tapissées d'une verdure perpétuelle, & que les arbres & les arbrisseaux y sont aussi épais, & aussi garnis de feuilles, que dans le terroir le plus fertile.

Quoique ce qu'il y a de terroir fructifiant sur ces rochers soit peu considérable, la terre plantable, comme on l'y appelle, est de trois especes, qu'on distingue par leurs différentes couleurs, savoir la noire, la rouge, & la blanche.

La terre noire est sur le penchant des collines qui forment des vallées étroites, & dans des lieux bas, où l'eau apporte la corruption de plusieurs végétaux, qu'elle entraine, en descendant des terreins élevés. Elle y est de plusieurs pouces d'épaisseur en quelques endroits, d'une couleur foncée, & d'un grain fin & leger. Ce terroir produit abondamment les deux ou trois premieres années. On a planté autrefois dans ces petites vallées, ou gorges, des cannes de sucre, dont on faisoit du rum & des mélasses; mais la fertilité de cette terre s'étant bientôt épuisée, les propriétaires furent obligés de cesser de la cultiver.

La terre rouge tient le second rang pour la bonté: elle est un sol plus naturel que la noire: elle est même plus durable, quoique de mauvaise apparence; & est passablement fertile.

On a trouvé que la terre blanche valoit mieux que les autres pour le bled d'Inde. *C'est un sable leger & coloré; & quoiqu'il ne paroisse guere meilleur que celui qui est sur le bord de la Mer, & auquel il se joint, il produit cependant en abondance une petite espece de maiz qui rend considérablement. En plusieurs endroits où les rochers sont détachés les uns des autres, ils sont rompus en morceaux que l'on peut porter, & entassés par monceaux, entre lesquels on plante des Ignames, des pommes de terre, des melons, &c. qui s'y multiplient au delà de l'imagination. Le cotonnier croit sans culture dans ces îles, & dans les endroits les plus stériles: il y est verd toute l'année, & produit un coton qu'on dit n'être inférieur à aucun qu'il y ait dans le Monde.*

Il

There are no plains or confiderable hills in *Providence*, or any of the other Iflands I was on, but the fuperficies is every where covered with rocks of unequal fizes, amongft which the trees and fhrubs grow fo thick and intricately, that it is very difficult, and in fome places wholly impracticable, to pafs through their rocky thickets, without cutting a path. Many of the Iflands, particularly *Providence*, abound with deep caverns, containing falt water at their bottoms; thefe pits being perpendicular from the furface their mouths are frequently fo choaked up, and obfcured by the fall of trees and rubbifh, that great caution is required to avoid falling into thefe unfathomable pits (as the inhabitants call them) and it is thought, that many men, which never returned from hunting, have perifhed in them. In *Providence*, and fome other Iflands, are extenfive tracts of low level land, or rather fpongy rock, through which, at the coming in of the tide, water oofes, by fubterraneous paffages from the Sea, covering it fome feet deep with falt water, which at the return of the tide finks in, and is no more feen, till the return of the tide again, fo that there is an alternate appearance of a lake and a meadow at every twelve hours: one of thefe lakes being vifible at the diftance of about four miles from the Governor's houfe, furprized me at its appearing and difappearing feveral days fucceffively, 'till I was truly informed of the caufe. The caverns before mentioned, I make no doubt, are fupplied with falt water from the Sea, in like manner with thefe lakes, but becaufe of their depth and darknefs, the rifing and falling of the water may not have been obferved. The coafts of *Providence*, and moft of the *Bahama* Iflands, are environed with rocks in various manners; in fome places they feem to be tumbled in heaps confufedly, many of them are forty or fifty feet high, and fteep towards the Sea: others are fcattered promifcuoufly along the fhore, and fome way in the Sea: fome other parts of the fhores are covered with fand, whofe banks rife gradually fifty or fixty yards above low water mark, below which, in fhallow water, innumerable rocks appear in different fhapes, fome fingly, others in level beds, *&c.* in fhort, the fubmarine parts environing thefe Iflands, as well as the Iflands themfelves, are entirely rock. Thefe rocks are of a light grey colour, and chalky confiftence, not difficult to break with a hammer, except thofe on the fea fhore, which by being expofed to the fea air, are harder, more compact and heavy: the fhores and fhallows of the Sea in other places are covered with beds of honeycomb rock, which by the continual agitation of the Sea, are perforated and hollowed in a very extraordinary manner.

About a league from the fhores of many of the *Bahama* Iflands are reefs or fhelves of this kind of rock, running parallel with the land feveral leagues together, which being covered at high water, are very dangerous, and have frequently proved fatal to the diftreffed mariner.

Thefe rocky fhores muft neceffarily be a great impediment to the navigation of the Iflands; but as the inhabitants are well acquainted with the coafts, and expert in building floops and boats adapted to the danger, they do not fuffer fo much, as the terrible appearance of the rocks feem to threaten.

Though the trees on thefe rocky Iflands grow generally not fo large as in *Virginia* and *Carolina*, where the foil is deep, yet it is amazing to fee trees of a very large fize grow out of rocks, where no foil is vifible, and the rock folid and compact, before the roots found way to feperate them, particularly mahogany trees, which are ufually the largeft trees thefe Iflands afford, and are commonly three, and many of them four foot through. All the nourifhment that the trees receive, can be only from the rotten wood, leaves and other vegetables digefted into mould, and received into the hollows and chinks of the rocks, where the fibres of the trees infinuate, and as they fwell and grow bigger, widen the crevifes, which, with the affiftance of wind and rain, admits of fmall but repeated fupplies of frefh nourifhment, where the rocks are fo ftubborn, as not to admit of the roots penetration, they keep along the furface, 'till they find a chink or a crevife to creep into; and it is frequent to fee more roots of a tree lie out of the ground, than the whole body, limbs and all, contain.

Though the figures of the moft remarkable trees, fhrubs, *&c.* of the *Bahama* Iflands are here exhibited, many things remain undefcribed for want of a longer continuance there; particularly four kind of palms, which, as it is a tribe of trees inferior to none, both as to their ufefulnefs and majeftick appearance, I regret my not being able to give their figures, or at leaft a more accurate defcription of them, efpecially of the filver-leaf and hog-palms, of which, I think, no notice has been taken.

Il n'y a dans l'Ile de la Providence, *ni dans aucune de celles où j'ai été, ni plaines ni vallées fort confidérables; mais toute la furface eft couverte de rochers de différentes groffeurs, parmi lefquels les arbres & les arbriffeaux croiffent fi épais, & font fi entrelaffés les uns dans les autres, qu'il eft très difficile, & même entierement impoffible en quelques endroits de paffer au travers de ces arbres touffus, autrement qu'en y coupant un fentier. Plufieurs des* Iles de Bahama, *& celle de la* Providence *en particulier, font pleines de cavernes très profondes, au fond defquelles il y a de l'eau falée. Comme ces trous font perpendiculaires depuis la furface, la bouche en eft fouvent fi étouffée & fi cachée par la chute des arbres & d'autres matieres qui l'embarraffent, qu'il faut ufer de beaucoup de précaution pour éviter de tomber dans ces abîmes impénétrables, comme les habitans les appellent; & l'on croit que plufieurs hommes, qui étoient allés à la chaffe, & n'en font jamais revenus, ont péri dans ces précipices. Il y a dans l'Ile de la* Providence, *& dans quelques autres de longues étendues de pays bas & plat, ou plutôt d'un roc fpongieux, au travers duquel l'eau de la Mer fe filtre pendant le flux, qui l'y apporte par des canaux fouterrains, & le couvre, à la hauteur de quelques piés, d'une eau falée, qui s'affaiffe quand la Mer fe retire, & difparoît jufqu'à la prochaine marée: de forte qu'on voit toutes les douze heures une prairie & un lac fe fuccéder alternativement dans le même endroit. Je fus furpris de voir un de ces lacs paroître & difparoître tour à tour plufieurs jours de fuite à environ quatre milles de la maifon du Gouverneur; & mon étonnement ne ceffa, que quand on m'en eut appris la caufe. Je ne doute point que les cavernes, dont nous venons de parler, ne fe rempliffent d'eau de Mer de la même maniere que ces lacs l'en rempliffent eux mêmes; mais leur extrême profondeur & leur obfcurité font qu'on ne fauroit y voir l'eau s'élever, & s'abbaiffer. Les côtes de l'Ile de la* Providence, *& de la plufpart des* Iles de Bahama *font environnées de rochers de plufieurs manieres. En quelques endroits ces rochers paroiffent entaffés confufément les uns fur les autres: plufieurs font de quarante à cinquante piés de haut, efcarpés, & panchés vers la Mer. D'autres font difperfés çà & là le long du rivage & un peu avancés dans la Mer. Il y a quelques endroits du rivage couverts de fables, dont les bancs s'élevent peu à peu jufqu'à la hauteur de 50 à 60 verges, au delà de l'endroit où la marée eft la plus baffe: au deffous de ces bancs, dans les baffes marées, on apperçoit une multitude innombrable de rochers de différentes groffeurs, dont les uns font féparés, & les autres entaffés par couches horizontales: en un mot les circuits foumarins de ces Iles font auffi totalement rochers que le font les Iles elles-mêmes. Ces rochers font d'un gris clair: ils ont la confiftence de la craye, & font faciles à brifer avec le marteau, excepté ceux qui font fur le rivage, & qui étant expofés à l'air de la mer, en deviennent plus durs, plus compactes, & plus pefans. Dans d'autres endroits les bords de la Mer, & les bas fonds font couverts de couches de rochers poreux, qui font percés & creufés d'une façon très extraordinaire par les agitations continuelles de la Mer.*

Environ à une lieue des bords de plufieurs des Iles de Bahama, *il y a des écueils de la même efpece de rochers, qui continuent paralleles avec la terre plufieurs lieues de fuite: ils font très dangereux, quand l'eau les couvre dans les hautes marées; & ils ont fouvent été funeftes aux mariniers battus de la tempête.*

Tant de rochers fur les bords de ces Iles, doivent néceffairement en empêcher beaucoup la navigation; mais comme les habitans en connoiffent parfaitement les côtes, & qu'ils font habiles à bâtir des chaloupes, & des bateaux propres à en éviter les dangers, ils n'en éprouvent pas tout le dommage, dont l'afpect terrible des rochers femble les menacer.

En général les arbres ne deviennent pas fi grands dans ces Iles pleines de rochers, qu'à la Virginie *& à la* Caroline, *où le fol eft profond: cependant on eft étonné d'y voir des arbres de la premiere groffeur croître fur des rochers où l'on n'apperçoit point de terre, & qui étoient folides & ferrés avant que les racines fe fiffent jour au travers, & les féparaffent, fur tout des arbres de mahogoni, qui font les plus gros que ces Iles produifent, & qui ont d'ordinaire trois piés de diametre: plufieurs en ont jufqu'à quatre. Toute la nourriture que les arbres y reçoivent ne peut leur venir que du bois pourri des feuilles & autres végétaux corrompus, qui fe tournent en terre, & qui font reçûs dans les creux & les fentes des rochers, où les fibres des arbres s'infinuent. A mefure que ceux ci groffiffent, ils élargiffent les crevaffes, qui, à l'aide du vent & de la pluye, reçoivent des provifions, petites à la vérité, mais fréquentes de nourriture fraiche: quand les rochers font trop durs pour être pénétrés par les racines, ces dernieres rampent fur la furface, jufqu'à ce qu'elles trouvent une crevaffe ou une fente, où elles puiffent fe gliffer; & c'eft une chofe affez fréquente de voir hors de la terre une quantité de racines d'un arbre plus confidérable & d'un plus gros volume que l'arbre & les branches enfemble.*

Quoique nous donnions ici les figures des arbres des arbriffeaux, &c. les plus remarquables des Iles de Bahama, *il y a encore plufieurs chofes que nous ne faurions décrire, faute d'y avoir féjourné plus long tems, entr'autres quatre efpeces différentes de palmiers. Comme le palmier en général ne le cède à aucun arbre, tant pour fon utilité que pour fon air majeftueux, je fuis fâché de ne pouvoir joindre ici leurs figures, ou du moins en donner une defcription plus exacte, fur tout du palmier à feuille argentée, & du palmier à cochons, dont je crois que perfonne n'a encore parlé.*

PALMA.

PALMA non spinosa Foliis minoribus. Ray Hist. Vol. I. II.

The Plat Palmeto.

THIS Palm grows not only between the Tropicks, but is found further North than any other. In *Bermudas* its leaves were formerly manufactured, and made into hats, bonnets, *&c.* and of the berries were made buttons. This is the slowest grower of all other trees, if credit may be given to the generality of the inhabitants of *Bermudas*, many of the principal of whom affirm'd to me, that with their nicest observations, they could not perceive them to grow an inch in height, nor even to make the least progress in fifty years: yet in the year 1714, I observed all these Islands abounding with infinite numbers of them of all sizes. This kind of Palm grows also on all the maritime parts of *Florida* and *South Carolina*, whose Northern limits being in the latitude of 34 North, is also the farthest North that these Palms grow to their usual stature, which is about 40 feet high, yet they continue to grow in an humble manner as far North as *New England*, gradually diminishing in size, as they approach the North, being in *Virginia* not above four feet high, with their leaves only growing from the earth, without a trunk, yet producing branches of berries, like those of the trees. In *New England* they grow much lower, their leaves spreading on the ground. This remarkable difference in the same plant, has been the cause of their being thought different species, though I think they are both the same, and that the smallness of the Northern ones, is occasioned by their growing out of their proper climate, which is hot, into a much cooler one, where the heat of the sun is insufficient to raise them to trees.

Most plants as well as animals, North of the tropick, grow in different climates, particularly adapted to every species; and there are some instances of other plants besides these Palms, whose limits are less confined, and which grow in a greater extent of latitude, from South to North, and the nearer they approach the North, so much less they are in stature.

In *South Carolina* grows a kind of *Opuntia*, which are frequently three or four feet high, from which I have often picked cochineal in small quantities; both plants and insects were much smaller than those of *Mexico*; but the latter, in colour and appearance, the same. In *North Carolina* the same species of *Opuntia* rises about two feet high; and in *Virginia*, and further North, their leaves grow but little above the ground, lying flat on it. Aligators, as I have before observed, are much less at their Northern abodes, than they are in the more Southern regions: many other instances may be produced of vegetables, and animals of the same species abiding in different climates, that are diminutive in their Northern situation.

Le Palmier à bonnets.

CE Palmier croît entre les tropiques, & on le trouve plus vers le Nord qu'aucun des autres. On faisoit autrefois aux Bermudes *des chapeaux, des bonnets,* &c. *de ses feuilles, & des boutons de ses bayes. Il est de tous les arbres celui qui croît le plus lentement, si l'on en doit croire la plupart des habitans des* Bermudes, *dont plusieurs des principaux m'ont assûré, qu'en y regardant d'aussi près qu'il leur étoit possible, ces sortes de palmiers ne leur paroissent pas croître d'un pouce en hauteur, ni même faire le moindre progrès d'aucun genre en* 50 *ans. Je remarquai cependant, en* 1714, *que toutes ces îles en avoient une multitude innombrable de toutes les grandeurs. Ce Palmier croît encore dans toutes les contrées maritimes de la* Floride, *& de la* Caroline *Méridionale, dont les limites, qui sont au* 34 *degré de latitude Septentrionale, sont le pays le plus septentrional où cet Arbre puisse arriver à sa hauteur accoutumée qui est d'environ* 40 *piés. Il croît cependant aussi avant dans le Nord que la nouvelle* Angleterre, *mais il diminue insensiblement de volume, à mesure qu'il s'approche du Nord, n'ayant pas plus de quatre piés de haut à la* Virginie, *& ses feuilles y croissant immédiatement de la terre sans aucun tronc: il y produit néanmoins des branches chargées de bayes, comme celles des grands arbres. Ces Arbres sont beaucoup plus bas encore dans la nouvelle* Angleterre, *même jusqu'à étendre leurs feuilles sur la terre. Cette différence, si remarquable dans des plantes de la même espece, les a fait soupçonner d'être des especes différentes; je crois cependant qu'ils sont tous deux de la même, & que la petitesse des arbres septentrionaux vient de ce qu'ils croissent hors du climat chaud qui leur est propre, & qu'ils sont dans un pays beaucoup plus froid, où le Soleil n'a pas une chaleur suffisante pour les faire arriver à la hauteur des grands arbres.*

La plupart des plantes, aussi bien que des animaux, qui sont au Nord du Tropique, croissent dans différens climats particulierement adoptés à chaque espece; & l'on a quelques exemples d'autres plantes que ce palmier, qui croissent dans une étendue de pays, dont la latitude est beaucoup plus considérable tant au Nord qu'au Midi, & qui sont d'autant plus petites, qu'elles croissent dans des climats plus septentrionaux.

Dans la Caroline *Méridionale croît un espece de raquette ou cardasse, qui a quelquefois jusqu'à trois ou quatre piés de haut, & où j'ai souvent cueilli de petites quantités de cochenille. La plante & l'insecte étoient beaucoup plus petits que ceux du* Méxique; *mais l'insecte étoit le même pour la couleur & pour la forme. Dans la* Caroline *Septentrionale la même espece de cardasse croît jusqu'à la hauteur d'environ deux piés; & dans la* Virginie, *& plus loin vers le Nord, ses feuilles ne croissent guères au dessus de terre, où elles sont couchées tout de leur long. Les crocodiles, comme nous l'avons déja observé, sont plus petits dans les regions du Nord, que dans celles du Sud. On peut citer plusieurs exemples de végétaux, & d'animaux de même espece, qu'on trouve dans différens climats, & qui sont des diminutifs de leur espece dans les pays septentrionaux.*

PALMA Brasiliensis. Ray Hist.

The Thatch Palmeto.

THIS Tree seldom aspires above twelve or fourteen feet. The leaves grow low, and spreading; and are particularly made use of for building houses, they serving both for walls and covering.

The Silver Leaf Palmeto.

THE usual height of these Trees is about fifteen feet. The leaves somewhat less than the preceding, but thicker set, and of a shining silver colour. Of the leaves of these trees are made ropes, baskets, *&c.* The berries are large and sweet, and yield a good spirit.

The Hog Palmeto.

THESE Trees grow to the height of ten or twelve feet, the verges of the leaves are divided by deep sections, resembling the leaves of the *Palma altissima* The singularity of this Tree is remarkable, for as the eatable parts of all plants is in their fruit, roots, or leaves, the trunks alone of these trees is an excellent food for hogs; and many little desart Islands, that abound with them, are of great use to the *Bahamians* for the support of their swine. The exterior bark of the trunks of these Trees is somewhat hard, and in appearance like those of the other *Palmetoes*; within which is contained that soft and pithy substance of a luscious sweet taste, which the hogs are delighted with.

Le Palmier à chaumieres.

CET Arbre s'éleve rarement plus haut que douze, ou quatorze piés. Ses feuilles croissent fort bas, & s'étendent en large. On les employe principalement à bâtir des maisons, dont elles servent à couvrir les murailles, & les toits, à la maniere du chaume.

Le Palmier à feuille argentée.

LA hauteur ordinaire de cet Arbre est d'environ seize piés. Les feuilles en sont un peu plus petites que celles du précédent, mais elles sont plus touffues, & d'une couleur brillante & argentée. On en fait des cordes, des paniers, &c. *Les bayes en sont grosses & douces, & on en tire de bons esprits.*

Le Palmier à cochons.

CET Arbre croît jusqu'à dix ou douze piés de haut. Les bords de ses feuilles sont divisés par sections fort profondes, & ressemblent aux feuilles du grand palmier. Cet Arbre a une singularité très remarquable; c'est qu'au lieu que la partie qui se mange dans toutes les plantes c'est ou leur fruit, ou leur racine, ou leurs feuillages, le tronc seul de celui ci est une nourriture excellente pour les cochons; & un grand nombre de petites isles désertes, où cet Arbre croît en abondance, sont infiniment utiles aux Bahamiens pour la nourriture de leurs cochons. L'écorce extérieure du tronc de ces Arbres est un peu dure, & semblable en apparence à celle des autres palmiers: elle contient cette substance molle & moelleuse, dont le goût doux & fade fait les délices des cochons.

Of the SEA *encompassing the* Bahama Islands, *with its Productions.*

THE Sea round these Islands is generally very shallow, but deepneth gradually from the land, to the unfathomable abyss of the Ocean. The water is so exceeding clear, that at the

De la *MER* qui entoure les isles de *Bahama*, & de ses productions.

LA Mer qui entoure ces Isles est fort basse en général, mais elle acquiert peu à peu de la profondeur, à mesure qu'on s'éloigne de la terre, & qu'on avance vers la grande Mer. L'eau y est si claire, qu'on en apper-

the depth of twenty fathom, the rocky bottom is plainly ſeen, and in calm weather I have diſtinctly and with much pleaſure beheld variety of fiſh ſporting amidſt groves of corallines and numerous other ſub-marine ſhrubs, growing from the rocky bottom, amongſt infinite variety of beautiful ſhells, *fungus*, *aſtroites*, &c. Amongſt theſe ſubmarine productions there were at certain places, great plenty of the *Lenticula marina*, growing to the rocks; this plant is remarkable for the great quantities of it, with which the *Atlantick* Sea is in many places covered.

As uſually the cleareſt waters afford the wholſomeſt and beſt fiſh, conſequently it might be expected that at the *Bahamas*, where the water is ſo remarkably tranſparent, the fiſh there might be at leaſt as wholſom as thoſe on the coaſts of *Florida*, where the water is not ſo limpid, but many of the *Bahamians* have dearly experienced the contrary, ſeveral kinds of their fiſh being ſo poiſonous, that they have direful effects on thoſe who eat them. In ſome particular places they are poiſon, yet in other places, not a mile diſtant, they are eat with impunity; but experience has taught them to diſtinguiſh the places that afford good and bad. From what cauſe the poiſon in theſe fiſh is, I never could hear accounted for, or ſo much as conjectured: poſſibly the following obſervation may give ſome light to the enquiry. In procuring from the bottom of the Sea ſix or eight fathom deep, ſome corallines and other Sea productions for their extraordinary oddneſs and beauty, the man that dived for them happen'd to rub his belly with his hands, that had gathered ſlime from the corals he brought up, he immediately felt ſuch uneaſineſs, that caſting himſelf on the ſand, he wallowed in diſtracted poſtures, crying out with the exceſſive tortures it put him to, though the ſharpneſs of the pain laſted not longer than a quarter of an hour. This coral grows on the rocky bottom of the ſea, ſome leagues from land, as well as near the ſhore. While young they are ſoft and pliant, but harden to the conſiſtence of ſtone; ſome of them grow above ſix feet high, and branch into various forms: ſome reſembling the palmed horns of Deer; others round horns; with various other odd forms; one plant producing not more than one of theſe reſemblances, every kind ſporting after the manner peculiar to it. All theſe different formed corals are of like conſiſtence, and are covered alike with the ſame mucilage, or acrimonious ſlime, which with much handling and daubing ones fingers with, it cauſes to ſwell, with ſuch prickling ſmart, that it is very painful. In places noted for fiſh being poiſonous, theſe plants moſt abound: from the guts of the Sea-Unicorn, or Trumpet Fiſh, and ſome others that are not eſteemed good, I have taken much of this coral in ſmall pieces, ſome being almoſt digeſted: it has a ſulphureous and very noxious ſmell, which it retains after the ſlime is dried up, and lain in the ſun and air ſeveral months. At firſt it is yellow; but, being ſome time expoſed to the air, turns white.

Neither *Providence*, nor any of the *Bahama* Iſlands, have either rivers or ſprings; the deficiency of which is ſupplied with rain water, contained in reſervoirs of rock, placed by Nature on all or moſt of the Iſlands. This water is ſo ſhaded with trees, and ſhrubs, that it is clear, cool, and eſteemed wholſome.

It is no wonder that ſuch unhoſpitable rocky Iſlands ſhould be deficient of the numbers and variety of animals that the Continent abounds with; for except a few beaſts of uſe that have been introduced there, (ſuch as Horſes, Cows, Sheep, Goats, Hogs and Dogs) all that are *Aborigines* are *Guana's*, Lizards, Land Crabs, Coneys and Rats, which laſt probably were brought by ſhips. Of Land-birds, I did not obſerve above nine or ten ſorts, except migratory Sea-birds, which alſo frequent other coaſts.

The ſhallow Seas encompaſſing theſe Iſlands, on the contrary, are as remarkable for their abundance and variety of its watery inhabitants, exceeding in number of ſpecies, and excelling in the elegance of their colours and marks, but inferior in wholeſomneſs and goodneſs of taſte to the fiſh in more Northern latitudes. Adequate to this, frequent opportunities has confirmed to me, that as the productions of Nature in general are very ſcanty near the *Arctic Circle*, there is a gradation of increaſe at every degree of latitude approaching the Tropick; and though the diſtance of one degree may not be ſufficient to perceive it, yet four or five degrees makes it evidently appear, not only by the greater number of ſpecies of terreſtrial animals, but of fiſh and vegetables, which by how much nearer the torrid Zone, ſo much the more numerous they are. And I think it is not improbable, that the numerous ſpecies of creatures that inhabit between the Tropicks, far exceed in number all the reſt of the terreſtrial World.

A Liſt

apperçoit pleinement le fond qui eſt de rocher à vingt braſſes de profondeur, & j'ai eu le plaiſir dans des temps calmes de voir très diſtinctement une multitude de différens poiſſons badinant dans des boſquets de corail & de pluſieurs autres arbriſſeaux ſouſmarins, qui croiſſent ſur les rochers qui ſont au fond de la Mer au milieu d'une variété infinie de coquillages, de champignons, d'Aſtroites, &c. *d'une grande beauté. Je remarquai dans certains endroits, parmi cette multitude de productions, un grand nombre de plantes nommées* Lenticulæ marinæ, *qui croiſſoient ſur les rochers, & qui ſont remarquables par les quantités prodigieuſes qu'on en trouve dans pluſieurs endroits de* l'Océan Atlantique.

Comme les eaux les plus claires donnent ordinairement le poiſſon le meilleur & le plus ſain, on pourroit s'attendre à trouver aux îles de Bahama, *dont l'eau eſt d'une tranſparence ſi remarquable, du poiſſon auſſi ſain pour le moins que celui qu'on prend ſur les côtes de la* Floride, *où l'eau n'eſt pas ſi claire; mais pluſieurs* Bahamiens *ont fait une cruelle expérience du contraire, y ayant diverſes eſpeces de poiſſons ſi mauvais pour la ſanté, qu'ils empoiſonnent ceux qui en mangent. Dans quelques endroits le poiſſon eſt un poiſon véritable, & dans d'autres, qui n'en ſont pas éloignés d'un mille, on en mange impunément. L'expérience a appris aux habitans à diſtinguer les endroits où eſt le bon poiſſon d'avec ceux qui produiſent le mauvais. Je n'ai jamais trouvé perſonne qui pût me rendre raiſon, pas même par voye de conjecture, de ce qui donne une qualité ſi mortelle à ces poiſſons. Les obſervations ſuivantes jetteront peut être quelque lumiere ſur ce miſtere. On tiroit un jour d'un endroit de la Mer, qui avoit ſept à huit braſſes de profondeur, des morceaux de corail, & d'autres productions marines, dont l'extrême beauté & la ſingularité extraordinaire avoit donné envie de les prendre: l'homme, qui plongeoit pour les avoir, frotta par hazard ſon ventre avec ſes mains, qui étoient pleines de la vaſe attachée au corail, qu'il venoit d'apporter du fond de l'eau: il ſentit auſſitôt des douleurs ſi violentes, qu'il ſe jetta ſur le ſable, & s'y vautra en faiſant des contorſions de poſſédé, & pouſſant des cris, que la torture où il étoit lui arrachoit; ſon mal ne dura cependant qu'un quart d'heure dans toute ſa force. Ce corail croît au fond de la Mer ſur des rochers, à quelques lieues de terre, auſſi bien que près du rivage. Quand l'arbriſſeau eſt jeune, il eſt ſouple & mou. Il y en a qui arrivent à plus de ſix piés de hauteur. Leurs branches prennent une grande variété de formes. Quelques unes reſſemblent aux paumes des cornes du daim: d'autres à des cornes rondes; & quelques unes prennent d'autres figures bizarres. La même plante ne prend qu'une de ces différentes formes, chaque eſpece croiſſant de la maniere qui lui eſt particuliere. Tous ces coraux, différens pour la forme, ont une même conſiſtence, & ſont tous couverts de la même vaſe viſqueuſe & dure, qui fait enfler les mains de celui dont les doigts s'en rempliſſent en la maniant, & qui y cauſe un picotement très douloureux. Ces plantes ſe trouvent en plus grande quantité dans les endroits, où le poiſſon paſſe pour être mortel; & j'ai tiré des inteſtins de la licorne marine, & de quelques autres poiſſons, réputés mauvais, des quantités conſidérables de ce corail en petits morceaux, dont une partie étoit preſque digérée. Il a une odeur de ſouffre & très mal-ſaine, qu'il conſerve après que la vaſe en a été ſechée, & qu'il a été expoſé au ſoleil & à l'air pendant pluſieurs mois. Il eſt jaune au commencement; mais il devient blanc, après avoir été expoſé quelque temps à l'air.*

Il n'y a ni rivieres, ni ſources dans l'île de la Providence, *ni dans aucune des îles de* Bahama; *mais ce défaut eſt reparé par l'eau de pluye qui eſt dans les réſervoirs des rochers, que la* Nature *a placés dans toutes ces îles. Cette eau eſt ſi ombragée d'arbres & d'arbriſſeaux, qu'elle eſt claire, fraîche, & eſtimée fort ſaine.*

Il n'eſt pas étonnant que des îles ſi inhabitables par leurs rochers, n'ayent ni le nombre, ni la variété d'animaux dont le continent eſt rempli; car excepté quelques animaux utiles, comme des chevaux, des vaches, des moutons, des chevres, des cochons, & des chiens, qui y ont été introduits, tous ceux qui en ſont naturels ſe réduiſent à quelques iguanas, *à de petits lézards, des cancres de terre, des lapins, & des rats: encore ces derniers y ont ils été apportés vraiſemblablement par des vaiſſeaux. Je n'y ai pas remarqué plus de neuf, ou dix eſpeces d'oiſeaux terreſtres, excepté quelques oiſeaux aquatiques & de paſſage, qui fréquentent auſſi d'autres côtes.*

En revanche, les Mers baſſes, qui entourent ces îles, ſont très remarquables par l'abondance & la variété des poiſſons qu'elles renferment. Il y en a un plus grand nombre d'eſpeces; & leurs couleurs, & leurs taches ſont plus belles que celles des poiſſons qui ſont dans des Mers plus ſeptentrionales; mais ils ſont inférieurs à ces derniers, tant pour la ſanté, que pour la délicateſſe du goût. J'ai eu de fréquentes occaſions, équivalentes à celle ci, de me confirmer dans l'idée que comme les productions de la Nature ſont généralement en très petite quantité vers le cercle Arctique, *il s'en fait une augmentation graduelle à chaque degré de latitude qui les approche du Tropique; & quoique la diſtance d'un ſeul degré ne ſuffiſe pas pour s'en appercevoir, quatre à cinq degrés rendent la choſe inconteſtable, non ſeulement par l'augmentation du nombre des eſpeces des animaux terreſtres, mais encore par celle du nombre des eſpeces de poiſſons & des végétaux, qui eſt d'autant plus grand, qu'ils ſont plus voiſins de la Zone torride. Il me paroît probable, que le nombre prodigieux des eſpeces de créatures qui habitent entre les Tropiques excede beaucoup celui de tout ce qu'il y en a ſur le reſte du globe terreſtre.*

Liſte

A List of the common Names of the FISH *frequenting the* Bahama *Seas, exclusive of those already figured and described in this Work.*

The *Sperma Ceti* Whale.	The Dolphin.	The Sea Bream.
Grampus.	*Bonito.*	Pilot-fish.
Shark.	*Albicore.*	Hound-fish.
Barracuda.	Sword-fish.	Gar-fish.
Jew-fish.	Saw-fish.	Amber-fish.
Spanish Mackrel.	Grooper.	King-fish.
Cavally.	Porpus.	Turbut.
Sting-ray.	Black Rock-fish.	Black-fish.
Whip-ray.	Gray Fin Rock-fish.	Hedghog.
Plaise.	Yellow Rock-fish.	Yellow-fish.
Nuss.	Bone-fish.	Coney-fish.
Chub.	Whiting.	Cow fish.
Gray Snapper.		Lobsters.
Mutton Snapper.		Crabs.

Though many of the Fish in this list, besides those whose figures are exhibited from some resemblance they bear to those in *Europe*, have attained the same names, yet I never observed in these Seas, nor any where between the Tropicks, the same kinds of Fish, but were all of different species from any in *Europe*, a few excepted, which are Dolphins, *Bonito's*, *Albicores*, Sharks, Flying fish, Ruckler-fish, and *Remoras*, which, contrary to all other fish, frequent the most distant part of the Ocean from land; and are also found on the coasts of the old World, as well as in *America*. The universality and numerous shoals of these migratory fish, particularly the three first, are a benefit to mariners in long voyages, affording them comfortable changes of fresh diet, after long feeding on salt meats.

Liste des noms communs des *POISSONS* qui fréquentent les Mers de *Bahama*, de laquelle l'on exclut ceux qui ont déja été décrits dans cet ouvrage.

La Baleine Sperma Ceti.	*Le Dauphin.*	*La Brême de Mer.*
L'Espaular.	*Le* Boneto.	*Le Pilote.*
Le Requin.	*L'*Albicore.	*Le Chien marin.*
Le Barracude.	*L'Epée.*	*L'Eguille.*
Le Poisson Juif.	*La Scie.*	*Le Poisson d'ambre.*
Le Taca.	*Le Titrue.*	*Le Poisson Roi.*
Le Cavally.	*Le Marsouin.*	*Le Turbot.*
La Raye à aiguillon.	*La Perche de Mer, noire.*	*Le Poisson noir.*
La Raye à fouet.	*La Perche de Mer aux nageoires grises.*	*Le Herisson.*
La Plie.	*La Perche de Mer, jaune.*	*La Vieille jaune.*
Le Nuss.	*Le Poisson osseux.*	*Le Poisson Lapin.*
Le Chabot.	*Le Merlan.*	*Le Poisson-Vache.*
La Vieille grise.		*Le Homard.*
L'Orphie.		*Le Crabe.*

*Quoique plusieurs poissons de cette liste, ayent (de même que ceux dont on donne ici la figure) été appellés des mêmes noms que ceux d'*Europe *avec lesquels ils ont quelque ressemblance, je n'ai cependant remarqué dans ces Mers, ni dans aucun endroit entre les Tropiques, des especes de poissons semblables à aucune de celles que nous avons en Europe. Elles en étoient toutes différentes, à un petit nombre près, qui sont les dauphins, les* bonetos, *les* albicores, *les requins, les poissons volans, les perches de Mer qui suivent les vaisseaux, & les remores, qui sont le contraire de ce que sont tous les autres poissons, & fréquentent les parties de l'Océan les plus éloignées de la terre. On les trouve sur les côtes de l'ancien Monde aussi bien qu'en* Amerique. *L'universalité, & la multitude de ces poissons de passage, sur tout des trois premiers, sont utiles à ceux qui font des voyages de long cours sur Mer, parcequ'ils leur fournissent de quoi changer agréablement de nourriture, après avoir long tems vécu de viandes salées.*

Of SHELLS.

SHELLS, as well as other productions of Nature, abound more in number of species, and are more beautiful between the Tropicks, than in the other parts of the World. At the *Bahama* Islands are produced most of the kinds of *American* Sea Shells, *Frutices*, *Marini*, &c. that are found between the Northern Tropicks and the Line. The shallow Seas of these rocky Islands seem more adapted to their propagation, than most other places in those latitudes. The vast profusion that are here found with the more frequent opportunities of collecting them, has caused the cabinets of the curious in *England* to be more furnished with them from thence, than from any other parts of the World; therefore as few new species can be added to those figured by Dr *Lister*, *Bonanna*, and others, I shall only add some observations on Shells which I made at the place of their production.

Every species of Shell fish inhabit particular parts of the Sea agreeable to their natures: this seems to have some analogy to plants, whose different kinds affect a different soil and aspect. The various positions of the rocks, and banks on which Shells lie, besides other natural causes, may conduce to their abiding more in one place than in another; therefore these Islands do not afford Shells alike plentiful. Those which lie West and nearest the Gulph of *Florida*, particularly *Providence*, *Abaco*, *Andros*, and *Grand Bahama*, have fewer than the Windward, or Eastermost Islands, particularly those called the *French Keys*, *Turks Islands*, *Exuma*, and *Long Island*. Some Shells which are plentiful on the South shore of an Island, are rarely seen on the North side; and other kinds that the North sides abound in, are not on the South. Some Shells are very scarce, and are found only at a few particular Islands, and parts of those Islands bearing the same aspect, and are rarely found promiscuously scattered with other Shells. Most, or all the different kinds of Shell-fish, abide in a certain depth of water. Some so deep, and far out at Sea, that they are seldom seen alive, but at the death of the fish, the shell is cast on shore. Others are found less deep. Some in shallow water. Others lying flat on the rocks or sand. Some sticking flat to the sides of rocks. Others sticking to the sides of rocks horizontally. Some confined in the hollows and cavities of rocks. Some buried deep in sand, others in mud. Some lying always half out of the sand. Some kinds of Shell fish, which cleave to the sides of rocks, abide on the North sides, exposed to the violent rage of the Sea. Other kinds, not enduring such violence of the waves, shelter themselves in the hollows of rocks, and mostly on the South sides of Islands, where they are less exposed. Others are yet less exposed, abiding in deep cisterns of rock within land, supplied with Sea water by subterraneous passages, where the water is always calm.

Amongst other Shells sticking to the rocks, environing these silent waters, were oysters, which stuck horizontally to the sides of the rocks, that edge next the hinge of the oyster being the part fixed to the rock.

These

Des COQUILLAGES.

LES Coquillages, de même que les autres productions de la Nature, sont en un plus grand nombre d'especes, & beaucoup plus beaux entre les Tropiques que dans les autres parties du Monde. La plupart des especes de Coquillages Amériquains, *des plantes marines, &c. qu'on trouve entre le Tropique du* Cancer *& la ligne Equinoxiale, se trouvent aux Iles de* Bahama. *Les bas fonds de ces Isles pleins de rochers paroissent plus propres à les multiplier, que la plupart des autres endroits, qui ont la même latitude. La profusion avec laquelle on les y trouve, & les fréquentes occasions qu'on a d'en faire un collection sont cause que les cabinets de nos curieux* Anglois, *en ont été fournis en bien plus grand nombre que de ceux d'aucune autre partie du Monde; & comme on ne peut ajouter que peu d'especes nouvelles à celles dont le Docteur* Lister, Bonana, *& d'autres nous ont donné la figure, je me contenterai de joindre ici quelques observations que j'ai faites sur les Coquillages, dans le lieu même qui les produit.*

Chaque espece de Coquillages habite dans des endroits particuliers de la Mer qui leur est propre: ce qui paroît analogique aux plantes dont les différentes especes demandent une terre & des expositions différentes. La situation variée des rochers, & des bancs sur lesquels les Coquillages sont étendus, outre plusieurs autres causes naturelles, peuvent contribuer à les faire demeurer dans un lieu, plutôt que dans un autre: c'est pourquoi toutes les Isles de Bahama *ne produisent pas des Coquillages avec une abondance égale. Celles qui sont à l'Ouest & plus voisines du Golfe de la* Floride, *sur tout la* Providence, Abacco, Andros, *& la grande* Bahama, *en produisent moins que les plus Orientales, & principalement celles qu'on appelle les* Quais François, *les Isles des* Turcs, Exume, *& l'Isle* Longue. *Certains Coquillages, qui abondent au Midi d'une l'isle sont rares à son côté Septentrional, & d'autres au contraire abondent au Nord, & sont rares vers le Sud. Il y a des Coquillages fort rares, qu'on ne trouve qu'à certaines Iles particulieres & dans les endroits de ces Iles qui ont la même exposition, & qu'on trouve rarement dispersés çà & là, & confondus avec d'autres Coquillages. La plupart des Coquillages, ou même toutes leurs différentes especes habitent dans la Mer, à de certaines profondeurs. Quelques uns sont si bas au fond de la Mer, & si loin de terre qu'on les trouve rarement en vie, mais à la mort du poisson, la coquille est jettée sur le rivage. On en trouve quelques uns à de moindres profondeurs. D'autres se tiennent dans les bas-fonds. D'autres sont couchés à plat sur les rochers, ou sur le sable. D'autres sont attachés à plat aux côtés des rochers. Quelques uns y tiennent horizontalement. Il y en a qui sont confinés dans les trous, & les cavités des rochers. Certains sont ensevelis dans le sable, & d'autres dans la vase. D'autres sont toujours à moitié hors du sable. Il y a des especes de Coquillages, qui s'attachent aux côtés des rochers sur les côtes septentrionales des Iles, & sont exposés à toute la fureur de la Mer agitée. D'autres especes, qui ne peuvent résister à la violence des vagues, vont se mettre à couvert dans les trous des rochers, & plus communément sur les côtes méridionales des Iles, où elles sont moins exposées. D'autres Coquillages sont moins exposés encore, parcequ'ils font leur séjour dans des citernes profondes de rochers qui sont dans les terres, où l'eau de Mer leur est fournie par des conduits souterrains, & y est toujours calme.*

Il y avoit parmi les coquillages attachés aux rochers, qui environnent ces eaux tranquilles, des huîtres attachées horizontalement aux côtés des rochers, en [illegible] par le bord voisin de la charniere de l'Huître.

Les

These following kinds of small Shells sticking to rocks, were never found in deep water, but abide where they are covered, and uncovered at every flux and reflux of the tide.

Les espèces suivantes de petits Coquillages attachés à des rochers, ne se trouvent jamais dans une eau profonde; mais demeurent dans les endroits, qui sont alternativement couverts d'eau, & découverts à tous les flux & reflux de la Mer.

BUCCINUM *brevi-rostrum, muricatum, Ore ex purpuro nigricante dentato.*

THESE Shells stick to rocks a little above low water, and are consequently a short time uncovered by the Sea. They yield a purple liquor, like that of the *Murex*, which will not wash out of linnen stained with it.

LES Coquillages de cette espece tiennent aux rochers un peu au dessus de l'endroit où la marée est la plus basse, & sont par conséquent très peu de temps sans être couverts par la Mer. On en tire une liqueur couleur de pourpre, semblable à celle du Murex, *& dont la teinture est ineffaçable du linge qui en est taché, quelque bien qu'on le lave.*

NERITA *maximus, variegatus, Striatus, ad Columellam ex croceo rufescens.*

THESE Shells lye uncovered three or four hours, from the time of the Tides leaving them, 'till its return.

CES Coquillages demeurent à découvert trois ou quatre heures de suite, à compter depuis le moment que l'eau de la Mer les quitte, jusqu'à son retour.

COCHLEA *rufescens, Striis exasperata.*

THESE Shells lying a little below high water mark, are only washed every tide by the Sea.

COMME ces Coquillages ne sont qu'un peu au dessous de l'endroit où la marée est la plus haute, la Mer ne fait que les laver à tous les flux.

COCHLEA *alba ventricosa bidens Striis eminentibus exasperata.* Lister 47.

THESE Shells lye above the flowing of the Tide: they stick to shrubs and sedge, and are moisten'd only by the splashings and spray of the Sea.

CES Coquillages sont plus élevés que la Mer en haute marée: ils demeurent attachés à des arbrisseaux & à des joncs marins, & ne sont mouillés que de l'eau que la Mer élabousse sur eux, en y rejaillissant.

BUCCINUM *sublividum, Striis nodosis & interdum muricatis exasperatum.* Lister 28.

THIS kind I observed sticking only to the branches of mangrove trees, which always grow in salt water.

From these few instances it is reasonable to conclude, that all other Shell-fish that lye in deeper waters, abide in a depth adapted to every species. This I observ'd in many kinds; but for want of opportunity, and the difficulty of submarine searches, obstructed a perfect discovery of this part of their history. Yet as it is not impracticable, it is to be hoped that at some time or other an opportunity may favour the curious, in enquiring into the knowledge of this beautiful part of the Creation, which hitherto extends little farther than the shell or covering of the Animal.

J'AI remarqué que cette espece de Coquillage tient seulement aux branches de l'arbre des Bananes, qui croît toujours dans l'eau salée.

De ce peu d'exemples on peut raisonablement conclure, que tous les autres Coquillages, qui se tiennent dans la Mer à des profondeurs plus considérables, se fixent à celles qui conviennent à chaque espece en particulier. Je l'ai remarqué dans plusieurs; mais le défaut d'occasion, & la difficulté de faire des recherches dans le fond de la Mer, ont empêché qu'on ne perfectionnât par des découvertes nouvelles cette partie de l'histoire des Coquillages. Cependant comme la chose n'est pas impratiquable, on peut espérer qu'un jour ou l'autre les curieux trouveront quelque occasion favorable de travailler à augmenter leurs connoissances sur cette magnifique partie de la création; ce qu'ils en ont su jusqu'ici ne s'étendant guères plus loin qu'à la connoissance des coquilles, qui ne sont que les couvertures de ces Poissons.

A D D E N D A.

PERDIX *Sylvestris Virginian.*

The American Partridge.

THIS Partridge is little more than half the size of the *Perdix Cinerea*, or common Partridge, which it somewhat resembles in colour, though differently marked, particularly the head has three black lists, one above and two below the eye, with two intermediate white lines. They covey and roosts on the branches of trees. Their flesh is remarkably white, and of a different taste from our common Partridge.

La *Perdrix Amériquaine.*

CETTE Perdrix n'est guères plus grosse que la moitié d'une perdrix grise ordinaire. Elle en a à peu près la couleur, quoiqu'elle soit différemment marquée. Elle a en particulier sur la tête trois rayes noires, savoir, une au dessus, & deux au dessous de l'oeil, avec deux rayes blanches entre deux. Ces Oiseaux se mettent en bandes, & juchent sur les branches des arbres. Leur chair est d'une blancheur remarquable, & d'un goût différent de celui de nôtre perdrix commune.

GALLO-PAVO *Sylvestris.*

THE wild Turkeys of *America* much excel the *European* tame breed, in stature, shape, and beauty of their plumage, which is in all the same, without those variegations that we see in all domestick birds. It is commonly reported, that these Turkeys weigh sixty pounds a-piece; but of many hundred that I handled, I observed very few to exceed the weight of thirty pounds.

There are in the upper parts of *Virginia* what are called Pheasants, which I never saw; but by the account I have had of them, they seem to be the *Urogallus minor*, or a kind of *Lagopus*.

There is also in *Virginia* and *Carolina* another Bird, which I have not had the sight of. It is called Whipper will, and sometimes Whipper-will's Widow, from their imaginary uttering those words. It is a nocturnal bird, being seldom heard, and never seen in the day time; but at night it is heard with a loud shrill voice, incessantly repeating three, and some of them four notes as above. They lie close all day in shady thickets and low bushes, and are seen only (and that very rarely) at the dusk of the evening. I once shot one of them, but cou'd not find it in the dark.

All the domestick or tame fowl, breed as well, and are as good as they are in *England*: such as Cocks and Hens, Pea-Fowls, Turkeys, Geese and Ducks.

*LES Dindons sauvages d'*Amérique *surpassent de beaucoup l'espece privée des dindons d'Europe en grandeur, en forme, & pour la beauté de leur plumage, qui est le même dans tous, sans aucune de ces bigarrures qu'on voit dans tous les oiseaux domestiques. On dit communément, que ces dindons pesent chacun soixante livres; mais de plusieurs centaines que j'ai eues entre les mains, je n'en ai vû que fort peu, qui pesassent plus de trente livres.*

Il y a dans les parties les plus hautes de la Virginie *des oiseaux qu'on appelle Faisans, que je n'ai jamais vûs; mais par tout ce qu'on m'en a dit, ils semblent être de l'espece nommée* Urogalius minur, *ou une espece de* Lagopus.

Il y a aussi à la Virginie *& à la* Caroline *un autre oiseau que je n'ai pas vû. On le nomme* Whipper-will, *& quelquefois* Whipper will's Widow, *parce qu'on s'imagine qu'il prononce ces mots. C'est un oiseau nocturne, qu'on entend rarement, & qu'on ne voit jamais pendant le jour; mais le soir on lui entend pousser des sons forts & perçans, & repéter sans cesse quelques uns de ceux, qu'on vient de nommer. Ces Oiseaux se tiennent cachés tout le jour dans des bois touffus, & des buissons bas; & on ne les voit paroître, encore est-ce fort rarement, que sur la brune. J'en ai une fois tué un à coup de fusil, mais je ne pus le trouver dans l'obscurité.*

*Tous les Oiseaux domestiques & privés de ces pays là s'y multiplient autant, & sont aussi bons que ceux d'*Angleterre. *Tels sont les Coqs, les Poulets, les Paons, les Panaches, les Dindons, & les Canards.*

A

CATALOGUE

OF THE

ANIMALS AND PLANTS

REPRESENTED

In CATESBY's Natural History of CAROLINA:

With the LINNÆAN Names.

VOLUME I.

1.	THE BALD EAGLE. *Aquila capite albo.*	Falco leucocephalus. *Linnæi.*
2.	THE FISHING HAWK. *Accipiter piscatorius.*	Falco haliaetus. *L.* THE OSPREY, *Br. Zool.* I. 128.
3.	THE PIGEON HAWK. *Accipiter palumbarius.*	Falco Columbarius. *L.*
4.	THE SWALLOW TAIL HAWK. *Accipiter cauda furcata.*	Falco furcatus. *L.*
5.	THE LITTLE HAWK. *Accipiter minor.*	Falco Sparverius. *L.*
6.	THE TURKEY BUZZARD. *Buteo specie Gallo-Pavonis.*	Vultur Aura. *L.*
7.	THE LITTLE OWL. *Noctua aurita minor.*	Strix Asio. *L.*
8.	THE GOAT SUCKER OF CAROLINA. *Caprimulgus.*	Caprimulgus Europæus. β. *L.*
	THE MOLE CRICKET.	Gryllus Gryllotalpa. *L.*
9.	THE CUCKOW OF CAROLINA. *Cuculus Caroliniensis.*	Cuculus Americanus. *L.*
	THE CHINKAPIN. *Castanea pumila virginiana fructu racemato parvo in singulis capsulis echinatis unico.* D. Banister.	Fagus pumila. *L.*
10.	THE PARROT OF PARADISE OF CUBA. *Psittacus Paradisi ex Cuba.*	Psittacus Paradisi. *L.*
	REDWOOD. *Frutex Lauri foliis pendulo, fructu tricocco, semine nigro splendente.*	Erythroxylon havanense? *L.*
11.	THE PARROT OF CAROLINA. *Psittacus Caroliniensis.*	Psittacus Carolinensis. *L.*
	THE CYPRESS OF AMERICA. *Cupressus Americana.*	Cupressus disticha. *L.*
12.	THE PURPLE JACK DAW. *Monedula purpurea.*	Gracula Quiscula. *L.*
13.	THE RED WINGED STARLING. *Sturnus niger alis superne rubentibus.*	Oriolus phœniceus. *L.*
	THE BROAD LEAVED CANDLE-BERRY MYRTLE. *Myrtus Brabanticæ similis Caroliniensis humilior; foliis latioribus & magis serratis.*	Myrica cerifera. β. *L.*
14.	THE RICE-BIRD. *Hortulanus Caroliniensis.*	Emberiza oryzivora. *L.* mas & femina.
	RICE.	Oryza sativa. *L.*
15.	THE BLUE JAY. *Pica glandaria cærulea cristata.*	Corvus cristatus. *L.*
	THE BAY LEAVED SMILAX. *Smilax lævis foliis Lauri, baccis nigris.*	Smilax laurifolia. *L.*
16.	THE LARGEST WHITE BILLED WOODPECKER. *Picus maximus rostro albo.*	Picus principalis. *L.*
	THE WILLOW-OAK. *Quercus, an potius Ilex Marilandica foliis longo angusto salicis.* Raii Hist.	Quercus phellos. *L.*
17.	THE LARGER RED CRESTED WOODPECKER. *Picus niger maximus, capite rubro.*	Picus pileatus. *L.*
	THE LIVE OAK. *Quercus sempervirens foliis oblongis non sinuatis.* D. Banister.	Quercus phellos. β. *L.*
18.	THE GOLD WINGED WOODPECKER. *Picus major alis aureis.*	Picus auratus. *L.*
	THE CHESNUT OAK. *Quercus castaneæ foliis, procera arbor Virginiana.* Pluk. Alma.	Quercus prinus. *L.*
19.	THE RED BELLIED WOODPECKER. *Picus ventre rubro.*	Picus Carolinus. *L.*
	THE HAIRY WOODPECKER. *Picus medius quasi villosus.*	Picus villosus. *L.*
	THE BLACK OAK. *Quercus (forte) Marilandica, folio trifido ad Sassafras accedente.* Raii Hist.	Quercus nigra. β. *L.*
20.	THE RED HEADED WOODPECKER. *Picus capite toto rubro.*	Picus erythrocephalus. *L.*
	THE WATER OAK. *Quercus folio non serrato in summitate quasi triangulo.*	Quercus nigra. *L.*
	Syringa baccifera. Pluk. Amalth.	Mitchella repens. *L.*
21.	THE YELLOW BELLIED WOODPECKER. *Picus varius minor, ventre luteo.*	Picus varius. *L.*
	THE SMALLEST SPOTTED WOODPECKER. *Picus varius minimus.*	Picus pubescens. *L.*
	THE WHITE OAK. *Quercus alba Virginiana.* Parkins.	Quercus alba. *L.*
	THE WHITE OAK WITH POINTED NOTCHES. *Quercus Carolinensis virentibus venis muricata.*	Quercus rubra. β. *L.*
22.	THE NUTHATCH. *Sitta capite nigro.* THE SMALL NUTHATCH. *Sitta capite fusco.*	Sitta Europæa. β. *L.*
	THE HIGHLAND WILLOW OAK. *Quercus humilior salicis folio breviore.*	Quercus phellos. γ. *L.*
23.	THE PIGEON OF PASSAGE. *Palumbus migratorius.*	Columba migratoria. *L.*
	THE RED OAK. *Quercus esculi divisura foliis amplioribus aculeatis.* Pluk. Phytogr. t. 54.	Quercus rubra. *L.*
24.	THE TURTLE OF CAROLINA. *Turtur Caroliniensis.*	Columba Carolinensis. *L.*
	THE MAY APPLE. *Anapodophyllon Canadense Morini.* Tournef.	Podophyllum peltatum. *L.*
25.	THE WHITE CROWNED PIGEON. *Columba capite albo.* Hist. Jam. p. 303. t. 261. Vol. II.	Columba leucocephala. *L.*
	THE COCOA PLUM. *Frutex coloni fere folio.*	Chrysobalanus Icaco. *L.*
26.	THE GROUND DOVE. *Turtur minimus guttatus.*	Columba passerina. *L.*
	THE PELLITORY OR TOOTH-ACH TREE. *Zanthoxylum spinosum, lentisci longioribus foliis, Euonymi fructu capsulari ex Insula Jamaicensi.* D. Banister, Phytogr.	Zanthoxylum Clava Herculis. *L.*
27.	THE MOCKBIRD. *Turdus minor cinereo albus non maculatus.*	Turdus polyglottos. *L.*
	THE DOGWOOD TREE. *Cornus mas Virginiana.*	Cornus florida. *L.*
28.	THE FOXCOLOURED THRUSH. *Turdus rufus.*	Turdus rufus. *L.*
	THE CLUSTERED BLACK CHERRY. *Cerasi similis arbuscula mariana.* Pluk. Mantiss. 43. t. 339.	An Prunus Canadensis? *L.*
29.	THE FIELDFARE OF CAROLINA. *Turdus pilaris migratorius.*	Turdus migratorius. *L.*
	THE SNAKE ROOT OF VIRGINIA. *Aristolochia pistolochia.* Pluk. Amalth. p. 50. t. 148.	Aristolochia Serpentaria. *L.*
30.	THE RED LEGGED THRUSH. *Turdus viscivorus plumbeus.*	Turdus plumbeus. *L.*
	THE GUM-ELIMY TREE. *Terebinthus major betulæ cortice.* Hist. Jam. II. p. 89. t. 199.	Bursera gummifera. *L.*
31.	THE LITTLE THRUSH. *Turdus minimus.*	Turdus, *Forster's N. Am. Cat.* 12.
	THE DAHOON HOLLY. *Agrifolium Carolinense foliis dentatis baccis rubris.*	Ilex Cassine. *L.*
32.	THE LARK. *Alauda gutture flavo.*	Alauda alpestris. *L.*
	THE SEASIDE OAT. *Gramen Myloicophorum Oxyphyllon.* Pluk. Alma. p. 137. t. 32.	Uniola paniculata.
33.	THE LARGE LARK. *Alauda magna.*	Sturnus ludovicianus; & Alauda magna. *L.*
	THE LITTLE YELLOW STARFLOWER. *Ornithogalum luteum parvum foliis gramineis glabris.*	
34.	THE TOWHE BIRD. *Passer niger oculis rubris.*	Fringilla Erythrophthalma. *L.*
	THE COWPEN BIRD. *Passer fuscus.*	
	THE BLACK POPLAR OF CAROLINA. *Populus nigra folio maximo gemmis balsamum odoratissimum fundentibus.*	Populus balsamifera. *L.*
35.	THE LITTLE SPARROW. *Passerculus.*	
	THE PURPLE BINDWEED OF CAROLINA. *Convolvulus Caroliniensis angusto sagittato folio, flore amplissimo purpureo, radice crassa.*	Convolvulus arvensis? *L.*
36.	THE SNOW BIRD. *Passer nivalis.*	Emberiza hyemalis. *L.*
	BROOM RAPE. *Orobanche Virginiana flore pentapetalo cernuo.* Pluk. Alma.	Monotropa uniflora. *L.*
	TOADSTOOL. *Fungoides capitulo inverso.*	Clavaria ophioglossoides. *L.* varietas incurva.
37.	THE BAHAMA SPARROW. *Passerculus bicolor Bahamensis.*	Fringilla bicolor. *L.*
	Bignonia arbor pentaphylla. Plum. Cat.	Bignonia pentaphylla. *L.*
38.	THE RED BIRD. *Coccothraustes ruber.*	Loxia Cardinalis. *L.*
	THE HICCORY TREE. *Nux Juglans alba Virginiensis.* Park. Theatr. 1414.	Juglans alba. *L.*
	THE PIGNUT TREE. *Nux Juglans Caroliniensis fructu minimo putamine levi.*	
39.	THE BLUE GROSBEAK. *Coccothraustes cærulea.*	Loxia cærulea. *L.*
	THE SWEET FLOWERING BAY. *Magnolia lauri-folio subtus albicante.*	Magnolia glauca. *L.*
40.	THE PURPLE GROSBEAK. *Coccothraustes purpurea.*	Loxia violacea. *L.*
	THE POISON WOOD. *Toxicodendron foliis alatis, fructu purpureo pyriformi sparso.*	Amyris toxifera. *L.*
41.	THE PURPLE FINCH. *Fringilla purpurea.*	
	THE TUPELO TREE. *Arbor in aqua nascens, foliis latis acuminatis & non dentatis fructu Elæagni minore.*	Nyssa aquatica. *L.*
42.	THE BAHAMA FINCH. *Fringilla Bahamensis.*	Fringilla Zena. *L.*
	THE BROADLEAVED GUAIACUM WITH BLUE FLOWERS. *Arbor Guaiaci latiore folio, Bignoniæ flore cæruleo, fructu duro.*	Bignonia cærulea. *L.*
43.	THE AMERICAN GOLDFINCH. *Carduelis Americanus.*	Fringilla tristis. *L.*
	ACACIA. *Abruæ foliis, triacanthos, capsula ovali unicum semen claudente.*	Gleditsia triacanthos. *L.*
44.	THE PAINTED FINCH. *Fringilla tricolor.*	Emberiza Ciris. *L.*
	THE LOBLOLLY TREE. *Alcea floridana quinquecapsularis, Laurinis foliis, leviter crenatis, seminibus coniferarum instar alatis.* Pluk. Amalth. p. 7. Tab. 352.	Hypericum Lasianthus. *L.*

45. THE

45. The Blue Linnet. *Linaria cærulea.*	Tanagra cyanea. *L.*
Solanum triphyllum flore hexapetalo carneo.	Trillium cernuum. *L.*
46. The Chatterer. *Garrulus Carolinensis.*	Ampelis Garrulus. β. *L.*
Frutex corni foliis conjugatis, floribus instar Anemones stellatæ.	Calycanthus floridus. *L.*
47. The Blue Bird. *Rubecula Americana cærulea.*	Motacilla Sialis. *L.*
Smilax non spinosa humilis, folio Aristolochiæ, baccis rubris.	
48. The Baltimore Bird. *Icterus ex aureo nigroque varius.*	Oriolus Baltimore. *L.*
The Tulip Tree. *Arbor Tulipifera Virginiana.* Pluk. Phytogr. t. 117. & 248.	Liriodendron tulipifera. *L.*
49. The Bastard Baltimore. *Icterus minor.*	Oriolus spurius. *L.*
The Catalpa Tree. *Bignonia Urucu foliis, flore sordide albo.*	Bignonia Catalpa. *L.*
50. The Yellow-breasted Chat. *Oenanthe Americana pectore luteo.*	
Solanum triphyllon flore hexapetalo, tribus petalis purpureis erectis cæteris viridibus reflexis. Pluk. Phytogr. Tab. 111.	Trillium sessile. *L.*
51. The Purple Martin. *Hirundo purpurea.*	Hirundo purpurea. *L.*
Smilax (forte) lenis, folio angulosis hederaceo.	Cissampelos smilacina. *L.*
52. The Crested Flycatcher. *Muscicapa cristata ventre luteo.*	Muscicapa crinita. *L.*
Smilax Bryoniæ nigræ foliis, caule spinoso baccis nigris.	Smilax tamnoides. *L.*
53. The Blackcap Flycatcher. *Muscicapa nigrescens.*	
Gelseminum sive Jasminum luteum odoratum Virginianum scandens sempervirens. Park. Theatr. p. 1465.	Bignonia sempervirens. *L.*
54. The little brown Flycatcher. *Muscicapa fusca.*	Seu a Sequenti tantum differre videtur.
The Red eyed Flycatcher. *Muscicapa oculis rubris.*	Muscicapa olivacea. *L.*
Arbor lauri folio, floribus ex foliorum alis pentapetalis, pluribus staminibus donatis.	Hopea tinctoria. *L.*
55. The Tyrant. *Muscicapa corona rubra.*	Lanius Tyrannus. *L.*
Cornus mas odorata folio trifido margine plano, Sassafras *dicta.* Pluk. Almag.	Laurus Sassafras. *L.*
56. The Summer Redbird. *Muscicapa rubra.*	Muscicapa rubra. *L.*
The Western Planetree. *Platanus occidentalis.*	Platanus occidentalis. *L.*
57. The crested Titmouse. *Parus cristatus.*	Parus bicolor. *L.*
The upright Honeysuckle. *Cistus Virginiana flore & odore Periclymeni.* D. Banister.	Azalea viscosa. *L.*
58. The Yellow Rump. *Parus uropygeo luteo.*	Parus Virginianus. *L.*
The Lilly leaved Hellebore. *Helleborine lilii folio caulem ambiente, flore unico.*	Arethusa divaricata. *L.*
Dog's Bane. *Apocynum scandens folio cordato, flore albo.*	Echites umbellata. *L.*
59. The Bahama Titmouse. *Parus Bahamensis.*	Certhia flaveola. *L.*
The Seven Years Apple. *Arbor Jasmini floribus albis, foliis [illegible], fructu ovali, seminibus parvis nigris mucilagine involutis.*	
60. The hooded Titmouse. *Parus cucullo nigro.*	
The Water Tupelo. *Arbor in aqua nascens foliis latis acuminatis & dentatis, fructu Elæagni majore.*	Nyssa aquatica. *L.*
61. The Pine Creeper. *Parus Americanus lutescens.*	Certhia Pinus. *L.*
The purple berried Bay. *Ligustrum Lauri folio fructu violaceo.*	Olea Americana. *L.*
62. The yellow throated Creeper. *Parus Americanus gutture luteo.*	
The red flowering Maple. *Acer Virginianum, folio majore subtus argenteo, supra viridi splendente.* Pluk. Alma.	Acer rubrum. *L.*
63. The yellow Titmouse. *Parus Carolinensis luteus.*	Motacilla Trochilus. β. *L.*
The red Bay. *Laurus Carolinensis foliis acuminatis, baccis cæruleis, pediculis longis rubris insidentibus.*	Laurus borbonia. *L.*
64. The Finch Creeper. *Parus fringillaris.*	Parus Americanus. *L.*
Frutex Padi foliis non serratis, floribus monopetalis albis, campaniformibus: fructu crasso tetragono.	Halesia tetraptera.
65. The humming Bird. *Mellivora avis Carolinensis.*	Trochilus Colubris. *L.*
The Trumpet Flower. *Bignonia Fraxini foliis, coccineo flore minore.*	Bignonia radicans. *L.*
66. The Cat Bird. *Muscicapa vertice nigro.*	Muscicapa Carolinensis. *L.*
Alnifolia Americana serrata, floribus pentapetalis albis, in spicam dispositis. Pluk. Phytogr. t. 115. f. 1.	
67. The red Start. *Ruticilla Americana.*	Muscicapa Ruticilla. *L.*
The black Walnut. *Nux Juglans nigra Virginiensis.* Park. 1414.	Juglans nigra. *L.*
68. The little black Bullfinch. *Rubicilla minor nigra.*	Loxia nigra. *L.*
The Fringe Tree. *Amelanchier Virginiana Lauro cerasi folio,* H. L. Pet. Raii Suppl. App. 241.	Chionanthus Virginica. *L.*
69. The Kingfisher. *Ispida.*	Alcedo Alcyon. *L.*
The narrow leaved Candleberry Myrtle. *Myrtus Brabanticæ similis Carolinensis baccata, fructu racemoso sessili monopyreno.* Pluk. Almag.	Myrica cerifera. *L.*
70. The Soree. *Gallinula Americana.*	Rallus Virginianus. *L.*
Gentiana Virginiana Saponariæ folio, flore cæruleo longiore, Hist. Oxon. 3. 184. Icon. Tab. 5. Sect. 12.	Gentiana saponaria. *L.*
71. The Chattering Plover. *Pluvialis vociferus.*	Charadrius vociferus. *L.*
The Sorrel Tree. *Frutex foliis oblongis acuminatis, floribus spicatis uno versu dispositis.*	Andromeda arborea. *L.*
72. The Turn Stone or Sea Dottrel. *Morinellus marinus* of Sir Thomas Brown. *An Cinclus Turneri?* Will. p. 311.	Tringa Morinella. *L.*
Arbor maritima foliis conjugatis pyriformibus apice in summitate infractis, floribus racemosis luteis.	
73. The Flamingo. *Phœnicopterus Bahamensis.*	Phœnicopterus ruber. *L.*
Keratophyton dichotomum fuscum.	
74. The Bill of the Flamingo, in its full Dimensions. *Caput Phœnicopteri, naturalis magnitudinis.*	Phœnicopteri rubri, caput.
Keratophyton fruticis specie nigrum.	
75. The hooping Crane. *Grus Americana alba.*	Ardea Americana. *L.*
The Bullet Bush. *Prunus Buxi folio, cordato, fructu nigro rotundo.*	
76. The blue Heron. *Ardea cærulea.*	Ardea cærulea. *L.*
77. The little white Heron. *Ardea alba minor Carolinensis.*	Ardea æquinoctialis. *L.*
Ketmia frutescens glauca aceris majoris folio longiore serrato, flore carneo.	
78. The brown Bittern. *Ardea Stellaris Americana.*	
79. The crested Bittern. *Ardea Stellaris cristata Americana.*	Ardea violacea. *L.*
Lobelia frutescens, Portulacæ folio. Plum. N. Gen. 21.	Lobelia Plumierii. *L.*
80. The small Bittern. *Ardea Stellaris minima.*	Ardea virescens. *L.*
Fraxinus Carolinensis, foliis angustioribus utrinque acuminatis, pendulis.	Fraxinus Americana. *L.*
81. The wood Pelican. *Pelicanus Americanus.*	Tantalus Loculator. *L.*
82. The white Curlew. *Numenius albus.*	Tantalus albus. *L.*
Arum aquaticum minus.	Orontium aquaticum. *L.*
83. The brown Curlew. *Numenius fuscus.*	Tantalus fuscus. *L.*
Arum sagittariæ folio angusto, acumine & auriculis acutissimis.	Arum sagittæfolium. *L.* varietas.
84. The red Curlew. *Numenius ruber.*	Tantalus ruber. *L.*
85. The Oyster-catcher. *Hæmatopus.* Will. p. 297.	Hæmatopus ostralegus. *L.*
Frutex Bahamensis, foliis oblongis succulentis, fructu subrotundo unicum nucleum continente.	
86. The great Booby. *Anseri Bassano congener.*	Pelecani Bassani pullus. *L.*
An Thymelæa foliis obtusis?	
87. The Booby. *Anseri Bassano affinis avis fusca.*	Pelecanus Sula. *L.*
88. The Noddy. *Hirundo marina minor.*	Sterna stolida. *L.*
89. The laughing Gull. *Larus major.*	Larus atricilla. *L.*
90. The Cutwater. *Larus major rostro inæquali.*	Rhynchops nigra. *L.*
91. The pied-billed Dobchick. *Podiceps minor rostro vario.*	Colymbus podiceps. *L.*
92. The Canada Goose. *Anser Canadensis.*	Anas Canadensis. *L.* (caput.)
Chrysanthemum &c.	
93. The Ilathera Duck. *Anas Bahamensis.*	Anas Bahamensis. *L.*
Chrysanthemum Bermudense Leucoji, foliis virentibus crassis. Pluk. Amalth. 102.	Buphthalmum frutescens. *L.*
94. The round crested Duck. *Anas cristatus.*	Mergus cucullatus. *L.*
95. The Buffel's Head Duck. *Anas minor, capite purpureo.*	Anas bucephala. *L.*
96. The blue winged Shoveler. *Anas Americanus lato rostro.*	Anas clypeata fœmina. *L.*
97. The Summer Duck. *Anas Americanus cristatus elegans.*	Anas Sponsa. *L.*
98. The little brown Duck. *Anas minor ex albo & fusco vario.*	Anas rustica. *L.*
Soap-wood. *Frutex buxi foliis oblongis, baccis pallide viridibus, apice donatis.*	Sapindus Saponaria. *L.*
99. The blue winged Teal. *Querquedula Americana fusca.*	Anas discors. β. *L.* (fœmina.)
100. The white faced Teal. *Querquedula Americana.*	Anas discors mas. *L.*

AQUILA CAPITE ALBO.

The Bald Eagle.

HIS Bird weighs nine pounds: the Iris of the eye white; over which is a prominence, cover'd with a yellow ſkin; the Bill yellow, with the Sear of the ſame colour: the Legs and Feet are yellow; the Tallons black, the Head and part of the Neck is white, as is the Tail; all the reſt of the Body, and Wings, are brown.

Tho' it is an Eagle of a ſmall ſize, yet has great ſtrength and ſpirit, preying on Pigs, Lambs, and Fawns.

They always make their Neſts near the ſea, or great rivers, and uſually on old, dead Pine or Cypreſs-trees, continuing to build annually on the ſame tree, till it falls. Though he is ſo formidable to all birds, yet he ſuffers them to breed near his royal neſt without moleſtation; particularly the fiſhing and other Hawks, Herons, *&c.* which all make their neſts on high trees; and in ſome places are ſo near one another, that they appear like a Rookery. This Bird is called the BALD EAGLE, both in *Virginia* and *Carolina*, though his head is as much feather'd as the other parts of his body.

Both Cock and Hen have white Heads, and their other parts differ very little from one another.

Aigle à tête blanche.

ET oiſeau peſe neuf livres: l'iris de ſon œil eſt blanche, au deſſus de laquelle il y a une avance couverte d'une peau jaune; le bec & cette peau qui couvre la baſe de la mandibule ſuperieure eſt jaune, auſſi bien que les jambes & les piés; ſes ongles ſont noires, ſa tête, & une partie de ſon col, de même que ſa queüe, ſont blanches; le reſte du corps & les ailes ſont brunes.

Quoique ce ſoit une aigle d'une grandeur médiocre, elle a beaucoup de force & de courage: elle enleve de jeunes cochons, des agneaux, & même des faons.

Ces oiſeaux ſont toûjours leurs nids prés de la mer ou des fleuves, & ordinairement ſur un vieux Pin ou ſur un Cypres, & les font tous les ans ſur le même arbre, juſqu'à ce qu'il tombe. Quoique cette aigle ſoit très redoutable à tous les oiſeaux, elle leur laiſſe cependant nourrir leurs petits prés de ſon aire, ſans les incommoder: c'eſt ce qu'elle fait ſur tout à l'égard des faucons pêcheurs, ou autres, des herons, &c. *qui ſont tous leurs nids ſur de grands arbres: on en voit quelque fois ſi près les uns des autres que l'aſſemblage de ces nids paroit former une eſpece de République. On appelle cet oiſeau dans la Virginie & dans la Caroline* l'Aigle chauve, *quoiqu'il y ait ſur ſa tête autant de plumage que ſur les autres parties de ſon corps.*

Le mâle & la femelle ont tous deux la tête blanche; il n'y a qu'une trés-petite différence entre les autres parties de leur corps.

ACCIPITER PISCATORIUS.

The Fiſbing Hawk.

HIS Bird weighs three pounds and a quarter; from one end of the wing to the other extended, five foot five inches. The Bill is black, with a blue ſear; the Iris of the eye yellow; the Crown of the head brown, with a mixture of white feathers: from each Eye, backwards, runs a brown ſtripe; all the upper part of the Back, Wing and Tail, dark-brown; the Throat, Neck and Belly, white: the Legs and Feet are remarkably rough and ſcaly, and of a pale-blue colour; the Tallons black, and almoſt of an equal ſize: the Feathers of the Thighs are ſhort, and adhere cloſe to them, contrary to others of the Hawk kind; which nature ſeems to have deſigned for their more eaſy penetrating the water.

Their manner of fiſhing is (after hovering a while over the water) to precipitate into it with prodigious ſwiftneſs; where it remains for ſome minutes, and ſeldom riſes without a fiſh: which the Bald Eagle (which is generally on the watch) no ſooner ſpies, but at him furiouſly he flies: the Hawk mounts, ſcreaming out, but the Eagle always ſoars above him, and compels the Hawk to let it fall; which the Eagle ſeldom fails of catching, before it reaches the Water. It is remarkable, that whenever the Hawk catches a Fiſh, he calls, as if it were, for the Eagle; who always obeys the call, if within hearing.

The lower parts of the rivers and creeks near the ſea abound moſt with theſe Eagles and Hawks, where theſe diverting conteſts are frequently ſeen.

Faucon pêcheur.

ET oiſeau peſe trois livres & un quart. Lorſque ſes ailes ſont déployées il y a cinq piés cinq pouces depuis l'extremité de l'une, juſqu'à l'extremité de l'autre. Son bec eſt noir, & la peau qui couvre la baſe de la mandibule ſuperieure eſt bleue, l'iris de l'œil jaune, le ſommet de la tête eſt brun, avec un mélange de plumes blanches; il y a de chaque côté du cou une raye brune qui commence auprès de l'œil, & qui s'allonge en arriere. Tout le deſſus de ſon dos, auſſi bien que ſes ailes & ſa queüe ſont d'un brun foncé. Il a la gorge, le cou, & le ventre blancs; ſes jambes & ſes mains ſont couvertes d'une écaille raboteuſe, d'un bleu pale: ſes doigts ſont noirs & preſque d'une égale grandeur, & au contraire des autres eſpeces de Faucons, les plumes des cuiſſes de ceux-ci ſont courtes & s'appliquent étroitement ſur la peau, la nature les ayant ainſi diſpoſées, a ce qu'il parolt, afin que ces oiſeaux puſſent pénétrer plus aiſément dans l'eau, ce qu'elle a refuſé aux autres eſpeces de Faucons.

Leur maniere de pécher eſt celle-ci: après que le Faucon a plané quelque tems au deſſus de l'eau, il s'y précipite d'une viteſſe ſurprenante, y reſte quelques minutes, & en ſort rarement ſans poiſſon, ce que l'Aigle, qui eſt ordinairement aux aguets, n'a pas pluſtôt apperçu qu'elle vient à lui avec fureur; le Faucon s'éleve en pouſſant des cris, mais l'Aigle vole toujours au deſſus de lui, & le force de lacher ſa proye, qu'elle ne manque guéres d'attraper avant que cette proye tombe dans l'eau. Il eſt à remarquer que toutes les fois que le Faucon prend un poiſſon, il appelle, pour ainſi dire, l'Aigle, qui obéit toujours ſi elle eſt à portée de l'entendre.

Le bas des rivieres & les petites bayes de la mer ſont des lieux frequentés par cette ſorte d'Aigles & de Faucons: on y voit ſouvent leurs diſputes, qui ſont aſſez divertiſſantes.

The fishing Hawk

ACCIPITER PALUMBARIUS.

The Pigeon-Hawk.

IT weighs ſix ounces: the Bill at the point black, at the baſis whitiſh; the Iris of the eye yellow: the Baſis of the upper mandible is cover'd with a yellow Sear: all the upper Part of the Body, Wings and Tail is brown: the interior vanes of the quill-feathers have large red ſpots: the Tail is tranſverſly marked with four white lines; the Throat, Breaſt and Belly white, intermixed with brown feathers; the ſmall feathers that cover the thighs, reach within half an inch of the feet, and are white, with a tincture of red, beſet with long ſpots of brown; the Legs and Feet yellow. It is a very ſwift and bold Hawk, preying on the Pigeons and wild Turkeys while they are young.

Epervier à pigeons.

CET oiſeau peſe ſix onces. Il a la pointe du bec noire, & la baſe blanchâtre; l'iris de l'œil jaune: la baſe de la mandibule ſuperieure eſt couverte d'une peau jaune; tout le haut du corps, les ailes, & la queüe ſont brunes. Les barbes interieures des plumes de l'aile ont de grandes taches rouges. La queüe eſt marquée de quatre rayes blanches en travers; la gorge, la poitrine, & le ventre ſont blancs, entremêlés de plumes brunes; les petites plumes qui couvrent les cuiſſes vont juſqu'à un demi pouce des piés & ſont blanches, avec une teinture de rouge, environnées de longues taches brunes; les jambes & les piés ſont jaunes. C'eſt une epervier fort vite & fort hardi; il enleve les pigeons, & même les dindons ſauvages lors qu'ils ſont jeunes.

ACCIPITER Cauda furcata.

The Swallow-Tail Hawk.

IT weighs fourteen ounces: the Back black and hooked, without angles on the sides of the upper Mandible, as in other Hawks; the Eyes very large, and black, with a red Iris: the Head, Neck, Breast and Belly white; the Upper-part of the Wing and Back, dark purple; but more dusky towards the lower parts, with a tincture of green; the Wings long, in proportion to the Body; they being extended, are four foot; the Tail dark purple, mix'd with green, remarkably forked, the utmost and longest feather being eight inches longer than the middlemost, which is shortest.

Like Swallows, they continue long on the wing, catching, as they fly, Beetles, Flies, and other Insects, from trees and bushes. They are said to prey upon Lizards and other Serpents; which has given them (by some) the name of *Snake-Hawk*. I believe they are birds of passage, not having seen any of them in winter.

Epervier à queüe d'Hirondelle.

CET oiseau pese quatorze onces. Il a le bec noir & crochu, mais il n'a point de crochets aux côtés de la mandibule superieure commes les autres Eperviers. Il a les yeux fort grands & noirs, & l'iris rouge; la tête, le cou, la poitrine, & le ventre sont blancs; le haut de l'aile & le dos d'un pourpre foncé, mais plus brunâtre vers le bas, avec une teinture de verd. Les ailes sont longues à proportion du corps, & ont quatre piés lorsqu'elles sont déployées; la queüe est d'un pourpre foncé, mêlé de verd, & très fourchue, la plus longue plume des côtés ayant huit pouces de long plus que la plus courte de milieu.

Ils volent long-tems comme les Hirondelles, & prenent ainsi en volant les Escarbots, les Mouches, & autres insectes sur les arbres & sur les buissons: on dit qu'ils sont leur proye de Lezards & de Serpents; ce qui fait que quelques uns les ont appellés Eperviers à serpents. *Je crois que ce sont des oiseaux de passage, n'en ayant jamais vû aucun pendant l'hiver.*

ACCIPITER MINOR.

The Little Hawk.

HIS Bird weighs three ounces and ſixteen penny weight. The baſis of the upper mandible is covered with a yellow ſcar: the iris of the eye is yellow; the head lead-colour, with a large red ſpot on its crown: round the back of its head, are ſeven black ſpots regularly placed: the throat and cheeks are white with a tincture of red; the back red, and marked with tranſverſe black lines. The quill feathers of the wing are dark brown; the reſt of the wing blue, marked as on the back, with black: the tail is red, except an inch of the end, which is black; the breaſt and belly are of a blueiſh red; the legs and feet yellow.

THE Hen differs from the Cock, as follows: her whole wing and back is of the ſame colour as the back of the Cock; the tail of the Hen is marked, as on the back, with tranſverſe black lines; her breaſt has not that ſtain of red as in the Cock. They abide all the year in *Virginia* and *Carolina*, preying not only on ſmall birds, but Mice, Lizards, Beetles, &c.

Petit Epervier.

ET Oiſeau peſe trois onces & ſeize deniers. Il a la baſe de la mandibule ſupérieure couverte d'une peau jaune, l'iris de l'œil jaune, la tête couleur de plomb, avec une grande tache rouge ſur le ſommet; & il y a autour du derriere de ſa tête ſept taches noires placées avec ordre: la gorge & les deux cotés de la tête ſont blancs, avec une teinture de rouge: le dos eſt rouge & marqué de rayes noires en travers: les longues plumes de l'aîle ſont d'un brun foncé: le reſte de l'aîle eſt bleu, & marqué de noir comme le dos; la queüe eſt toute rouge à un pouce du bout près, qui eſt noir: la poitrine & le ventre ſont d'un rouge bleuâtre: les jambes & les piés ſont jaunes.

LA différence qu'il y a entre le mâle & la fémelle, c'eſt que la femelle a toute l'aîle & le dos de la même couleur que le dos du mâle: que la queüe de la fémelle eſt marquée de rayes noires en travers de même que le dos; & qu'elle n'a pas à la poitrine cette tache rouge que l'on voit à celle du mâle. Ils demeurent toute l'année dans la Virginie & dans la Caroline, faiſant leur proye non ſeulement de petits oiſeaux, mais encore de ſouris, de lezards, d'eſcarbots, &c.

B U T E O, ſpecie Gallo-Pavonis.

Vultur Gallinæ Africanæ facie. Hiſt. Jam. 294. Vol. 2. Urubu Braſilienſibus Marg. p. 107. Ed. 1648. Willughb. Angl. p. 68. Syn. av. p. 10. Vulturi affinis Braſilienſis Urubu Marg. Raij Syn. p. 180. Tropilotle, ſive Aura, Hernandez, p. 331. quoad deſcriptionem. Cozcaquauhtli de Hernandez, edit. a Ximen. p. 186. Aura Nieremb.

The Turkey Buzzard.

HIS Bird weighs four pounds and an half. The head and part of the neck red, bald and fleſhy, like that of a Turky, beſet thinly with black hairs; the bill is two inches and an half long, half covered with fleſh, the end white, and hooked like that of a Hawk; but without angles on the ſides of the upper mandible. The noſtrils are remarkably large and open, ſituated at an unuſual diſtance from the eyes: the feathers of the whole body have a mixture of brown, purple, and green; the legs are ſhort, of a fleſh colour: their toes are long-ſhaped, like thoſe of Dunghil-fowls; their claws black, and not ſo hooked as thoſe of Hawks.

Their food is carrion; in ſearch after which they are always ſoaring in the air. They continue a long time on the wing, and with an eaſy ſwimming motion mount and fall, without any viſible motion of their wings. A dead carcaſs will attract together great numbers of them; and it is pleaſant to obſerve their contentions in feeding. An Eagle ſometimes preſides at the banquet, and makes them keep their diſtance while he ſatiates himſelf.

Theſe Birds have a wonderful ſagacity in ſmelling: no ſooner there is a dead beaſt, but they are ſeen approaching from all quarters of the air, wheeling about, and gradually deſcending and drawing nigh their prey, till at length they fall upon it They are generally thought not to prey on any thing living, though I have known them kill Lambs; and Snakes are their uſual food. Their cuſtom is to rooſt, many of them together, on tall dead Pine or Cypress-trees, and in the morning continue ſeveral hours on their rooſt, with their wings ſpread open: that the air, as I believe, may have the greater influence to puriſy their filthy carcaſſes. They are little apprehenſive of danger, and will ſuffer a near approach, eſpecially when they are eating.

BUSE à figure de Paon.

*ET Oiſeau peſe quatre livres & demi. Il a la tête & un partie du cou rouges, chauves & charnues comme celui d'un dindon, & clairement ſeme-es de poils noirs; ſon bec eſt de deux pouces & demi de long, & à moitié couvert de chair, & le bout, qui eſt blanc, eſt croche comme celui d'un Faucon; mais il n'a point de crochets aux côtés de la mandibule ſupérieure: les narines ſont très grandes & très ouvertes, & placées à une diſtance extraordinaire des yeux: les plumes de tout le corps ont une mélange de brun, de pourpre, & de verd: ſes jambes ſont courtes & de couleur de chair, ſes doigts longs comme ceux des coqs domeſtiques, & ſes griffes, qui ſont noires, ne ſont pas ſi crochues que celles des Faucons.*

Ils ſe nourriſſent de charogne, & voltigent ſans ceſſe pour tâcher d'en découvrir. Ils ſe tiennent long-tems ſur l'aîle, & montent & deſcendent d'un vol aiſé, ſans qu'on puiſſe s'apperçevoir du mouvement de leurs aîles. Une charogne attire un grand nombre de ces Oiſeaux, & il y a du plaiſir à être préſent aux diſputes qu'ils ont entr'eux en mangeant. Une Aigle préſide quelquefois au feſtin, & les fait tenir à l'écart pendant qu'elle ſe repaît.

Ces Oiſeaux ont un odorat merveilleux: il n'y a pas plutôt une charogne qu'on les voit venir de toutes parts, en tournant toûjours, & deſcendant peu à peu, juſqu'à ce qu'enfin ils tombent ſur leur proye. On croit généralement qu'ils ne mangent rien qui aît vie, mais je ſçai qu'il y en a qui ont tué des agneaux, & que les ſerpens ſont leur nourriture ordinaire. La coûtume de ces Oiſeaux eſt de ſe jucher pluſieurs enſemble ſur des pins morts ou des cyprès; & le matin ils reſtent pluſieurs heures à leur juchoir, les aîles déployées, afin que l'air, à ce que je crois, puiſſe purifier plus facilement leurs vilaines carcaſſes. Ils ne craignent gueres le danger, & ſe laiſſent approcher de près, ſur tout lorſqu'ils mangent.

The Turkey Buzzard

NOCTUA AURITA Minor.

The Little Owl

IS about the ſize of, or rather leſs than, a Jack-daw; has large pointed ears; the bill ſmall, the iris of the eye of a deep yellow, or ſaffron colour; the feathers of it's face white, with a mixture of reddiſh brown: the head and upper part of the body of a fulvous or reddiſh brown colour; the wings are of the ſame colour, except that they are verged about with white, it hath ſome white ſpots on the quill-feathers, and five larger white ſpots on the upper part of each wing: the breaſt and belly is duſky white, intermix'd with reddiſh brown feathers: the tail dark-brown, a little longer than the wings: the legs and feet light brown, feather'd and hairy down to the toes, armed with four ſemicircular black tallons.

THE Hen is of a deeper brown, without any tincture of red.

Petit Hibou.

CET Oiſeau, qui eſt de la même groſſeur, & même plus petit qu'un Choucas, *a de grandes oreilles pointues, le bec petit, & l'iris de l'œil d'un jaune foncé ou couleur de ſaffran; les plumes de ſa face ſont blanches, avec un mélange d'un brun rougeatre: la tête & le haut du corps ſont auſſi jaunes, ou d'un brun rougeatre: les aîles ſont de la même couleur, excepté qu'elles ſont bordées de blanc, & il y a quelques taches blanches ſur les grandes plumes, & cinq autres taches blanches plus grandes au haut de chaque aîle: la poitrine & le ventre ſont d'un blanc obſcur mêle d'un brun rougeatre: la queüe eſt d'un brun noir, & un peu plus longue que les aîles: les jambes & les piés ſont d'un brun clair, garnis de plumes, & velus juſqu'aux doigts, qui ſont armés de quatre ſerres noires en demi cercle.*

LA fémelle eſt d'un brun plus foncé ſans aucune teinture de rouge.

CAPRIMULGUS.

The Goat-Sucker of Carolina.

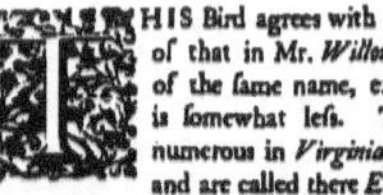

THIS Bird agrees with the deſcription of that in Mr. *Willoughby*, p. 107. of the ſame name, except that this is ſomewhat leſs. They are very numerous in *Virginia* and *Carolina*, and are called there *Eaſt-India* Bats. In the evening they appear moſt, and eſpecially in cloudy weather: before rain, the air is full of them, purſuing and dodging after Flies and Beetles. Their note is only a ſcreep; but by their precipitating and ſwiftly mounting again to recover themſelves from the ground, they make a hollow and ſurprizing noiſe; which to ſtrangers is very obſervable, eſpecially at duſk of the evening, when the cauſe is not to be ſeen. This noiſe is like that made by the wind blowing into a hollow veſſel; wherefore I conceive it is occaſion'd by their wide mouth forcibly oppoſing the air, when they ſwiftly purſue and catch their prey, which are Flies, Beetles, &c.

They uſually lay two eggs, like in ſhape, ſize, and colour, to thoſe of Lapwings, and on the bare ground.

Its ſtomach was filled up with half-digeſted Beetles, and other Inſects; and amongſt the remains, there ſeemed to be the feet of the *Grillotalpa*, but ſo much conſumed, that I could not be certain; as they are both nocturnal Animals, the probability is the greater. They diſappear in winter.

The *Grillotalpa* is found both in *Virginia* and *Carolina*, in the like marſhy grounds as in *England*, and ſeems not to differ from ours.

Tête-chevre de la Caroline.

CET Oiſeau répond à la deſcription que M. Willoughby *fait p.* 107. *d'un oiſeau de même nom, excepté que celui-ci eſt un peu plus petit. Il y a un grand nombre de ces Oiſeaux dans la Virginie & dans la Caroline, & on les y appelle* Chauve-ſouris des Indes Orientales. *Ils paroiſſent plus fréquemment vers le ſoir, & ſur tout dans un tems couvert: avant la pluye l'air en eſt rempli; & c'eſt alors qu'ils guêtent & qu'ils pourſuivent les mouches & les eſcarbots. Leur chant n'eſt autre choſe qu'un cri: en deſcendant & en ſe relevant de terre avec viteſſe, ils font un bruit ſurprénans, ce que les étrangers peuvent fort bien remarquer, ſur tout ſur la brune, ſans en voir la cauſe. Ce bruit eſt ſemblable à celui que fait le vent qui ſouffle dans un vaiſſeau creux, ce qui me fait croire qu'il eſt cauſé par l'air qui donne avec force dans leur goſier ouvert, lors qu'ils ſont à la pourſuite des mouches, des eſcarbots, &c.*

Ils pondent ordinairement deux œufs ſemblables pour la forme, la groſſeur, & la couleur à ceux des vanneaux, & ils les pondent par terre.

J'en ouvris un dont l'eſtomac étoit plein d'Eſcarbots & d'autres inſectes à demi digérés: il ſembloit qu'il y avoit entr'autres les piés d'un Grillotalpa, *mais ſi fort conſumés, que je ne ſaurois aſſûrer qu'ils fuſſent de cet inſecte; cependant ce qui rend la choſe plus probable, c'eſt que l'un & l'autre ſont des animaux nocturnes. Ils diſparoiſſent pendant l'hiver.*

On trouve les Grillotalpa *dans la Virginie & dans la Caroline dans les marais de même qu'en Angleterre, & il paroît qu'ils ne different pas des nôtres.*

Caprimulgus.
The Goat-sucker

CUCULUS CAROLINIENSIS.

The Cuckow of Carolina.

IS about the ſize of a Black-bird: the bill a little hooked and ſharp; the upper mandible black; the under yellow: the large wing feathers reddiſh; the reſt of the wing, and all the upper part of the body, head and neck, aſh-colour: all the under part of the body, from the bill to the tail, white: the tail long and narrow, compoſed of ſix long and four ſhorter feathers; the two middlemoſt aſh-colour, the reſt black, with their ends white: their legs ſhort and ſtrong, having two back toes, and two before. Their note is very different from ours, and not ſo remarkable as to be taken notice of. It is a ſolitary Bird, frequenting the darkeſt receſſes of woods and ſhady thickets. They retire at the approach of winter.

Coucu de la Caroline.

CET Oiſeau eſt à peu près de la groſſeur d'un merle. Il a le bec un peu crochu & pointu; la mandibule ſuperieure noire, & l'inferieure jaune; les grandes plumes de l'aile rougeatres, le reſte de l'aile & tout le haut du corps, la tête & le col de couleur de cendre; tout le deſſous du corps depuis le bec juſqu'à la queüe eſt blanc; la queüe longue & étroite, composée de ſix longues plumes & de quatre courtes; les deux du milieu ſont de couleur de cendre, les autres ſont noires, & leur bout eſt blanc: les jambes de ces oiſeaux ſont courtes & fortes; ils ont quatre doigts, deux devant & deux derriere: leur chant eſt très different de celui de nos Coucus, mais il n'eſt pas aſſez remarquable pour qu'on y faſſe attention. C'eſt un oiſeau ſolitaire qui ſe tient ordinairement dans les endroits les plus ſombres des bois & dans les haliers. Il ſe retire à l'approche de l'hiver.

Caſtanea pumila Virginiana, fructu racemato parvo in ſingulis capſulis echinatis unico. D. Baniſter.

The CHINKAPIN.

IT is a Shrub which ſeldom grows higher than ſixteen feet, and uſually not above eight or ten: the body commonly eight or ten inches thick, and irregular; the bark rough and ſcaly; the leaves are ſerrated, and grow alternately, of a dark green, their back-ſides being of a greeniſh white: at the joints of the leaves ſhoot forth long ſpikes of whitiſh flowers, like thoſe of the common Cheſnut, which are ſucceeded by Nuts of a conick ſhape, and the ſize of a Hazel-nut; the ſhell, which incloſes the kernel, is of the colour and conſiſtence of that of a Cheſnut, incloſed in a prickly burr, uſually five or ſix hanging in a cluſter. They are ripe in *September*.

Theſe Nuts are ſweet, and more pleaſant than the Cheſnut; of great uſe to the *Indians*, who for their winter's proviſion lay them up in ſtore.

Chinkapin.

C'Eſt un arbriſſeau qui a rarement plus de ſeize piés de haut, & qui n'en a ordinairement que huit ou dix; il a huit ou dix pouces d'épaiſſeur, & croit d'une maniere fort irreguliere. Il a l'écorce raboteuſe & écaillé. Les feüilles ſont dentelées, d'un verd foncé, le revers d'un blanc verdatre, & croiſſent alternativement; de l'aiſſelle des feüilles ſortent de longues pointes de fleurs blanchâtres comme celles des chataignes ordinaires, à quoy ſuccedent des noix d'une figure conique & de la groſſeur d'une noiſette; la coque, qui renferme l'amande, eſt de la même couleur & de la même conſiſtence que celle d'une Chataigne, qui eſt renfermée dans la gouſſe. Il y en a ordinairement cinq ou ſix qui pendent en un peloton. Elles ſont meures en Septembre.

Ces noix ſont douces & plus agréables que les Chataignes, & ſont d'un grand uſage aux Indiens qui en ſont leur proviſion pour l'hiver.

PSITTACUS PARADISI ex Cuba.

The Parrot of Paradiſe of Cuba.

IS ſomewhat leſs than the common *African* grey Parrot: the bill white, the eyes red: the upper part of the head, neck, back and wings, of a bright yellow, except the quill feathers of the wing, which are white: the neck and breaſt ſcarlet; below which is a wide ſpace of yellow; the remainder of the under part of the body ſcarlet; half way of the under part of the tail, next the rump, red, the reſt yellow. All the yellow, particularly the back and rump, have the ends of the feathers tinged with red: the feet and claws white. The figure of this Bird has the diſadvantage of all the reſt, it being painted only from the caſe: for as all different Birds have geſtures peculiar to them, it is requiſite they ſhould be drawn from the living Birds, otherwiſe it is impracticable to give them their natural air; which method, except in a few Birds, has been practiſed through the whole Collection.

It was ſhot by an *Indian*, on the Iſland *Cuba*; and being only diſabled from flying, he carried it to the Governour of the *Havana*, who preſented it to a Gentlewoman of *Carolina*, with whom it liv'd ſome years, much admir'd for its uncommonneſs and beauty.

Perroquet du Paradis de Cuba.

ET Oiſeau eſt un peu plus petit que les Perroquets gris qui ſont communs en Afrique; il a le bec blanc, les yeux rouges, le haut de la tête, le col, le dos, & les aîles d'un jaune vif, excepté les grandes plumes de l'aile qui ſont blanches: le col & l'eſtomac ſont d'un rouge écarlate: il y a au deſſous une large eſpace jaune, le reſte de la partie inferieure du corps eſt écarlate. La moitié du deſſous de la queüe près du croupion eſt rouge, le reſte jaune. Toutes les plumes jaunes, ſur tout celles du dos & du croupion, ont le bout teint de rouge: les piés ſont blancs, & les ſerres auſſi: la figure de cet oiſeau n'a point été tirée a ſon avantage, comme celles de tous les autres, parce qu'elle n'a été peinte que ſur l'oiſeau mort; comme tous les oiſeaux ont un air qui leur eſt particulier, il convient de les peindre en vie, autrement il n'eſt pas poſſible de leur donner leur air naturel: c'eſt la methode qu'on a ſuivi dans tout le cours de ce recueil à quelques oiſeaux près.

Celui-ci reçût un coup de flecbe d'un Indien dans l'Iſle de Cuba; & comme il l'avoit ſeulement mis hors d'état de voler, il le porta au Gouverneur de la Havanne, qui en fit preſent à un Gentilhomme de la Caroline, chez qui il vécut pendant quelques années, admiré a cauſe de ſe rareté & de ſa beauté.

Frutex Lauri folio pendulo, fructu tricocco, ſemine nigro ſplendente.

RED-WOOD.

THIS Tree uſually grows from ſixteen to twenty foot high, with a ſmall trunk, and ſlender branches; the leaves ſhaped not unlike thoſe of the Bay-tree; three black ſeeds are contained in every capſula: the bark of a ruſſet colour, and ſmooth: the grain of a fine red; but being expoſed a little time to the air, fades, and loſes much of its luſtre. They grow plentifully on the rocks in moſt of the *Bahama* Iſlands.

Bois-rouge.

CET arbre, dont le tronc eſt petit, & les branches deliées, a ordinairement ſeize à vingt piés de haut, la forme des feüilles n'eſt pas différente de celles du Laurier: chaque capſule contient trois grains de ſemence noirs: l'ecorce eſt unie & rouſſatre; la graine eſt d'un beau rouge, mais lorſqu'elle a été un peu expoſée à l'air elle ſe flétrit & perd beaucoup de ſon luſtre. Ces arbres croiſſent en abondance ſur des rochers dans la pluſpart des Iſles de Bahama.

The Parrot of Paradise

PSITTACUS CAROLINIENSIS.

The Parrot of Carolina.

HIS Bird is of the bignefs, or rather lefs than a Black-bird, weighing three ounces and an half: the fore part of the head orange colour; the hind part of the head and neck yellow. All the reft of the Bird appears green; but, upon nearer fcrutiny, the interior vanes of moft of the wing feathers are dark brown: the upper parts of the exterior vanes of the larger wing or quill feathers are yellow, proceeding gradually deeper colour'd to the end, from yellow to green; and from green to blue: the edge of the fhoulder of the wing, for about three inches down, is bright orange colour. The wings are very long, as is the tail; having the two middle feathers longer than the others by an inch and half, and end in a point; the reft are gradually fhorter. The legs and feet are white: the fmall feathers covering the thighs, are green, ending at the knees with a verge of orange colour. They feed on feeds and kernels of fruit; particularly thofe of Cyprefs and Apples. The orchards in autumn are vifited by numerous flights of them; where they make great deftruction for their kernels only: for the fame purpofe they frequent *Virginia*; which is the furtheft North I ever heard they have been feen. Their guts are certain and fpeedy poifon to Cats. This is the only one of the Parrot kind in *Carolina:* fome of them breed in the country; but moft of them retire more South.

Perroquet de la Caroline.

ET Oifeau eft de la groffeur d'un Merle, ou même plus petit, & pefe trois onces & demi. Il a le devant de la tête couleur d'orange; la derriere de la tête & le col jaune, tout le refte de l'Oifeau paroît verd, mais après une recherche plus exacte j'ai trouvé que les barbes interieures de la plûpart des plumes de l'aife font d'un brun foncé, & le haut des barbes exterieures des plus grandes plumes de l'aile font jaunes, devenant par degrés plus foncées jufqu'au bout, tirant du jaune au verd, & du verd au bleu. Le bord du haut de l'aile eft à environ trois pouces en defcendant, d'un beau couleur d'orange: les ailes font fort longues de même que la queüe, dont les deux plumes du milieu font un pouce & demi plus longues que les autres, & finiffent en pointe: les autres font plus courtes, & cela par degrés. Les jambes & les piés font blanc, les petites plumes qui couvrent les cuiffes jufqu'à la jointure de la jambe font vertes & bordées de couleur d'orange. Ils fe nouriffent des graines & des pepins des fruits, & fur tout des graines de cyprès & des pepins de pommes Il vient en automne des volées innombrables de ces oifeaux dans les vergers, où ils font un grand dégât; car ils ne mangent que les pepins. Ce font auffi les pepins qui les attirent dans la Virginie, qui eft l'endroit du Nord le plus éloigné où j'ay oui dire qu'on ait vû de ces oifeaux. Leur boyaux font un poifon prompt & affuré pour les chats. C'eft la feule efpece de Perroquet qu'il y ait dans la Caroline. Quelques uns font leurs petits à la campagne, mais la plûpart fe retirent plus au Sud.

The CYPRESS of *America*.

THE Cyprefs (except the Tulip-tree) is the talleft and largeft in thefe parts of the world. Near the ground fome of them meafure 30 foot in circumference, rifing pyramidally fix foot, where it is about two thirds lefs; from which to the limbs, which is ufually 60 or 70 foot, it grows in like proportion of other trees. Four or five foot round this tree (in a fingular manner) rife many ftumps, fome a little above ground, and others from one to four feet high, of various fhape and fize, their tops round, covered with a fmooth red bark. Thefe ftumps fhoot from the roots of the tree, yet they produce neither leaf nor branch, the tree increafing only by feed, which in form are like the common Cyprefs, and contain a balfamic confiftence of a fragrant fmell. The timber this tree affords is excellent, and particularly for covering houfes with, it being light, of a free grain, and refifting the injuries of the weather better than any other here. It is an aquatic, and ufually grows from one, five and fix foot deep in water; which fecure fituation feems to invite a great number of different birds to breed in its lofty branches; amongft which this Parrot delights to make its neft, and in *October*, (at which time the feed is ripe) to feed on their kernels.

Cyprês de l'Amerique.

CET arbre eft le plus haut & le plus gros qu'il y ait dans cette partie du monde, excepté l'arbre qui porte des Tulipes. Quelques uns ont trente piés de circonference près de terre, ils s'élevent en diminuant toûjours jufqu'à la hauteur de fix piés, où reduits aux deux tiers de la groffeur dont ils font au pied ils continuent de croître ordinairement foixante ou foixante & dix piés jufqu'à la tige, avec la même proportion que les autres arbres. Il fort d'une maniere finguliere à quatre ou cinq piés autour de cet arbre plufieurs chicots de différente forme & de différente grandeur, quelques uns un peu au deffus de terre, & d'autres depuis un pied de haut jufqu'à quatre. Leur tête eft converte d'une écorce rouge & unie. Ces chicots fortent des racines de l'arbre, cependant ils ne produifent ni feüilles ni branches, car l'arbre ne vient que du grain de femence qui eft de la même forme que celui des Cyprès ordinaires, & qui contient une fubftance balfamique & odoriférante. Le bois de charpente qu'on fait de cet arbre eft excellent, fur tout pour couvrir les maifons, à caufe qu'il eft léger, qu'il a le grain délié, & qu'il réfifte aux injures du tems mieux que ne fait aucun autre que nous ayons dans ce pays ici. Il eft aquatique, & croit ordinairement depuis un pié jufqu'à cinq & fix de profondeur dans l'eau. Il femble que fa fituation invite un grand nombre de differentes fortes d'oifeaux à fe loger fur fes branches, pour y multiplier leur efpece; le Perroquet entr'autres y fait volontiers fon nid, & fe nourrit des pepins en Octobre, qui eft le tems de leur maturité.

MONEDULA PURPUREA.

The Purple Jack-Daw.

HIS is not ſo big by one third part as the common Jack-Daw, weighing ſix ounces: the bill black, the eyes grey, the tail long, the middle-feathers longeſt, the reſt gradually ſhorter. At a diſtance they ſeem all black, but at a nearer view, they appear purple, particularly the head and neck has moſt luſtre.

THE Hen is all over brown, the wing, back and tail being darkeſt. They make their neſts on the branches of trees in all parts of the country, but moſt in remote and unfrequented places; from whence in autumn, after a vaſt increaſe, they aſſemble together, and come amongſt the inhabitants in ſuch numbers that they ſometimes darken the air, and are ſeen in continued flights for miles together, making great devaſtation of grain where they light. In winter they flock to barn doors. They have a rank ſmell; their fleſh is coarſe, black, and is ſeldom eat.

Choucas couleur de pourpre.

L s'en faut un tiers que cet oiſeau, qui peſe ſix onces, ſoit auſſi gros que les Chaucas ordinaires. Il a le bec noir, les yeux gris, la queüe longue, au milieu de laquelle il a une plume, qui s'allonge plus que les autres, qui vont toûjours en diminuant de chaque côte: elles paroiſſent de loin toutes noires; mais de près on les voit couleur de pourpre, la tête ſur tout & le col ont plus de luſtre.

LA fémelle eſt toute brune; elle a l'aile, le dos & la queüe d'un brun plus foncé. Ils font leur nid ſur les branches des arbres dans tous les quartiers de la campagne, mais plus encore dans des endroits éloignés & qui ne ſont pas frequentés, c'eſt de là qu'après avoir beaucoup multiplié ils viennent en automne dans les endroits habités en ſi grand nombre qu'ils obſcurciſſent quelque fois l'air, & on les voit ainſi voler enſemble pluſieurs miles. Ils font un grand dégât de grain aux endroits où ils s'arrêtent. Ils viennent en foule aux portes des granges pendant l'hiver: ils ont une odeur forte, leur chair eſt groſſiere, noire, & on en mange rarement.

STURNUS niger alis superne rubentibus.

The red wing'd Starling.

A Cock weighed between three and four ounces, in shape and size resembling our Starling. The whole Bird (except the upper part of the wings) is black, and would have little beauty, were it not for the shoulders of the wings, which are bright scarlet. This and the Purple-Daw are of the same genus, and are most voracious corn-eaters. They seem combined to do all the mischief they are able: and to make themselves most formidable, both kinds unite in one flock, and are always together, except in breeding time; committing their devastations all over the Country. When they are shot, there usually falls of both kinds; and before one can load again, there will be in the same place oft-times more than before they were shot at. They are the boldest and most destructive Birds in the Country.

This seems to be the Bird *Hernandez* calls ACOLCHICHI, *Will. Orn. p.* 391. They make their nests in *Carolina* and *Virginia*, not on trees, but always over the water, amongst reeds or sedge; the tops of which they interweave very artfully, and fix their nests beneath; and so secure from wet, that where the tides flow, it is observed that they never reach them. They are familiar and active Birds, and are taught to talk and sing.

The Hens are considerably less than the Cocks, of a mixed gray, and the red on their wings not so bright.

Etourneau à ailes rouges.

LE mâle pese entre trois & quatre onces, & est de la même forme & de la même grosseur que nos étourneaux. L'Oiseau entier, excepté la partie supérieure des ailes, est noir; & il ne seroit gueres beau, si le haut de ses ailes n'étoit pas d'un écarlate vif. Cet Oiseau & le Choucas couleur de pourpre sont du même genre, & mangent une quantité prodigieuse de grain. Ils paroissent agir de concert pour faire tout le mal qu'ils peuvent; & pour se rendre fort redoutables, les deux especes se joignent, & volent de compagnie, excepté dans le tems qu'ils nichent, & font beaucoup de dégât dans tout le pays. Quand on les tire, il en tombe ordinairement des deux especes; & avant qu'on ait le tems de recharger, il y en a souvent au même endroit plus qu'il n'y en avoit avant qu'on eût tiré. Ces Oiseaux sont les plus hardis, & les plus pernicieux qu'il y ait dans le pays.

Il semble que c'est ici l'Oiseau qu' Hernandez *appelle* Acolchichi, Will. Am. p. 391. *Ils font leur nids dans la Caroline & dans la Virginie, non sur des arbres, mais toujours au dessus de l'eau, parmi les joncs dont ils entrelacent les pointes avec beaucoup d'art, & fixent leurs nids par dessous, & les mettent à une hauteur si juste, qu'ils n'ont rien à craindre des marées. Ces Oiseaux sont familiers & actifs, & apprenent à parler & à chanter.*

La femelle est beaucoup plus petite que le mâle: elle est d'un gris mêlé, & le rouge qui est sur ses ailes n'est pas si vif.

Myrtus Brabanticæ similis, Caroliniensis, humilior; foliis latioribus & magis serratis.

The broad-leaved Candle-berry MYRTLE.

THIS grows usually not above three foot high, in which, and its having a broader leaf than the tall Candle-berry Myrtle, it principally differs from it.

Myrte à chandelle.

CET Arbisseau ne vient ordinairement que trois piés de haut, en quoi il differe du grand Myrte à chandelle, & en ce qu'il a aussi ses feuilles plus larges.

D

HORTULANUS CAROLINIENSIS.

The Rice-Bird.

IN the beginning of *September*, while the grain of Rice is yet soft and milky, innumerable flights of these Birds arrive from some remote parts, to the great detriment of the inhabitants. In 1724 an inhabitant near *Ashley* river had forty acres of Rice so devoured by them, that he was in doubt, whether what they had left was worth the expence of gathering in.

They are esteemed in *Carolina* the greatest delicacy of all other Birds. When they first arrive, they are lean, but in few days become so excessive fat, that they fly sluggishly and with difficulty; and when shot, frequently break with the fall: they continue about three weeks, and retire by that time the Rice begins to harden.

There is somewhat so singular and extraordinary in this Bird, that I cannot pass it over without notice. In *September*, when they arrive in infinite swarms to devour the Rice, they are all Hens, not being accompanied with any Cock. Observing them to be all feather'd alike, I imagined they were young of both sexes, not perfected in their colours; but by opening some scores prepared for the spit, I found them to be all Females. And that I might leave no room for doubt, repeated the search often on many of them, but could never find a Cock at that time of the year.

Early in the spring, both Cocks and Hens make a transient visit together, at which time I made the like search as before, and both sexes were plainly distinguishable. The Hen, which is properly the Rice-Bird, is about the bigness of a Lark, and coloured not unlike it on the back; the breast and belly are pale yellow, the bill is strong, sharp-pointed, and shaped like most others of the graniverous kind. This seems to be the Bird described by the name of MAIA, *Will. App. p.* 386. In *September* 1725, lying upon the deck of a sloop in a bay at *Andros* Island, I and the Company with me, heard three nights successively, flights of these Birds (their note being plainly distinguishable from others) passing over our heads northerly, which is their direct way from *Cuba* to *Carolina*; from which, I conceive, after partaking of the earlier crop of Rice at *Cuba*, they travel over sea to *Carolina* for the same intent, the Rice there being at that time fit for them.

The Cock's bill is lead-colour, the fore-part of the head black, the hind-part and the neck of a reddish yellow, the upper-part of the wing white, the back next the head black, lower down grey, the rump white, the greatest part of the wing, and whole tail, black; the legs and feet brown in both sexes.

Ortolan de la Caroline, ou Oiseau à Ris.

IL vient de quelques pays éloignés des volées innombrables de ces Oiseaux, au commencement de Septembre, dans le tems que le ris est encore tendre & plein de lait; & ces Oiseaux causent un grand dommage aux habitans. En l'an 1724 ils ravagerent quarante arpens de ris, qu'un des habitans avoit proche la riviere d'Ashley, & les ravagerent si fort, que le proprietaire ne sçavoit, si ce qui en restoit suffisoit pour le dédommager des frais qu'il falloit faire pour le recueillir.

Ils passent dans la Caroline pour les plus délicieux de tous les oiseaux. Ils sont maigres en arrivant; mais ils deviennent si gras en peu de jours, qu'ils volent lentement & avec peine; & quand on les tire, ils se rompent même souvent en tombant: ils s'arrêtent pendant environ trois semaines; & puis se retirent dans le tems que le ris commence à durcir.

C'est une chose singuliere & extraordinaire, que la multitude infinie de ces Oiseaux qui arrivent au mois de Septembre ne soit composée que de femelles. J'en ai fait l'expérience sur plusieurs vingtaines, que j'ai ouvertes pour cet effet; parcequ'ayant remarqué qu'ils étoient tous d'un plumage semblable, je croyois que c'étoit des jeunes de l'un & de l'autre sexe, dont la couleur n'étoit point encore dans sa perfection; mais afin de ne laisser aucun lieu de douter, je fis souvent la même expérience sur plusieurs; & je n'y pus jamais trouver aucun mâle dans cette saison de l'année.

Au commencement du printems les mâles & les femelles viennent ensemble, mais ne font que passer: je fis alors la même recherche qu'auparavant; & on pouvoit facilement distinguer les deux sexes. La femelle, qui est proprement l'Oiseau à ris, est à peu près de la grosseur d'une alouette: elle a le dos d'une semblable couleur, la poitrine & le ventre d'un jaune pâle, le bec fort & pointu, & de la même forme que celui de la pluspart des autres especes d'Oiseaux qui vivent de grain. Il semble que c'est l'Oiseau qu'on a décrit sous le nom de MAIA, Will. App. p. 386. *Etant au mois de Septembre 1725, couché sur le tillac d'une chaloupe dans une baye de l'Isle d'Andros, nous entendimes, trois nuits de suite, des volées de ces Oiseaux (leur chant pouvant facilement se distinguer de celui des autres) qui passoient pardessus nos têtes, allant vers le Nord, ce qui est leur droit chemin de Cuba à la Caroline, d'ou je conçois qu'après avoir mangé le ris qui est prémierement mûr à Cuba, ils traversent la mer, & vont dans la Caroline pour le même sujet, le ris y étant alors tel qu'il le leur faut.*

Les mâles ont le bec couleur de plomb, le devant de la tête, & le cou d'un jaune rougeatre. Les mâles & les femelles ont le haut de l'aile blanc, la partie supérieure du dos noire, l'inférieure toute grise, le croupion blanc, la plus grande partie de l'aile, & toute la queüe noires, les jambes & les piés bruns.

PICA glandaria, cærulea, criſtata.

The Blue Jay.

IS full as big, or bigger than a Starling: the bill black; above the baſis of the upper mandible are black feathers, which run in a narrow ſtripe croſs the eyes, meeting a broad black ſtripe, which encompaſſes the head and throat. It's crown feathers are long, which it erects at pleaſure: the back is of a duſky purple: the interior vanes of the larger quill feathers black; the exterior blue, with tranſverſe black lines croſs every feather, and their ends tipt with white. The tail is blue, marked with the like croſs lines as on the wings. They have the like jetting motion with our Jay; their cry is more tuneful.

The Hen is not ſo bright in colour, except which, there appears no difference.

Geai bleu.

CET Oiſeau eſt auſſi gros, ou même plus gros qu'un étourneau: il a le bec noir; & au deſſus de la baſe de la mandibule ſupérieure il y a des plumes noires, qui forment une petite raye au travers des yeux, laquelle ſe joint à une plus grande qui environne la tête & le goſier: les plumes de ſa crête ſont longues, & il les dreſſe quand il veut: il a le dos d'un pourpre ſombre: les barbes intérieures des grandes plumes de l'aîle ſont noires: les extérieures bleues, avec des rayes noires au travers de chaque plume, dont le bout eſt bordé de blanc. Sa queüe eſt bleue, & marquée des mêmes rayes que ſes aîles. Ce Geai a la même air que les nôtres; mais ſon cri n'eſt pas ſi déſagréable.

La fémelle n'a pas les couleurs ſi vives, mais d'ailleurs il n'y paroit aucune différence.

Smilax lævis, Lauri folio, baccis nigris.

The Bay-leaved Smilax.

THIS Plant is uſually found in moiſt places: it ſends forth from its root many green ſtems, the branches of which overſpreads whatſoever ſtands near it, to a very conſiderable diſtance; and it frequently climbs above ſixteen foot in height, growing ſo very thick, that in Summer it makes an impenetrable ſhade, and in Winter a warm ſhelter for cattle. The leaves are of the colour and conſiſtence of Laurel, but in ſhape more like the Bay, without any viſible veins, the middle rib only excepted.

The flowers are ſmall and whitiſh; the fruit grows in round cluſters, and is a black berry, containing one ſingle hard ſeed, which is ripe in *October*, and is food for ſome ſorts of birds, particularly this Jay.

Smilax à feuilles de Laurier.

ON trouve ordinairement cette Plante dans des endroits humides: elle pouſſe de ſa racine pluſieurs tiges vertes, dont les branches couvrent tout ce qui eſt autour d'elle, à une diſtance très conſidérable, & montent ſouvent à plus de ſeize piés de haut, & deviennent ſi épaiſſes, qu'en Eté elles forment une ombre impénétrable, & en Hiver une retraite chaude pour le bétail. Les feuilles de cette plante ſont de la même couleur, & de la même conſiſtence que celles du laurier mâle, mais elles ont plus la figure de celles du Laurier fémelle, & n'ont aucune veine viſible, excepté celle du milieu.

Les fleurs ſont petites & blanchâtres: le fruit vient en grapes rondes, & n'eſt qu'une baye noire qui contient un ſeul grain de ſemence dûr, qui eſt mûr en Octobre, & qui ſert de nourriture à quelques eſpeces d'oiſeaux, mais principalement au Geai bleu.

PICUS *Maximus roſtro albo.*

The largeſt white-bill Woodpecker.

EIGHS twenty ounces; and is about the ſize, or ſomewhat larger than a Crow. The bill is white as ivory, three inches long, and channelled from the baſis to the point: the iris of the eye yellow: the hind part of the head adorned with a large peaked creſt of ſcarlet feathers: a crooked white ſtripe runs from the eye on each ſide of the neck, towards the wing: the lower part of the back and wings (except the large quill feathers) are white: all the reſt of the Bird is black.

The bills of theſe Birds are much valued by the *Canada Indians*, who make coronets of them for their Princes and great warriors, by fixing them round a wreath, with their points outward. The Northern *Indians*, having none of theſe Birds in their cold country, purchaſe them of the Southern people at the price of two, and ſometimes three buck-ſkins a bill.

Theſe Birds ſubſiſt chiefly on Ants, Wood-worms, and other Inſects, which they hew out of rotten trees; nature having ſo formed their bills, that in an hour or two they will raiſe a buſhel of chips; for which the *Spaniards* call them *Carpenteros.*

Pic de la prémiere grandeur au bec blanc.

ET Oiſeau peſe vingt onces; & eſt de la groſſeur d'une Corneille, ou même un peu plus gros. Il a le bec blanc comme l'ivoire, de trois pouces de long, & cannelé depuis la baſe juſqu'à la pointe, l'iris de l'œil jaune, le derriere de la tête orné d'une grande crête de plumes écarlates, & une raye blanche crochue à chaque coté du cou depuis les yeux juſques vers l'aîle: la partie inférieure du corps, & les aîles (excepté les grandes plumes) ſont blanches: tout le reſte de l'Oiſeau eſt noir.

Le bec de ces Oiſeaux eſt fort eſtimé des Indiens du Canada, qui en font des couronnes pour leurs Princes & pour leurs grands guerriers, en les enchaſſant de maniere que les pointes s'élevent en dehors. Les Indiens du Nord, n'ayant point de ces Oiſeaux dans leur pays froid, les achetent des Indiens du Sud, & donnent juſqu'à deux & même trois peaux de daim pour un bec.

Ces Oiſeaux ſe nourriſſent principalement de fourmis de vers, & d'autres inſectes qu'ils tirent des vieux arbres pourris; la nature ayant formé leur bec de maniere que dans une heure ou deux ils peuvent faire un boiſſeau de copeaux; c'eſt pour cela que les Eſpagnols les appellent Carpenteros.

Quercus Anpotius; Ilex Marilandica, folio longo, anguſto, ſalices. Raii Hiſt.

The WILLOW OAK.

THIS Oak is never found but in low moiſt land: the leaves are long, narrow, and ſmooth edged, in ſhape like the Willow: the wood is ſoft and coarſe-grained, and of leſs uſe than moſt of the other kinds of Oak. In mild Winters they retain their leaves in *Carolina*; but in *Virginia* they drop.

Le Chêne Saule.

ON ne trouve jamais ce Chêne que dans les fonds humides: les feuilles en ſont longues, étroites, & unies aux extremités, de la même forme que celles du ſaule; le bois eſt tendre, & le grain en eſt gros, & il eſt moins bon pour l'uſage que celui de la pluſpart des autres eſpeces de Chêne: quand les Hivers ſont tempérés, les feuilles de ces arbres ne tombent point à la Caroline, mais elles tombent à la Virginie.

Willow Oak

The large red crested Woodpecker

PICUS niger maximus capite rubro.

The larger red-crested Wood-pecker.

WEIGHS nine ounces: the bill angular, two inches long, of a lead colour: the neck is ſmall; the iris of the eye gold colour, encompaſſed with a lead colour'd ſkin: the whole crown of the head is adorn'd with a large ſcarlet creſt; under which, and from the eyes back, runs a narrow white line, and under that a broad black liſt: a patch of red covers ſome of the lower mandible of the bill and neck; the reſt of the neck (except the hind part, which is black) of a pale yellow, with a ſmall ſtripe of black dividing it: the upper part of the exterior vanes of the quill feathers is white; above which, on the edge of the wing, is a white ſpot or two: on the middle of the back is a broad white ſpot: all the reſt of the upper part of the body and tail black: the under part of the body of a duſky black.

That which diſtinguiſhes the Cock from the Hen, is the red which covers ſome part of his under jaw, which in the Hen is black. And whereas the whole crown of the Cock is red, in the Hen the forehead is brown. Theſe Birds (beſides Inſects, which they get from rotten trees, their uſual food) are deſtructive to Maiz, by pecking holes through the huſks that incloſe the grain, and letting in wet.

Grand Piverd à tête rouge.

CET Oiſeau peſe neuf onces. Il a le bec angulaire, long de deux pouces, & couleur de plomb, le col petit, l'iris de l'œil couleur d'or, entourée d'une peau couleur de plomb. Tout le ſommet de ſa tête eſt orné d'une grande crête écarlate, ſous laquelle il y a une petite raye blanche qui s'allonge depuis les yeux en arriere, & ſous celle là une autre, grande & noire. Une tache rouge couvre une partie de la mandibule inferieure du bec & du col; le reſte du col, excepté le derriere qui eſt noir, eſt d'un jaune pale avec une petite raye noire qui le partage. Le haut des barbes exterieures des grandes plumes de l'aile eſt blanc, au deſſus duquel & ſur le bord de l'aile il y a une ou deux taches blanches, & ſur le milieu du dos il y en a une grande de la même couleur; tout le reſte du haut du corps eſt noir, auſſi bien que la queüe; le deſſous du corps eſt d'un noir ſombre.

Ce qui diſtingue le mâle de la femelle c'eſt le rouge qui couvre une partie de la mandibule inferieure du mâle, au lieu que c'eſt du noir qui couvre celle de la femelle, & que d'ailleurs tout le ſommet de la tête du mâle eſt rouge, & que le devant de la tête de la femelle eſt brun. Ces Oiſeaux (non contents des Inſectes qu'ils tirent des arbres pourris, & dont ils ſont leur nourriture ordinaire) détruiſent encore beaucoup de Maiz, parce que l'humidité qui entre par les trous qu'ils font dans la coſſe gate le grain qu'elle renferme.

Quercus ſempervivens foliis oblongis non ſinuatis. D. Baniſter.

The LIVE OAK.

THE uſual height of the Live Oak is about 40 foot; the grain of the wood coarſe, harder and tougher than any other Oak. Upon the edges of ſalt marſhes (where they uſually grow) they arrive to a large ſize. Their bodies are irregular, and generally lying along, occaſioned by the looſeneſs and moiſture of the ſoil, and tides waſhing their roots bare. On higher lands they grow erect, with a regular pyramidal-ſhaped head, retaining their leaves all the year. The acorns are the ſweeteſt of all others; of which the *Indians* uſually lay up ſtore, to thicken their veniſon ſoop, and prepare them other ways. They likewiſe draw an oil, very pleaſant and wholſome, little inferior to that of Almonds.

Chêne verd à feüilles oblongues.

LA hauteur ordinaire de cet arbre eſt d'environ quarante piés. Le grain du bois eſt groſſier, plus dur, & plus rude que celui d'aucun autre Chêne. Ils viennent d'une groſſeur plus grande aux bords des marais ſalés, où ils croiſſent ordinairement. Le tronc eſt irregulier, & pour la plûpart panché, ou, pour ainſi dire, couché, ce qui vient de ce que le terrein étant humide a peu de conſiſtence, & que les marées emportent la terre qui doit couvrir les racines. Dans un terroir plus élevé cette ſorte d'arbres ſont droits, & ont la cime reguliere & piramidale, & conſervent leurs feüilles toute l'année. Les glands qu'ils portent ſont plus doux que ceux de tous les autres Chênes: les Indiens en font ordinairement proviſion, & s'en ſervent pour épaiſſir les ſoupes qu'ils font avec de la venaiſon; ils les preparent auſſi de pluſieurs autres manieres. Ils en tirent une huile très agréable & très ſaine, qui eſt preſque auſſi bonne que celle d'Amande.

PICUS major alis aureis.

The Gold-winged Wood-pecker.

HIS Bird weighs five ounces: the bill black, an inch and half long, and a little bending: from the angles of the mouth on each side runs down a broad black list, about an inch long: the upper part of the head and neck of a lead colour. On the hind part of the head is a large scarlet spot. The hind part of the neck, throat, and about the eyes, of a bay colour; the back, and part of the wing next to it, is intermix'd with black spots, in form of half moons. The larger wing feathers brown. What adds to the elegancy of this Bird, and what alone is sufficient to distinguish it by, is, that the beams of all the wing feathers are of a bright gold colour. The breast has in the middle of it a large black spot, in form of a crescent, from which to it's vent it is dusky white, and spotted with round and some heart-shaped black spots. The rump white, the tail black, which, with the feet, are formed as others of this kind. It differs from other Wood-peckers in the hookedness of it's bill, and manner of feeding, which is usually on the ground, out of which it draws worms and other insects; neither do they alight on the bodies of trees in an erect posture as Wood-peckers usually do, but like other Birds.

THE Hen wants the black list, which is at the throat of the Cock, except which, she differs not from him in colour.

Grand Piverd aux ailes d'Or.

ET Oiseau pèse cinq onces; il a le bec noir, d'un pouce & demi de long & un peu courbe. Il y a de chaque coté une grande raye noire, qui prend aux angles du bec & qui descend environ un pouce; le haut de la tête & le col de cet oiseau est couleur de plomb; il a sur le derriere de la tête une grande tache écarlate: le derriere de son col, son gosier, & le tour de ses yeux sont d'un rouge brun, le dos & cette partie de l'aile qui le touche sont entremelés de taches noires en forme de croissant. Les plus grandes plumes de l'aile sont brunes; mais ce qui augmente la beauté de cet oiseau & qui seul suffit pour le distinguer c'est que la côte de toutes les plumes de l'aile est d'un vif couleur d'or. Il a au milieu de la poitrine une grande tache noire en forme de croissant & cette partie qui est entre cette tache & l'anus est d'un blanc sale marqueté de taches noires, dont les unes sont rondes & les autres en forme de cœur. Il a le croupion blanc, la queüe noire & de la même forme que celle des autres Piverds, aussi bien que les piés. Il differe des autres Piverds en ce que son bec est courbe & que sa maniere de ses nourrir est ordinairement sur la terre, dont il tire des vers & d'autres insectes; il ne grimpe pas non plus sur le tronc des arbres comme font les Piverds, mais il s'y perche comme les autres oiseaux.

LE gosier de la femelle n'as pas cette raye noire, qu'on voit à celui du mâle, mais d'ailleurs elle est de la même couleur.

Quercus castaneæ foliis, procera arbor virginiana. Pluk. Alma.

The CHESNUT OAK.

THIS Oak grows only in low and very good land, and is the tallest and largest of the Oaks in these parts of the world: the bark white and scaly; the grain of the wood not fine, though the timber is of great use: the leaves are large, indented round the edges, like those of the Chesnut. None of the other Oaks produce so large acorns.

Chêne à feüilles de Chataigner.

CE Chêne ne croît que dans des fonds & dans un bon terroir; c'est le plus grand & le plus gros des Chênes qui croissent dans cette partie du monde: l'écorce en est blanche & écaillée, le grain du bois n'est pas beau quoiqu'on s'en serve beaucoup pour la charpente, les feüilles sont larges & dentelées comme celles du Chataigner. Il n'y a point d'autre Chêne qui produise des glands si gros que celui-cy.

[illegible] [illegible]

The golden W[illegible] Woodpecker

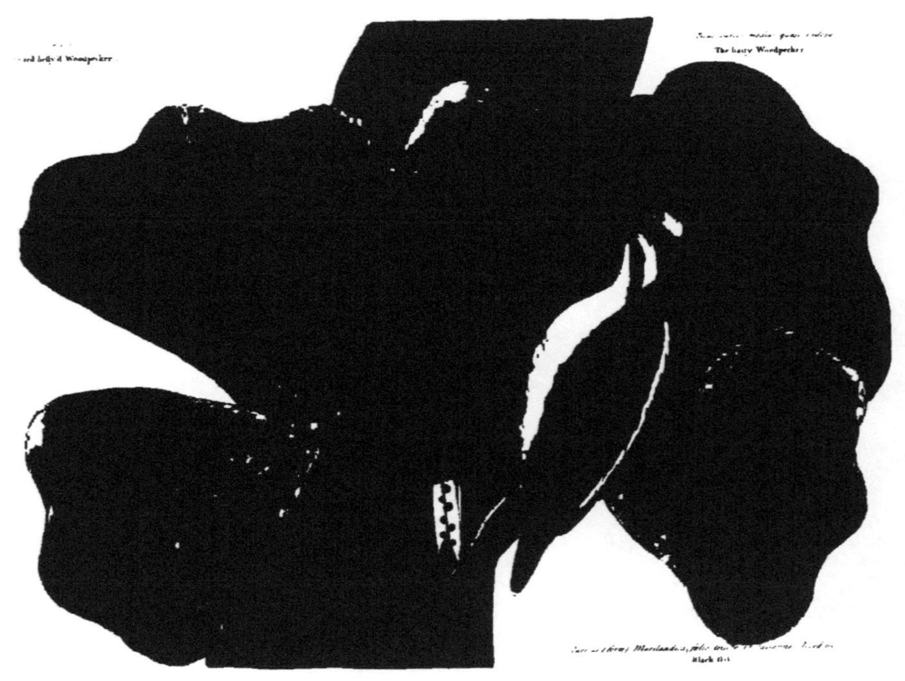
The hairy Woodpecker

PICA Ventre rubro.

The Red-bellied Wood-pecker.

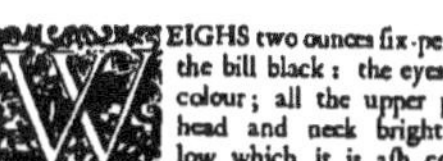

WEIGHS two ounces ſix-penny weight: the bill black: the eyes of a hazel colour; all the upper part of the head and neck bright red; below which it is aſh colour, as is the under part of the body, except the belly, near the vent, which is ſtained with red: the upper part of the body, including the wings, is marked regularly with tranſverſe black and white lines: the tail black and white; the feet black.

The Hen's forehead is brown; which is all the difference between them.

Piverd à ventre rouge.

CET Oiſeau péſe deux onces & ſix deniers de poids. Il a le bec noir, les yeux couleur de noiſette, tout le haut de la tête & le col d'un rouge vif, & le deſſous du col eſt couleur de cendre, de même que le deſſous du corps, excepté cette partie du ventre près de l'anus qui eſt marquée de rouge. Le haut du corps & les ailes ſont regulierement marquées de rayes noires & blanches en travers: la queue eſt noire & blanche, & les piés ſont noirs.

La fémelle eſt de la même couleur que le mâle, avec cette difference qu'elle a le devant de la tête brun.

PICUS medius quaſi villoſus.

The Hairy Wood-pecker.

WEIGHS two ounces: the crown of the head black; a red ſpot covers the back part of the head, between which and the eye it is white; the reſt of the head and neck black, with a white line in the middle; the back is black, with a broad white ſtripe of hairy feathers; extending down the middle to the rump; the wings are black, with both vanes of the feathers ſpotted with large white ſpots: the tail black; all the under part of the body white.

The Hen differs from the Cock, only in not having the red ſpot at the back of the head.

Piverd velu.

CET Oiſeau péſe deux onces. Le ſommet de ſa tête, dont le derriere eſt couvert d'une tache rouge, eſt noir, & la partie qui eſt entre cette tache & l'œil eſt blanche; le reſte de la tête & le col eſt noir, & il y a une raye blanche au milieu; ſon dos eſt noir, avec une grande raye blanche composée de plumes velues, qui s'étendent juſqu'au croupion. Les ailes ſont noires, & les barbes des plumes qui les compoſent, ſont marquetées de grandes taches blanches. La queue eſt noire; tout le deſſous du corps eſt blanc.

La fémelle ne differe du mâle qu'en ce qu'elle n'a point de tache rouge au derriere de la tête.

Quercus (forte) Marilandica, folia trifido ad ſaſſafras accedente. Raii Hiſt.

The BLACK OAK.

USually grows on the pooreſt land, and is ſmall: the colour of the bark black, the grain coarſe; and the wood of little uſe but to burn: Some of theſe Oaks produce leaves ten Inches wide.

Chêne noir.

CET arbre croît ordinairement dans un mauvais terroir. Il eſt petit, & a l'écorce noire; le grain groſſier, & le bois ne ſert guères qu'à bruler: quelques uns de ces chênes ont des feüilles larges de dix pouces.

PICUS Capite toto rubro.

The Red-headed Wood-pecker.

THIS Bird weighs two ounces: the bill ſharp, ſomewhat compreſſed ſideways, of a lead colour: the whole head and neck deep red: all the under part of the body and rump white; as are the ſmaller wing feathers; which, when the wings are cloſed, join to the white on the rump, and make a broad white patch croſs the lower part of the back; the upper part of which is black, as are the quill feathers and tail, which is ſhort and ſtiff. In *Virginia* very few of theſe Birds are to be ſeen in winter: in *Carolina* there are more, but not ſo numerous as in ſummer; wherefore I conceive they retire Southward, to avoid the cold. This is the only one of the Wood-peckers that may be termed domeſtick, frequenting villages and plantations, and takes a peculiar delight in ratling with its bill on the boarded houſes. They are great devourers of fruit and grain.

The Hen in colour differs little or nothing from the Cock.

Piverd à tête rouge.

CET Oiſeau péſe deux onces: ſon bec, qui eſt pointu & un peu applatti par des côtés, eſt couleur de plomb. Il a toute la tête & le col d'un rouge foncé, tout le deſſous du corps & le croupion blanc, de même que les petites plumes de l'aile, qui, lors qu'elles ſont ſerrées, ſe joignent au blanc qui eſt ſur le croupion, & forment enſemble une grande tache blanche, qui traverſe le bas du dos, dont le haut eſt noir auſſi bien que les grandes plumes de l'aile, & la queüe qui eſt courte & roide. On ne voit dans la Virginie que très peu de ces oiſeaux pendant l'hiver: il y en a plus dans la Caroline, mais non pas en ſi grand nombre qu'en été, ce qui me fait croire qu'ils ſe retirent vers le Sud, pour éviter le froid. C'eſt le ſeul des Piverds qu'on peut appeller domeſtique, *car il frequente les villages & les plantations, & ſe plaît beaucoup à faire du bruit avec ſon bec ſur les planches dont les maiſons ſont baties. Il mange prodigieuſement de fruit & de grain.*

La femelle differe peu ou point du tout du mâle en couleur.

Quercus folio non ſerrato, in ſummitate quaſi triangulo.

The WATER-OAK.

THESE grow no where but in low wateriſh lands: the timber not durable, therefore of little uſe, except for fencing in fields. In mild winters they retain moſt of their leaves. The acorns are ſmall and bitter, and are rejected by the Hogs while others are to be found.

Chêne d'eau.

CE Chêne ne croît que dans des fonds pleins d'eau; la charpente qu'on en fait n'eſt pas durable, ainſi on ne s'en ſert guères que pour clorre les champs. Quand les hivers ſont doux, il conſerve la plûpart de ſes feüilles. Les glands qu'il porte ſont petits & amers; les cochons ne les mangent point, quand ils en peuvent trouver d'autres.

Water Oak

White Oak.

The white Oak with sharp

PICUS VARIUS MINOR VENTRE LUTEO.

The Yellow-bellied Wood-pecker.

EIGHS one ounce thirteen penny weight. It's bill is of a lead colour; all the upper part of the head is red, bordered below with a liſt of black, under which runs a liſt of white, parallel with which runs a black liſt from the eyes to the back of the head, under which it is pale yellow. The throat is red, and bordered round with black: on the neck and back the feathers are black and white, with a tincture of greeniſh yellow: the breaſt and belly are of a light yellow, with ſome black feathers intermixed. The wings are black, except towards the ſhoulders, where there are ſome white feathers; and both edges of the quill feathers are ſpotted with white: the tail is black and white.

The Hen is diſtinguiſhable by not having any red about her.

Piverd au ventre jaune.

ET Oiſeau peſe un peu plus d'une once & demie: ſon bec eſt de couleur de plomb: tout le deſſus de ſa tête eſt rouge, & terminé par une raye noire, au deſſous de laquelle il y en a une autre blanche: une raye noire parallele à cette derniere va depuis les yeux juſqu'au derriere de la tête, qui au deſſous eſt d'un jaune pâle. Sa gorge eſt rouge & bordée de noir: ſur ſon cou & ſon dos les plumes ſont noires & blanches, avec un mélange de jaune verdâtre: ſa poitrine & ſon ventre ſont d'un jaune clair, avec quelques plumes noires çà & là. Ses aîles ſont noires excepté vers les épaules, où il y a quelques plumes blanches; & les bords des groſſes plumes ſont tachetés de blanc: ſa queüe eſt noire & blanche.

On connoit la fémelle à ce qu'elle n'a point de rouge.

PICUS VARIUS MINIMUS.

The ſmalleſt ſpotted Wood-pecker.

WEIGHS fourteen penny-weight. It ſo nearly reſembles the hairy Wood-pecker, *Tab.* 19. in its mark, and colour, that were it not for diſparity of ſize, they might be thought to be the ſame. The breaſt and belly of this are light grey: the four uppermoſt feathers of the tail are black: the reſt are gradually ſhorter, and tranſverſly marked with black and white: the legs and feet are black. Thus far this differs from the deſcription of the abovementioned.

The hen differs from the cock in nothing but wanting the red ſpot on its head.

Petit Piverd tacheté.

IL peſe un peu plus d'une demie once, & reſſemble ſi fort au Piverd chevelu (Table 19) par ſes marques & ſes couleurs, que ſi ce n'étoit leur diff[illegible] groſſeur, on pourroit croire que c'eſt la même eſpece. La poitrine & le [illegible] de celui ci ſont d'un gris clair: les quatre plumes les plus élevées de [illegible] ſont noires, & les autres diminuent en longueur, à meſure qu'elles s'en [illegible] & ſont marquées tranſverſalement de noir & de blanc: les jambes & les piés ſont noirs. Voilà en quoi il differe de celui qui eſt décrit ci[illegible]

La fémelle differe du mâle, en ce qu'elle n'a point de taches rouges ſur la tête.

Quercus alba Virginiana, Park.

The WHITE OAK.

THIS neareſt reſembles our common Engliſh oak in the ſhape of its leaves, acorns, and manner of growing; the bark is white, the grain of the wood fine, for which, and its durableneſs, it is eſteem'd the beſt oak in *Virginia* and *Carolina*. It grows on all kind of land; but moſt on high barren ground amongſt pine trees.

There is another kind of white oak, which in *Virginia* is called the *Scaly white Oak*, with leaves like this; the bark is white and ſcaly, the wood of great uſe in building. They grow on rich land both high and low.

Chêne blanc de la Virginie.

C'eſt celui qui reſſemble le mieux au chêne commun d'Angleterre par la figure de ſes feuilles, ſes glans, & ſa maniere de croître: ſon écorce eſt blanche, & le grain de ſon bois fin; & c'eſt pour cela, auſſi bien que pour ſa durée, qu'on le regarde à la Caroline, & à la Virginie comme la meilleure eſpece de Chêne. Il croît dans toutes ſortes de terroirs, mais principalement parmi les pins dans les lieux élevés & ſtériles.

Il y a une autre eſpece de Chêne blanc qu'on nomme à la Virginie, Chêne blanc & cailleux: *ſes feuilles ſont ſemblables à celles du précédent: ſon écorce eſt blanche & écailleuſe: ſon bois eſt d'une fort grand uſage pour bâtir; & il croît dans un bon terroir, bas ou élevé.*

Quercus Caroliniensis, virentibus venis muricata.

The WHITE OAK, with pointed Notches.

THE leaves of this oak are notched, and have ſharp points. The bark and wood are white, but it has not ſo cloſe a grain as the precedent. Dr. *Plukvet* has figured a leaf ſhaped like this by the name of *Quercus Virginiana, rubris venis muricata.* This has no red veins. See *Pluk. Phytograph. Tab.* LIV. *fig.* 5.

[See plate 20.]

Chêne blanc aux feuilles armées de pointes.

LES feuilles de ce Chêne ont les entaillures profondes & les pointes fort aigues: ſon écorce & ſon bois ſont blancs; mais le grain n'en eſt pas ſi ſerré que celui du précédent. Le D. PLUKNET *a marqué une feuille de la même figure que celle ci par le nom de* Chêne de la Virginie aux feuilles armées de pointes, ſemées de veines rouges. *Les feuilles de celui-ci n'ont point de veines rouges.*

[Voiez la 20me Planche.]

Syringa baccifera, Myrti ſubrotundis foliis, floribus albis, gemellis, ex provincia Floridana. *Pluk. Amalth*: 198. *Tab.* 444.

THIS plant grows in moiſt places, uſually under trees, on which it ſometimes creeps a little way up, but moſt commonly trails on the ground, many ſtems riſing cloſe together near the ground, about ſix inches long, which have ſome ſide branches: the leaves are ſmall, in form of a heart, and grow oppoſite to each other on very ſmall foot-ſtalks: it's flowers are tetrapetalous, very ſmall, and in form and colour like thoſe of the white Lilac, and are ſucceeded by red berries of an oval form, and of the ſize of large peas, having two ſmall holes, and contain many ſmall ſeeds. It retains the leaves all the year.

CETTE Plante croît dans les lieux humides, & ordinairement ſous les arbres, qui lui ſervent quelquefois d'appui pour s'élever un peu; mais le plus ſouvent elle rampe ſur la terre: elle pouſſe plusieurs tiges à la fois, fort proches les unes des autres en ſortant de terre: elles ſont environ de ſix pouces de long, & ont quelques branches latérales: ſes feuilles ſont petites, ont la figure d'un cœur, & ſont rangées l'une vis à vis de l'autre ſur les tiges, & attachées par de tres petits pédicules: ſes fleurs ſont à quatre feuilles, blanches, fort petites, & reſſemblent beaucoup à celles du Jaſſemin ou du lilac: elles ſont ſuivies par des bayes rouges, ovales, de la groſſeur d'un gros pois: elles ont chacune deux petits trous, & contiennent pluſieurs petites ſemences. Cette Plante garde ſes feuilles pendant toute l'année.

SITTA CAPITE NIGRO.

The Nuthatch.

WEIGHS thirteen penny weight five grains. The bill, and upper part of the head and neck are black, the back is grey. The wings are of a dark brown, edg'd with light grey; the uppermoſt two feathers of the tail are grey; the reſt black and white. At the vent is a reddiſh ſpot; the legs and feet are brown. The back claw is remarkably bigger and longer than the reſt, which ſeems neceſſary to ſupport their body in creeping down as well as up trees, in which action they are uſually ſeen pecking their food, which is Inſects, from the chinks or crevifes of the bark.

The Hen differs but little from the Cock in the colour of her feathers. They breed and continue the whole year in *Carolina*.

Petit Piverd à la tête noire.

CET Oiſeau péſe quatre dragmes & vingt cinq grains. Son bec, le deſſus de ſa tête, & ſon cou ſont noirs: ſon dos eſt gris: ſes aîles ſont d'un brun obſcur, & bordées d'un gris clair: les deux plumes du milieu de ſa queüe ſont griſes; & tout le reſte eſt noir & blanc. Il a vers l'anus une tache rougeâtre: ſes jambes & ſes piés ſont bruns. Il a l'ergot de derriere beaucoup plus gros & plus long que les autres, ce qui paroît néceſſaire à ſoutenir ſon corps, auſſi bien en deſcendant qu'en montant ſur les arbres. On le voit continuellement faiſant l'un ou l'autre: car il ſe nourrit d'inſectes qu'il tire d'entre les fentes & les crévaſſes de l'écorce des arbres.

La fémelle eſt preſque ſemblable au mâle en ſon plumage. Ils font leurs petits à la Caroline, & y reſtent toute l'année.

SITTA CAPITE FUSCO.

The ſmall Nuthatch.

THIS weighs ſix penny weight. The bill is black; the upper part of the head brown; behind which is a duſky white ſpot; the back is grey; as are the two uppermoſt tail feathers; the reſt being black; the wings are dark brown; the throat, and all the under part of the body duſky white; the tail is ſhort; the back toe is largeſt. They abide all the year in *Carolina*. Their food, and manner of taking it, is the ſame as that of the larger *Nuthatch*.

Petit Piverd à la tête brune.

CET Oiſeau péſe deux dragmes. Son bec eſt noir: le deſſus de ſa tête eſt brun: il a au derriere de la tête une tache d'un blanc ſale: ſon dos, & les deux plumes du milieu de ſa queüe ſont de couleur griſe: les autres plumes ſont noires: ſes aîles ſont d'un brun obſcur: ſa gorge, & tout le deſſous de ſon corps ſont d'un blanc ſale: ſa queüe eſt courte; & il a l'ergot de derriere plus grand, & plus gros que les autres. Il reſte toute l'année à la Caroline, & ſe nourrit de la même maniere que le Piverd décrit ci-deſſus.

Quercus humilior, ſalicis folio breviore.

The HIGHLAND WILLOW OAK.

THIS is uſually a ſmall tree, having a dark coloured bark, with leaves of a pale green, and ſhaped like thoſe of a Willow. It grows on dry poor land, producing but few acorns, and thoſe ſmall. Moſt of theſe Oaks are growing at Mr. *Fairchild's*.

Chêne aux feuilles de Saule.

CET arbre eſt ordinairement petit: ſon écorce eſt d'un couleur obſcure, & ſes feuilles d'un verd pale, de la même figure que celles du Saule. Il croît dans un terrain ſec & maigre: il ne produit que peu de gland, & encore eſt il fort petit. La pluſpart de ces Chênes ſont dans les jardins de Mr. Fairchild.

PALUMBUS MIGRATORIUS.

The Pigeon of Paſſage.

T is about the ſize of our Engliſh Wood-Pigeon; the bill is black; the iris of the eye red; the head duſky blue; the breaſt and belly faint red. Above the ſhoulder of the wing is a patch of feathers that ſhines like gold; the wing is colour'd like the head, having ſome few ſpots of black, (except that the larger feathers of it are dark brown) with ſome white on their exterior vanes. The tail is very long, covered with a black feather; under which the reſt are white; the legs and feet are red.

Of theſe there come in winter to *Virginia* and *Carolina*, from the North, incredible numbers; inſomuch that in ſome places where they rooſt, which they do on one another's backs, they often break down the limbs of Oaks with their weight, and leave their dung ſome inches thick under the trees they rooſt on. Where they light, they ſo effectually clear the woods of acorns and other maſt, that the Hogs that come after them, to the detriment of the planters, fare very poorly. In *Virginia* I have ſeen them fly in ſuch continued trains three days ſucceſſively, that there was not the leaſt interval in loſing ſight of them, but that ſome where or other in the air they were to be ſeen continuing their flight South. In mild winters there are few or none to be ſeen. A hard winter drives them South, for the greater plenty and variety of maſt, berries, &c. which they are deprived of in the North by continual froſt and ſnow.

In their paſſage, the people of *New-York* and *Philadelphia* ſhoot many of them as they fly, from their balconies and tops of houſes; and in *New-England* there are ſuch numbers, that with long poles they knock them down from their rooſts in the night in great numbers. The only information I have had from whence they come, and their places of breeding, was from a *Canada* Indian, who told me he had ſeen them make their neſts in rocks by the ſides of rivers and lakes, far North of the river *St. Lawrence*, where he ſaid he had ſhot them. It is remarkable that none are ever ſeen to return, at leaſt this way; and what other rout they may take is unknown.

Pigeon de Paſſage.

*L eſt environ de la groſſeur du ramier Anglois. Son bec eſt noir, l'iris de ſes yeux rouge, ſa tête d'un bleu obſcur, ſa poitrine & ſon ventre d'un rouge pâle. Au deſſus de l'épaule il a une tache ronde qui brille comme de l'or: ſes aîles ſont de la même couleur que ſa tête, avec un petit nombre de taches noires, (excepté que les grandes plumes ſont d'un brun obſcur) & ont un peu de blanc ſur leur frange extérieure: la queüe eſt fort longue, & couverte d'une plume noire: celles qui ſont au deſſous ſont blanches: ſes jambes & ſes piés ſont rouges.*

Il vient du Nord dans la Caroline *& dans la* Virginie *un nombre incroyable de ces Pigeons, de ſorte que dans les endroits où ils ſe perchent, ce qu'ils ſont ſur les dos les uns des autres, ils caſſent ſouvent par leur péſanteur les branches de chênes, & laiſſent quelques pouces d'épaiſſeur de leur fiente ſous les arbres où ils ſe ſont poſés. Dans les lieux où ils s'arrêtent, ils dépouillent tellement les chênes de leur gland, qu'il n'en reſte point pour les cochons, ce qui n'eſt pas une petite perte pour les habitans. Je les ai vûs dans la* Virginie, *pendant trois jours conſécutifs, voler vers le Sud en bandes, qui ſe ſuivoient de ſi près, qu'il n'étoit pas poſſible de trouver un inſtant où l'on n'en apperçût quelques-unes en l'air ſuivant la même route. Pendant les hivers tempérés on n'en voit point, ou très-peu. Les rudes hivers les chaſſent vers le Sud, où ils trouvent une plus grande abondance, & plus de ſortes de glands, de graines, &c. dont il ſont abſolument privés dans le Nord à cauſe des neiges & des gelées continuelles.*

Dans la Nouvelle York *& à* Philadelphie, *tandis qu'ils paſſent, on les tire de deſſus les balcons & les toits des maiſons; & dans la* Nouvelle Angleterre *il y en a un ſi grand nombre, qu'on les fait tomber avec de longues perches des endroits où ils ſe juchent pendant la nuit. Je n'ai rien pu ſavoir des lieux d'où ils viennent, & où ils ſont leurs petits que par un Indien de Canada, qui m'a dit qu'il les avoit vû faire leurs nids ſur les bords des rivieres & des lacs, fort au Nord de la riviere de St. Laurent, où il en avoit tué à coup de fuſil. Il eſt ſurprénant qu'on n'en voye jamais retourner aucun, du moins de ce côté ci, & on ignore abſolument quel chemin ils prennent.*

Quercus Eſculi diviſura, foliis amplioribus aculeatis. Pluk. Phytog. Tab. LIV.

The RED OAK.

THE leaves of this Oak retain no certain form; but ſport into various ſhapes more than other Oaks do. The bark is dark colour'd, very thick and ſtrong, and for tanning preferable to any other kind of Oak; the grain is coarſe, the wood ſpongy, and not durable. They grow on high land: the acorns vary in ſhape, as appears by the figures of them; they being from the ſame kind of Oak.

Chêne rouge.

LES feuilles de ce Chêne n'ont point de figure déterminée, mais elles ſont beaucoup plus variées entr'elles que celles des autres Chênes. L'écorce de cet arbre eſt d'un brun obſcur, très-épaiſſe & très-forte: elle eſt préférable à toute autre pour tanner. Son bois a le grain groſſier: il eſt ſpongieux & peu durable. Il croît dans un terroir élevé: ſes glands ſont de differente forme, comme il paroît par la planche. Tous ceux qui y ſont repréſentés appartiennent au Chêne rouge.

TURTUR CAROLINENSIS.

The Turtle of Carolina.

HIS is somewhat less than a dove-house Pigeon: the eyes are black, compassed with a blue skin: the bill is black: the upper part of the head, neck, back, and upper part of the wings brown: the small feathers of the wing, next the back, have large black spots: the lower part of the wing and quill feathers are of a lead colour, three or four of the longest being almost black: the breast and belly of a pale carnation colour. On each side the neck, the breadth of a man's thumb, are two spots of the colour of burnished gold, with a tincture of crimson and green; between which and its eyes is a black spot. The wings are long, the tail is much longer, reaching almost five inches beyond them, and hath fourteen feathers, the two middle longest, and of equal length, and all brown; the rest are gradually shorter, having their upper part lead colour, the middle black, and the end white. The legs and feet are red. They breed in *Carolina*, and abide there always. They feed much on the berries of poke, i. e. *Blitum Virginianum*, which are poison. They likewise feed on the seeds of this plant; and they are accounted good meat.

Tourterelle de la Caroline.

LLE est un peu moins grosse qu'un pigeon domestique: ses yeux sont noirs, & entourés d'une peau bleue: son bec est noir: le dessus de sa tête, de son cou, de son dos, & la partie de ses ailes la plus proche des épaules sont bruns: les petites plumes des ailes les plus proches du dos ont de grandes taches noires: les autres plumes des ailes, grandes & petites, sont de couleur de plomb: les trois ou quatre plus grandes sont presque noires: sa poitrine & son ventre sont d'une couleur de roses pâles. De chaque côté de son cou il y a une tache de la largeur du pouce, qui est de couleur d'or poli, avec un mélange de cramoisi & de verd. Entre cette tache & l'œil il y en a une autre noire: ses ailes sont longues: sa queüe, qui les passe de près de cinq pouces, est composée de quatorze plumes: les deux du milieu sont égales entre elles, plus longues que les autres, & toutes brunes; les autres sont toûjours plus courtes à mésure qu'elles s'éloignent des plumes du milieu: elles sont blanches a l'extremité, noires au milieu, & de couleur de plomb en haut. Ses piés & ses jambes sont rouges. Ces Oiseaux font leurs petits dans la Caroline, *& y demeurent toujours. Ils se nourrissent de blettes de la* Virginie *qui sont venimeuses. Ils se nourrissent aussi des semences de la plante décrite ci-dessous; & ils sont bons à manger.*

Anapodophyllon Canadense Morini Tournef. Ranunculi facie planta peregrina H. R. Par. Aconitifolia humilis, flore albo, unico, campanulato, Fructus Cynosbati *Mentz. Tab.* 11. *Turnef. inst. p.* 239.

The MAY APPLE.

THIS Plant grows about a foot and half high; the flower consisting of several petals, with many yellow chives surrounding the seed-vessel, which is oval, unicapsular, and contains many roundish seeds. The leaves of the plant resemble the *Aconitum lycoctonum luteum C. B. Pin.* The root is said to be an excellent emetic, and is used as such in *Carolina*; which has given it there the name of *Ipecacuana*, the stringy roots of which it resembles. It flowers in *March*; the fruit is ripe in *May*; which has occasioned it in *Virginia* to be called *May-Apple*.

Pomme de Mai.

CETTE Plante s'éleve jusqu'à la hauteur d'un pié & demi. Sa fleur est composée de plusieurs feuilles, & de plusieurs étamines jaunes qui entourent l'ovaire, qui est ovale, & n'a qu'une seule cosse remplie de semences presque rondes. Les feuilles de cette Plante *sont assez semblables à celles de l'aconit lycoctone jaune. On dit que sa racine est un excellent émétique; & l'on s'en sert à la* Caroline *pour faire vomir, ce qui lui a fait donner dans ce pays là le nom d'*Ipécacuana, *outre qu'elle ressemble aux racines fibreuses de cette derniere.* Cette Plante *fleurit au mois de* Mars: *son fruit est mûr dans celui de* Mai; *c'est pourquoi à la* Virginie *on l'appelle* Pomme de Mai.

COLUMBA CAPITE ALBO.

Hiſt. Jam. Pag. 303. Tab. 261. Vol. II.

The White-crown'd Pigeon.

T is as big as the common tame Pigeon. The baſis of the bill is purple; the end duſky white. The iris of the eye yellow, with a duſky white ſkin round it. The crown of the head is white; below which it is purple: the hind part of the neck is covered with changeable ſhining green feathers, edged with black: all the reſt of the bird is of a duſky blue: the legs and feet are red. They breed in great numbers on all the *Bahama Iſlands*, and are of great advantage to the inhabitants, particularly while young: they are taken in great quantities from off the rocks on which they breed.

Pigeon à la Couronne blanche.

L eſt de la même grandeur que les pigeons domeſtiques ordinaires. La baſe de ſon bec eſt de couleur de pourpre; & le bout d'un blanc ſale: l'iris de ſes yeux eſt jaune, & entourée d'une peau blanchâtre: le deſſus de ſa tête eſt blanc, & plus bas elle eſt de couleur de pourpre: le derriere de ſon cou eſt couvert de plumes vertes luiſantes, changeantes, & bordées de noir: tout le reſte de ſon corps eſt d'un bleu foncé: ſes jambes & ſes piés ſont rouges. Ces Oiſeaux multiplient beaucoup dans toutes les îles de Bahama, *& ſont d'un grand ſecours aux habitans, ſur tout lors qu'ils ſont encore jeunes; car on en prend une infinité dans les rochers où ils font leurs nids.*

Frutex Cotini, fere folio, craſſo, in ſummitate deliquium patiente, fructu ovali cæruleo, oſſiculum anguloſum continente.

The COCOA PLUM.

THIS is a Shrub, which grows from five to ten feet high; not with a ſingle trunc, but with ſeveral ſmall ſtems riſing from the ground, they growing many together in thickets. The flowers grow in bunches, are ſmall and white, with many *Stamina*. They produce a ſucceſſion of fruit moſt part of the Summer, which is of the ſize and ſhape of a large Damſin; moſt of them blue. Some trees produce pale yellow, and ſome red. Each Plumb contains a ſtone ſhaped like a Pear, channeled with ſix ridges. They grow uſually in low moiſt ground near the ſea ſide The leaves are as broad as a crown, thick, ſtiff, and ſhaped ſomewhat like a heart. The fruit is eſteemed wholeſome, and hath a ſweet luſcious taſte. The *Spaniards* at *Cuba* make a conſerve of them, by preſerving them in ſugar.

Prune de Cacao.

C'EST un Arbriſſeau qui croît depuis cinq juſques à dix piés de hauteur, & pouſſe pluſieurs tiges à la fois, qui s'élevent enſemble & forment un buiſſon. Ses fleurs viennent par bouquets: elles ſont blanches, petites, & ont pluſieurs étamines. Il produit preſque tout l'Eté des fruits qui ſe ſuccédent les uns aux autres, & reſſemblent à une groſſe prune de damas: ils ſont pour la pluſpart bleus: quelques Arbriſſeaux en produiſent de rouges; & quelques autres en produiſent d'un jaune pâle. Chaque Prune contient un noyau fait en poire, avec ſix canelures. Ils croiſſent d'ordinaire dans un terroir bas & humide près du bord de la Mer. Leurs feuilles ſont auſſi larges qu'un écu, épaiſſes, & roides. Elles ont à peu-près la figure d'un cœur. On en croit le fruit très ſain: ſon goût eſt doux & fade: les Eſpagnols à Cuba en font une conſerve.

TURTUR MINIMUS GUTTATUS.

The Ground-Dove.

HE weight of this Dove was an ounce and half: in ſize about the ſame as a Lark. The bill is yellow, except the end, which is black. The iris of the eye red. The breaſt and whole front of the Bird is of a changeable purple colour, with dark purple ſpots. The large quill feathers and tail are of a muddy purple: the legs and feet dirty yellow. In ſhort, the whole Bird has ſuch a compoſition of colours, ſo blended together, that no perfect deſcription by words can be given of it. I have obſerved ſome of them to differ in colour from others: which probably may be the reaſon, why *Nieremberg*, *Margravius*, and others who have deſcribed it, have varied in their deſcriptions of it. They fly many of them together, and make ſhort flights from place to place, lighting generally on the ground. They are natives of moſt countries in *America*, lying between the Tropics. They ſometimes approach ſo far North as *Carolina*, and viſit the lower parts of the country near the Sea, where theſe trees grow, and feed on the berries, which gives their fleſh an aromatic flavour.

Petite Tourterelle Tachetée.

E poids de cet Oiſeau eſt d'une once & demie, & ſa groſſeur celle d'une Allouette. Son bec eſt jaune, hors l'extremité qui eſt noire: l'iris de ſes yeux eſt rouge: la poitrine, & tout le devant de cet Oiſeau eſt d'une couleur de pourpre changeante avec des taches d'un pourpre foncé: les grandes plumes des ailes, & la queüe ſont d'un pourpre obſcur: les jambes, & les piés d'un jaune ſale: en un mot cet Oiſeau a tant de différentes couleurs, & ſi mêlées, qu'il n'eſt pas poſſible de les décrire. J'ai même obſervé qu'ils n'ont pas tous préciſément les mêmes couleurs; ce qui peut bien être la cauſe des différences que l'on obſerve dans les deſcriptions que Nierembergе, Margravius, *& quelques autres en ont données. Ces Oiſeaux volent en troupes, s'arrêtent ſouvent, & ſe repoſent ordinairement ſur la terre. On en trouve dans preſque tous les pays de l'*Amérique *qui ſont entre les Tropiques. Quelquefois ils s'avancent vers le Nord juſques à la* Caroline; *& viennent dans la partie baſſe de ce pays vers la Mer, où croiſſent les arbres décrits ci-deſſous, dont ils mangent les bayes, ce qui donne à leur chair un goût aromatique.*

Zanthoxylum ſpinoſum, Lentiſci, longioribus foliis, Euonymi fructu capſulari, ex Inſula Jamaicenſi. D. Baniſter. Phytogr.

The PELLITORY, or Tooth-ach Tree.

THIS Tree ſeldom grows above a foot in thickneſs, and about ſixteen feet high. The bark is white, and very rough. The trunk and large limbs are in a ſingular manner thick-ſet, with pyramidal-ſhaped protuberances, pointing from the tree; at the end of every one of which is a ſharp thorn. Theſe protuberances are of the ſame conſiſtence with the bark of the tree, of various ſizes, the largeſt being as big as walnuts. The ſmaller branches are beſet with prickles only. The leaves are pennated, ſtanding on a rib ſix inches long, to which the lobes are ſet one againſt another, with footſtalks half an inch long. The lobes are awry, their greateſt vein not running in the middle, but on one ſide, being bigger than the other. From the ends of the branches ſhoot forth long ſtalks of ſmall pentapetalous white flowers with reddiſh *ſtamina*. Every flower is ſucceeded by four ſhining black ſeeds, contained in a round green *capſula*. The leaves ſmell like thoſe of Orange; which, with the ſeeds and bark, is aromatic, very hot and aſtringent, and is uſed by the people inhabiting the ſea coaſts of *Virginia* and *Carolina* for the Tooth-ach, which has given it its name.

Arbre pour le Mal de Dents.

CET Arbre a rarement plus de ſeize piés de haut ſur un pié de diametre. Son écorce eſt blanche & fort rude. Son tronc & ſes groſſes branches ont cela de particulier, qu'ils ſont preſque tous couverts de protubérances pyramidales, dont la pointe eſt terminée par une épine très aigue. Ces protubérances, qui ſont de différentes groſſeurs, ſont de la même conſiſtence que l'écorce de l'arbre; & les plus grandes ſont groſſes comme des noix. Les petites branches n'ont que des épines. Les feuilles ſont rangées deux à deux, l'une vis-à-vis de l'autre, ſur une tige longue de ſix pouces, à laquelle elles ſont attachées par des pédicules d'un demi-pouce. Ces feuilles ſont de travers, leurs plus grandes côtes ne les partageant pas par le milieu. Il pouſſe aux extrémités des branches de longues tiges qui ſoutiennent de petites fleurs blanches à cinq feuilles, avec des étamines rouges: elles forment de petits bouquets. Chaque fleur eſt ſuivie de quatre ſemences d'un noir luiſant, renfermées dans une capſule verte & ronde. Les feuilles ont la même odeur que celles de l'oranger: elles ſont, auſſi bien que l'écorce & la ſemence, aromatiques, très-chaudes & très aſtringentes. Les peuples qui habitent les côtes de la Virginie *& de la* Caroline *s'en ſervent pour le mal de Dents, & c'eſt de là que l'Arbre a pris ſon nom.*

Turdus minor
The Mock - bird

Turdus minor, cinereo-albus, non maculatus.

Hist. Jam. p. 306. Tab. 256. Fig. 3.

The Mock-Bird.

HIS Bird is about as big or rather less than a Blackbird, and of a slenderer make. The bill is black; the iris of the eye of a brownish yellow; the back and tail dark brown; the breast and belly light grey; the wings brown, except that the upper part of the quill feathers have their exterior vanes white; and some of the small feathers, near the shoulder of the wing, are verged with white. The Cocks and Hens are so like, that they are not easily distinguished by the colour of their feathers.

Hernandez justly calls it the Queen of all singing Birds. The *Indians*, by way of eminence or admiration, call it *Cencontlatolly*, or *four hundred tongues*; and we call it (though not by so elevated a name, yet very properly) the *Mock-Bird*, from its wonderful mocking and imitating the notes of all Birds, from the Humming Bird to the Eagle. From *March* till *August* it sings incessantly day and night with the greatest variety of notes; and, to compleat his compositions, borrows from the whole choir, and repeats to them their own tunes with such artful melody, that it is equally pleasing and surprizing. They may be said not only to sing but dance, by gradually raising themselves from the place where they stand, with their wings extended, and falling with their head down to the same place; then turning round, with their wings continuing spread, have many pretty antic gesticulations with their melody.

They are familiar and sociable Birds, usually perching on the tops of chimneys or trees, amongst the Inhabitants, who are diverted with their tuneful airs most part of the summer. Their food is Haws, Berries and Insects. In winter, when there is least variety and plenty, they will eat the berries of Dogwood.

Le Moqueur.

*ET Oiseau est à peu près de la grosseur d'un merle; mais plus délié. Son bec est noir: l'iris de ses yeux est d'un jaune tirant sur le brun: son dos & sa queüe sont d'un brun obscur: sa poitrine & son ventre d'un gris clair; ses ailes sont brunes, excepté le haut des grosses plumes, dont les franges extérieures sont blanches; & quelques unes des petites plumes, proche de l'épaule, qui sont bordées de blanc. Il est mal aisé de connoître le mâle d'avec la femelle par la couleur de leurs plumes.*

Hernandès *a raison de l'appeller le Roi de tous les Oiseaux qui chantent. Les Indiens, pour exprimer l'admiration qu'il leur cause, lui ont donné le nom de* Cencontlatolli, *c'est-à-dire* quatre cent langues. *Les Anglais ne lui en ont pas donné un si magnifique, mais qui lui convient parfaitement. Ils l'ont nommé* Mock-Bird, *c'est-a-dire* Oiseau Moqueur: *car il possede dans un degré surprénant le talent de contrefaire le ramage de tous les oiseaux, depuis le colibri jusques à l'aigle. Depuis le mois de Mars jusques au mois d'Août il chante sans discontinuer jour & nuit; son ramage est varié à l'infini: il fait entrer dans la composition de ses airs les chants de tous les oiseaux, & repete leur ramage avec tant de justesse & de mélodie, qu'on en est également surpris & charmé. On peut dire de cet Oiseau non seulement qu'il chante, mais aussi qu'il danse; car il s'éleve peu à peu, les ailes étendues, de l'endroit où il s'arrête pour chanter, & puis il y retombe la tête en bas: ensuite se tournant en rond, toûjours les ailes étendues, il semble accorder ses mouvemens grotesques au son de sa voix.*

Ces Oiseaux sont familiers, & aiment les hommes. Ils ont coutume de venir se placer sur le haut des cheminées, ou se percher sur des arbres au milieu des habitations. Ainsi on a le plaisir de les entendre pendant la meilleure partie de l'été. Les fruits de l'aube-épine, les cerises, & quelques insectes sont leur nourriture. En hyver, lors qu'ils ne trouvent pas autre chose, ils mangent des bayes de cornier mâle.

Cornus mas Virginiana, flosculis in corymbo digestis, perianthio tetrapetalo albo radiatim cinctis. Pluk. Almag. 120.

The Dogwood Tree.

THIS is a small tree, the trunk being seldom above eight or ten inches thick. The leaves resemble our common dogwood, but are fairer and larger, standing opposite to each other on foot-stalks of about an inch long, from among which branch forth many flowers in the following manner. In the beginning of *March* the blossoms break forth; and though perfectly formed and wide open, are not so wide as a six-pence; increasing gradually to the breadth of a man's hand, being not at their full bigness till about six weeks after they began to open. Each flower consists of four greenish white leaves, every leaf having a deep indenture at the end. From the bottom of the flower rises a tuft of yellow *Stamina*; every one of which opens a-top into four small leaves or petals: the wood is white, has a close grain, and very hard like that of box. The flowers are succeeded by clusters of berries, having from two to six in a cluster, closely joyned, and set on foot-stalks an inch long. These berries are red, of an oval form, and of the size of large haws, containing a hard stone. As the flowers are a great ornament to the woods in summer, so are the berries in winter, they remaining full on the trees usually till the approach of spring; and being very bitter, are little coveted by Birds, except in time of dearth. I have observed Mock-Birds, and other kinds of Thrushes feed on them. In *Virginia* I found one of these Dogwood Trees with flowers of a rose-colour, which was luckily blown down, and many of its branches had taken root, which I transplanted into a Garden. That with the white flower Mr. *Fairchild* has in his Garden.

Cornier Mâle de la Virginie.

CET Arbre n'est pas grand, & son tronc n'a gueres plus de huit ou dix pouces de diametre. Ses feuilles ressemblent à celles de nôtre Cornier ordinaire, mais elles sont plus grandes, & plus belles: elles sont arrangées l'une vis-à-vis de l'autre sur les pédicules d'environ un pouce de long: il pousse d'entr'elles plusieurs fleurs en la maniere suivante. Au commencement du mois de Mars elles commencent à paroître, & quoi qu'elles soyent entierement formées & ouvertes, elles ne sont pas si larges qu'une piece de six sous: elles augmentent ensuite jusqu'à la grandeur de la main: ces fleurs n'atteignent leur perfection que six semaines après qu'elles ont commencé à s'ouvrir: elles sont composées de quatre feuilles d'un blanc verdâtre: chaque feuille a une profonde entaille à son extremité. Du fond de la fleur s'éleve une touffe d'étamines jaunes, divisées par haut en quatre petites feuilles. Le bois de cet Arbre est blanc: son grain est serré: il est aussi dur que le buis. Ses fleurs sont suivies de bayes disposées en grappe: il y en a depuis deux jusques à six dans une même grape, fort serrées les unes contre les autres: elles sont attachées par des pédicules d'un pouce de long: ces bayes sont rouges, d'une forme ovale, & de la grosseur des fruits de l'aube-épine: elles contiennent un noyau fort dur. Comme les fleurs sont un grand ornement aux forêts pendant l'Eté, les bayes les embellissent à leur tour pendant l'Hyver: elles demeurent toutes sur les arbres ordinairement jusques à l'approche du Printemps, car comme elles sont fort ameres, les oiseaux ne s'en soucient, que lors qu'ils manquent d'autre nourriture. J'ai remarqué que le moqueur & quelques autres especes de grives en mangeoient. J'ai trouvé à la Virginie un de ces Corniers dont les fleurs étoient de couleur de roses. Le vent l'avoit heureusement abbatu, & je transplantai dans un Jardin plusieurs de ses branches qui avoient pris racine. Mr. Fairchild a dans son Jardin celui dont les fleurs sont blanches.

TURDUS RUFFUS.

The Fox coloured Thrush.

THIS is fomewhat larger than the Mock-bird, and of a more clumfy fhape. Its bill is fomewhat long, and a little hooked. The eyes are yellow. All the upper part of its body is of a muddy red, or fox-colour, except the interior vanes of the quill feathers, which are dark brown, and the ends of the covert wing feathers, which are edged with dufky white. Its tail is very long, and of the fame colour with the back and wings. The neck, breaft, and all the under part of the body, of a dufky white, fpotted with dark brown: the legs and feet are brown. This Bird is called in *Virginia* the *French Mock-bird.* It remains all the year in *Carolina* and *Virginia.* It fings with fome variety of notes, though not comparable to the Mock-bird.

Grive rouffe.

ELLE eft un peu plus groffe que le moqueur, & n'eft pas fi dégagée. Son bec eft un peu long, & crochu; fes yeux font jaunes: toute la partie fupérieure de fon corps eft rouffe, ou couleur de renard, excepté les franges extérieures des grandes plumes des ailes qui font d'un brun obfcur, & les extremités des petites plumes qui couvrent les ailes, qui font d'un blanc fale. Sa queüe eft très longue & de la même couleur que fon dos & fes ailes: fon cou, fa poitrine, & tout le deffous de fon corps font d'un blanc fale, tacheté de brun obfcur: fes jambes & fes piés font bruns. Dans la Virginie *on appelle cet Oifeau le* Moqueur François. *Il refte à la* Caroline *& à la* Virginie *pendant toute l'année: fon chant à quelque varieté; mais il n'eft pas comparable à celui du moqueur.*

Cerafi fimilis arbufcula Mariana, Padi folio, flore albo parvo racemofo.
Pluk. Mantiff. 43. Tab. cccxxxix.

The CLUSTER'D BLACK CHERRY.

THIS Tree, in the manner of its growing, refembles much our common black Cherry, in the thick woods of *Carolina*; where thefe Trees moft abound. They feldom grow bigger than a man's leg; but by being removed to more open places, they become large, fome of them being two feet in diameter. In *March* it produces pendulous bunches of white flowers, which are fucceeded by fmall black Cherries of a greenifh caft, hanging in clufters of five inches long, in the manner of Currants. The fruit of fome of thefe Trees is fweet and pleafant: others are bitter. They are efteemed for making the beft cherry brandy of any other, and alfo for ftocks to graft other Cherries upon. They are much coveted by Birds, particularly thofe of the Thrufh-kind.

Arbriffeau reffemblant au Cerifier noir.

C'EST *Arbre dans fa maniere de croître reffemble beaucoup à nôtre cerifier noir. On n'en trouve guerres de plus gros que la jambe dans les bois de la* Caroline, *où cet Arbre eft fort commun; mais quand on le transplante dans un lieu plus ouvert, il groffit d'avantage. On en voit qui ont jufques à deux piés de diametre. Au mois de Mars il produit des bouquets renverfés de fleurs blanches, aufquelles fuccedent de petites cerifes noires un peu verdâtres, qui forment des grapes de cinq pouces de long, femblables à celles des grofeilles. Les fruits de quelques uns de ces Arbres font doux & agréables: les autres font amers. On eftime comme la meilleure l'eau de cerife que en eft faite; & on eftime auffi les cerifes ordinaires qui ont été greffées fur un de ces Arbres. Les oifeaux, & furtout les grives, font fort friands de ces cerifes.*

The [illegible]

The Fieldfare

The Snake-root

TURDUS PILARIS, MIGRATORIUS.

The Fieldfare of Carolina.

EIGHS two ounces three quarters; and is about the ſize and ſhape of the European Fieldfare. That part of the bill, next the head, is yellow: over and under the eye are two white ſtreaks. The upper part of the head is black, with a mixture of brown. The wings and upper part of the body are brown: the tail dark brown: the throat black and white: the breaſt and belly red: the legs and feet brown. In Winter they arrive from the North in *Virginia* and *Carolina*, in numerous flights, and return in the ſpring as ours in *England*. They are canorous, having a loud cry like our Miſſel-bird, which the following accident gave me an opportunity of knowing. Having ſome trees of *Alaternus* full of berries (which were the firſt that had been introduced in *Virginia)* a ſingle Fieldfare ſeemed ſo delighted with the berries, that he tarried all the ſummer feeding on them. In *Maryland*, I am told, they breed and abide the whole year.

Grive brune de Paſſage.

LLE peſe deux onces trois quarts, eſt à peu près de la même groſſeur que celle d'Europe, & lui reſſemble fort. La baſe de ſon bec eſt jaune: elle a une raye blanche au deſſus, & une autre au deſſous des yeux: le deſſus de ſa tête eſt d'un noir mêlé de brun: ſes aîles & ſon dos ſont bruns: ſa queuë eſt d'un brun obſcur: ſa gorge noire & blanche: ſa poitrine & ſon ventre ſont rouges, ſes jambes & ſes piés bruns. Pendant l'hiver ces Oiſeaux viennent par troupes du Nord dans la Virginie *& dans la* Caroline, *& s'en retournent au printems, comme les grives que nous voyons en* Angleterre: *ils chantent bien, & ont la voix forte, à peu près comme nôtre grive brune qui ſe nourrit de gui: ce que je n'ai découvert que par hazard. J'avois quelques alaternes chargés de bayes (c'étoient les prémiers qui euſſent été plantés dans la* Virginie) *une Grive prit un tel goût à ces bayes, qu'elle demeura pendant tout l'été pour en manger. On m'a dit que ces Grives demeuroient pendant toute l'année dans la* Marilande, *& y faiſoient leurs petits.*

Ariſtolochia piſtolochia, ſeu Serpentaria Virginia caule nodoſo. Pluk. Alma. p. 50. Tab. 148.

The SNAKE-ROOT of VIRGINIA.

THIS Plant riſes out of the ground in one, two, and ſometimes three pliant ſtalks, which at every little diſtance are crooked, or undulated. The leaves ſtand alternately, and are about three inches long, in form ſomewhat like the *Smilax aſpera*. The flowers grow cloſe to the ground on foot ſtalks an inch long, of a ſingular ſhape, though ſomewhat reſembling thoſe of the Birthworts, of a dark purple colour. A round chanulated *capſula* ſucceeds the flower, containing many ſmall ſeeds, which are ripe in *May*. The uſual price of this excellent root, both in *Virginia* and *Carolina*, is about ſix pence a pound when dryed, which is money hardly earned. Yet the Negro ſlaves, who only dig it, employ much of the little time allowed them by their maſters in ſearch of it; which is the cauſe of there being ſeldom found any but very ſmall Plants. By planting them in a garden, they increaſed ſo in two years time, that one's hand could not graſp the ſtalks of one plant. It delights in ſhady woods, and is uſually found at the roots of great trees.

Serpentaire de la Virginie.

C*ETTE Plante pouſſe une, deux, & quelquefois trois tiges flexibles, qui, de petite diſtance en petite diſtance, ſont tortueuſes ou ondées: ſes feuilles ſont rangées alternativement ſur ſes tiges, & longues d'environ trois pouces: elles reſſemblent aſſez à celles du* Smilax aſpera. *Ses fleurs naiſſent contre terre ſur des pédicules longs d'un pouce: elles ſont d'une figure ſinguliere, quoi qu'elles approchent de celles de* l'ariſtoloche: *leur couleur eſt pourpre foncé. Il leur ſuccede une* capſule *ronde & canelée, contenant pluſieurs petites ſemences, qui ſont mûres au mois de Mai. Cette excellente racine ne ſe vend à la* Virginie *& à la* Caroline *que ſix ſous la livre, lors même qu'elle eſt ſeche: c'eſt bien peu; & cependant les Negres, qui ſeuls prennent la peine de la tirer de la terre, y employent la plus grande partie du peu de tems que leurs maîtres leur laiſſent; ce qui fait qu'on ne trouve guères que de très petite ſerpentaire. Après en avoir tranſplanté dans un jardin, elle augmenta tellement en deux ans, qu'on ne pouvoit empoigner à la fois toutes les tiges d'une ſeule plante. La Serpentaire ſe plaît dans les lieux ombragés, & ſe trouve communément ſur la racine des grands arbres.*

TURDUS VISCIVORUS PLUMBEUS.

The red-leg'd Thrush.

EIGHS two ounces and an half. It has a dusky black bill: the inside of the mouth is more red than usual. The iris of the eye is red, with a circle of the same colour encompassing it. The throat is black, and all the rest of the body of a dusky blue, except that the interior vanes of the large wing feathers are black, as is the tail when closed; but when spread, the outermost feathers appear to have their ends white, and are gradually shorter than the two middlemost. The legs and feet are red.

The Hen differs from the Cock no otherwise than in being about a third part less. In the gizzard of one were the berries of the tree described below. In its singing, gestures, &c. this Bird much resembles other Thrushes. I saw many of them on the islands of *Andros* and *Ilathera*.

Grive aux jambes rouges.

LLE pese deux onces & demie. Son bec est d'un noir obscur en dehors, & d'un rouge plus vif qu'à l'ordinaire en dedans. L'iris de ses yeux est rouge, & entourée d'un cercle de la même couleur: sa gorge est noire; & tout le reste de son corps d'un bleu obscur, excepté les franges intérieures des grandes plumes de l'aîle, qui sont noires: la queüe paroît noire aussi, lors qu'elle est fermée; mais quand elle s'ouvre, les plumes qui la terminent de chaque côté, semblent avoir les extremités blanches, & sont toûjours plus courtes à mesure qu'elles s'éloignent des deux plumes du milieu: ses jambes, & ses piés sont rouges.

*La fémelle ne differe du mâle qu'en ce qu'elle est environ un tiers plus petite que lui. On trouva dans le gesier d'une de ces Grives des bayes de l'arbre décrit ci-dessous. Cet Oiseau ressemble beaucoup, par son chant & son air, aux autres grives. J'en ai vû un grand nombre dans les îles d'*Andros *&* d'Ilathere.

Terebinthus major Betulæ cortice, fructu triangulari. Hist. Jam. Vol. II. p. 89. Tab. 199.

The Gum-elimy Tree.

THIS is a large Tree; the bark remarkably red and smooth. The leaves are pennated, the middle rib five or six inches long, with the *pinnæ* set opposite to one another, on foot-stalks half an inch long. The blossoms (which I did not see) are succeeded by purple-coloured berries, bigger than large Peas, hanging in clusters on a stalk of about five inches long, to which each berry is joined by a foot-stalk of an inch long. The seed is hard, white, and of a triangular figure, inclosed within a thin *capsula*, which divides in three parts, and discharges the seed. This Tree produces a large quantity of Gum, of a brown colour, and of the consistence of Turpentine. It is esteemed a good vulnerary; and is much used for Horses. Most of the *Bahama* islands abound with these Trees.

Arbre qui produit la Gomme Elemi.

CET Arbre est grand: son écorce est extremement rouge & lisse: ses feuilles sont rangées par paire sur une côte de cinq à six pouces, & soutenues par des pédicules d'un demi-pouce. Il succede aux fleurs (que je n'ai point vûes) des bayes couleur de pourpre plus grosses que les plus gros pois: elles forment des grapes sur une tige d'environ cinq pouces de longueur: chaque baye y est attachée par un pédicule long d'un pouce: la semence est dure, blanche, & triangulaire, & est renfermée dans une capsule mince qui s'ouvre en trois endroits, & la laisse tomber. Cet Arbre produit quantité de gomme de couleur brune, & de la même consistence que la thérébentine: On la croit vulneraire, & on s'en sert beaucoup pour les chevaux. La plupart des îles de Bahama *ont de ces Arbres.*

The Dahoon Holly

TURDUS MINIMUS.

The little Thrush.

IN shape and colour it agrees with the description of the European *Mavis*, or *Song-Thrush*, differing only in bigness; this weighing no more than one ounce and a quarter: it never sings, having only a single note, like the winter-note of our *Mavis*. It abides all the year in *Carolina*. They are seldom seen, being but few, and those abiding only in dark recesses of the thickest woods and swamps. Their food is the berries of Holly, Haws, &c.

Petite Grive.

CET Oiseau ressemble parfaitement, par sa figure & sa couleur, au mauvis d'Europe: il n'en differe que par sa grosseur; car il ne pese qu'une once & un quart: il ne chante jamais: son cri n'est point varié: c'est le même que celui que nôtre mauvis fait en hiver: il reste toute l'année à la Caroline: *on le voit rarement, parce qu'il n'y en a qu'un très petit nombre: encore se cachent-ils dans le plus épais des bois, & vers les marais les plus ombragés: ils se nourrissent de bayes de houx, d'aubépine*, &c.

Agrifolium Carolinense, foliis dentatis baccis rubris.

The DAHOON HOLLY.

THIS Holly usually grows erect, sixteen feet high; the branches shooting straighter, and being of quicker growth than the common kind. The leaves are longer, of a brighter green, and more pliant; not prickly, but serrated only: the berries are red, growing in large clusters. This is a very uncommon Plant in *Carolina*, I having never seen it but at Colonel *Bull's* plantation on *Ashley* river, where it grows in a bog.

Houx de Dahon.

CE Houx s'éleve ordinairement tout droit, à la hauteur de seize piés: ses branches sont plus droites, & poussent plus vite que celles du houx commun: ses feuilles sont plus longues, plus pliantes, & d'un verd plus clair: elles ne sont point armées de pointes, mais seulement dentelées: ses bayes sont rouges, & forment de fort grosses grapes. Cette Plante est très rare à la Caroline; *& je ne l'y ai jamais vûe que dans la Plantation du Colonel* Bull *sur la riviere* d'Ashley, *ou elle croît dans une fondriere.*

ALAUDA GUTTURE FLAVO.

The Lark.

IN ſize and ſhape this reſembles our Sky-Lark. The crown of the head is mix'd with black and yellow feathers: through the eyes runs a ſtripe of yellow. From the angle of the mouth runs a black ſtripe, inclining downward; except which, the throat and neck are yellow. The upper part of the breaſt is covered with a patch of black feathers, in form of a creſcent. The remaining part of the breaſt and belly of a brown ſtraw colour. It has a long heel. It has a ſingle note, like that of our Sky-Lark in winter; at which time, and in cold weather only, they appear in *Virginia* and *Carolina*. They come from the North in great flights, and return early in the ſpring. From their near reſemblance to our Sky Lark, I conceive they mount up and ſing as ours do; but they appearing here only in winter, I cannot determine it. They frequent the ſand-hills upon the Sea-ſhore of *Carolina*, and there feed on theſe Oats, which they find ſcattered on the ſands.

L'Allouette.

ELLE reſſemble, par ſa forme & ſa groſſeur, à nôtre allouette qui chante. Sa tête eſt couverte d'un mélange de plumes noires & jaunes: on voit le long des yeux une raye jaune: ſa gorge & ſon corps ſont jaunes, excepté une raye noire qui commence de chaque côté au coin du bec, & deſcend juſqu'au milieu du cou: le haut de ſa poitrine eſt couvert de plumes noires, qui forment un croiſſant: le reſte de ſa poitrine & ſon ventre ſont d'une couleur de paille foncée: elle a un long éperon: ſon chant ne roule que ſur une note, comme celui de nôtre Allouette chantante en hiver. Ce n'eſt que dans cette ſaiſon, & lors qu'il fait grand froid, que ces Oiſeaux ſe montrent à la Virginie *& à la* Caroline. *Ils viennent du Nord par grandes volées, & s'en retournent de bonne heure au printems. Je juge par la reſſemblance qu'ils ont avec nôtre allouette, qu'ils s'élevent & chantent comme elle; mais comme ils ne paroiſſent qu'en hiver, je ne ſaurois l'affirmer poſitivement. Ils fréquentent les dunes qui ſont ſur les bords de la Mer de la* Caroline; *& ils ſe nourriſſent de l'avoine qu'ils trouvent ça & là dans les ſables.*

Gramen Myloicophoron Oxyphyllon Carolinianum, &c. Pluk. Alma. p. 137. Tab. 32.

The SEA-SIDE OAT.

THIS Plant I obſerved growing no where but on ſand-hills; ſo near the Sea, that at high tides the water flows to it. Its height is uſually four and five feet.

Avoine du bord de la Mer.

J'AI obſervé que cette Plante ne croît que ſur les dunes, & ſi proche de la Mer, que dans les grandes marées l'eau vient juſqu'à elle: elle s'éleve ordinairement à la hauteur de quatre, ou cinq piés.

ALAUDA MAGNA.

The large Lark.

HIS Bird weighs three ounces and a quarter. The bill is ſtraight, ſharp, and ſomewhat flat towards the end. Between the eye and the noſtril is a yellow ſpot. The crown of the head is brown, with a duſky white liſt running from the bill along the middle of it. A black liſt, of about an inch long, extends downwards from the eye. The ſides of the head are light grey. The wings and upper part of the body are of a Partridge-colour. The breaſt has a large black mark, in form of a horſe-ſhoe; except which, the throat and all the under part of the body are yellow. It has a jetting motion with its tail, ſitting on the tops of ſmall trees and buſhes, in the manner of our bunting; and, in the Spring, ſings muſically, though not many notes. They feed moſtly on the ground on the ſeed of graſſes: their fleſh is good meat. They inhabit *Carolina*, *Virginia*, and moſt of the Northern Continent of *America*.

Grand Allouette.

*ET Oiſeau peſe trois onces & un quart. Son bec eſt droit, pointu, & un peu applati vers le bout. Entre l'oeil & la narine il a une tache jaune. Le deſſus de ſa tête eſt brun, & partagé par une raye d'un blanc ſale, qui commence depuis le bec. Une raye noire deſcend depuis ſon œil juſqu'à environ un pouce plus bas, le long du cou. Les côtés de ſa tête ſont d'un gris clair. Ses aîles, & le deſſus de ſon corps ſont de couleur de perdrix. Il a ſur la poitrine une grande marque noire en forme de fer à cheval: hors cela ſa gorge, & tout le deſſus de ſon corps ſont jaunes. Il a dans la queüe un mouvement très vif de bas en haut; & lors qu'il s'arrête, il ſe perche ſur la cime des petits arbres, ou des buiſſons, à peu près comme nôtre traquet. Il chante harmonieuſement au Printems, quoi que ſon ramage roule ſur peu de notes. Ces Oiſeaux ne ſe nourriſſent preſque que de ſemences d'herbes qu'ils trouvent ſur la terre: leur chair eſt bonne à manger. On en trouve à la* Virginie, *à la* Caroline, *& dans preſque tout le Continent Septentrional de l'*Amérique.

Ornithogalum luteum, parvum, foliis gramineis glabris.

The LITTLE YELLOW STAR-FLOWER.

THIS Plant grows uſually not above five inches in height, producing many graſſy leaves, from which riſes a ſlender ſtalk, bearing a yellow ſtar-like pentapetalous flower. It has five *ſtamina*, every leaf of the flower having one growing oppoſite to it. The flower is ſucceeded by a ſmall long *capſula*, containing many little black ſeeds. This Plant grows plentifully in moſt of the open paſture lands in *Carolina* and *Virginia*, where theſe Larks moſt frequent, and feed on the ſeed of it.

L'Ornithogalum jaune.

CETTE Plante ne s'éleve pas ordinairement à plus de cinq pouces de hauteur, & produit pluſieurs feuilles ſemblables à celles du gramen. Il ſort du milieu de ſes feuilles une tige fort mince, qui ſoutient une fleur jaune à cinq feuilles qui a cinq filets, chaque feuille de la fleur en ayant un vis à vis d'elle. Lors que la fleur eſt paſſée, il lui ſuccede une petite capſule longue, qui contient pluſieurs petites ſemences noires. Cette Plante croit en grande abondance dans la pluſpart des pâturages découverts de la Caroline *& de la* Virginie. *Les allouettes décrites ci deſſus frequentent beaucoup ces pâturages, & ſe nouriſſent de ſa graine.*

PASSER NIGER, OCULIS RUBRIS.

The Towhe Bird.

HIS Bird is about the ſize of, or rather bigger than a Lark. The bill is black and thick: the iris of the eye red: the head, neck, breaſt, back, and tail, black; as are the wings, with the larger quill feathers edged with white. The lower part of the breaſt and the belly are white; which, on each ſide, is of a muddy red, extending along its wings. The legs and feet are brown.

The Hen is brown, with a tincture of red on her breaſt. It is a ſolitary Bird; and one ſeldom ſees them but in pairs. They breed and abide all the year in *Carolina* in the ſhadieſt woods.

Moineau noir aux yeux rouges.

ET Oiſeau eſt à peu près de la groſſeur d'une allouette, ou même un peu plus gros. Son bec eſt noir & ramaſſé: l'iris de ſes yeux rouge: ſa tête, ſon cou, ſa poitrine, ſon dos, & ſa queüe ſont noirs: ſes aîles le ſont auſſi, excepté les grandes plumes qui ſont bordées de blanc. Le deſſous de ſa poitrine, & ſon ventre ſont blancs au milieu; & de chaque côte ſous les aîles, d'un rouge obſcur. Ses jambes & ſes piés ſont bruns.

La femelle eſt brune, avec une légere teinture de rouge ſur la poitrine. Ces Oiſeaux ſont ſolitaires. On ne les voit gueres que par couple; & ils demeurent pendant toute l'année à la Caroline *dans les bois les plus épais.*

PASSER FUSCUS.

The Cowpen Bird.

THIS Bird is entirely brown; the back being darkeſt, and the breaſt and belly the lighteſt part of it. In Winter they aſſociate with the red-wing'd Starling and purple Jack-daw in flights. They delight much to feed in the pens of cattle, which has given them their name. Not having ſeen any of them in Summer, I believe they are birds of paſſage. They inhabit *Virginia* and *Carolina*.

Moineau brun.

CET Oiſeau eſt entierement brun: ſon dos eſt d'un brun plus obſcur, ſa poitrine & ſon ventre d'un brun plus clair que le reſte. En Hiver il s'aſſocie & fait bande avec l'étourneau aux aîles rouges, & le choucas. Il ſe plaît beaucoup, & ſe nourrit dans les parcs de beſtiaux, & c'eſt de là qu'il a pris ſon nom Anglois. Je n'en ai point vû en Eté: ainſi je crois que c'eſt un oiſeau de paſſage. Il ſe trouve à la Virginie *& à la* Caroline.

Populus nigra, folio maximo, gemmis Balſamum odoratiſſimum fundentibus.

The Black Poplar of Carolina.

THIS Tree grows only near rivers, above the inhabited parts of *Carolina*. They are large and very tall. In *April*, at which time only I ſaw them, they had dropt their ſeeds; which, by the remains, I could only perceive to hang in cluſters, with a cotton-like conſiſtence covering them. Upon the large ſwelling buds of this Tree ſticks a very odoriferous balſam. The leaves are indented about the edges, and very broad, reſembling in ſhape the Black Poplar, deſcribed by *Parkinſon*.

Peuplier noir de la Caroline.

CES Arbres ne croiſſent que proche des rivieres, au deſſus de la partie de la Caroline *qui eſt habitée. Ils ſont fort élevés, & leurs branches s'étendent beaucoup. Au mois d'Avril, (c'eſt le ſeul tems où je les ai vûs) on avoit déja fait la recolte de leurs ſemences. Je jugeai par ce qui en reſtoit, qu'elles étoient diſpoſées en grapes, & envelopées d'une ſubſtance cotonneuſe. Un baume très odoriſtrant ſe trouve attaché ſur les plus gros bourgeons de cet Arbre. Ses feuilles ſont dentelées, très grandes, & ſemblables pour la figure à celles du peuplier noir décrit par* Parkinſon.

The little Sparrow

PASSERCULUS.

The little Sparrow.

THIS Bird is entirely of a brown colour; leſs than our Hedge-Sparrow, but partaking much of the nature of it. They are not numerous, being uſually ſeen ſingle, hopping under buſhes: they feed on Inſects, and are ſeen moſt common near houſes in *Virginia* and *Carolina*, where they breed and abide the whole year.

Petit Moineau.

CET Oiſeau eſt entierement brun. Il eſt plus petit que nôtre moineau de haye; mais au reſte il lui reſſemble fort. Ces Moineaux ne ſont pas en grand nombre: on les voit preſque toûjours ſeuls, ſautillant ſous les buiſſons: ils ſe nouriſſent d'inſectes, & ſe tiennent proches des maiſons: ils font leurs petits, & reſtent toute l'année à la Virginie *& à la* Caroline.

Convolvulus Caroliniensis; anguſto, ſagittato folio; flore ampliſſimo, purpureo; radice craſſa.

The PURPLE BINDWEED of Carolina.

THE Flower of this *Convolvulus* is of a reddiſh purple, and of the ſize and ſhape of common white Bindweed. They blow in *June*: the leaves are ſhaped like the head of an arrow. Colonel *Moore*, a Gentleman of good reputation in *Carolina*, told me, that he has ſeen an Indian daub himſelf with the juice of this Plant; immediately after which, he handled a Rattle-Snake with his naked hands, without receiving any harm from it, though thought to be the moſt venemous of the Snake-kind. I have alſo heard ſeveral others affirm, that they have ſeen the Indians uſe a plant to guard themſelves againſt the venom of this ſort of Snake; but they were not obſervers nice enough to inform me of what kind it was.

Liſeton pourpré de la Caroline.

LA fleur de ce Liſeton eſt d'un pourpre tirant ſur le rouge, de la grandeur & de la forme de celle du Liſeton blanc ordinaire. Il fleurit au mois de Juin: ſes feuilles ſont faites comme la pointe d'une flèche. Un Gentil-homme très eſtimé à la Caroline, *nommé le Colonel* Moore, *m'a aſſûré qu'il avoit vû un Indien, qui après s'être frotté du ſuc de cette Plante, manioit avec les mains nues un ſerpent à ſonette, ſans en recevoir aucune incommodité, quoi que ce ſerpent paſſe pour être le plus venimeux de tous. J'ai auſſi entendu dire à pluſieurs autres perſonnes, que les Indiens ſe ſervent du ſuc d'une plante pour ſe garantir du venin de ce ſerpent; mais ces perſonnes n'étoient pas capables de me ſpécifier celle qui avoit cette avoit cette vertu.*

PASSER NIVALIS.

The Snow Bird.

THE bill of this Bird is white: the breaſt and belly are white: all the reſt of the body is black; but in ſome places duſky, inclining to lead colour. In *Virginia* and *Carolina* they appear only in Winter: and in ſnow they appear moſt. In Summer none are ſeen. Whether they retire and breed in the North (which is moſt probable) or where they go, when they leave theſe countries in the Spring, is to me unknown.

Moineau de neige.

SON bec, ſa poitrine, & ſon ventre ſont blancs: tout le reſte de ſon corps eſt noir, excepté quelques endroits, qui ſont preſque couleur de plomb. L'on ne voit ces oiſeaux à la Virginie *& à la* Caroline *que pendant l'Hiver, & preſque toujours ſur la neige. Ils diſparoiſſent abſolument en Eté. J'ignore s'ils ſe retirent alors vers le Nord, pour y faire leurs petits; ce qui cependant me paroît le plus probable.*

Orobanche Virginiana; flore pentapetalo, cernuo. Pluk. Alma.

BROOM-RAPE.

THIS Plant riſes to the height of eight or ten inches; and is of a fleſh colour. The ſtalks are thinly beſet with ſmall, narrow, ſharp-pointed leaves. The flowers are monopetalous, but deeply furrow'd from the ſtalk to the top of the flower, where it divides into ſeveral ſections. Within the flower is an oval channelled *capſula*, of the ſize of a Hazel-Nut, containing very ſmall ſeeds like duſt. This *capſula* is ſurrounded with many yellow *ſtamina*.

Orobanche de la Virginie.

CETTE Plante s'éleve à la hauteur de huit ou dix pouces; & eſt de couleur de chair. Ses tiges ſont garnies de loin-à-loin de petites feuilles étroites, qui ſe terminent en pointes fort aigues. Ses fleurs ſont monopétales, mais profondément ſillonées depuis la tige juſqu'au haut de la fleur, où elle ſe diviſe en pluſieurs ſections. Il y a au dedans de la fleur une capſule, ovale, & canelée, de la groſſeur d'une noiſette, qui contient pluſieurs ſemences auſſi menues que de la pouſſiere. Cette capſule eſt entourée d'étamines jaunes.

PASSERCULUS BICOLOR BAHAMIENSIS.

The Bahama Sparrow.

HIS is about the ſize of a Canary Bird. The head, neck, and breaſt are black: all the other parts of it of a dirty green colour. It is the commoneſt little Bird I obſerved in the woods of the *Bahama* iſlands. It uſes to perch on the top of a buſh and ſing, repeating one ſet tune, in manner of our *Chaffinch.*

Moineau de Bahama.

L eſt environ de la groſſeur d'un ſerin. Sa tête, ſon cou, & ſa poitrine ſont noirs: tout le reſte de ſon corps eſt d'un verd ſale. C'eſt le petit oiſeau le plus commun de ceux que j'ai obſervés dans les bois des Iles Bahama. *Il ſe perche ordinairement ſur la cime d'un buiſſon, où il chante en repétant toujours préciſement le même air, comme fait nôtre pinçon.*

Bignonia arbor pentaphylla; flore roſeo, majore, filiquis planis.

Plum Cat.

THIS Shrub uſually riſes to the height of about ten feet. From the larger branches ſhoot forth long tender ſtalks, at the end of every of which are five leaves fixed on footſtalks an inch long. Its flower is monopetalous, of a roſe colour, and ſomewhat bell-ſhaped, though the margin is deeply divided into five or ſix ſections, to which ſucceed pods of five inches long, hanging in cluſters, and containing within them ſmall brown beans.

Bignonia.

CETTE Plante s'éleve en buiſſon, à la hauteur d'environ dix piés. Les groſſes branches pouſſent de longues tiges menues, qui portent à leurs extremités cinq feuilles attachées par des pédicules d'un pouce de long. Sa fleur eſt monopétale, de couleur de roſe, & à peu près de la figure d'une cloche; mais ſes bords ſont profondément découpés en cinq ou ſix ſections. Quand elle eſt paſſée, il lui ſuccede des coſſes longues de cinq pouces, attachées par bouquets: elles contiennent de petits pois bruns.

p. 38

COCCOTHRAUSTES RUBRA.

The red Bird.

IN bigneſs it equals, if not exceeds the Sky-Lark. The bill is of a pale red, very thick and ſtrong: a black liſt encompaſſes the baſis of it. The head is adorned with a towering creſt, which it raiſes and falls at pleaſure. Except the black round the baſis of the bill, the whole Bird is ſcarlet; though the back and tail have leaſt luſtre, being darker and of a more cloudy red.

The Hen is brown; yet has a tincture of red on her wings, bill and other parts. They often ſing in cages as well as the Cocks. Theſe Birds are common in all parts of *America*, from *New-England* to the *Cape* of *Florida*, and probably much more South. They are ſeldom ſeen above three or four together. They have a very great ſtrength with their bill, with which they will break the hardeſt grain of Maiz with much facility. It is a hardy and familiar Bird. They are frequently brought from *Virginia*, and other parts of *North America*, for their beauty and agreeable ſinging, they having ſome notes not unlike our Nightingale, which in *England* ſeems to have cauſed its name of the *Virginia Nightingale*, though in thoſe countries they call it the *Red Bird*.

Le Cardinal.

CET Oiſeau égale, ou ſurpaſſe même en groſſeur l'allouette commune. Son bec eſt d'un rouge pâle, très épais, & très fort: une raye noire en entoure la baſe. Sa tête eſt ornée d'un grande huppe qu'il éleve & abaiſſe comme il veut. Hors la raye noire, qui eſt à la baſe de ſon bec, tout ſon corps eſt écarlate; quoi que le dos & la queüe ayent moins d'éclat que le reſte, parce qu'ils ſont d'un rouge plus foncé & plus obſcur.

*La femelle eſt brune: cependant elle a dans la couleur de ſes ailes, de ſon bec, & du reſte de ſon corps quelques nuances de rouge. En cage elle chante ſouvent, auſſi bien que le mâle. Ces Oiſeaux ſont communs dans toutes les parties de l'*Amérique, *depuis la* Nouvelle Angleterre *juſqu'au Cap de la* Floride, *& vraiſemblablement encore plus vers le Sud. On n'en voit gueres plus de trois, ou quatre enſemble. Ils ont une grande force dans le bec, avec lequel ils caſſent aiſément les grains de maiz les plus durs. Ils ſont robuſtes & familiers. On en apporte ſouvent de la* Virginie, *& des autres endroits du Nord de l'*Amérique, *à cauſe de leur beauté, & de leur ramage agréable: ils ont dans leur chant quelques tons approchans de ceux du roſſignol; c'eſt pourquoi on les a nommés en* Angleterre, *Roſſignols de la* Virginie, *quoi qu'en ce pays là on les appelle Oiſeaux rouges.*

Nux Juglans alba Virginienſis. Park. Theat. 1414.

The HICCORY TREE.

THIS is uſually a tall Tree, and often grows to a large bulk, the body being from two to three feet in diameter. The leaves are ſerrated, narrower and ſharper pointed than the Walnut, but in manner of growing on footſtalks, like it. The nuts are incloſed in like manner with the walnut, with an outer and inner ſhell. In *October*, at which time they are ripe, the outer ſhell opens and divides in quarters, diſcloſing the nut, the ſhell of which is thick, not eaſily broke but with a hammer. The kernel is ſweet and well taſted, from which the Indians draw a wholeſome and pleaſant oil, ſtoring them up for their winter proviſion. The Hogs and many wild Animals receive great benefit from them. The wood is coarſe-grained; yet of much uſe for many things belonging to agriculture. Of the ſaplings, or young trees, are made the beſt hoops for tobacco, rice and tar barrels: and for the fire no wood in the Northern parts of *America* is in ſo much requeſt. The bark is deeply furrowed.

Noyer blanc, nommé Hiccori à la Virginie.

*CET Arbre eſt ordinairement aſſez élevé, & devient ſouvent fort gros: ſon tronc a quelquefois juſques à deux ou trois piés de diametre. Ses feuilles ſont dentelées, plus étroites, & plus pointues que celles du noyer d'Europe; mais croiſſent ſur des pédicules comme elles: ſes noix ſont de même enveloppées d'une double coque. Au mois d'Octobre, qui eſt le tems où ſes fruits ſont mûrs, l'écorce extérieure s'ouvre, ſe diviſe en quartiers, & découvre la noix, dont la coque eſt épaiſſe, & qu'on ne peut gueres caſſer qu'avec un marteau. Le dedans en eſt doux, & de bon goût: les Indiens en tirent une huile fort ſaine, & fort agréable, & en font proviſion pour leur hiver. Ces fruits ſont d'un grand ſecours pour les cochons, & pluſieurs eſpéces de bêtes ſauvages. Le bois de cet Arbre a le grain gros, cependant il eſt d'un très grand uſage en pluſieurs choſes pour l'Agriculture. Des jeunes arbres on fait d'excellens cerceaux pour les barils où l'on met le tabac, le ris, & le goudron; & pour brûler, il n'y a pas de meilleur bois dans tout le Nord de l'*Amérique. *Son écorce eſt extremement ridée.*

Nux Juglans Carolinenſis fructu minimo putamine levi.

The PIGNUT.

THE branches of this Tree ſpread more, are ſmaller, and the leaves not ſo broad as thoſe of the Hiccory; nor is the bark ſo wrinkled. The nuts are not above one fourth part ſo big as thoſe of the Hiccory, having both the inner and outer ſhell very thin; ſo that they may eaſily be broken with one's fingers. The kernels are ſweet; but being ſmall, and covered with a very bitter ſkin, makes them uſeleſs, except for Squirrels, and other wild Creatures.

Another Walnut remains to be obſerved, which I never ſaw but in *Virginia*, and is there called the white Walnut. The Tree is uſually ſmall; the bark and grain of the wood very white: the nut is about the ſize, or rather leſs than the black Walnut, of an oval form, the outermoſt ſhell being rough.

Noyer de la Caroline.

LES branches de cet Arbre s'étendent davantage, ſont plus menues, & ſes feuilles ſont plus étroites que celles du noyer blanc de la Virginie: *ſon écorce n'eſt pas non plus ſi ridée. Ses fruits ne ſont que le quart des autres, & leurs coques ſont très minces, de ſorte qu'on les peut aiſément caſſer avec les doigts: la chair en eſt douce; mais comme il y en a peu, & qu'elle eſt couverte d'une peau très amere, il n'y a que les écureuils, & quelques autres animaux ſauvages qui s'en accommodent.*

Je dois encore obſerver une autre eſpece de Noyer, que je n'ai jamais vû qu'à la Virginie, *qu'on appelle en ce pays là Noyer blanc. Cet Arbre eſt ordinairement petit: l'écorce & le bois en ſont fort blancs: le fruit eſt à peu près de la groſſeur de celui du noyer noire, & d'une forme ovale: ſon enveloppe extérieure eſt raboteuſe.*

The Hiccory Tree

The Pig[illegible]

The red Bird

COCCOTHRAUSTES CÆRULEA.

The blue Grofs-beak.

A Narrow black lift encompaffes the bafis of the bill, and joins to the eyes. The head and whole body, except the tail and part of the wings, are of a deep blue. Below the fhoulder of the wing are a few red feathers. The lower part of the wing and tail is brown, with a mixture of green. The legs and feet are of a dufky black.

The Hen is all over dark brown, with a very fmall mixture of blue. It is a very uncommon and folitary bird, feen only in pairs. They have one fingle note only, and appear not in Winter. I have not feen any of thefe Birds in any parts of *America* but *Carolina*.

Gros-Bec bleu.

UNE raye noire & étroite entoure la bâfe de fon bec, & fe joint à fes yeux. Sa tête & tout fon corps, excepté fa queüe & une partie de fes aîles, font d'un bleu foncé. Au deffous de l'épaule de l'aîle il y a quelques plumes rouges. Tout le bas de fes aîles, & de fa queüe eft brun, avec une nuance de verd. Ses jambes & fes piés font d'un noir obfcur.

*La fémelle eft entierement d'un brun foncé, mêlé d'un peu de bleu. Cet oifeau eft fort rare & fort folitaire. On n'en voit jamais plus de deux enfemble, favoir le mâle & la fémelle. Son ramage ne roule que fur une feule note. Il ne paroît point en Hiver. Je n'en ai jamais vû en aucune partie de l'*Amérique *qu'à la* Caroline.

Magnolia Lauri folio, fubtus albicante.

The SWEET FLOWERING BAY.

THIS is a fmall Tree, ufually growing fixteen feet high; the wood is white and fpongy, and covered with a white bark. The leaves are in fhape like thofe of the common bay, but of a pale green, having their back-fides white. In *May* they begin to bloffom, continuing moft part of the Summer to perfume the woods with their fragrant flowers, which are white, made up of fix *petala*, having a rough conic *ftylus*, or rudiment of the fruit: which, when the *petala* fall, increafes to the bignefs and fhape of a large Walnut, thick fet with knobs or rifings; from each of which, when the fruit is ripe, are difcharged flat feeds of the bignefs of French Beans, having a kernel within a thin fhell, covered with a red fkin. Thefe red feeds, when difcharged from their cells, fall not to the ground, but are fupported by fmall white threads of about two inches long. The fruit at firft is green; when ripe, red; and when declining, it turns brown. They grow naturally in moift places, and often in fhallow water; and what is extraordinary, they being removed on high dry ground, become more regular and handfomer Trees, and are more prolific of flowers and fruit. They ufually lofe their leaves in Winter, except it be moderate.

This beautiful flowering Tree is a native both of *Virginia* and *Carolina*, and is growing at Mr. *Fairchild*'s in *Hoxton*, and at Mr. *Collifon*'s at *Peckham*, where it has for fome years paft produced its fragrant bloffoms, requiring no protection from the cold of our fevereft Winters.

Laurier aux Fleurs odoriférantes.

CET Arbre ne s'éleve guerres plus haut que feize piés: fon bois eft blanc & fpongieux, & fon écorce blanche. Ses feuilles ont la figure de celles du laurier commun; mais elles font d'un verd pâle par deffus, & blanches par deffous. Il commence à fleurir au mois de Mai, & continue pendant prefque tout l'Eté à parfumer les bois de l'odeur agréable de fes fleurs. Elles font blanches, & compofées de fix feuilles, au milieu defquelles eft un piftil conique qui eft le commencement du fruit. Lors que fes feuilles font tombées, le piftil s'augmente jufqu'à la groffeur d'une groffe noix. Il eft tout couvert de nœuds, ou de petites éminences, qui s'ouvrent, lors que le fruit eft mûr, & laiffe tomber des femences plates, de la groffeur des haricots. Elles contiennent une amande renfermée dans une coque très mince, & couverte d'une peau rouge. Lorfque ces femences fortent de leurs cellules, elles ne tombent pas à terre, mais elles demeurent fufpendues par des filets blancs d'environ deux pouces de long. Les fruits font d'abord verds; enfuite rouges, lors qu'ils font mûrs; & enfin ils deviennent bruns dans leur déclin. Cet Arbre vient de lui même dans un terrein humide, & fouvent dans des eaux baffes; & ce qu'il y a de fuprénant, c'eft que fi on le tranfplante dans un terrein fec & élevé, l'Arbre devient plus beau & mieux formé, & produit plus de fleurs & de fruits. Il perd fes feuilles en Hiver, à moins que le froid ne foit très modéré.

Ce bel Arbre, qui produit de fi agréables fleurs, eft originairement de la Caroline *& de la* Virginie. *On en voit dans le jardin de Mr.* Fairchild *à* Hoxton, *& dans celui de Mr.* Collinfon *à* Peckham, *où ces Arbre ont fleuri réguliérement depuis plufieurs années, fans qu'on ait été obligé de les défendre contre les Hivers les plus rigoureux.*

COCCOTHRAUSTES PURPUREA.

The purple Groſs-beak.

HIS Bird is of the ſize of a Sparrow. Over the eyes, the throat, and at the vent under the tail, are ſpots of red. All the reſt of the body is entirely of a deep purple colour.

The Hen is all over brown, but has the like red ſpots as the Cock. Theſe Birds are natives of many of the *Bahama* iſlands.

Gros-Bec violet.

CET Oiſeau eſt de la groſſeur d'un moineau. Sur les yeux, ſur la gorge, & vers l'anus ſous la queüe, il a des taches rouges. Tout le reſte de ſon corps eſt d'un pourpre foncé.

La fémelle eſt brune; excepté les taches rouges qu'elle a aux mêmes endroits que le mâle. Ces Oiſeaux ſe trouvent dans pluſieurs des îles de Bahama.

Toxicodendron foliis alatis, fructu purpureo, Pyri-formi, ſparſo.

The Poison Wood.

THIS is generally but a ſmall Tree; and has a light coloured ſmooth bark. Its leaves are winged, the middle rib ſeven or eight inches long, with pairs of *pinnæ* one againſt another, on inch-long foot ſtalks. The fruits hang in bunches; are ſhaped like a Pear, of a purple colour, covering an oblong hard ſtone.

From the trunk of this Tree diſtils a liquid black as ink, which the inhabitants ſay is poiſon. Birds feed on the berries, particularly this *Groſs-beak*, on the mucilage that covers the ſtone. It grows uſually on rocks in *Providence*, *Ilathera*, and other of the *Bahama* iſlands.

Bois empoiſonné.

CET Arbre eſt ordinairement aſſez petit: ſon écorce eſt unie, & d'une couleur claire. Ses feuilles ſont diſpoſées par paires, & attachées par des queües d'un pouce ſur des côtes de ſept ou huit pouces de longueur. Ses fruits forment des grapes, ont la figure d'une poire, ſont de couleur de pourpre, & renferment un noyau très dur.

Du tronc de cet Arbre il diſtille une liqueur noire comme de l'encre: les habitans diſent qu'elle eſt vénimeuſe. Les Oiſeaux, & ſurtout le gros-bec, ſe nourriſſent de ſes fruits, c'eſt-à-dire, de la pulpe qui couvre le noyau. Cet Arbre croît ordinairement ſur des rochers, dans les l'îles de la Providence, *d'*Ilathere, *& dans pluſieurs autres îles de* Bahama.

The purple Gros-beak.

FRINGILLA PURPUREA.

The purple Finch.

N ſize and ſhape this Bird differs but little from our Chaffinch. The belly is white; the reſt of the body is of a duſky purple colour; but with a mixture of brown in ſome parts; particularly, the interior vanes of the wing feathers are brown, as are the tail feathers towards the end.

The Hen is brown, having her breaſt ſpotted like our *Mavis*. When they firſt appear in *Carolina* (which is uſually in *November)* they feed on the berries of Juniper; and in *February* they deſtroy the ſwelling buds of Fruit-Trees, in like manner as our Bull-finches do. They aſſemble in ſmall flights, and retire at the approach of Winter.

Pinçon violet.

ET Oiſeau eſt à peu près de la même groſſeur, & de la même figure que nôtre pinçon. Il a le ventre blanc, & le reſte du corps d'un violet foncé, mêlé de brun en quelques endroits : il a ſur tout les franges intérieures des plumes de l'âile fort brunes : les plumes de la queüe ſont de la même couleur à leurs extremités.

La fémelle eſt brune, & a la poitrine tachetée, comme nôtre mauvis. *Lors que ces Oiſeaux commencent à paroître à la* Caroline *(ce qui arrive ordinairement au mois de* Novembre) *ils ſe nourriſſent de bayes de genevre; & au mois de* Février *ils detruiſent les bourgeons des arbres fruitiers, de même que nôtre rouge-queüe. Ils s'aſſocient en petites volées, & ſe retirent au commencement de l'Hiver.*

Arbor in aqua naſcens; foliis latis, acuminatis & non dentatis, fructu Eleagni minore.

The TUPELO TREE.

THIS Tree uſually grows large and ſpreading, with an erect trunk and regular head. The leaves are ſhaped like thoſe of the Bay-Tree. In Autumn its branches are thick ſet with oval black berries on long foot-ſtalks, each berry having a hard channelled flattiſh ſtone. Theſe berries have a very ſharp and bitter taſte, yet are food for many wild Animals, particularly Raccoons, Opuſſums, Bears, &c. The grain of the wood is curled and very tough, and therefore very proper for naves of cart-wheels, and other country uſes. They grow uſually in moiſt places in *Virginia*, *Maryland* and *Carolina*.

Arbre nommé Tupelo.

CET Arbre devient ordinairement fort haut, & fore étendu. Son tronc eſt droit; & ſes branches font un bouquet régulier. Ses feuilles reſſemblent à celles du laurier. En Automne ſes branches ſont toutes couvertes de fruits noirs & ovales, attachés à de longs pédicules. Ces fruits ont des noyaux durs, applatis, & cannelés : ils ſont d'un goût âpre & amer; & cependant pluſieurs animaux ſauvages s'en nourriſſent, ſur tout les raccons, les opoſſums, les ours, &c. Le grain de ſon bois eſt friſe, & fort dur; c'eſt pourquoi il eſt fort propre pour les moyeux de roues de charette, & autres utenſiles qui ſervent à l'Agriculture. Cet Arbre croît preſque par tout à la Virginie, *à* Mariland, *& à la* Caroline.

FRINGILLA BAHAMENSIS.

The Bahama *Finch.*

IT weighs fourteen penny weight. The head is black, except a white line, which runs from the bill over the eye, and another under the eye. The throat is black, except a yellow spot, close under the bill. The breaſt is orange coloured; the belly white; the upper part of the neck and the rump, of a duſky red; the back black; the wings and tail brown, with a mixture of white; the legs and feet lead colour. Theſe Birds are frequent on many of the *Bahama* iſlands.

Pinçon de *Bahama.*

IL peſe environ ſix drachmes. Sa tête eſt noire, excepté une raye blanche, qui s'étend depuis le bec, juſqu'au deſſus de l'œil, & un autre au deſſous. Sa gorge eſt noire, hors une tache jaune ſituée immédiatement ſous le bec. Sa poitrine eſt de couleur d'orange; ſon ventre blanc; & le deſſus du cou & du croupion ſont d'un rouge obſcur. Son dos eſt noir: ſes aîles & ſa queüe ſont brunes, & mêlées de blanc: ſes jambes & ſes piés ſont de couleur de plomb. Ces Oiſeaux ſont communs dans pluſieurs des îles Bahama.

Arbor Guaiaci latiore folio; Bignoniæ flore cæruleo; fructu duro, in duas partes diſiliente; ſeminibus alatis, imbricatim poſitis.

The broad leafed Guaiacum, with blue flowers.

THIS is a Tree of a middle ſize. The leaves are winged, with many ſmall pointed alternate lobes. In *May* there proceeds from the ends of its branches ſeveral ſpreading foot-ſtalks bearing blue flowers, in form not unlike thoſe of the fox-glove, which are ſucceeded by large flat roundiſh ſeed veſſels, or pods, commonly two inches over, containing many ſmall flat winged ſeeds. This Tree grows on ſeveral of the *Bahama* iſlands, particularly near the town of *Naſſau*, on the iſland of *Providence*.

Arbre de Guaiac, aux fleurs bleues.

CET Arbre eſt d'une grandeur médiocre. Ses feuilles ſont pointues, & opposées alternativement le long des queües. Au mois de Mai il ſort des extremites de ſes branches pluſieurs pedicules, qui s'écartent les uns des autres, & portent des fleurs aſſez ſemblables à celles de la gantelée. Elles ſont ſuivies par de grandes coſſes, preſque rondes, & ordinairement de deux pouces de diametre, dans leſquelles ſont renfermées pluſieurs petites ſemences plates, & aîlées. Cet Arbre vient dans pluſieurs des îles Bahama, *ſur tout aux environs de la ville de* Naſſau, *dans l'Iſle de la* Providence.

CARDUELIS AMERICANUS.

The American *Goldfinch.*

HIS agrees, in ſize and ſhape, with our Gold-finch. The bill is of a duſky white; the fore-part of the head black; the back-part of a dirty green. All the under-part of the body, from the bill to the vent, and likewiſe the back, is of a bright yellow. The wings are black, having ſome of the ſmaller feathers edged with duſky white; the legs and feet brown. They feed on Lettuce and Thiſtle ſeed. Theſe Birds are not common in *Carolina*; in *Virginia* they are more frequent; and at *New-York* they are moſt numerous; and are there commonly kept in cages.

Chardonneret de l'Amérique,

*L eſt de la même groſſeur, & de la même figure que nôtre Chardonneret. Son bec eſt d'un blanc obſcur. Le devant de ſa tête eſt noir, & le derriere d'un verd ſale. Tout le deſſous de ſon corps, de même que ſon dos, eſt d'un jaune vif. Ses aîles ſont noires, & quelques unes de leurs petites plumes ſont bordées de blanc ſale. Ses jambes & ſes piés ſont bruns. Il ſe nourrit de graine de laitue, & de chardon. Cet Oiſeau eſt rare à la* Caroline: *plus commun à la* Virginie; *& on en voit un très grand nombre dans la* Nouvelle York, *où on les garde dans des cages.*

Acacia Abrus foliis, triacanthos, capſula ovali, unicum ſemen claudente.

ACACIA,

THIS Tree grows to a large ſize and ſpreading. The leaves are winged, compoſed of many ſmall pointed lobes, like moſt others of its tribe. The fruit is ſomewhat like a Bean, contained in an oval *capſula*, and grows commonly five or ſix together in a bunch. Many very large ſharp thorns are ſet on its branches and larger limbs. This Tree I never ſaw but at the plantation of Mr. *Waring* on *Aſhley* river, growing in ſhallow water.

Acacia.

C*ET Arbre devient fort haut, & fort étendu. Ses feuilles ſont petites, pointues, & oppoſées alternativement le long des queües, comme celles de la pluſpart des autres arbres de ſa claſſe. Son fruit reſſemble un peu à une ſeve, & eſt renfermé dans une* capſule *ovale. Il eſt ordinairement par bouquets de cinq ou ſix. Ses branches ont pluſieurs épines très groſſes, & fort pointues. Je n'ai jamais vû cet Arbre qu'à la plantation de Monſieur* Waring, *ſur la riviere d'*Aſhley, *dans une eau baſſe.*

FRINGILLA TRICOLOR.

The painted Finch.

THIS weighs nine penny weight, and is about the bigneſs of a Canary Bird. The head and upper part of the neck, are of an ultramarine blue. The throat, breaſt and belly, of a bright red. The back is green, inclining to yellow. The wings are compoſed of green, purple, and duſky red feathers. The rump is red; and the tail duſky red, with a mixture of purple. Tho' a particular deſcription may be requiſite, in order to give a more perfect idea of this Bird, yet its colours may be comprized in three: the head and neck are blue, the belly red, and the back green. Its notes are ſoft; but they have not much variety. They breed in *Carolina*, and affect much to make their neſts in Orange-Trees. They do not continue there in Winter; nor do they frequent the upper parts of the country. I never ſaw one fifty miles from the ſea. Though the Cock is ſo elegant, the Hen is as remarkable for her plain colour, which is not unlike that of a Hen-Sparrow, but with a faint tincture of green.

His Excellency Mr. *Johnſon*, the preſent Governour of *South-Carolina*, kept four or five of theſe Birds, (taken from the neſt) in cages, two years; in all which time, the Cocks and Hens varied ſo little in colour, that it was not eaſy to diſtinguiſh them. I have likewiſe caught the Cock and Hen from their neſt, and could ſee little difference, they being both alike brown. How many years it is before they come to their full colour, is uncertain. When they are brought into this cold climate, they loſe much of their luſtre, as appear'd by ſome I brought along with me. The *Spaniards* call this Bird *Mariposa pintada*, or the painted Butterfly.

Pinçon de trois Couleurs.

CET Oiſeau peſe environ quatre drachmes, & eſt à peu près de la groſſeur d'un ſerin. Sa tête, & le deſſus de ſon cou ſont d'un bleu d'outremer. Sa gorge, ſa poitrine, & ſon ventre ſont d'une rouge brillant. Son dos eſt d'un verd tirant ſur le jaune. Ses ailes ſont compoſées de plumes vertes, violettes, & d'un rouge foncé. Le bas du dos & la queüe ſont d'un rouge foncé, mêlé de violet. Quoi que pour donner une idée plus exacte de cet Oiſeau, il faille en faire une deſcription détaillée, on peut cependant réduire à trois ſes différentes couleurs: la tête & le cou ſont bleus, le ventre eſt rouge, & le dos verd. Son ramage eſt doux, mais peu varié. Ces Oiſeaux font leurs petits à la Caroline, *& choiſiſſent principalement les orangers, pour y faire leurs nids. Il ne demeurent pas dans ce pays-là pendant l'Hiver, & n'entrent pas fort avant dans les terres. Je n'en ai jamais vû à cinquante milles de la mer. Quoique le mâle ſoit ſi beau, la femelle n'eſt pas moins remarquable par ſa couleur ſimple, fort approchante de celle de la femelle d'un moineau, mais avec une petite nuance de verd.*

Son Excellence Monſieur Johnſon, *aujourd'hui Gouverneur de la* Caroline *Méridionale, a pendant deux ans gardé dans des cages quatre ou cinq de ces Oiſeaux, qu'on avoit pris dans le nid. Pendant tout ce temps les mâles & les femelles différoient ſi peu en couleur, qu'il étoit fort difficile de les diſtinguer. J'en ai pris moi-même dans le nid, & ne pouvois trouver aucune différence entre le mâle & la femelle, l'un & l'autre étant également brun. On ignore combien il ſe paſſe d'années, avant que leurs couleurs ayent atteint leur perfection. Ils perdent beaucoup de leur luſtre lors qu'on les apporte en ce climat froid, comme je l'ai éprouvé en quelques uns que j'avois apportés avec moi. Les* Eſpagnols *appellent cet Oiſeau* Maripoſa pintada, *ou le papillon de diverſes couleurs.*

Alcea Floridana quinque capſularis, Laurinis foliis, leviter crenatis, ſeminibus coniferarum inſtar alatis, Pluk. Amalth. p. 7. Tab. 352.

The LOBLOLLY TREE.

THIS is a tall and very ſtreight Tree, with a regular pyramidal head. Its leaves are ſhaped like thoſe of the common Bay, but ſerrated. It begins to bloſſom in *May*, and continues bringing forth its flowers the greateſt part of the Summer. The flowers are fixed to foot-ſtalks, four or five inches long; are monopetalous, divided into five ſegments, encompaſſing a tuft of *ſtamina*, headed with yellow *apices*, which flowers in *November*, are ſucceeded by a conic *capſula*, having a divided *calix*. The *capſula* when ripe opens and divides into five ſections, diſcloſing many ſmall half winged ſeeds. This Tree retains its leaves all the year, and grows only in wet places, and uſually in water. The wood is ſomewhat ſoft; yet I have ſeen ſome beautiful tables made of it. It grows in *Carolina*; but not in any of the more Northern Colonies.

Alcée de la Floride.

CET Arbre eſt grand, & fort droit: ſes branches forment une pyramide réguliere. Ses feuilles ſont de la même figure que celles du laurier commun; mais elles ſont dentelées. Il commence à fleurir au mois de Mai, *& continue à pouſſer des fleurs pendant preſque tout l'Eté. Ces fleurs ſont attachées à des pédicules longs de quatre ou cinq pouces: elles ſont monopétales, & diviſées en cinq ſegmens, qui entourent une touffe d'étamines, dont les ſommets ſont jaunes. A ces fleurs ſuccedent au mois de* Novembre *des* capſules *coniques, dont le calice eſt diviſé. Lors qu'elles ſont mûres, elles s'ouvrent, & ſe diviſent en cinq ſections, & laiſſent voir de petites ſemences. Cet Arbre garde ſes feuilles toute l'année, & ne croît que dans des lieux humides, & ſouvent même dans l'eau. Son bois eſt un peu mou; cependant j'en ai vû de fort belles tables. Il croît à la* Caroline, *mais non pas dans les Colonies plus Septentrionales.*

LINARIA CÆRULEA.

The blue Linnet.

HIS Bird is rather leſs than a Gold-finch; weighing eight penny-weight. The whole Bird appears, at a little diſtance, of an intire blue colour: but, upon a nearer view, it is as follows. The bill is black and lead colour. On the crown of the head the blue is moſt reſplendent, and deeper than in any other part. The neck, back and belly are of a lighter blue. The large wing feathers are brown, edged with blue. The tail is brown, with a tincture of blue. There are none of theſe Birds within the ſettlements of *Carolina*; for I have never ſeen any nearer than 150 miles from the Sea; their abode being in the hilly parts of the country only. Their notes are ſomewhat like thoſe of our Linnets. The *Spaniards* in *Mexico* call this Bird *Azul lexos*, or the far-fetch'd Blue-Bird.

Linote bleue.

ET Oiſeau eſt plus petit qu'un Chardonneret. Il peſe trois drachmes. D'un peu loin il paroît tout à fait bleu: mais en l'examinant d'un peu près, on y remarque ce qui ſuit. Son bec eſt noir & de couleur de plomb. Le deſſus de ſa tête eſt d'un bleu plus éclatant, & plus foncé qu'aucun autre endroit de ſon corps. Son cou, ſon dos, & ſon ventre ſont d'un bleu plus pâle. Les grandes plumes de ſes aîles ſont brunes, & bordées de bleu. Sa queüe eſt brune, avec une nuance de bleu. Il n'y a aucun de ces Oiſeaux dans les habitations de la Caroline; *& je n'en ai jamais vû plus près de la Mer qu'à cent cinquante miles; car ils ne ſe tiennent que dans les montagnes du pays. Leur ramage reſſemble un peu à celui de nos Linotes. Les* Eſpagnols *du* Méxique *appellent cet Oiſeau* Azul lexos, *ou Oiſeau bleu qui vient de loin.*

Solanum triphyllon; flore hexapetalo, carneo.

THIS has a tuberous root; from which ſhoots forth two or three ſtrait ſtalks, of about eight inches high; on which are ſet triangularly three ribbed leaves: from between which proceeds its flower, of a pale red, compoſed of ſix ſpreading leaves,, three large and three ſmaller, with ſtamina of unequal lengths. The flower is ſucceeded by its ſeed-veſſel, in form and ſize of a ſmall Hazel-nut, but ſomewhat channelled, and covered by a perianthium, which divides in three, and turns back. The capſula contains innumerable ſmall ſeeds, like duſt. This Plant I found at the ſources of great rivers; not having ſeen any in the inhabited Parts of *Carolina*.

CETTE *Plante à la racine tubéreuſe, de laquelle il ſort deux ou trois tiges toutes droites, longues d'environ huit pouces, qui ſoutiennent chacune trois feuilles diſpoſées en triangle, & diviſées par des côtes en toute leur longueur. La fleur naît d'entre ces feuilles: elle eſt d'un rouge pâle, & composée de ſix feuilles, trois grandes & trois petites, qui s'écartent beaucoup les unes des autres, & d'étamines d'inégale longueur. A la fleur ſuccede la ſemence, renfermée dans une capſule de la groſſeur d'une noiſette, mais un peu cannelée, qui eſt couverte d'un membrane, qui ſe ſépare en trois, & ſe replie en arriere. Cette capſule contient une infinité de petites ſemences comme de la pouſſiere. J'ai trouvé cette Plante aux ſources des grandes rivieres; & je n'en ai vû aucune dans la partie de la* Caroline, *qui eſt habitée.*

GARRULUS CAROLINENSIS.

The Chatterer.

T weighs an ounce; and is rather less than a Sparrow. The bill is black; the mouth and throat are large. From the nostrils runs a black list to the back of its head, like velvet, with a line of white on the lower edge, in which stand the eyes. The rest of its head and neck are brown. On its crown is a pyramidal crest of the same colour. The breast is brown; the back and covert-feathers of the wing somewhat darker; the belly pale yellow. What distinguishes this bird from others, are eight small red patches at the extremities of eight of the smaller wing-feathers, of the colour and consistence of red sealing wax. When the wing is closed these patches unite, and form a large red spot. The tail is black, except the end, which is yellow.

Le Jaseur de la Caroline.

L pese un once, & est un peu plus petit qu'un moineau. Il a le bec noir; & l'ouverture en est large, de même que son gosier. Depuis ses narines jusqu'au derriere de sa tête, s'étend une raye noire & veloutée, bordée d'un peu de blanc: au milieu de cette raye sont les yeux. Le reste de sa tête, & son cou sont bruns. Il a sur la tête une huppe piramidale, & qui est aussi brune. Sa poitrine est brune. Son dos, & les plumes de ses aîles, qui sont cachées, sont d'un brun un peu plus foncé. Son ventre est d'un jaune pâle. Ce qui distingue cet Oiseau des autres, ce sont huit petites taches rouges, qu'il a aux extremités des huit petites plumes de l'aîle: ces taches sont precisement de la même couleur, & de la meme consistence que la cire d'espagne rouge. Lors que l'aîle est fermée, ces taches, en se rassemblant, en forment une seule fort grande. Sa queüe est noire, hors une petite bande jaune, qui la termine.

Frutex corni foliis conjugatis; floribus instar Anemones stellatæ, petalis crassis, rigidis, colore sordide rubente; cortice aromatico.

THIS Shrub usually grows about eight or ten feet high. The leaves are set opposite to each other. The flowers resemble, in form, those of the Star-Anemony, composed of many stiff copper-colour'd petals, enclosing a tuft of short yellow stamina. The flowers are succeeded by a roundish fruit, flat at top. The bark is very aromatic, and as odoriferous as cinnamon. These Trees grow in the remote and hilly parts of *Carolina*, but no where amongst the inhabitants.

CET Arbrisseau s'éleve ordinairement jusqu'à huit ou dix piés de hauteur. Ses feuilles sont opposées les unes aux autres. Ses fleurs ressemblent par leur figure à celles de l'anémone étoilée. Elles sont composées de plusieurs feuilles roides, & couleur de cuivre, qui renferment une touffe de petites étamines jaunes. Il leur succede des fruits ronds, & applatis à leurs extremités. L'écorce de cet Arbrisseau est fort aromatique, & aussi odoriférante que la canelle. Il croît dans les endroits éloignés & montagneux de la Caroline. *On n'en trouve point dans les habitations.*

[illegible]

Garrulus [illegible]
The Chatterer.

RUBICULA AMERICANA CÆRULEA.

The Blue Bird.

HIS Bird weighs nineteen penny-weight, and is about the bigneſs of a Sparrow. The eyes are large. The head, and upper-part of the body, tail and wings, are of a bright blue, except that the ends of the wing feathers are brown. The throat and breaſt are of a dirty red. The belly is white. It is a Bird of a very ſwift flight, its wings being very long; ſo that the Hawk generally purſues it in vain. They make their neſts in holes and trees; are harmleſs Birds, and reſemble our Robin-red-breaſt. They feed on Inſects only.

Theſe Birds are common in moſt parts of *North America*; for I have ſeen them in *Carolina*, *Virginia*, *Maryland*, and the *Bermudas* Iſlands.

Rouge-Gorge de la Caroline.

ET Oiſeau peſe preſqu'une once. Il eſt à peu près de la groſſeur d'un moineau. Ses yeux ſont grands. Sa tête, & le deſſus de ſon corps, de ſa queüe & de ſes aîles ſont d'un bleu fort vif, excepté que les extremités des plumes des aîles ſont brunes. Sa gorge, & ſa poitrine ſont d'un rouge ſale. Son ventre eſt blanc. Cet Oiſeau vole fort vite, ſes aîles étant très longues, en ſorte que le faucon le pourſuit en vain. Il fait ſon nid dans les trous des arbres. C'eſt un Oiſeau fort doux: il reſſemble à nôtre rouge-gorge. Il ne ſe nourrit que d'inſectes.

*Il eſt très commun dans toute l'*Amérique Septentrionale; *car j'en ai vû à la* Caroline, *à la* Virginie, *dans la* Marilande, *& aux îles* Bermudes.

Smilax non ſpinoſa, humilis, folio Ariſtolochiæ, baccis rubris.

THIS Plant ſometimes trails on the ground. The leaves reſemble thoſe of the *Birth-wort*, and are ſet alternately on its tender ſtalks; from which hang cluſters of ſmall red berries of an oval form, but pointed, each containing a very hard round ſeed.

*CETTE Plante rampe quelquefois ſur la terre. Ses feuilles reſſemblent à celles de l'*Ariſtoloche. *Elles ſont diſpoſées alternativement ſur des tiges fort minces; d'où pendent par grapes de petites bayes rouges, ovales, & pointues. Chaque baye contient une graine ronde fort dure.*

ICTERUS EX AUREO NIGROQUE VARIUS.

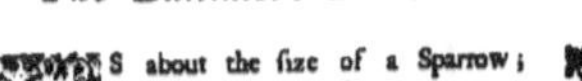

The Baltimore Bird.

IS about the ſize of a Sparrow; weighing a little above an ounce The bill is ſharp and tapering; the head and half-way down the back, of a ſhining black. The wings, except the upper parts (which are yellow) are black, with moſt of the feathers edged on both ſides with white. The reſt of the body is of a bright colour, between red and yellow. The two uppermoſt feathers of the tail are black; the reſt yellow. The legs and feet are of a lead colour. It diſappears in Winter. This gold colour'd Bird I have only ſeen in *Virginia* and *Maryland*; there being none of them in *Carolina*. It is ſaid to have its name from the Lord *Baltimore*'s coat of arms, which are paly of ſix, topaz and diamond, a bend, counterchang'd; his Lordſhip being a proprietor in thoſe countries. It breeds on the branches of tall Trees, and uſually on the Poplar or Tulip-tree. Its neſt is built in a particular manner, ſupported only by two twigs fixed to the verge of the neſt, and hanging moſt commonly at the extremity of a bough.

L'Oiſeau Baltimore.

CET Oiſeau eſt à peu près de la groſſeur d'un moineau. Il peſe un peu plus d'une once. Son bec eſt conique, & fort pointu. Depuis la tête juſqu'au milieu du dos il eſt d'un noir luſtré. Ces ailes ſont noires, excepté leur partie ſupérieure, qui eſt jaune. La pluſpart des plumes ſont bordées de blanc des deux côtés. Tout le reſte de ſon corps eſt d'une couleur brillante, entre le rouge & le jaune. Les deux plumes ſupérieures de ſa queüe ſont noires, & les autres jaunes. Ses jambes & ſes piés ſont de couleur de plomb. Il diſparoît en Hiver. Je n'ai vû cet Oiſeau couleur d'or qu'à la Virginie, *& dans la* Marilande. *Il n'y en a aucun à la* Caroline. *On dit qu'il a pris ſont nom des armes de Mylord* Baltimore, *qui ſont au champ d'or & de ſable palé de ſix, à la bande contrepalée des mêmes, parceque ce Seigneur eſt un des proprietaires de ces pays-la. Il fait ſon nid ſur les branches des plus grands arbres, & ordinairement ſur celles du peuplier, ou de l'arbre à tulippes. Il l'attache d'une maniere particuliere, & ordinairement à l'extremité d'une groſſe branche; en ſorte qu'il n'eſt ſoutenu que par deux petits rejettons qui entrent dans ſes bords.*

Arbor Tulipifera Virginiana, tripartito aceris folio, media lacinia velut abſciſſa. Pluk. Phytog. Tab. 117. & Tab. 248.

The TULIP TREE.

THIS Tree grows to a very large ſize; ſome of them being thirty feet in circumference. Its boughs are very unequal and irregular, not ſtrait, but making ſeveral bends or elbows; which peculiarly makes this Tree diſtinguiſhable, at a great diſtance, from all other Trees, even when it has loſt its leaves. The leaves ſtand on foot-ſtalks, about a finger in length; they ſomewhat reſemble the ſmaller Maple in ſhape, but are uſually five or ſix inches over, and, inſtead of being pointed at the end, ſeem to be cut off with a notch. The flowers have been always compared to Tulips; whence the Tree has received its name: though, I think, in ſhape they reſemble more the Fritillaria. They are compoſed of ſeven or eight petals; the upper part being of a pale green, and the lower part ſhaded with red and a little yellow intermixed. They are at firſt incloſed by a perianthium, which opens and falls back when the flower blows. Theſe Trees are found in moſt parts of the Northern Continent of *America*, from the Cape of *Florida* to *New England*. The timber is of great uſe.

Arbre aux Tulippes.

*CET Arbre devient fort grand; & quelques uns ont juſqu'à trente piés de circonférence. Ses branches ſont fort inégales, & fort irregulieres: elles ne s'étendent pas en droite ligne; mais elles ſont fort courbées en pluſieurs endroits: ce qui fait reconnoître cet Arbre de fort loin, lors même qu'il a perdu toutes ſes feuilles. Elles ont des pédicules longs comme le doigt, & reſſemblent un peu par leur figure à celles de l'érable; mais elles ont cinq ou ſix pouces en travers; & au lieu de ſe terminer en pointe, il ſemble qu'elles ſoyent coupées avec une entailleure. Ses fleurs ont toûjours été comparées aux tulippes; & c'eſt de cette reſſemblance que l'Arbre a pris ſon nom. Je crois cependant que leur figure approche plus de celle des fleurs de la fritillaire. Elles ſont compoſées de ſept ou huit feuilles, dont la partie ſupérieure eſt d'un verd pâle, & le reſte teint de rouge, avec un peu de jaune entremêlé. Au commencement elles ſont renfermées par un perianthium, qui s'ouvre en arriere, lorſqu'elles s'épanouiſſent. On trouve ces Arbres dans preſque tout le continent de l'*Amérique Septentrionale, *depuis le Cap de la* Floride *juſqu'à la* Nouvelle Angleterre. *Leur bois eſt d'un grand uſage pour les bâtimens.*

ICTERUS MINOR.

The Baſtard Baltimore.

WEIGHS thirteen penny-weight. The bill is ſharp-pointed; the throat black; the tail brown, as are its wings, having moſt of the feathers verged with white. All the reſt of the Bird is yellow, the breaſt being brighteſt.

The Hen being as handſomly cloathed (tho' with very different colour'd feathers) induced me to give the figures of both. Her head and upper part of the back are of a ſhining black; the breaſt and belly of a dirty red; as is the lower part of the back and rump. The upper part of the wing is red; the lower part duſky black; the tail black. The legs and feet blue in both ſexes.

Baſtard Baltimore.

IL péſe environ cinq drachmes. Son bec eſt fort pointu, ſa gorge noire, ſa queüe brune, & ſes aîles auſſi, dont la pluſpart des plumes, ont les extremités blanches. Tout le reſte de l'oiſeau eſt jaune; mais le jaune de la poitrine eſt le plus vif.

L'extrême beauté de la femelle, quoique fort differente du mâle en couleurs, m'a engagé à les décrire tous deux. Sa tête & la partie ſuperieure de ſon dos ſont d'un noir luiſant; ſa poitrine & ſon ventre d'un rouge ſale, de même que le reſte du dos: Le haut de ſes aîles eſt rouge, & le bas d'un noir brun. Sa queüe eſt noire. Le mâle & la fémelle ont les jambes & les pieds bleus.

Bignonia Urucu foliis flore ſordidè albo, intus maculis purpureis & luteis aſperſo, ſiliqua longiſſima & anguſtiſſima.

The CATALPA-TREE.

THIS is uſually a ſmall Tree, ſeldom riſing above 23 feet in height. The bark ſmooth: the wood ſoft and ſpongy; the leaves ſhaped like thoſe of the Lilax, but much larger, ſome being ten inches over. In *May* it produces ſpreading bunches of tubulous flowers, like the common Fox glove, white, only variegated with a few reddiſh purple ſpots and yellow ſtreaks on the inſide. The cadix is of a copper colour. Theſe flowers are ſucceeded by round pods, about the thickneſs of ones finger, fourteen inches in length; which, when ripe, opens and diſplays its ſeeds, which are winged, and lie over each other like the ſcales of Fiſh. This Tree was unknown to the inhabited parts of *Carolina*, till I brought the ſeeds from the remoter parts of the country. And tho' the inhabitants are little curious in gardening, yet the uncommon beauty of the Tree has induc'd them to propagate it; and 'tis become an ornament to many of their gardens, and probably will be the ſame to ours in *England*, it being as hardy as moſt of our *American* plants; many of them now at Mr. *Chriſtopher Grays*, at *Fulham*, having ſtood out ſeveral Winters, and produced plentifully their beautiful flowers, without any protection, except the firſt year.

Bignonia aux feuilles de Rocou.

CET arbre eſt ordinairement petit, & ne s'éleve guére à plus de vingt pieds de hauteur. Son écorce eſt unie: ſon bois eſt mou & ſpongieux. Ses feuilles ont la figure de celle du Lilac, *mais beaucoup plus grandes, quelques unes ayant juſqu'à dix pouces de longueur. Au mois de* May *il produit des bouquets de fleurs tubuleuſes comme celles de la* Gantelée *ordinaire. Ces fleurs ſont blanches, ſeulement bigarées en dedans de quelques taches pourpres & de quelques rayes jaunes. Leur calice eſt couleur de cuivre. Lorſqu'elles ſont paſſées, il leur ſuccede des coſſes rondes, groſſes comme le doigt, & longues de quatorze pouces, qui s'ouvrent lorſqu'elles ſont meures, & font voir les ſemences. Elles ſont couchées l'une ſur l'autre comme les écailles d'un poiſſon. On ne connoiſſoit point ces arbres dans la partie habitée de la* Caroline, *juſqu'à ce que j'en euſſe apporté la ſemence des endroits plus enfoncés dans les terres; & quoique les habitans ſoient fort peu curieux du jardinage, cependant la beauté ſinguliere de cet arbre les a engagés à en ſemer; & il fait aujourdhuy l'ornement de pluſieurs de leurs jardins, il probablement il arrivera la même choſe en* Angleterre, *puiſque cet arbre n'eſt pas plus delicat que la plus-part de nos plantes de l'*Amérique. *Il y en a aujourd'huy pluſieurs à* Fulham, *chez Mr.* Chriſtophle Grays, *qui ont reſiſté à pluſieurs hyvers, & produit en abondance de belles fleurs, ſans exiger aucun ſoin particulier, excepté la premiére année.*

OENANTHE AMERICANA PECTORE LUTEO.

The yellow breasted Chat.

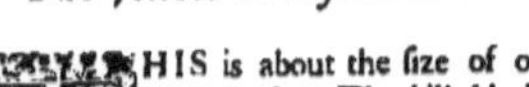

HIS is about the ſize of our Sky-Lark. The bill black; the head, and all the upper part of the back and wings, of a browniſh green; the neck and breaſt yellow. A white ſtreak reaches from the noſtrils over the eye; under which is alſo a white ſpot. From the lower mandible of the bill runs a narrow white line. The belly is duſky white; the tail brown: the legs and feet are black. This Bird I never ſaw in the inhabited parts. They frequent the upper parts of the country, 200 and 300 miles diſtant from the Sea. They are very ſhy Birds, and hide themſelves ſo obſcurely, that after many hours attempt to ſhoot one, I was at laſt neceſſitated to employ an *Indian*, who did it not without the utmoſt of his ſkill. They frequent the banks of great rivers; and their loud chattering noiſe reverberates from the hollow rocks and deep cane-ſwamps. The figure repreſents the ſingular manner of their flying with their legs extended.

Cul-blanc à la poitrine jaune.

ET Oiſeau eſt pour la figure à peu près comme notre Allaüette. Il a le bec noir; la tête & toute la partie ſuperieure du dos & les aîles d'un verd brun. Son col & ſa poitrine ſont jaunes. Une raye blanche s'étend depuis les narines juſqu'au deſſus des yeux, ſous leſquels il y a auſſi une tache blanche. Il part une raye blanche fort étroite de la mandibule inferieure du bec. Son ventre eſt d'un blanc ſale; ſa queüe brune; ſes jambes & ſes pieds noirs. Je n'ay jamais vû cet oiſeau dans les lieux habités. Il ſe tient plus avant dans les terres à deux ou trois cent milles de la mer. Il eſt fort ſauvage: il ſe cache ſi bien, qu'après avoir employé pluſieurs heures pour tâcher d'en tirer un, je fus enfin obligé de me ſervir d'un Indien, *qui employa toute ſon addreſſe pour y reüſſir. Cet oiſeau fréquente les bords des grandes rivieres; & ſon ramage éclatant eſt renvoyé avec force par les cavernes des rochers & les marais de Cannes d'alentour. La figure repreſente la maniere ſinguliére dont cet oiſeau vole, les jambes étenduës.*

Solanum triphyllon flore hexapetalo tribus petalis purpureis erectis cæteris viridibus reflexis. Pluk. Phytog. Tab. 111.

THIS Plant riſes with a ſingle ſtrait ſtalk, five or ſix inches high; from the top of which, ſpreads forth three broad pointed leaves, placed triangularly, and hanging down. Theſe leaves have each three ribs, and are variegated with dark and lighter green. From between theſe leaves ſhoots forth the flower, conſiſting of three purple petals growing erect, having its perianthium divided in three. They grow in ſhady thickets in moſt parts of *Carolina.*

CETTE plante s'éleve avec une ſeule tige toute droite, haute de cinq ou ſix pouces; du haut de laquelle ſortent trois grandes feuilles pointuës, placées en triangle & pendantes en bas. Elles ont chacune trois côtes & ſont bigarrées de verd, plus clair & plus foncé. La fleur naît d'entre les feuilles. Elle conſiſte en trois feüilles violettes qui s'élevent tout droit. Son calice eſt diviſé en trois. Cette plante ſe trouve preſque dans toute la Caroline *& dans les bois fort couverts.*

HIRUNDO PURPUREA.

The Purple Martin.

S larger than our common Martin. The whole Bird is of a dark ſhining purple; the wings and tail being more duſky and inclining to brown. They breed like Pigeons in lockers prepared for them againſt houſes, and in gourds hung on poles for them to build in, they being of great uſe about houſes and yards, for purſuing and chaſing away Crows, Hawks, and other vermin from the Poultry. They retire at the approach of Winter, and return in the Spring to *Virginia* and *Carolina.*

Martinet couleur de pourpre.

ET Oiſeau eſt plus gros que nôtre Martinet ordinaire. Il eſt entierement d'un violet foncé & brillant. Ses aîles & ſa queüe ſont plus foncées que le reſte, & preſque brunes. Ils font leurs petits comme les pigeons, dans des trous, qu'on fait exprès pour eux autour des maiſons, & dans des calbaſſes attachées à de grandes perches; car ils ſont fort utiles aux environs des maiſons & des cours, d'ou ils chaſſent les corneilles, les oiſeaux de proye, & les beſtes qui detruiroient la volaille. Ils ſe retirent aux approches de l'hyver de la Virginie *& de la* Caroline, *& y retournent au printems.*

Smilax (forte) lenis, folio anguloſo hederaceo.

THE ſtalks of this Plant are ſlender, running up the walls of old houſes, and twining about poſts and trees. The leaves reſemble our common Ivy. I never ſaw it in flower; but it bears red berries, about the bigneſs of ſmall peas, which grow in cluſters.

LES tiges de cette plante ſont fort menuës. Elles montent contre les murailles des vieilles maiſons; & s'entortillent autour des arbres & des poteaux. Ses feuilles reſemblent à celles du lierre commun. Je n'ay jamais vû ſes fleurs. Elle porte des grappes de bayes rouges groſſes, à peu près comme de petits pois.

MUSCICAPA CRISTATA VENTRE LUTEO.

The crefted Fly-Catcher.

WEIGHS one ounce. The bill is black and broad; the upper part of the body of a muddy green; the neck and breaft of a lead colour; the belly yellow; the wings brown, having moft of the vanes of the quill feathers edg'd with red. The two middle feathers of the tail are all brown; the interior vanes of the reft are red. The legs and feet black. It breeds in *Carolina* and *Virginia*, but retires in Winter.

This Bird, by its ungrateful brawling noife, feems at variance, and difpleafed with all others.

Le preneur de Mouches huppé.

IL péfe une once. Son bec eft noir & large. Le deffus de fon corps eft d'un vert fombre; fon col & fa poitrine couleur de plomb; fon ventre jaune; fes aîles font brunes, & ont la pluspart des grandes plumes bordées de rouge. Les deux plumes du milieu de la queüe font toutes brunes; & les franges interieures des autres plumes de fa queüe font rouges. Ses jambes & fes pieds font noirs. Il fait fes petits a la Caroline *& a la* Virginie; *mais il fe retire en hyver.*

Il femble par les cris defagreables de cet Oifeau qu'il eft toûjours en querelle & ne fe plaît avec aucun autre.

Smilax Bryoniæ nigræ foliis caule fpinofo, baccis nigris.

THIS Plant fhoots forth with many pliant thorny ftems; which, when at full bignefs, are as big as a walking cane, and jointed; and rifes to the height ufually of twenty feet, climbing upon and fpreading over the adjacent Trees and fhrubs, by the affiftance of its tendrels. In Autumn it produces clufters of black round berries, hanging pendent to a foot-ftalk, above three inches long, each berry containirg a very hard roundifh feed. The roots of this Plant are tuberous divided into many knots and joints; and, when firft dug out of the ground, are foft and juicy, but harden in the air to the confiftence of wood. Of thefe roots the inhabitants of *Carolina* make a diet-drink, attributing great virtues to it in cleanfing the blood, *&c.* They likewife in the fpring boil the tender fhoots, and eat them prepared like Afparagus. 'Tis call'd there *China* root.

CETTE Plante pouffe plufieurs tiges épineufes pliantes & noüeufes. Quand elles ont pris leur entier accroiffement elles font de la groffeur d'un canne, & s'élevent ordinairement à la hauteur de vingt piés en montant, & s'attachant avec fes mains fur les arbres & les buiffons qui font proches. En automne elle produit des grappes de bayes rondes & noires, qui font attachées à une tige longue d'environ trois pouces. Chaque baye contient une femence ronde très dure. Les racines de cette plante font tuberreufes, divifées en plufieurs nœuds. Quand on la tire de terre, elles font tendres & pleines de fuc; mais elles deviennent à l'air auffi dures que du bois. Les habitants de la Caroline *font de ces racines une boiffon à laquelle ils attribuent de grandes vertus, comme de purifier le fang, &c. Au printems ils font auffi bouillir les rejettons de cette plante, & les mangent comme des afperges. On l'appelle en ce païs la racine de la* Chinese.

MUSCICAPA NIGRESCENS.

The Blackcap Fly-catcher.

HE bill is broad and black; the upper part of the head of a duſky black; the back, wings and tail are brown; the breaſt and belly white, with a tincture of yellowiſh green. The legs and feet are black. The head of the Cock is of a deeper black than that of the Hen, which is all the difference between them. I don't remember to have ſeen any of them in Winter. They feed on Flies and other Inſects. They breed in *Carolina*.

Préneur de Mouches noirâtre.

*E bec eſt large & noir; & le deſſus de ſa tête eſt d'un noir foncé. Son dos, ſes aîles, & ſa queüe ſont bruns: ſa poitrine & ſon ventre ſont blancs, avec une nuance d'un verd jaunâtre: ſes jambes, & ſes piés ſont noirs. La tête du mâle eſt d'un noir plus foncé que celle de la fémelle; & ils ne different que par là. Il ne me ſouvient pas d'avoir vû aucuns de ces Oiſeaux pendant l'hiver. Ils ſe nourriſſent de mouches, & d'autres inſectes; & font leurs petits à la* Caroline.

Gelſeminum, ſive Jaſminum luteum odoratum Virginianum ſcandens, ſemper virens. Park. Theat. p. 1465.

THIS Plant grows uſually in moiſt places, its branches being ſupported by other Trees and Shrubs on which it climbs. The leaves grow oppoſite to each other from the joints of the ſtalks; from whence likewiſe ſhoot forth yellow tubulous flowers; the verges of which are notched or divided into five ſections. The ſeeds are flat and half winged, contained in an oblong pointed capſula, which, when the ſeeds are ripe, ſplits to the ſtalk, and diſcharges them. The ſmell of the flowers is like that of the wall flowers. Theſe Plants are ſcarce in *Virginia*, but are every where in *Carolina*. They are likewiſe at Mr. *Bacon*'s at *Hoxton*; where, by their thriving ſtate, they ſeem to like our ſoil and climate. Tho' Mr. *Parkinſon* calls it *ſemper virens*, I have always found it loſe its leaves in Winter.

CETTE Plante croît ordinairement dans un terroir humide; & ſes branches ſont ſoutenues par les arbres, & les buiſſons voiſins, ſur leſquels elle monte. Ses feuilles ſont rangées les unes vis-à-vis des autres depuis les aiſſelles des tiges juſqu'à leurs extremités. Les fleurs, qui naiſſent entre la tige & la branche, ſont jaunes, & tubuleuſes; & leurs extremités ſont découpées en cinq parties. Les ſemences ſont plattes, aîlées d'un coté, & renfermées dans une capſule oblongue, & terminée en pointe, qui, lors que les ſemences ſont mûres, s'ouvre en ſe retirant vers la tige, & les laiſſe tomber. L'odeur des fleurs eſt la même que celle des violettes jaunes. Cette Plante eſt rare à la Virginie; *mais on la trouve par tout à la* Caroline. *Il y en a auſſi chez Monſieur* Bacon *à* Hoxton, *où elles ſont en ſi bon état, qu'il paroît bien, que nôtre terroir, & nôtre climat ne leur ſont pas contraires. Quoi que* Mr. Parkinſon *appelle cette Plante* ſemper virens, *j'ai toûjours trouvé qu'elle perdoit ſes feuilles en hiver.*

MUSCICAPA FUSCA.

The little brown Fly-catcher.

W EIGHS nine penny-weight. The bill is very broad and flat; the upper mandible black; the lower yellow. All the upper part of the body of a dark aſh colour. The wings are brown, with ſome of the ſmaller feathers edged with white, all the under part of the body duſky white, with a tincture of yellow: the legs and feet are black.

Petit Préneur de Mouches brun.

C ET Oiſeau peſe trois dragmes. Son bec eſt fort large & plat: la mandibule ſupérieure eſt noire, & l'inférieure jaune. Tout le deſſus de ſon corps eſt d'une couleur de cendre foncée. Ses alles ſont brunes, excepté que quelques unes des plus petites plumes ſont bordées de blanc. Tout le deſſous de ſon corps eſt d'un blanc ſale, avec une nuance de jaune: ſes jambes & ſes piés ſont noirs.

MUSCICAPA OCULIS RUBRIS.

The red-ey'd Fly-catcher.

WEIGHS ten penny-weight and an half. The bill is lead colour: the iris of the eyes are red. From the bill, over the eyes, runs a duſky white line, bordered above with a black line. The crown of the head is gray; the reſt of the upper part of the body is green. The neck, breaſt and belly are white; the legs and feet red. Both theſe breed in *Carolina*, and retire Southward in Winter.

Préneur de Mouches aux yeux rouges.

CET Oiſeau peſe un peu plus de trois dragmes. La moitié de ſon bec eſt de couleur de plomb; & l'iris de ſes yeux rouge. Depuis le bec juſqu'au deſſus des yeux s'étend une raye d'un blanc ſale, bordée d'une ligne noire par en haut. Le deſſus de ſa tête eſt gris; & toute le reſte, juſqu'à la queüe eſt verd. Son cou, ſa poitrine & ſon ventre ſont blancs: ſes jambes, & ſes piés rouges. Ses deux dernieres eſpeces de préneurs de mouches font leurs petits à la Caroline, *& ſe retirent vers le Sud en hiver.*

Arbor lauri folio, floribus ex foliorum, alis pentapetalis, pluribus ſtaminibus donatis.

THIS Shrub has a ſlender ſtem, and grows uſually about eight or ten feet high. Its leaves are in ſhape like thoſe of a pear, growing alternately on foot-ſtalks of an inch long; from between which proceeds ſmall whitiſh flowers, conſiſting of five petals; in the middle of which ſhoot forth many tall ſtamina, headed with yellow apices. The roots of this Plant are made uſe of in decoctions, and are eſteemed a good ſtomachic and cleanſer of the blood. The fruit I have not ſeen. This Plant grows in moiſt and ſhady woods, in the lower parts of *Carolina*.

CET Arbriſſeau a le tronc fort menu, & s'éleve ordinairement à la hauteur de huit ou dix piés. Ses feuilles reſſemblent à celles du poirier; & ſont diſpoſées alternativement ſur des tiges d'un pouce de long. Il ſort d'entre les feuilles de petites fleurs blanchâtres, compoſées de cinq feuilles, du milieu deſquelles ſortent pluſieurs longues étamines, qui ont de petites têtes jaunes. On ſe ſert de la racine de cette Plante en décoction; & on lui attribue la vertu de purifier le ſang, & de fortifier l'eſtomac. Je n'en ai point vû le fruit. Cette Plante croît dans des bois marecageux & couverts, dans les endroits les plus bas de la Caroline.

Tyrant

MUSCICAPA CORONA RUBRA.

The Tyrant.

HE bill is broad, flat and tapering, the crown of the head has a bright red spot, environ'd with black feathers; which, by contracting, conceals the red; but, when they are spread, it appears with much lustre, after the manner of the *Regulus cristatus*. The back, wings and tail are brown; the neck, breast and belly white; the legs and feet black. There appears little or no difference between the Cock and Hen. They appear in *Virginia* and *Carolina* about *April*, where they breed, and retire at the approach of Winter. The courage of this little Bird is singular. He pursues and puts to flight all kinds of Birds that come near his station, from the smallest to the largest, none escaping his fury; nor did I ever see any that dar'd to oppose him while flying; for he does not offer to attack them when sitting. I have seen one of them fix on the back of an Eagle, and persecute him so, that he has turned on his back into various postures in the air, in order to get rid of him, and at last was forced to alight on the top of the next tree, from whence he dared not move, till the little Tyrant was tired, or thought fit to leave him. This is the constant practice of the Cock while the Hen is brooding: he sits on the top of a bush, or small tree, not far from her nest; near which if any small Birds approach, he drives them away; but the great ones, as Crows, Hawks and Eagles, he won't suffer to come within a quarter of a mile of him without attacking them. They have only a chattering note, which they utter with great vehemence all the time they are fighting. When their young are flown, they are as peaceable as other Birds. It has a tender bill, and feeds on Insects only. They are tame and harmless Birds. They build their nests in an open manner on low Trees and Shrubs, and usually on the Sassafras Tree.

Le Tiran.

*ON bec est large, plat, & va en diminuant. Il a sur la tête une tache rouge fort brillante, entourée de plumes noires, qui en se serrant cachent cette tache, qui reparoît avec éclat, lors que ces plumes s'étendent, comme au roitelet huppé. Son dos, ses aîles, & sa queüe sont bruns: son cou, sa poitrine, & son ventre blancs: ses jambes, & ses piés noirs. On ne voit que peu, ou point de différence entre le mâle & la fémelle. Il paroît à la* Virginie *&* *à la* Caroline *vers le mois d'Avril: il y fait ses petits; & se retire au commencement de l'hyver. Le courage de ce petit Oiseau est remarquable. Il poursuit, & met en fuite tous les oiseaux, petits ou grands, qui s'approchent de l'endroit qu'il s'est choisi: aucun n'échappe à sa furie; & je n'ai pas même vû, que les autres oiseaux osassent lui resister, lors qu'il vole; car il ne les attaque point autrement. J'en vis un, qui s'attacha sur le dos d'une aigle, & la persecutoit de maniere, que l'aigle se renversoit sur le dos, tachoit de s'en delivrer par les différentes postures où elle se mettoit en l'air, & enfin fut obligé de s'arrêter sur le haut d'un arbre voisin, jusqu'à ce que ce petit Tiran fût las, ou jugeât à propos de la laisser. Voici la manœuvre ordinaire du mâle, tandis que la fémelle couve: il se perche sur la cime d'un buisson ou arbrisseau, près de son nid; & si quelque petit oiseaux en approche, il lui donne la chasse; mais pour les grands, comme les corbeaux, les faucons & les aigles, il ne leur permet pas de s'approcher de lui d'un quart de mille, sans les attaquer. Son chant n'est qu'un espece de cri, qu'il pousse avec beaucoup de force, pendant tout le temps qu'il se bat. Lors que ses petits ont pris leur volée, il redevient aussi sociable que les autres oiseaux. Comme il a le bec tendre, il ne se nourrit que d'insectes. Il est doux, & sans malice. Il fait son nid tout à decouvert sur des arbrisseaux, & dans des buissons, & ordinairement sur le sasafras.*

Cornus mas odorata, folio trifido margine plano, Saffafras *dicta.* Pluk. Almag.

THIS is generally a small Tree; the trunk usually not a foot thick. The leaves are divided into three lobes by very deep incisures. In *March* comes forth bunches of small yellow flowers with five petals each; which are succeeded by berries, in size and shape not unlike those of the Bay-Tree, hanging on red footstalks, with a calix like that of an acorn; which calix is also red. The berries are at first green, and, when ripe, blue. These Trees grow in most parts of the Northern Continent of *America*, and generally on very good land. The virtue of this Tree is well known, as a great sweetner of the blood: I shall therefore only add, that in *Virginia*, a strong decoction of the root has been sometimes given with good success for an intermitting fever. This Tree will bear our Climate, as appears by several now at Mr. *Collinson*'s at *Peckham*, and at Mr. *Bacon*'s in *Hoxton*; where they have withstood the cold of several Winters.

*CET Arbre est ordinairement petit. Son tronc n'a gueres plus d'un pie de diametre. Ses feuilles sont divisées en trois lobes par des entaillures fort profondes. Il pousse au mois de Mars des bouquets de petites fleurs jaunes, composées de cinq feuilles. Elles sont suivies de bayes, qui ressemblent fort, par leur grosseur & leur figure, à celles du laurier. Ces bayes sont attachées à des pédicules rouges: elles ont un calice comme celui du gland, & ce calice est aussi rouge. D'abord elles sont vertes, & ensuite bleues, lors qu'elles sont mûres. Cet Arbre croît dans presque tout le continent Septentrional de l'*Amérique*, & d'ordinaire dans le meilleur terroir. On connoît assez combien cet Arbre est propre à adoucir le sang: je remarquerai seulement que quelquefois dans la* Virginie *on a employé avec succès dans les fievres intermittentes une forte décoction de sa racine. Cet Arbre s'accommode de nôtre climat, comme il paroît par plusieurs qui sont à* Peckham *chez Mr.* Collinson, *& à* Hoxton *chez Mr.* Bacon, *où ils ont soutenu plusieurs hivers.*

MUSCICAPA RUBRA.

The Summer Red-Bird.

HIS is about the ſize of a Sparrow. It has large black eyes. The bill is thick and clumſy, and of a yellowiſh caſt. The whole Bird is of a bright red, except the interior vanes of the wing feathers, which are brown, but appear not unleſs the wings are ſpread. They are Birds of Paſſage, leaving *Virginia* and *Carolina* in Winter. The Hen is brown, with a tincture of yellow.

Préneur de Mouches rouge.

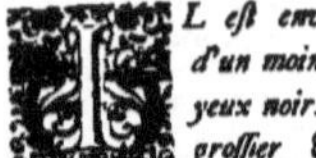

L eſt environ de la groſſeur d'un moineau, & a de grands yeux noirs. Son bec eſt épais, groſſier & jaunâtre. Tout l'Oiſeau eſt d'un beau rouge, excepté les franges intérieures des plumes de l'aîle qui ſont brunes; mais elles ne paroiſſent, que quand les aîles ſont étendues. C'eſt un Oiſeau de paſſage, qui quitte la Caroline *& la* Virginie *en hiver. La fémelle eſt brune, avec une nuance de jaune.*

Platanus Occidentalis.

The Western Plane-Tree.

THIS Tree uſually grows very large and tall. Its leaves are broad, of a light green, and ſomewhat downy on the back-ſide. Its ſeed veſſels are globular, hanging ſingle and pendant on foot-ſtalks of about four or five inches long. The fruit, in the texture of it, reſembling that of the *Platanus Orientalis*. The bark is ſmooth, and uſually ſo variegated with white and green, that they have a fine effect amongſt the other Trees. In *Virginia* they are plentifully found in all the lower parts of the Country; but in *Carolina* there are but few, except on the hilly parts, particularly on the banks of *Savanna* river.

Platane Occidental.

CET Arbre eſt ordinairement fort haut, & fort étendu. Ses feuilles ſont larges, d'un verd clair, & un peu velues par deſſous. Les capſules, qui renferment ſa ſemence, ſont rondes, & chacune d'elles pend à un pédicule d'environ quatre ou cinq pouces de long. Son fruit reſſemble à celui du Platane *Oriental. Son écorce eſt unie, & eſt d'ordinaire ſi mêlée de verd & de blanc, qu'il fait un fort bel effet parmi les autres arbres. A la* Virginie *on trouve un grand nombre de ces arbres dans tous les endroits bas; mais à la* Caroline *il n'y en a que peu, excepté ſur les hauteurs, & ſur tout ſur les bords de la riviere* Savanna.

PARUS CRISTATUS.

The creſted Titmouſe.

T weighs thirteen penny-weight. The bill is black, having a ſpot a little above it of the ſame colour; except which, all the upper part of the body is gray. The neck and all the under part of the body are white, with a faint tincture of red, which juſt below the wings is deepeſt. The legs and feet are of a lead colour. It erects its crown feathers into a pointed creſt. No difference appears between the Cock and Hen. They breed in and inhabit *Virginia* and *Carolina* all the Year. They do not frequent near houſes, their abode being only amongſt the foreſt trees, from which they get their food, which is Inſects.

Méſange huppée.

ET Oiſeau peſe quatre dragmes. Son bec eſt noir, un peu au deſſus il y a une tache de la même couleur; hors cela, tout le deſſus de l'Oiſeau eſt gris. Son cou, & tout le deſſous de ſon corps ſont blancs, avec une petite nuance de rouge, qui eſt plus forte ſous les aîles. Ses jambes & ſes piés ſont de couleur de plomb. Lors qu'il éleve ſa huppe, elle ſe termine en pointe. Il ne paroît point de différence entre le mâle & la fémelle. Ces Oiſeaux ſont leur petits à la Caroline *& à la* Virginie; *& y demeurent toute l'année. Ils ne s'approchent gueres des maiſons, & ne ſe tiennent que dans les forêts, où ils trouvent les inſectes, dont ils ſe nourriſſent.*

Ciſtus Virginiana, flore & odore Periclymeni. D. Baniſter.

The Upright Honeysuckle.

THIS Plant riſes uſually with two or three ſtiff ſtrait ſtems, which are ſmall, except where the ſoil is very moiſt and rich; where they grow to the ſize of a walking cane, twelve or ſixteen feet high, branching into many ſmaller ſtalks, with leaves alternately placed. At the ends of the ſtalks are produced bunches of flowers, reſembling our common honeyſuckle; not all of a colour, ſome Plants producing white, ſome red, and others purpliſh, of a very pleaſant ſcent, tho' different from ours. The flowers are ſucceeded by long pointed capſulas, containing innumerable very ſmall ſeeds. It is a native of *Virginia* and *Carolina*, but will endure our Climate in the open air, having for ſome years paſt produced its beautiful and fragrant bloſſoms at Mr. *Bacon's* at *Hoxton*, and at Mr. *Collinſon's* at *Peckham*.

Chevre feuille droit.

CETTE Plante s'éleve ordinairement avec deux, ou trois tiges droites & roides, qui ſont menues, excepté lors que le terroir eſt fort gras & fort humide; car alors elles deviennent de la groſſeur d'un canne, & hautes depuis douze juſqu'à ſeize piés; & ſont garnies de pluſieurs petites branches, ſur leſquelles les feuilles ſont diſpoſées alternativement. Des extremités de ſes branches ſortent des bouquets de fleurs, qui reſſemblent à nôtre chevre feuille ordinaire. Ces fleurs ne ſont pas toutes de la même couleur; car quelques plantes en produiſent de blanches, d'autres de rouges, & d'autres de purpurines. Lors que les fleurs ſont paſſées, il leur ſuccede des capſules longues & pointues, qui contiennent une infinité de très petites ſemences. Cette Plante eſt originaire de la Virginie *& de la* Caroline, *mais elle ſouffre nôtre climat, même en plein air. Il y a pluſieurs années qu'elle produit ſes belles & odorantes fleurs dans le jardin de Mr.* Bacon *à* Hoxton, *& dans celui de Mr.* Collinſon *à* Peckham.

PARUS UROPYGEO LUTEO.

The Yellow-rump.

HIS is a creeper, and ſeems to be of the Tit-kind. The moſt diſtinguiſhed part of this Bird is its rump, which is yellow. All the reſt of the feathers are brown, having a faint tincture of green. It runs about the bodies of Trees, and feeds on Inſects, which it pecks from the creviſes of the bark. The Hen differs little from the Cock in the colour of its feathers. They are found in *Virginia.*

Méſange au croupion jaune.

*ET Oiſeau court ſur les arbres comme le piverd, & paroît être une eſpece de méſange. Ce qu'il a de plus particulier eſt ſon croupion qui eſt jaune. Tout le reſte de ſes plumes eſt brun, avec une legere teinture de verd. Il court ſur les troncs des arbres, & ſe nourrit des inſectes qu'il arrache des crévaſſes de leurs écorces. La fémelle differe très peu du mâle par ſa couleur. On trouve cet Oiſeau à la* Virginie.

Helleborine Lilii folio caulem ambiente, flore unico hexapetalo, tribus petalis longis, anguſtis obſcure purpureis, cæteris brevioribus roſeis.

The LILLY-LEAF'D HELLEBORE.

THIS Plant has a bulbous root; from which ariſes a ſingle ſtem of about a foot high, encompaſſed by the bottom part of one leaf as by a ſheath. At the top grows the flower, compoſed of ſix petala, three of them long, and of a dark purple colour; the other three ſhorter, of a pale roſe colour, and commonly turning back, with a piſtillum in the middle. It grows in wet places.

Elléborine.

CETTE Plante a la racine bulbeuſe, d'ou ſort une ſeule tige d'environ un pié de haut, laquelle eſt entourée dès le bas par une ſeule feuille, qui lui ſert comme de fourreau. La fleur ſort du haut de la tige, & eſt compoſée de ſix feuilles, dont trois ſont longues & d'un violet foncé, & les trois autres plus courtes, d'une couleur de roſe pâle, & ordinairement renverſées, avec un piſtil au milieu. Cette Plante croît dans les lieux humides.

Apocynum Scandens folio, cordato flore albo.

DOGS-BANE.

THIS Plant climbs upon and is ſupported by Shrubs and Trees near it. Its leaves grow oppoſite to each other, on foot-ſtalks leſs than an inch long. The flowers grow uſually four or five in a cluſter, are white, and conſiſt of five petala, ſucceeded by long cylindrical pods, growing by pairs, containing many flat ſeeds not unlike the reſt of the *Apocynums.* It grows on moſt of the *Bahama* Iſlands.

Apocin.

CETTE Plante monte, & eſt ſoutenue par les arbres & les buiſſons, qui ſe trouvent auprès d'elle. Ses feuilles ſont rangées, l'une vis-à-vis de l'autre, ſur des tiges qui ont moins d'un pouce de long. Ses fleurs ſont ordinairement par bouquets de quatre ou cinq: elles ſont blanches, & compoſées de cinq feuilles. Il leur ſuccede de longues coſſes cilindriques, qui viennent deux à deux, & contienent pluſieurs ſemences plattes, aſſez ſemblables à celles des autres Apocins. *Cette Plante ſe trouve dans la pluſpart des Iles* Bahama.

PARUS BAHAMIENSIS.

The Bahama Titmouſe.

HE bill of this Bird is black, and a little bending; the upper part of the head, back and wings is brown. A white line runs from the bill over the eyes to the back of the head. The breaſt is yellow, as are the ſhoulders of the wings. The tail is ſomewhat long, having the upper part brown, and the under duſky white.

Méſange de Bahama.

E bec de cet Oiſeau eſt noir, & un peu courbé. Le deſſus de ſa tête, de ſon dos, & de ſes aîles eſt brun. Une raye blanche s'étend depuis ſon bec juſqu'au derriere de ſa tête. Sa poitrine eſt jaune, de même que le haut de ſes aîles. Sa queüe, qui eſt aſſez longue, eſt brune par deſſus, & d'un blanc ſale par deſſous.

Arbor Jaſmini, floribus albis, foliis Cenchranmideæ, fructu ovali, ſeminibus parvis nigris mucilagine involutis.

The Seven Years Apple.

THIS Shrub grows from ſix to ten feet high, with a ſtem ſeldom bigger than one's wriſt, having a wrinkled light coloured bark. The leaves grow in cluſters, and are about the bigneſs of thoſe of our common laurel, having a wide notch or indenture at the end, which is broadeſt. Theſe leaves are very thick and ſtiff; and uſually curl up, as the Figure repreſents. The flowers grow in bunches; are monopetalous; and in form and ſize reſemble our common jeſſamin; white in colour, with a faint tincture of red. The fruit hangs by a foot-ſtalk of an inch long, of an oval form, the outſide being ſhaded with green, red and yellow. When ripe, it is of the conſiſtence of a mellow pear, containing a pulpy matter, in colour, ſubſtance and taſte not unlike the *Caſſia fiſtula*. For nine months I obſerv'd a continual ſucceſſion of flowers and fruit, which ripens in ſeven or eight months. I know not for what reaſon the Inhabitants of the *Bahama* Iſlands (where it grows) call it the Seven Years Apple.

Pomme de ſept ans.

CET Arbriſſeau s'éleve depuis ſix juſqu'à dix piés de hauteur. Son tronc n'eſt gueres plus gros que le poignet. Son écorce eſt ridée, & d'un couleur claire. Ses feuilles viennent par bouquets, & ſont environ de la grandeur de celles du laurier commun: elles ont une grande entailleure à leur extremité, qui eſt plus large que le reſte de la feuille. Ces feuilles ſont fortes, roides, & fort épaiſſes; & ſe replient ordinairement, comme il eſt marqué dans la figure. Les fleurs viennent par bouquets, ſont monopétales, & reſſemblent par leur forme & leur grandeur à nôtre jaſmin commun. Leur couleur eſt blanche, & mêlée d'un peu de rouge. Le fruit pend à un pédicule d'un pouce de long, dont la figure eſt ovale; & le dehors nuancé de verd, de rouge, & de jaune. Lors qu'il eſt mûr, il eſt de la conſiſtence d'un poire molle, & contient une poulpe, qui en couleur, en ſubſtance, & en goût, eſt aſſez ſemblable à la caſſe. J'ai obſervé pendant neuf mois, dans cette Plante, une ſucceſſion continuelle de fleurs & de fruits, qui meuriſſent dans l'eſpace de ſept ou huit mois. Ainſi je ne ſçai pourquoi les habitans des îles Bahama, *où elle croît, la nomment Pomme de ſept ans.*

PARUS CUCULLO NIGRO.

The Hooded Titmouse.

HIS is about the ſize of a Goldfinch. The bill is black. A broad black liſt encompaſſes the neck and hind-part of the head; reſembling a hood; except which, the fore-part of the head and all the under-part of the body are yellow. The back, wings and tail are of a dirty green. They frequent thickets and ſhady places in the uninhabited parts of *Carolina.*

Méſange au capuchon noir.

*ET Oiſeau eſt à peu près de la groſſeur d'un chardonneret. Son bec eſt noir. Une large ray noire entoure ſon cou & le derriere de ſa tête, & reſſemble à un capuchon. Hors cela, le devant de ſa tête, & tout le deſſus de ſon corps ſont jaune. Son dos, ſes aîles & ſa queüe ſont d'un verd ſale. Il fréquente les petits bois, & les endroits ombragés de la partie inhabitée de la* Caroline.

Arbor in aqua naſcens, foliis latis acuminatis & dentatis, fructu Eleagni majore.

The WATER-TUPELO.

THIS Tree has a large trunk, eſpecially near the ground, and grows very tall. The leaves are broad, irregularly notched or indented. From the ſides of the branches ſhoot forth its flowers, ſet on foot-ſtalks about three inches long, conſiſting of ſeveral ſmall narrow greeniſh petala, on the top of an oval body, which is the rudiment of the fruit; at the bottom of which its perianthium divides into four. The fruit, when full grown, is in ſize, ſhape and colour, like a ſmall Spaniſh olive, containing one hard channell'd ſtone. The grain of the wood is white, ſoft and ſpongy. The roots are much more ſo, approaching near to the conſiſtence of cork, and are uſed in *Carolina* for the ſame purpoſes as cork, to ſtop gourds and bottles. Theſe Trees always grow in wet places, and uſually in the ſhallow parts of rivers and in ſwamps.

Tupelo, qui croît dans l'eau.

C*ET Arbre a le tronc fort gros, ſur tout proche de la terre, & devient fort grand. Ses feuilles ſont larges, & ont des entailleures irrégulieres. Ses fleurs, qui naiſſent des côtes de ſes branches, ſont attachées à des pédicules d'environ trois pouces de long, & conſiſtent en pluſieurs petites feuilles étroites & verdâtres, poſées ſur le haut d'un corps ovale, qui eſt le rudiment du fruit; & au bas duquel eſt le calice, qui ſe partage en quatre. Lors que ce fruit a atteint ſa maturité, il reſſemble par ſa groſſeur, ſa forme, & ſa couleur, à une petite olive d'Eſpagne, & renferme un noyau dur & cannelé. Le bois de cet Arbre a le grain blanc, mou & ſpongieux. Ses racines le ſont beaucoup d'avantage, & approchent de la conſiſtence du liege: auſſi s'en ſert-on à la* Caroline *aux mêmes uſages qu'on employe le liege, comme à boucher des bouteilles & des calebaſſes. Ces Arbres croiſſent toujours dans les lieux humides, & ordinairement dans les endroits les moins profonds des rivieres, & dans les marais.*

PARUS AMERICANUS LUTESCENS.

The Pine-Creeper.

WEIGHS eight penny-weight and five grains. The bill is black. The upper part of the body, from the bill to the tail, of a yellowiſh green. The neck and breaſt are yellow. The belly, near the tail, is white. The wings are brown, with ſome ſpots of white. The tail is brown, except the two outermoſt feathers, which are half white. The legs are duſky black. The Hen is all over brown. They creep about Trees; particularly the Pine- and Fir-trees; from which they peck Inſects, and feed on them. Theſe, with moſt of the other Creepers and Titmice, aſſociate together in ſmall flights, and are moſtly ſeen on leaf-leſs trees in Winter.

Méſange brune de l'Amerique.

CET Oiſeau peſe environ trois drachmes. Son bec eſt noir. Le deſſus de ſon corps, depuis le bec juſqu'à la queüe, eſt d'un verd jaunâtre. Son cou, & ſa poitrine ſont jaunes; & le deſſous de ſon ventre, vers la queüe, eſt blanc. Ses aîles ſont brunes, avec quelques taches blanches. Sa queüe eſt brune, excepté que les deux plumes, qui la terminent, ſont à demi blanches. Ses jambes ſont d'un blanc ſale. La fémelle eſt entierement brune. Cet Oiſeau monte ſur le tronc des arbres, & particulierement des pins & des ſapins, d'où il tire des inſectes, dont il ſe nourrit. Il s'aſſocie en petites volées; & on le voit, ſur tout pendant l'hiver, ſur des arbres dépouillés de leurs feuilles, de même que les autres eſpeces de méſanges, & grimpereaux.

Liguſtrum Lauri folio, fructu violaceo.

The PURPLE-BERRIED BAY.

THIS Tree grows uſually ſixteen feet high: and the trunk is from ſix to eight inches in diameter. The leaves are very ſmooth, and of a brighter green, than the common Bay-Tree: otherwiſe, in ſhape and manner of growing, it reſembles it. In *March*, from between the leaves, ſhoot forth ſpikes, two or three inches in length, conſiſting of tetrapetalous very ſmall white flowers, growing oppoſite to each other, on foot-ſtalks half an inch long. The fruit which ſucceeds are globular berries, about the ſize of thoſe of the Bay, and cover'd with a purple colour'd ſkin, encloſing a kernel, which divides in the middle.

Troene aux bayes violettes.

CET Arbre croît ordinairement juſqu'à la hauteur de ſeize piés; & ſon tronc a depuis ſix juſqu'à huit pouces de diametre. Ses feuilles ſont fort liſſes, & d'un verd plus vif que celles du laurier commun: autrement, dans ſa maniere de croître, & ſa forme, il lui reſſemble entierement. Il ſort, au mois de Mars, d'entre ſes feuilles, des épines de deux ou trois pouces de longueur, couvertes de très petites fleurs blanches, compoſées de quatre feuilles, & qui ſont attachées, l'une vis-à-vis de l'autre, par des pédicules d'un demi-pouce de long. Les fruits qui leur ſuccedent ſont des bayes rondes, environ de la même groſſeur que celles du laurier. Elles ſont couvertes d'une peau violette; & renferment un noyau, qui ſe ſépare par le milieu.

PARUS AMERICANUS GUTTURE LUTEO.

The Yellow-throated Creeper.

EIGHS ſeven penny-weight. The bill is black. The fore-part of the head black, having two yellow ſpots on each ſide, next the upper mandible. The throat is of a bright yellow, bordered on each ſide with a black liſt. The back and hind-part of the head are grey. The wings are of a darker grey, inclining to brown, with ſome of their covert feathers edged with white. The under-part of the body white, with black ſpots on each ſide, next the wing. The tail is black and white. The feet are brown; and, like thoſe of the *Certhia*, have very long claws, which aſſiſt them in creeping about Trees in ſearch of Inſects, on which they feed. There is neither black nor yellow upon the Hen. They are frequent in *Carolina*.

Méſange de l'Amérique à la gorge jaune.

LLE peſe environ deux drachmes & demie. Son bec eſt noir. Le devant de ſa tête eſt noir. Elle a deux taches jaunes de chaque côté, juſtement au deſſous de la mandibule ſupérieure. Sa gorge eſt d'un jaune brillant, & eſt bordée de chaque côte par une raye noire. Son dos & le derriere de ſa tête ſont gris. Ses aîles ſont d'un gris plus foncé, & preſque brunes; & quelques unes de leurs grandes plumes ſont bordées de blanc. Le deſſous de ſon corps eſt blanc, avec quelques taches noires de chaque côté, proche des aîles. Sa queüe eſt noire & blanche. Ses piés ſont bruns; &, de même que ceux du petit grimpereau, ils ſont armés d'ongles très longs: ce qui lui ſert beaucoup à grimper ſur les arbres, pour y chercher des inſectes, dont elle ſe nourrit. La fémelle n'a ni jaune, ni noir. Cette méſange eſt très commune à la Caroline.

Acer Virginianum, ſolio majore, ſubtus argenteo, ſupra viridi ſplendente. Pluk. Alma.

The Red flowering Maple.

THESE Trees grow to a conſiderable height; but their trunks are not often very large. In *February*, before the leaves appear, the little red bloſſoms open, and continue in flower about three weeks; and are then ſucceeded by the keys, which are alſo red, and, with the flowers, continue about ſix weeks, adorning the Woods earlier than any other Foreſt-Trees in *Carolina*. They endure our *Engliſh* Climate as well as they do their native one; as appears by the many large ones in the garden of Mr. *Bacon* at *Hoxton*.

Erable aux fleurs rouges.

CES Arbres croiſſent juſqu'à une hauteur conſidérable; mais leurs troncs ſont rarement fort gros. Au mois de Février, avant que les feuilles paroiſſent, leurs petites fleurs rouges commencent à s'ouvrir, & durent environ trois ſemaines; après quoi elles ſont ſuivies par les fruits, qui ſont auſſi rouges, & durent avec les fleurs, environ ſix ſemaines. Ces Arbres embelliſſent les bois de la Caroline *plutôt qu'aucun de ceux qui croiſſent dans les forêts. Ils peuvent ſouffrir le climat d'*Angleterre, *auſſi bien que le leur propre; comme il paroît par pluſieurs beaux Arbres de cette eſpece, qui ſont dans le jardin de Mr.* Bacon *à* Hoxton.

PARUS CAROLINENSIS LUTEUS.

The Yellow Titmouse.

IT is leſs than a Wren. It appears all yellow; but, on a near view, is as follows. The bill is ſlender. The head, breaſt, and belly are bright yellow. The back is of a greeniſh yellow. The tail brown, with a mixture of yellow. The Hen is not of ſo bright a yellow as the Cock. It breeds in *Carolina*, but retires at the approach of Winter.

Méſange jaune.

ELLE eſt plus petite qu'un roitelet. Du prémier coup d'œil, elle paroît toute jaune; mais en l'examinant de près, on la trouve comme il s'enſuit. Son bec eſt mince. Sa tête, ſa poitrine, & ſon ventre ſont d'un jaune vif. Son dos eſt d'un jaune verdâtre; & ſa queüe brune, avec une nuance de jaune. La fémelle n'eſt pas d'un jaune ſi brillant que le mâle. Ces Oiſeaux ſont leurs petits à la Caroline; *& ſe retirent au commencement de l'hiver.*

Laurus Carolinenſis, foliis acuminatis, baccis cæruleis, pediculis longis rubris inſidentibus.

The RED BAY.

THE leaves of the Tree are in ſhape like thoſe of the common Bay, and of an aromatic ſcent. The berries when ripe, are blue, growing two, and ſometimes three together, on foot-ſtalks of two or three inches long, of a red colour, as is the calix or cup of the fruit, and indented about the edges. Theſe Trees are not common in *Virginia*, except in ſome places near the Sea. In *Carolina* they are every where ſeen, particularly in low ſwampy lands. In general they arrive to the ſize of but ſmall Trees and Shrubs; though in ſome Iſlands, and particular places near the Sea, they grow to large and ſtrait bodied Trees. The wood is fine grain'd, and of excellent uſe for cabinets, &c. I have ſeen ſome of the beſt of this wood ſelected, that has reſembled water'd ſattin; and has exceeded in beauty any other kind of wood I ever ſaw.

Laurier rouge.

LES feuilles de cet Arbre ont la même figure que celle du laurier commun, & une odeur aromatique. Ses bayes ſont bleues, lors qu'elles ſont mûres: elles viennent deux à deux, & quelquefois trois à trois, & ſont attachées à des pédicules de deux ou trois pouces de long, & rouges, de même que le calice du fruit, dont les bords ſont dentelés. Ces Arbres ne ſont pas communs à la Virginie, *hors en quelques endroits proche de la Mer. On en voit par tout à la* Caroline; *principalement dans les terres baſſes & marecageuſes. En général ils ne deviennent gueres que de petits arbres, quoi qu'en quelques îles, & dans quelques endroits particuliers proche de la Mer, on en voye de fort grands, & de fort droits. Leur bois eſt d'un grain fin, & d'un uſage excellent pour des armoires, &c. J'ai vû quelques morceaux choiſis de ce bois, qui reſſembloient à du ſatin ondé, & dont la beauté étoit au deſſus de celle d'aucun autre bois que j'aye jamais vû.*

PARUS FRINGILLARIS.

The Finch-Creeper.

IT weighs five penny-weight. The upper mandible of the bill is brown; the under yellow. The head is blue. It hath a white ſpot over, and another under each eye. The upper part of the back is of a yellowiſh green. The reſt of the upper part of the body, wings, and tail, are of a duſky blue; the ſcapular feathers having ſome white ſpots. The throat is yellow. The breaſt is of a deeper yellow, divided by a dark blue liſt. The belly is white. Near the breaſt ſome feathers are ſtain'd with red. The feet are duſky yellow. The feathers of the Hen are black and brown. Theſe Birds creep about the trunks of large trees; and feed on inſects, which they gather from the crevices of the bark. They remain the Winter in *Carolina*.

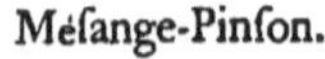

Méſange-Pinſon.

CET Oiſeau peſe un peu moins de deux drachmes. La mandibule ſupérieure de ſon bec eſt brune, & l'inférieure jaune. Sa tête eſt bleue. Il a une tache blanche deſſus, & une autre deſſous chaque œil. Le deſſus de ſon dos eſt d'un verd jaunâtre. Tout le bas de ſon dos, ſes aîles, & ſa queüe ſont d'un bleu obſcur. Les plumes, qui couvrent la partie ſupérieure de ſes aîles, ont quelques taches blanches. Son goſier eſt jaune. Sa poitrine, qui eſt d'un jaune plus foncé, eſt diviſée par une raye d'un bleu obſcur. Son ventre eſt blanc. Vers la poitrine il a quelques plumes tachées de rouge. Ses piés ſont d'un jaune obſcur. Les plumes de la fémelle ſont noires, & brunes. Ces Oiſeaux grimpent ſur le tronc des gros arbres, & ſe nourriſſent des inſectes, qu'ils tirent d'entre les crévaſſes de leurs écorces. Ils demeurent pendant tout l'hiver à la Caroline.

Frutex, Padi foliis non ſerratis, floribus monopetalis albis, campani-formibus, fructu craſſò tetragono.

THE trunk of this Shrub is ſlender. Sometimes two or three ſtems riſe from the ſame root to the height uſually of ten feet. The leaves are in ſhape like thoſe of a Pear. In *February* and *March* come white flowers, in form of a bell, hanging uſually two and three together, on inch long footſtalks, from the ſides of the branches. From the middle of the flower ſhoots forth four ſtamina, with a ſtylus extending half an inch beyond them, of a reddiſh colour. Theſe flowers are ſucceeded by oblong quadrangular ſeed veſſels, pointed at the ends.

LE tronc de cet Arbriſſeau eſt mince. Quelquefois il s'éleve de la méme racine deux ou trois tiges à la fois, ordinairement à la hauteur de dix piés. Ses feuilles ont la figure de celles du poirier. Dans les mois de Février & de Mars il pouſſe des fleurs blanches, en forme de cloche, qui pendent des côtes des branches, par des pédicules d'un pouce de long, auxquels elles ſont attachées, deux ou trois enſemble. Il ſort du milieu de la fleur quatre étamines avec un piſtil rouge, qui les paſſe d'un demi-pouce. A ces fleurs il ſuccede des ſemences renfermées dans des capſules oblongues à quatre angles, & ſe terminant en pointes.

MELLIVORA AVIS CAROLINENSIS.

The Humming-Bird.

THERE is but one kind of this Bird in *Carolina*, which in the Summer frequents the Northern Continent as far as *New England*. The Body is about the size of a Humble Bee. The bill is strait, black, and three quarters of an inch long. The eyes are black; the upper part of the body and head of a shining green; the whole throat adorned with feathers placed like the scales of fish, of a crimson metallic resplendency; the belly dusky white; the wings of a singular shape, not unlike the blade of a *Turkish* Cymiter; the tail is copper colour, except the uppermost feather, which is green. The legs are very short and black. It receives its food from flowers, after the manner of Bees; its tongue being a tube, thro' which it sucks the honey from them. It so poises itself by the quick hovering of its wings, that it seems without motion in the air. They rove from flower to flower, on which they wholly subsist. I never observed nor heard, that they feed on any Insect, or other thing than Flowers. They breed in *Carolina*, and retire at the approach of Winter.

What *Lerius* and *Thevet* say of their singing, is just as true as what is said of the harmony of Swans; for they have no other note than *Screep, Screep*, as *Margravius* truly observes.

Hernandes bespeaks the credit of his Readers, by saying, 'tis no idle tale, when he affirms the manner of their lying torpid, or sleeping, all Winter, in *Hispaniola*, and many other places between the Tropicks. I have seen these Birds all the year round, there being a perpetual succession of flowers for them to subsist on.

Le Colibri.

IL n'y à la Caroline *qu'une espece de cet Oiseau, qui s'avance vers le Nord, pendant l'Eté, aussi loin que la* Nouvelle Angleterre. *Son corps est environ de la grosseur du bourdon. Son bec est droit, noir, & long de trois quarts de pouce. Ses yeux sont noirs: sa tête, & le dessus de son corps d'un verd fort vif. Toute sa gorge est ornée de plumes placées commes les écailles d'un poisson, & aussi brillantes qu'un émail cramoisi. Son ventre est d'un blanc sale. Ses ailes sont d'une forme particuliere, & assez semblables à la lame d'un cimeterre Turc. Sa queue est de couleur de cuivre, excepté la plume du milieu, qui est verte. Ses jambes sont fort courtes, & noires. Il tire sa nourriture des fleurs, à la maniere des abeilles; car sa langue est un tube, par lequel il en suce le miel. Il se balance de telle maniere par le mouvement rapide de ses ailes, qu'il semble se soûtenir sans mouvement. Il vole de fleur en fleur; & ce n'est que des fleurs qu'il tire sa nourriture. Je n'ai jamais observé, ni même oui dire, qu'il se nourrit d'aucun insecte, ni d'autre chose que de fleurs. Ces Oiseaux font leurs petits à la* Caroline, *& se retirent au commencement de l'Hiver.*

Ce que Lérius *&* Thévet *attribuent a leur chant est aussi vrai que ce qu'on dit du chant harmonieux des cignes; car ils n'ont d'autre ton dans leur voix que* Scrip, Scrip, *comme* Margravius *l'a fort bien remarqué.*

Hernandès *tâche de s'attirer la confiance de ses lecteurs, en leur disant, que ce n'est pas un conte, lors qu'il les assûre qu'ils demeurent engourdis, ou dormans, pendant tout l'Hiver, à* St. Domingue, *& dans plusieurs autres endroits entre les Tropiques. J'y ai vû ces Oiseaux pendant toute l'année, parce qu'ils y trouvent une succession continuelle de fleurs, desquelles ils se nourrissent.*

Bignonia, Fraxini foliis, coccineo flore minore.

The TRUMPET-FLOWER.

THESE Plants climb upon Trees; on which they run a great height; and are frequently seen to cover the dead trunks of tall trees. The leaves are winged, consisting of many serrated lobes, standing by couples, opposite to each other on one rib. In *May, June, July* and *August*, it produces bunches of red flowers, somewhat like the common Foxglove. Each flower shoots from a long reddish-colour'd calix; is mono-petalous, swelling in the middle, and opens a-top into five lips, with one pointal arising from the calix, through the middle of the flower. In *August*, the cods or seed vessels appear. They are, when full grown, eight inches long, narrow at both ends, and divide in two equal parts, from top to bottom, displaying many flat winged seeds.

The Humming Birds delight to feed on these flowers; and, by thrusting themselves too far into the flower, are sometimes caught.

Bignonia, &c.

CES Plantes montent sur les arbres, sur lesquels elles s'élevent jusqu'à une grande hauteur. On les voit souvent couvrir les troncs morts des grands arbres. Leurs feuilles sont ailées, & formées de plusieurs lobes dentelés, attachés par paires, les uns vis à vis des autres, sur une même côte. Dans les mois de Mai, de Juin, de Juillet, & d'Août elles produisent des bouquets de fleurs rouges, assez semblables à celles de la digitale commune. Chaque fleur, qui sort d'un long calice rougeâtre, est monopétale & enflée dans son milieu. En s'ouvrant elle se divise en cinq parties, avec un pistil qui naît du calice, & passe au travers de la fleur. Au mois d'Août les cosses, ou les vaisseaux qui renferment la semence, commencent à paroître. Quand ils sont parvenus à leur maturité, ils sont longs de huit pouces, & étroits par les deux bouts: ils se divisent en deux parties égales, & laissent voir un grand nombre de semences plattes & ailées.

Le Colibri aime à se nourrir de ces fleurs; & souvent, en s'y enfonçant trop avant, il se laisse prendre.

MUSCICAPA VERTICE NIGRO.

The Cat-Bird.

HIS Bird is about the ſize of, or ſomewhat bigger than a Lark. The crown of the head is black; the upper-part of the body, wings and tail, dark brown; particularly the tail approaches neareſt to black. The neck, breaſt, and belly, are of a lighter brown. From the vent, under the tail, ſhoot forth ſome feathers of a dirty red. This Bird is not ſeen on lofty Trees; but frequents Buſhes and Thickets; and feeds on Inſects. It has but one note, which reſembles the mewing of a Cat; and which has given it it's name. It lays a blue egg, and retires from *Virginia* in Winter.

Le Chat-Oiſeau.

ET Oiſeau eſt auſſi gros, & même un peu plus gros qu'une allouette. Le deſſus de ſa tête eſt noir; & le deſſus de ſon corps, de ſes aîles, & de ſa queüe eſt d'un brun foncé: ſa queüe ſur tout approche le plus du noir. Son cou, ſa poitrine, & ſon ventre ſont d'un brun plus clair. De l'anus, ſous la queüe, ſortent quelques plumes d'un rouge ſale. On ne voit point cet Oiſeau ſur les grands arbres: il ne fréquente que les arbriſſeaux, & les buiſſons; & ſe nourrit d'inſectes. Il n'a qu'un ton dans la voix, qui reſſemble au miaulement d'un chat; & c'eſt de là qu'il a pris ſon nom. Il pond un œuf bleu, & quitte la Virginie *en Hiver.*

Alni folia Americana ſerrata, floribus pentapetalis albis, in ſpicam diſpoſitis. Pluk. Phyt. Tab. 115. f. 1.

THIS Shrub grows in moiſt places, and ſometimes in water, from which it riſes, with many ſlender ſtems, to the height of ten or fourteen feet. The leaves are ſomewhat rough, placed alternately, ſerrated, and in ſhape not unlike thoſe of the White Thorn. In *July* there ſhoots from the ends of the branches, ſpikes of white flowers, four or five inches long. Each flower conſiſts of five petals, and a tuſt of ſmall ſtamina. Theſe flowers are thick ſet on footſtalks a quarter of an inch long, and are ſucceeded by ſmall oval pointed capſula's, containing many chaffy ſeeds. This Plant endures our Climate in the open air, and flouriſhes at Mr. *Bacon*'s at *Hoxton*.

CET Arbriſſeau croît dans les lieux humides, & quelquefois dans l'eau, d'où il s'éleve avec pluſieurs tiges menues, à la hauteur de dix, ou de quatorze piés. Ses feuilles ſont un peu rudes, placées alternativement, dentelées, & à peu près de la figure de celles de l'épine blanche. Au mois de Juillet, il pouſſe des ſommités de ſes branches des bouquets de fleurs blanches, longs de cinq ou ſix pouces. Chaque fleur eſt composée de cinq feuilles, & d'une touffe de petites étamines. Ces fleurs ſont fortement attachées par des pédicules d'un quart de pouce de long, & ſont ſuivies par de petites capſules ovales & pointues, qui contiennent pluſieurs ſemences légeres. Cette Plante ſouffre nôtre climat, même en plein air; & fleurit dans le jardin de Mr. Bacon *à* Hoxton.

RUTICILLA AMERICANA.

The Red-Start.

THIS Bird is about the size of, or rather less than, our Red-start; and has a slender black bill: The head, neck, back, and wings, are black; except, that five or six of the exterior vanes of the larger wing feathers are partly red. The breast is red, but divided by a grey list; of which colour is the belly. The tail is red, except the end, which is black. The legs and feet are black. The Hens are brown.

These Birds frequent the shady Woods of *Virginia*; and are seen only in Summer.

Le Rossignol de muraille de l'Amérique.

*CET Oiseau est à peu près de la grosseur de nôtre Rossignol de muraille, ou même plus petit que lui. Il a un bec mince & noire. Sa tête, son cou, son dos, & ses ailes sont noirs; excepté cinq ou six des franges extérieures des grandes plumes de l'aile, qui sont en partie rouges. Sa poitrine est rouge, mais divisée par une raye grise. Son ventre est gris. Sa queüe est rouge, hormis que son extremité est noire. Ses jambes & ses piés sont noirs. La fémelle est toute brune.*

Ces Oiseaux fréquentent les bois les plus couverts de la Virginie; *& on ne les voit qu'en Eté.*

Nux juglans nigra Virginiensis. Park. 1414.

The Black Walnut.

MOST parts of the Northern Continent of *America* abound with these Trees, particularly *Virginia* and *Maryland*, towards the heads of the rivers, where, in low rich lands, they grow in great plenty, and to a vast size. The leaves are much narrower and sharper pointed than those of our Walnut, and not so smooth. The thickness of the inner shell requires a hammer to break it. The outer shell is very thick and rough on the outside. The kernels are very oily and rank tasted; yet when laid by some months, are eat by *Indians*, Squirrels, &c. It seems to have taken its name from the colour of the wood, which approaches nearer to black than any other wood that affords so large timber. Wherefore it is esteemed for making Cabinets, Tables, &c.

Noyer noir.

LA plus grande partie du continent Méridional de l'Amérique a beaucoup de ces Arbres: sur tout la Virginie, *& la* Marilande, *vers la source des rivieres où, dans les terroirs bas & riches, ils viennent en grande abondance, & croissent extraordinairement. Leurs feuilles sont beaucoup plus étroites, plus pointues, & moins unies, que celles de nôtre noyer commun. L'épaisseur de la coque interne est telle, qu'on ne peut la briser qu'avec un marteau. La coque externe est fort épaisse, & fort raboteuse en dehors. Les amandes en sont très huileuses, & d'un goût très fort. Cependant les* Indiens, *comme aussi les écureuils, &c. les mangent, après les avoir gardées quelque temps. Il semble que cet Arbre ait pris son nom de la couleur de son bois, qui approche plus du noir qu'aucun autre arbre qui donne de si gros marrein. C'est pourquoi on l'estime pour faire des armoires, des tables, &c.*

RUBICILLA MINOR NIGRA.

The little black Bullfinch.

THIS is about the ſize of a Canary-Bird. The whole Bird is black, except the ſhoulders of the wings, and part of the vanes of two of the largeſt wing-feathers, which are white. The bill is thick and ſhort, having a notch in the upper mandible like that of a Hawk. This Bird is an inhabitant of *Mexico*; and is called by the *Spaniards*, *Mariposa nigra*, i. e. black Butterfly. Whether this be a Cock or Hen I know not.

Petite Rouge-Queüe noire.

CET Oiſeau, qui eſt à peu près de la groſſeur d'un ſerin, eſt tout noir, excepté le haut des aîles, & une partie des franges des deux plus grandes plumes de l'aîle, qui ſont blancs. Son bec eſt épais & court, & a dans la mandibule ſupérieure une entaille ſemblable à celle d'un faucon. Cet Oiſeau ſe trouve au Méxique; *& les* Eſpagnols *l'appellent* Mariposa nigra, *c'eſt-à-dire Papillon noir. Je ne ſçai ſi celui-ci eſt mâle ou fémelle.*

Amelanchior Virginiana, Lauro cerasi folio. H. s. Pet. Rai Suppl. App. 241.
Arbor Zeylanica, cotini foliis, ſubtus lanugine villoſis, floribus albis, cuculi modo laciniatis. Pluk. Alm. p. 44. Phyt. Tab. 241. f. 4.

The FRINGE TREE.

ON the banks of rivulets and running ſtreams this Shrub is moſt commonly found. It mounts from ſix to ten feet high, uſually with a crooked irregular ſmall ſtem. Its leaves are of a light green, and ſhaped like thoſe of the Orange. In *May* it produces bunches of white flowers hanging on branched footſtalks, of half an inch long. Each flower has four narrow thin petals about two inches long. To theſe ſucceed round dark blue berries, of the ſize of ſloes.

Arbre aux fleurs frangées.

ON trouve communément cet Arbriſſeau ſur les bords des petits ruiſſeaux, & des eaux courantes. Il s'éleve depuis ſix juſqu'a dix piés. Sa tige eſt ordinairement petite, tortue & irréguliere. Ses feuilles ſont d'un verd clair, & faites comme celles de l'oranger. Au mois de Mai *il produit des bouquets de fleurs branches, qui pendent à des pédicules branchus, d'un demi pouce de long. Chaque fleur a quatre feuilles étroites, épaiſſes, & longues d'environ deux pouces. Il leur ſuccede des bayes rondes, d'un bleu obſcur, & de la groſſeur des prunelles ſauvages.*

Martin

ISPIDA.

The King-Fisher.

HIS kind of King's-fisher is somewhat larger than a Black-bird The bill is two inches and an half long, and black. The eyes are large. His head is covered with long blueish feathers. Under the eye there is a white spot, and another at the basis of the upper mandible of the bill. All the upper-part of the body is of a dusky blue. The neck is white, with a broad list of dusky blue cross it; under which the breast is muddy red. The belly is white. The quill feathers of the wing are black, having some white on their interior vanes, edged with blue and black, with transverse white spots, not appearing but when the wing is spread open. The tail is dusky blue, with the end white, as are most of the quill feathers. It has four toes, one only being behind. Its cry, its solitary abode about rivers, and its manner of feeding, are much the same as of those in *England*. It preys not only on Fish, but likewise on Lizards.

L'Alcion.

'Alcion de cette espece ci est un peu plus gros qu'un merle. Son bec est long de deux pouces & demi, & noir. Ses yeux sont larges. Sa tête est couverte de longues plumes bleaudâtres. Il a sous l'œil une tache blanche, & une autre à la base de la mandibule supérieure. Tout le dessus de son corps est d'un bleu obscur. Son cou est blanc, avec une large bande d'un bleu obscur en travers, au dessous de la qu'elle la poitrine est d'un rouge sale. Son ventre est blanc. Les grandes plumes de l'aile sont noires; & ont un peu de blanc sur leurs franges intérieures, qui sont bordées de bleu & de noir, avec quelques taches blanches en travers, qui ne paroissent, que quand l'aile est ouverte. Sa queüe est d'un bleu foncé, & blanche par le bout, comme la plupart des grandes plumes de l'aile. Il a quatre orteils, dont un est par derriere. Son cri, & sa maniere de se nourrir, & de fréquenter des lieux écartés sur les rivieres, ressemblent fort à ce qu'on remarque dans le même Oiseau en Angleterre. *Les lézards sont sa proye, ainsi que les poissons.*

Myrtus, Brabanticæ similis, Carolinensis, baccata, fructu racemoso sessili monopyreno. Pluk. Alma.

The narrow-leaved Candle-berry MYRTLE.

THESE are usually but small Trees or Shrubs, about twelve feet high, with crooked stems, branching forth near the ground irregularly. The leaves are long, narrow, and sharp pointed. Some Trees have most of their leaves serrated: others not. In *May* the small branches are alternately and thick, set with oblong tufts of very small flowers, resembling in form and size the catkins of the Hazel-tree, coloured with red and green. These are succeeded by small clusters of blue berries, close connected, like bunches of grapes. The kernel is inclosed in an oblong hard stone, incrusted over with an unctuous mealy consistence; which is what yields the wax; of which Candles are made in the following manner.

In *November* and *December*, at which time the berries are mature, a man with his family will remove from his home to some island or sand banks near the Sea, where these Trees most abound, taking with him kettles to boil the berries in. He builds a hut with Palmeto-leaves, for the shelter of himself and family while they stay, which is commonly three or four weeks. The man cuts down the Trees, while the children strip off the berries into a porridge-pot; and having put water to them, they boil them till the oil floats; which is skim'd off into another vessel. This is repeated till there remains no more oil. This, when cold, hardens to the consistence of wax, and is of a dirty green colour. Then they boil it again, and clarify it in brass kettles; which gives it a transparent greenness. These Candles burn a long time, and yield a grateful smell. They usually add a fourth part of tallow; which makes them burn clearer.

Le Mirte à chandelle.

CES Arbres sont ordinairement petits, ou plûtot ne sont que des arbrisseaux de douze piés de haut, dont la tige, qui est tortue, pousse d'une maniere irreguliere, des branches fort près de terre. Leurs feuilles sont longues, étroites, & fort pointues. La plupart de ces Arbres ont leurs feuilles dentelées, & les autres ne les ont point telles. Au mois de Mai les petites branches ont des touffes oblongues de très petites fleurs, qui ressemblent, par leur figure & leur grandeur, à des chatons de coudrier. Ces touffes sont placées alternativement fort proches les unes des autres, & mêlées de rouge & de verd. Elles sont suivies par de petites grapes de bayes bleues, fort serrées, comme des grapes de raisin. Les pepins sont renfermés dans des noyaux durs, & oblongs, couverts d'une substance onctueuse & farineuse, d'où l'on tire la cire, dont on fait des chandelles de la maniere suivante.

Dans les mois de Novembre *& de* Decembre, *auquel temps les bayes sont mûres, un homme quitte sa maison avec sa famille, pour aller dans quelque île, ou sur quelque banc proche de la Mer, où il y a beaucoup de Mirtes: il porte avec lui des chaudieres pour faire bouillir les bayes, & bâtit une hute avec des feuilles de palmier, pour s'y retirer durant le temps de sa residence dans cet endroit, qui est ordinairement de trois ou quatre semaines: il abbat les arbres, tandis que ses enfans cueillent les bayes, qu'ils mettent dans une chaudiere avec de l'eau, qu'ils font bouillir, jusqu'à ce que l'huile surnage: on l'enleve avec une écumoire, ce qu'on continue jusqu'à ce qu'il n'en paroisse plus. Cette huile durcit comme de la cire, en se refroidissant, & est d'un verd sale. On la fait ensuite bouillir encore une fois, & on la clarifie dans des chaudieres de cuivre, ce qui la rend d'un verd transparent. Ces chandelles durent long temps, & repandent une odeur agréable. On y ajoute ordinairement un quart de suif, ce qui fait qu'elles éclairent mieux.*

GALLINULA AMERICANA.

The Soree.

THIS Bird, in ſize and form, reſembles our Water-Rail. The whole body is cover'd with brown feathers; the under part of the body being lighter than the upper. The bill and legs are brown. Theſe Birds become ſo very fat in Autumn, by feeding on Wild Oats, that they can't eſcape the *Indians*, who catch abundance by running them down. In *Virginia* (where only I have ſeen them) they are as much in requeſt for the delicacy of their fleſh, as the Rice-Bird is in *Carolina*, or the Ortolan in *Europe*.

Le Râle de l'Amérique.

CET Oiſeau reſſemble, par ſa forme & ſa groſſeur, à nôtre Râle noir. Tout ſon corps eſt couvert de plumes brunes; mais le deſſous eſt moins foncé que le deſſus. Son bec & ſes jambes ſont bruns. Ces Oiſeaux deviennent ſi gras an Automne, à force de manger de l'avoine ſauvage, qu'ils ne peuvent échapper aux Indiens, *qui en prennent un grand nombre, en les laſſant. A la* Virginie *(& c'eſt le ſeul endroit où j'en aye vûs) ils ſont auſſi recherchés pour leur délicateſſe, que les oiſeaux à ris le ſont à la* Caroline, *ou les ortolans en* Europe.

Gentiana Virginiana, Saponariæ folio, flore cæruleo longiore.
Hiſt. Oxon. 3. 184. Ico. Tab. 5. Sect. 12.

THIS Plant grows in ditches and ſhady moiſt places, riſing uſually ſixteen inches high, with upright ſtrait ſtems, having long ſharp pointed leaves, ſet oppoſite to each other, ſpreading horizontally. From the joints of the leaves come forth four or five monopetalous blue flowers; which, before they open, are in form of a Rolling-pin; but, when blown, are in ſhape of a Cup, with the verge divided into five ſections.

CETTE Plante croît dans les foſſés & dans les endroits ombragés & humides. Elle s'élève ordinairement à la hauteur de ſeize pouces. Ses tiges ſont droites, & garnies de feuilles longues & fort pointues, placées vis-à-vis les unes des autres, & s'etendant horizontalement. Il ſort des aiſelles de ces feuilles quatre ou cinq fleurs bleues monopétales, qui, avant que de s'ouvrir, ont la figure d'un rouleau, & lors qu'elles ſont ouvertes, reſſemblent à une coupe dont les bords ſont diviſés en cinq ſections.

PLUVIALIS VOCIFERUS.

The Chattering Plover.

HIS is about the ſize of the larger Snipe. The eyes are large, with a ſcarlet circle. A black liſt runs from the bill under the eyes. The forehead is white; above which it is black. The reſt of the head is brown. The throat, and round the neck, are white; under which there is a broad black liſt encompaſſing the neck. Another liſt of black croſſes the breaſt, from the ſhoulder of one wing to that of the other. Except which, the breaſt and belly are white. The back and wings are brown; the larger quill feathers being of a darker brown. The ſmall rump feathers, which cover three quarters of the tail, are of a yellowiſh red. The lower part of the tail is black. The legs and feet of a ſtraw colour. It hath no back toes. Theſe Birds are very frequent both in *Virginia* and *Carolina*; and are a great hinderance to Fowlers, by alarming the game with their ſcreaming noiſe. In *Virginia* they are called *Kill-deers*, from ſome reſemblance of their noiſe to the ſound of that word. They abide in *Carolina* and *Virginia* all the year. The feathers of the Cock and Hen differ not much.

Pluvier criard.

ET Oiſeau eſt à peu près de la groſſeur des plus groſſes bécaſſines. Ses yeux ſont grands, & entourés d'un cercle rouge. Une bande noire s'étend depuis ſon bec juſques ſous ſes yeux. Le devant de ſa tête eſt blanc: le deſſus eſt noir; & tout le reſte eſt brun. Sa gorge, & le tour de ſon cou ſont blancs; & au deſſous il y a une large bande noir, qui entoure ſon cou. Une autre bande de la même couleur traverſe ſa poitrine, depuis le haut d'une aîle juſqu'à celui de l'autre. Hors cela ſa poitrine, & ſon ventre ſont entierement blancs. Son dos, & ſes aîles ſont bruns. Les grandes plumes de l'aîle ſont d'une couleur plus foncée. Les petites plumes du croupion, qui couvrent les trois quarts de ſa queüe, ſont d'un rouge jaunâtre. Le reſte de ſa queüe eſt noir. Ses jambes & ſes piés ſont de couleur de paille. Il n'a point d'orteil par derriere. Ces Oiſeaux ſont fort communs à la Virginie *& à la* Caroline, *& ſont grand tort aux chaſſeurs; car ils donnent l'allarme au gibier par leur cri perçant. On les appelle* Kill-deers *à la* Virginie, *à cauſe que leur cri à quelque reſſemblance avec le ſon de ce mot. Ils reſtent toute l'année à la* Caroline, *& à la* Virginie. *Il n'y a pas grande différence entre les plumes du mâle & celles de la fémelle.*

Frutex foliis oblongis acuminatis, floribus ſpicatis univerſo diſpoſitis.

The SORREL-TREE.

THE trunk of this Tree is uſually five or ſix inches thick, and riſes to the height of about twenty feet, with ſlender branches thick ſet with leaves, ſhaped like thoſe of the Pear-Tree. From the ends of the branches proceed little white monopetalous flowers, like thoſe of the Strawberry-Tree, which are thick ſet on ſhort footſtalks to one ſide of many ſlender ſtalks, which are pendant on one ſide of the main branch.

L'Ozeille.

LE tronc de cet Arbre eſt ordinairement de cinq ou ſix pouces de diametre, & s'éleve à la hauteur d'environ vingt piés, avec des branches fort minces, garnies de beaucoup de feuilles, qui reſſemblent à celles du poirier. Des extremités de ces branches naiſſent de petites fleurs blanches monopétales, ſemblables à celles de l'arbouſier. Elles ſont attachées fort proche les unes des autres, par des pédicules très courts, ſur un des côtes de pluſieurs tiges très minces, qui pendent d'un des côtes de la principale branche.

MORINELLUS MARINUS of Sir THOMAS BROWN. *An CINCLUS Turneri?* Will. p. 311.

The Turn-Stone, or Sea-Dottrel.

HIS Bird has, in proportion to its body, a small head, with a strait taper black bill, an inch long. All the upper part of the body is brown, with a mixture of white and black. The quill feathers of the wings are dark brown; the neck and breast are black; the legs and feet light red. In a voyage to *America*, in the year 1722, in 31 deg. N. Lat. and 40 leagues from the coast of *Florida*, the Bird, from which this was figur'd, flew on board us, and was taken. It was very active in turning up stones, which we put into its cage; but not finding under them the usual food, it died. In this action it moved only the upper mandible; yet would with great dexterity and quickness turn over stones of above three pounds weight. This property Nature seems to have given it for the finding of its food, which is probably Worms and Insects on the Sea-shore. By comparing this with the description of that in *Will. Ornitholog.* which I had then on board, I found this to be the same kind with that he describes.

Allouette de Mer.

*LLE a une petite tête, à proportion de son corps. Son bec est droit, noir, conique, & d'un pouce de long. Tout le dessus de son corps est brun, avec un mélange de blanc & de noir. Les grandes plumes des aîles sont d'un brun obscur. Son cou & sa poitrine sont noirs: ses jambes & ses piés d'un rouge clair. Dans un voyage que je fis en* Amérique *en l'année 1722, cet Oiseau, dont j'ai donné la figure, vola dans nôtre vaisseau, sous la latitude de 31 degrés, à 40 lieues de la côte de la* Floride, *& y fut pris. Il étoit fort adroit à tourner les pierres, que nous avions mises dans sa cage; mais faute d'y trouver sa nourriture ordinaire, il mourût. Dans cette action, il se servoit seulement de la partie supérieure de son bec, tournant avec beaucoup d'adresse, & fort vite des pierres de trois livres de pesanteur. Il semble que la Nature lui ait donné cette proprieté pour trouver ainsi sa nourriture, qui consiste probablement en vers & autres insectes, qui se trouvent sur les bords de la Mer. En comparant cet Oiseau avec la description que Mr.* Willoughby *donne de l'Allouette de Mer dans son* Ornithologie, *que j'avois alors à bord, je trouvai que c'étoit la même espece.*

Arbor maritima, foliis conjugatis pyriformibus apice in summitate instructis, floribus racemosis luteis.

THIS Plant grows usually to the height of four or five feet, with many strait ligneous stems; to which are set, opposite to each other, at the distance of five or six inches, smaller single stems. The leaves grow opposite to one another on footstalks half an inch long, being narrow next the stalk, and broad at the end, where they are little pointed; in shape like a Pear. The flowers grow in tufts, at the ends of the branches, on short footstalks; each flower being form'd like a cup with yellow apices.

CETTE Plante s'éleve ordinairement jusqu'à la hauteur de quatre ou cinq piés. Elle pousse plusieurs tiges droites & ligneuses, d'où sortent d'autres tiges plus petites, & solitaires, placées les unes vis-à-vis des autres, à des distances de six pouces. Les feuilles sont rangées deux à deux, & attachées à des pédicules d'un demi-pouce de long: elles sont fort étroites proche des pédicules, larges vers leurs extremités, & ressemblent assez à une poire. Les fleurs croissent en bouquets, vers les extremités des branches, sur des pédicules courts. Chaque fleur à part est en forme de cloche, avec des étamines jaunes.

PHOENICOPTERUS BAHAMENSIS.

The Flamingo.

HIS Bird is two years before it arrives at its perfect colour; and then it is entirely red, except the quill feathers, which are black A full grown one is of equal weight with a Wild-Duck; and, when it ſtands erect, is five feet high. The feet are webbed. The fleſh is delicate, and neareſt reſembles that of a Partridge in taſte. The tongue, above any other part, was in the higheſt eſteem with the luxurious *Romans* for its exquiſite flavour.

Theſe Birds make their neſts on hillocks in ſhallow water; on which they ſit with their legs extended down, like a man ſitting on a ſtool. They breed on the Coaſts of *Cuba* and the *Bahama* Iſlands, and frequent ſalt-water only. A Man, by concealing himſelf from their ſight, may kill great numbers of them, for they will not riſe at the report of a gun; nor is the ſight of thoſe killed cloſe by them ſufficient to terrify the reſt, and warn them of the danger; but they ſtand gazing, and as it were aſtoniſh'd, till they are moſt or all of them kill'd.

This Bird reſembles the Heron in ſhape, excepting the bill, which being of a very ſingular form, I ſhall, in the next Table, give the figure of it in its full ſize, with a particular deſcription.

Flamant.

ET Oiſeau eſt deux ans avant de parvenir à la perfection de ſa couleur; & alors il eſt entierement rouge, à l'exception des plumes du fouet de l'aile, qui ſont noires. Lors qu'il a achevé ſa crue, il eſt auſſi péſant qu'un canard ſauvage; & quand il ſe tient debout, il a cinq piés de haut. Ses piés ſont garnis de membranes comme ceux des oyes. Sa chair eſt très delicate, & approche beaucoup de celle de la perdrix; mais ſur tout la langue étoit fort eſtimée par les Romains *les plus voluptueux, à cauſe de l'excellence de ſon fumet.*

Ces Oiſeaux ſont leurs nids ſur de petites eminences dans des eaux baſſes; & s'y poſent avec les jambes pendantes, comme un homme aſſis ſur un tabouret. Ils ſont leurs petits ſur les côtes de Cuba, *& des îles de* Bahama, *& ne fréquentent que l'eau ſalée. Un homme, en ſe cachant de maniere qu'ils ne puiſſent le voir, en peut tuer un grand nombre; car le bruit d'un coup de fuſil ne leur fait pas changer de place, ni la vûe de ceux qui ſont tués tout proche d'eux n'eſt pas capable d'épouvanter les autres, ni de les avertir du danger où ils ſont; mais ils demeurent les yeux fixes, & pour ainſi dire étonnés, juſqu'à ce qu'ils ſoyent tous tués, ou du moins la pluſpart.*

Cet Oiſeau reſſemble beaucoup au héron par ſa figure, ſi vous en exceptez le bec, dont je donnerai la deſcription & la figure en grand, dans la planche ſuivante, à cauſe de ſa ſingularité.

Keratophyton Dichotomum fuſcum.

THIS Plant ariſeth from a ſhort ſtem about two inches round, and about the ſame in height; where it divides into two larger branches, each of which divides again into two ſmaller; and ſo, generally at the diſtance of three or four inches, each branch divides in two ſmaller, till the whole Plant is riſen to about two feet, and the upper branches are become not thicker than a Crow's quill; all pliant like horn or whale-bone, and of a dark brown colour. They are in great plenty at the bottom of the ſhallow Seas and Channels of the *Bahama* Iſlands, the water there being exceeding clear. I have plainly ſeen them growing to the white rocks in above ten fathom water.

CETTE Plante s'éleve d'un tige courte, d'environ deux pouces de circonférence, & à peu près de la même hauteur, où elle ſe diviſe en deux branches principales, chacun deſquelles ſe partage en deux plus petites, & ainſi chaque branche ſe ſubdiviſe ordinairement, à la diſtance de trois où quatre pouces, en deux plus petites, juſqu'a ce que la Plante ſe ſoit élevée à la hauteur de deux piés, & que les branches ſupérieures ſoyent devenues auſſi minces qu'une plume de corbeau. Toutes ces branches ſont ſouples comme de la corne, ou de la baleine, & d'un brun foncé. On trouve un grand nombre de ces Plantes aux fonds des eaux baſſes, & des canaux des îles de Bahama. *Comme l'eau y eſt fort claire, je les y ai vûes diſtinctement qui croiſſoient ſur des roches blanches, à plus de dix braſſes ſous l'eau.*

CAPUT PHOENICOPTERI NATURALIS MAGNITUDINIS.

The Bill of the Flamingo *in its full Dimensions.*

I Need not attempt to describe the texture of the bill otherwise than Dr. *Grew* has done in his *Muf. R. Soc.* p. 67. His words are these: " The figure of each beak is truly " hyperbolical. The upper is ridged behind; before, plain or flat, and pointed " like a sword, and with the extremity bended " a little down; within, it hath an angle, or " sharp ridge, which runs all along the middle; " at the top of the hyperbole, not above a " quarter of an inch high. The lower beak, in " the same place, above an inch high, hollow, " and the margins strangely expanded inward, " for the breadth of above a quarter of an inch, " and somewhat convexly. They are both furnished with black teeth, as I call them, from " their use, of an unusual figure; *scil.* slender, " numerous, and parallel, as in Ivory Combs; but " also very short, scarce the eighth part of an inch " deep. An admirable invention of Nature; by " the help of which, and of the sharp ridge abovementioned, this Bird holds his slippery prey the " faster."

When they feed (which is always in shallow water) by bending their neck) they lay the upper part of their bill next the ground, their feet being in continual motion up and down in the mud; by which means they raise a small round sort of grain, resembling Millet, which they receive into their bill. And as there is a necessity of admitting into their mouth some mud, Nature has provided the edges of their bill with a sieve, or teeth, like those of a fine Comb, with which they retain the food, and reject the mud that is taken in with it. This account I had from persons of credit; but I never saw them feeding myself, and therefore cannot absolutely refute the opinion of others, who say they feed on Fish, particularly Eels, which seem to be the slippery prey Dr. *Grew* says the teeth are contrived to hold.

The accurate Dr. *James Douglass* hath obliged the World with a curious and ample description of this Bird in *Phil. Trans.* N° 550.

Le Bec du Flamant de sa grandeur naturelle.

IL n'est pas nécessaire que j'entreprenne de décrire la forme de son bec, autrement que le Dr. Grew *l'a fait dans l'ouvrage intitulé,* Muf. R. Soc. *p.* 67. *Voici ses propres paroles.* " *La figure de chaque mandibule est véritablement* " *hiperbolique. Celle de dessus est relevée par derriere,* " *platte par devant, pointue comme une épée, & un* " *peu courbée à son extremité: elle a en dedans un* " *angle, ou un filet fort étroit, qui s'étend depuis un* " *bout jusqu'à l'autre, & la sépare par le milieu,* " *n'ayant pas plus d'un quart de pouce au bout de* " *l'hiperbole. La mandibule inférieure est dans le* " *même endroit de plus d'un pouce d'épaisseur, elle est* " *creuse & a les bords un peu convexes, & étendus* " *vers le dedans d'une maniere fort étrange, de la* " *largeur de plus d'un quart de pouce. Elles sont* " *toutes deux garnies de dents noires; car c'est ainsi* " *que je les appelle à cause de leur usage. Ces dents* " *sont d'une figure extraordinaire, minces, en grand* " *nombre, & paralelles comme celles d'un peigne* " *d'ivoire: elles sont de plus fort courtes, ayant à* " *peine un quart de pouce de profondeur: invention* " *admirable de la Nature, par le moyen de laquelle,* " *& du filet ci-dessus mentionné, cet Oiseau tient plus* " *ferme sa proye glissante.*"

Lors que les flamans mangent; & c'est toujours dans une eau basse, ils font, en ployant le cou, toucher à la terre la partie supérieure de leur bec: leurs piés cependant se remuent sans cesse en haut & en bas dans la vase, & élevent par ce moyen une petite graine ronde qui ressemble au millet: ils la reçoivent dans leur bec; & comme ils ne peuvent s'empêcher d'y recevoir en même temps un peu de limon, la Nature a garni les bords de leur bec d'un crible, ou de dents semblables à celles d'un peigne fin, par le moyen desquelles ils retiennent leur nourriture, & rejettent le limon, qui est entré avec elle. Voila ce que j'ai appris de personnes dignes de foi; car je n'ai jamais vû moi-même ces Oiseaux manger: c'est pourquoi je ne sçaurois refuter absolument l'opinion de ceux qui disent, qu'ils se nourrissent de poisson, & sur tout d'anguilles. Ces dernieres semblent être, cette proesse glissante, pour laquelle le Dr. Grew *dit que leurs dents sont faites.*

L'exact Dr. Jacques Douglass, *a publié une ample & curieuse description de cet Oiseau dans les* Trans. Phil. N° 550.

Keratophyton fruticis specie, nigrum.

THIS Species differs from the former, in that it is black, and hath a large stem like the trunk of a tree, which rises up thro' the middle of the Plant, and sends out several larger branches, from which arise the smaller twigs, which are more crooked and slender than those of the preceding: so that in the whole it resembles a tree without leaves.

This grows to Rocks, in the same places with the preceding.

CETTE espece differe de la précédente en ce qu'elle est noire, & qu'elle a une tige grosse, comme le tronc d'un arbre, laquelle passe par le milieu de toute la Plante, & envoye plusieurs grosses branches, d'où sortent les petits rejettons, qui sont plus tortus, & plus minces que ceux de l'espece précédente, en sorte que celle-ci ressemble en gros à un arbre sans feuilles.

Elle croît sur des rocs dans les mêmes endroits que la précédente.

GRUS AMERICANA ALBA.

The hooping Crane.

S about the ſize of the common Crane. The bill is brown, and ſix inches long; the edges of both mandibles, towards the end, about an inch and half, are ſerrated. A deep and broad channel runs from the head more than half way along its upper mandible. Its noſtrils are very large. A broad white liſt runs from the eyes obliquely to the neck; except which, the head is brown. The crown of the head is callous, and very hard, thinly beſet with ſtiff black hairs, which lie flat, and are ſo thin that the ſkin appears bare, of a reddiſh fleſh colour. Behind the head is a peek of black feathers. The larger wing feathers are black. All the reſt of the body is white. This deſcription I took from the entire ſkin of the Bird, preſented to me by an *Indian*, who made uſe of it for his tobacco pouch. He told me, that early in the Spring, great multitudes of them frequent the lower parts of the Rivers near the Sea, and return to the Mountains in the Summer. This relation was afterwards confirmed to me by a white Man; who added, that they make a remarkable hooping noiſe; and that he hath ſeen them at the mouths of the *Savanna*, *Aratamaba*, and other Rivers nearer *St. Auguſtine*, but never ſaw any ſo far North as the Settlements of *Carolina*.

Glue blanche de l'Amérique.

*LLE eſt à peu près de la groſſeur de la grue commune. Son bec eſt brun, & long de ſix pouces. Les bords des deux mandibules ſont dantelés vers le bout de la longueur d'un pouce & demi. Un canal large & profond s'étend depuis ſa tête plus loin que le milieu de ſa mandibule ſupérieure. Ses narines ſont fort larges. Une large raye blanche deſcend obliquement depuis ſes yeux juſqu'à ſon cou: hors cela, toute ſa tête eſt brune. La couronne de ſa tête, qui eſt calleuſe & fort dure, eſt clair-ſemée de poils roides & noirs, qui ſont couchés, & ſi fins, que la peau paroît toute nue, & d'une couleur de chair rougeâtre. Derriere la tête, il y a une petite touffe de plumes noires. Les grandes plumes de ſes aîles ſont auſſi noires. Tout le reſte de ſon corps eſt blanc. J'ai fait cette deſcription ſur une peau entiere d'un de ces Oiſeaux, dont un* Indien *me fit préſent. Il s'en ſervoit comme d'un ſac à mettre ſon tabac. Il me dit, qu'un grand nombre de ces Oiſeaux frequentoient le bas des rivieres proche de la Mer, au commencement du Printemps, & retournoient dans les montagnes en Eté. Cette relation m'a été depuis confirmée par un Blanc, qui ajoûta, qu'ils font un grand bruit par leur cri; & qu'il les a vûs aux embouchures de la* Savanne, *de l'*Aratamaha, *& d'autres rivieres proche* St. Auguſtin; *mais qu'il n'en a jamais vû aucun, auſſi avant vers le Nord que les habitations de la* Caroline.

Prunus Buxi folio cordato, fructu nigro rotundo.

The Bullet-Bush.

THE largeſt part of the ſtem of this Shrub is ſeldom bigger than the ſmall of a man's leg. The height is uſually five feet. The branches ſhoot forth near the ground and ſpread. The leaves are ſtiff like thoſe of box, and about the ſame bigneſs, with notches at the ends. The berries hang to the ſmaller branches by footſtalks not half an inch long, and are globular, ſomewhat larger than a Black Cherry, of a blueiſh black; and contain each a ſingle ſtone.

Arbriſſeau dont les fruits reſſemblent à des balles de mouſquet.

L'ENDROIT le plus gros de la tige de cet Arbriſſeau excede rarement la groſſeur de la jambe d'un homme. Sa hauteur eſt ordinairement de cinq piés. Ses branches naiſſent proche de la terre, & s'étendent beaucoup. Ses feuilles ſont roides comme celles du buis, & environ de la même grandeur, avec des entaillures à leurs extremités. Les bayes pendent aux plus petites branches par des queues, qui n'ont pas un demi-pouce de longueur. Elles ſont rondes, un peu plus groſſes qu'une ceriſe noire, & d'un noir tirant ſur le bleu. Elles ne contiennent chacune qu'un ſeul noyau.

ARDEA CÆRULEA.

The blue Heron.

HIS Bird weighs fifteen ounces, and in ſize is ſomewhat leſs than a Crow. The bill is blue; but darker towards the point. The Irides of the eyes are yellow. The head and neck are of a changeable purple. All the reſt of the body is blue. The legs and feet are green. From the breaſt hang long narrow feathers, as there do likewiſe from the hind-part of the head; and likewiſe on the back are ſuch like feathers, which are a foot in length, and extend four inches below the tail, which is a little ſhorter than the wings. Theſe Birds are not numerous in *Carolina*; and are rarely ſeen but in the Spring of the year.

Whence they come, and where they breed, is to me unknown.

Héron bleu.

*ET Oiſeau peſe quinze onces, & eſt un peu moins gros qu'une corneille. Son bec eſt bleu, mais plus foncé vers la pointe. L'iris de ſes yeux eſt jaune. Sa tête, & ſon cou ſont d'un violet changeant. Tout le reſte de ſon corps eſt bleu. Ses jambes & ſes piés ſont verds. Il lui pend à la poitrine de longues plumes fort étroites. Il en a de même au derriere de la tête, & ſur le dos: celles-ci ſont d'un pié de long, & paſſent ſa queüe de quatre doigts. Elle eſt un peu plus courte que les aîles. Ces Oiſeaux ſont en très petit nombre à la* Caroline; *& on ne les y voit qu'au Printemps.*

J'ignore d'où ils viennent, & où ils ſont leurs petits.

ARDEA ALBA MINOR CAROLINENSIS.

The little white Heron.

HIS Bird is about the ſize of the preceding. The bill is red. The eyes have yellow Irides. The legs and feet are green. The whole plumage is white. They feed on Fiſh, Frogs, &c. and frequent Rivers, Ponds and Marſhes, after the manner of other Herons.

I believe they breed in *Carolina*; but I have never ſeen any of them in Winter.

Petit Héron blanc.

Elui-ci eſt environ de la groſſeur du précédent. Son bec eſt rouge. L'iris de ſes yeux eſt jaune. Ses jambes & ſes piés ſont verds. Tout ſon plumage eſt blanc. Il ſe nourrit de poiſſon, de grenouilles, &c. Il fréquente les rivieres, les étangs & les marais, comme les autres Hérons.

Je croi qu'il fait ſes petits à la Caroline; *mais je n'y en ai jamais vû aucun pendant l'Hiver.*

Ketmia fruteſcens glauca, Aceris majoris folio longiore, ſerrato, flore carneo.

THIS Plant riſes with ſeveral ſtems uſually five feet high, producing broad ſerrated downy leaves, like the broad-leaved Maple, divided by ſix ſections. The flowers are in cluſters on the top of the ſtalk; of a pale red, and divided by five ſegments. The fruit is round and ribbed, about the bigneſs of a large Hazel Nut, containing many ſmall black ſeeds. They grow among the rocks of the *Bahama* Iſlands.

POUR l'ordinaire cette Plante s'éleve avec pluſieurs tiges à la hauteur de cinq piés, & produit de grandes feuilles dentelées, & veloutées, diviſées en ſix ſections, comme celles de l'érable aux grandes feuilles. Ses fleurs, qui ſont par bouquets ſur le haut de leur tige, ſont d'un rouge pâle, & diviſées en cinq ſegmens. Son fruit eſt rond, garni de côtes, & à peu près de la groſſeur d'une groſſe noiſette: il contient pluſieurs petites ſemences noires. Cette Plante croît parmi les rochers des Iles de Bahama.

ARDEA STELLARIS AMERICANA.

The brown Bittern.

HIS is ſomewhat leſs than our *Engliſh* Bittern. The bill is four inches long; the end and upper part of it are black, the under part green. The eyes are large, having gold coloured I-rides, environed with a green ſkin. The whole body is brown, with a mixture of white feathers; the back being darker. The breaſt and belly are more white. Moſt of the large wing feathers are white at the ends. The tail is ſhort, and of a lead colour. The legs and feet are of a yellowiſh green. The outer and middle toe are joined by a membrane. The interior ſide of the middle toe is ſerrated.

These Birds frequent freſh Rivers and Ponds in the upper parts of the Country, remote from the Sea.

Butor brun.

*L eſt un plus petit que nôtre butor* Anglois. *Son bec eſt long de quatre pouces. L'extrémité & le deſſus en ſont noirs; & le deſſous verd. Ses yeux ſont grands: l'iris eſt de couleur d'or, & entourée d'un peau verte. Tout ſon corps eſt brun, avec quelques plumes blanches, mêlées par ci, par là. Son dos eſt plus foncé. Sa poitrine, & ſon ventre ſont plus blancs. La pluſpart des grandes plumes de ſes aîles ont les extrémités blanches. Sa queüe eſt courte, & de couleur de plomb. Ses jambes, & ſes piés ſont d'un jaune tirant ſur le verd. Le doigt extérieur de ſon pié, & celui du milieu ſont joints par une membrane. Le côté intérieur du doigt du milieu eſt dentelé, comme une ſcie.*

Ces Oiſeaux fréquentent les rivieres d'eau douce & les étangs, dans les endroits les plus élevés du pays, & loin de la Mer.

ARDEA STELLARIS CRISTATA AMERICANA.

The creſted Bittern.

EIGHS a pound and half. The bill is black and ſtrong. The eyes are very large and prominent, with red Irides. The ſkin encompaſſing the eyes is green. The crown of the head, from the baſis of the bill, is of a pale yellow, terminating in a peak; from which hang three or four long white feathers, the longeſt of which is ſix inches; which they erect, when irritated. From the angle of the month runs a broad white liſt. The reſt of the head is of a bluiſh black. The neck, breaſt and belly, duſky blue. The back is ſtriped with black ſtreaks, with a mixture of white. From the upper part of the back ſhoot many long narrow feathers, extending beyond the tail; ſome of which are ſeven inches long. The large feathers of the wing are brown, with a tincture of blue. The legs and feet are yellow. Theſe Birds are ſeen in *Carolina* in the rainy ſeaſons; but in the *Bahama* Iſlands, they breed in buſhes growing among the rocks in prodigious numbers, and are of great uſe to the inhabitants there; who, while theſe Birds are young, and before they can fly, employ themſelves in taking them, for the delicacy of their food. They are in ſome of theſe rocky Iſlands ſo numerous, that in a few hours, two men will load one of their *Calapatches* or little boats, taking them perching from off the rocks and buſhes; they making no attempt to eſcape, tho' almoſt full grown. They are called, by the *Bahamians*, Crab-catchers, Crabs being what they moſtly ſubſiſt on; yet they are well-taſted, and free from any rank or fiſhy ſavour.

Butor huppé.

*L peſe une livre & demie. Son bec eſt noir & fort. Ses yeux ſont fort grands, & protubérans, avec des iris rouges. La peau, qui entoure ſes yeux, eſt verte. Le deſſus de ſa tête, depuis la baſe de ſon bec, eſt d'un jaune pâle, qui ſe termine dans une pointe, d'ou partent trois ou quatre longues plumes blanches, dont la plus longue eſt de ſix pouces. Lors que l'Oiſeau eſt en colere, il dreſſe ces plumes. Il part du coin de ſon bec une large raye blanche. Le reſte de ſa tête eſt d'un noir tirant ſur le bleu. Son cou, ſa poitrine, & ſon ventre ſont d'un bleu obſcur. Son dos eſt rayé de noir, & de blanc. Il naît à la partie ſupérieure de ſon dos pluſieurs longues plumes étroites, qui s'étendent au delà de ſa queüe. Quelques unes de ces plumes ont ſept pouces de long. Les grandes plumes de l'aile ſont brunes, avec une nuance de bleu. Ses jambes, & ſes piés ſont jaunes. On voit ſes Oiſeaux à la* Caroline *dans la ſaiſon des pluyes; mais dans les Iles de* Bahama, *ils ſont en très grand nombre, & font leurs petits dans des buiſſons, qui croiſſent parmi les rochers. Les gens du pays ſçavent bien en faire leur profit; car tandis que ces Oiſeaux ſont jeunes, & avant qu'ils puiſſent voler, ils s'amuſent à les prendre, pour s'en regaler. Ils ſont en ſi grand nombre dans quelques unes de ces Iles, pleines de rochers, qu'en peu d'heures, deux hommes en prennent aſſez pour charger un de leurs petits bateaux. Ils ſe laiſſent prendre de deſſus les rocs & les buiſſons ſur leſquels ils ſont perchés, ſans faire mine de s'enfuir, quoi que déja grands. Les* Bahamiens *les appellent Preneurs de cancres, ce coquillage étant preſque leur ſeule nourriture: cependant ils ſont d'un très bon goût, & ne ſentent en aucune maniere le marecage.*

Lobelia fruteſcens, Portulacæ folio. Plum. Nov. Gen. p. 21.

THIS Plant grows uſually to the height of five or ſix feet. The leaves are, in thickneſs and form, not unlike Purſlain. At the end of a ſtalk, growing from the joint of a leaf, there are ſet three or four monopetalous white flowers, divided into five pointed ſections, with a wreathed ſtamen hanging out. This flower appears in a ſingular manner, as if it had been tubulous, but ſlit down to the baſis, and laid flat open. The flowers are ſucceeded by globular berries, of the ſize of black Bullace, containing a ſtone, covered with a ſmooth black ſkin. Theſe Plants grow on the rocky ſhores of many of the *Bahama* Iſles.

CETTE Plante croît ordinairement à la hauteur de cinq ou ſix piés. Ses feuilles reſſemblent fort au pourpier par leur figure, & leur épaiſſeur. Au bout d'un tige, qui naît de l'aiſſelle d'une feuille, ſont attachées trois, ou quatre fleurs blanches monopétales, diviſées en cinq ſections pointues, avec une étamine torſe, qui pend en dehors. Cette fleur paroît d'une maniere particuliere: il ſemble qu'elle ait été tubuleuſe, mais fendue juſqu'à la baſe, ouverte, & applatie. Ces fleurs ſont ſuivies par des bayes rondes, de la groſſeur d'une prunelle noire, qui contiennent un noyau couvert d'une peau noire & unie. Ces Plantes croiſſent ſur les rochers qui ſont ſur bords les iles de Bahama.

ARDEA STELLARIS MINIMA.

The small Bittern.

THE bill, from the angle of the mouth to the end, was a little more than six inches long, and black, except some part of the under mandible, which was yellow. The eyes are yellow. A crest of long green feathers covers the crown of the head. The neck and breast are of a dark muddy red. The back is covered with long narrow pale green feathers. The large quill feathers of the wing of a very dark green, with a tincture of purple. All the rest of the wing feathers is of a changeable shining green, having some feathers edged with yellow. The legs and feet are brown. They have a long neck, but usually sit with it contracted, on Trees hanging over Rivers, in a lonely manner waiting for their prey, which is Frogs, Crabs, and other small Fish.

I don't remember to have seen any of them in Winter: wherefore I believe they retire from *Virginia* and *Carolina* more South.

Petit Butor.

SON bec, depuis le coin de son ouverture jusqu'au bout, a un peu plus de six pouces de long, & est noir, excepté une partie de la mandibule inférieure, qui est jaune. Ses yeux sont jaunes. Une huppe de longues plumes vertes couvrent le dessus de sa tête. Son cou, & sa poitrine sont d'un rouge sale & foncé. Son dos est couvert de longues plumes étroites, d'un verd pâle. Les grandes plumes de l'aîle sont d'un verd très foncé, avec une nuance de violet. Tout le reste des plumes de l'aîle est d'un verd changeant, & fort vif. Quelques unes sont bordées de jaune. Ses jambes & ses piés sont bruns. Ces Oiseaux ont le cou long; mais ordinairement ils le retirent, lors qu'ils se reposent sur des arbres qui penchent sur les rivieres, en attendant leur proye, qui est des grénouilles, des cancres, & d'autres petits poissons.

Je ne me souviens point d'en avoir vû aucun dans l'Hiver: ainsi je croi qu'ils quittent la Virginie *& la* Caroline, *pour aller plus vers le Sud.*

Fraxinus Carolinensis, foliis angustioribus utrinque acuminatis, pendulis.

THESE Trees are commonly of a mean size and height. The leaves are pointed at both ends. The seeds are winged, and hang in clusters. They grow in low moist places.

CES Arbres ne sont ordinairement ni grands, ni gros. Leurs feuilles sont pointues par les deux bouts. Leurs semences sont aîlées, & pendent en grapes. Ils croissent dans les lieux bas, & humides.

[illegible] *Sylvaticus.*

The Wood Peli[illegible]

PELICANUS AMERICANUS.

The Wood Pelican.

HIS is about the bigneſs of a Gooſe. The bill is nine inches and an half long, and curved towards the end, and next the head very big, being ſix inches and an half in circumference. The fore part of the head is covered with a dark bluiſh ſkin, bare of feathers, the back part of the head and neck are brown. The wings are large: all the lower part of them, from the ſhoulders to the ends, particularly the quill feathers, appear black at a diſtance, but are ſhaded with green: the upper part of the wing is white. The tail is black, very ſhort and ſquare at the end. All the reſt of the body is white. The legs are black, and very long. The feet webbed, not ſo much as thoſe of a Duck, but are joined by a membrane reaching to the firſt joint of every toe, except the hindmoſt, which has no membrane, and is longer than common. That which demonſtrates this Bird to be of the Pelican kind, is the pouch under the bill, though it is ſmall, and contains not more than half a pint. In the latter end of Summer there uſually falls great rains in *Carolina*, at which time numerous flights of theſe Birds frequent the open Savannahs, which are then under water, and they retire before *November*. They are very good eating Fowls, though they feed on Fiſh, and other water animals. It is a ſtupid Bird, and void of fear, eaſily to be ſhot. They ſit in great numbers on tall cypreſs, and other trees, in an erect poſture, reſting their ponderous bills on their necks for their greater eaſe. I could not perceive any difference in the colours of the Male and Female.

Pélican Américain.

*L eſt à peu près de la groſſeur d'une oye. Son bec eſt long de neuf pouces & demi: il eſt courbé à ſon extremité, & fort gros proche de la tête, car il a dans cet endroit neuf pouces & demi de circonférence. Le devant de la tête de cet Oiſeau eſt couvert d'une peau toute nue, d'un bleu obſcur. Le derriere de ſa tête, & ſon cou ſont bruns. Les aîles ſont grandes: toutes leurs plumes, depuis les épaules juſqu'aux extremités, & ſur tout les grandes, paroiſſent noires de loin; mais ont cependant une nuance de verd: le haut des aîles eſt blanc. La queüe eſt noire, très courte, & quarrée par le bout. Tout le reſte du corps eſt blanc. Ses jambes ſont noires, & fort longues. Ses piès ſont garnis de membranes, mais non pas auſſi grandes que celles d'un canard; car elles ne s'etendent que juſqu'a la prémiere jointure de chaque doigt du pie. Celui de derriere, n'a point de membrane, & eſt plus long qu'à l'ordinaire. Ce qui fait voir que cet Oiſeau eſt de l'eſpece des pélicans, c'eſt la poche qu'il a ſous le bec, quoi qu'elle ſoit petite, & qu'elle ne tienne pas plus de demi-pinte. Vers la fin de l'Eté, il tombe ordinairement de grandes pluyes à la* Caroline*; & c'eſt dans ce temps là que de nombreuſes volées de ces Oiſeaux fréquentent les prairies découvertes, qui ſont alors ſous l'eau. Ils ſe retirent avant le mois de Novembre. Ils ſont très bons à manger, quoi qu'ils ſe nourriſſent de poiſſon, & d'animaux aquatiques. Ce ſont des Oiſeaux ſtupides, qui ne s'épouvantent point, & ſont très aiſés à tirer. Ils ſe repoſent en grand nombre ſur les plus les grands ciprès, & d'autres arbres: ils ſe tiennent tous droits; & pour être plus à leur aiſe, ils ſupportent leurs becs péſans ſur leurs cous. Je n'ai pû apperçevoir de différence entre les couleurs du mâle & celles de la femelle.*

NUMENIUS ALBUS.

The White Curlew.

HIS is about the ſize of a tame pigeon. The bill is ſix inches and an half long, of a pale red colour, chanelled from the baſis to the point. The Iris of the eyes are gray. The fore part of the head, and round the eyes, is covered with a light red ſkin. Four of the largeſt wing feathers have their ends dark green. All the reſt of the Bird is white, except the legs and feet, which are pale red. The fleſh, particularly the fat, is very yellow, of a ſaffron colour. When the great rains fall, which is uſual at the latter end of Summer, theſe Birds arrive in *Carolina* in great numbers, and frequent the low watery lands.

The Cock and Hen are alike in appearance.

Corlieu blanc.

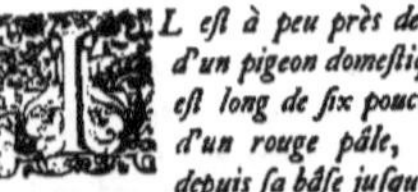
L eſt à peu près de la groſſeur d'un pigeon domeſtique. Son bec eſt long de ſix pouces & demi, d'un rouge pâle, & cannelé depuis ſa bâſe juſqu'à ſa pointe. L'iris de ſes yeux eſt griſe. Le devant de ſa tête, & le tour de ſes yeux ſont couverts d'une peau d'un rouge leger. Quatre des plus grandes plumes de ſes aîles ont leurs extremités d'un verd obſcur. Tout le reſte de l'Oiſeau eſt blanc, excepté ſes jambes & ſes piés, qui ſont d'un rouge pâle. Sa chair, & ſur tout ſa graiſſe, eſt fort jaune, & de couleur de ſaffran. Lors que les grandes pluyes tombent, ce qui arrive ordinairement à la fin de l'Eté, ces Oiſeaux arrivent en grand nombre à la Caroline, *& frequentent les terres baſſes, & marecageuſes.*

Le mâle & la fémelle ne different point à la vûe.

Arum aquaticum minus; S. Ariſarum fluitans pene nudo Virginianum, D. Baniſter Pluk. Mantiſs. 28.

THIS Plant grows by the ſides of Rivers, and in watery places; the root is tuberous, from which ſprings many broad oval leaves, eight or ten inches wide, on thick ſucculent round ſtalks, to the height of about four feet. From the root alſo ſhoot forth many of the like ſtalks, producing blue flowers at the end of every ſtalk; but as I had not an opportunity of obſerving them more critically while in bloſſom, I ſhall only take notice that the flowers are ſucceeded by a bunch of green berries cloſely connected together, regularly, in the manner of a Pine-Apple. Theſe berries never harden, but drop off when ripe, being of the colour, ſhape and conſiſtence of Capers.

CETTE Plante croît ſur les bords des rivieres, & dans des lieux humides. Sa racine eſt tubéreuſe, & il en ſort pluſieurs feuilles ovales, larges de huit ou dix pouces, & attachées à des tiges de quatre piés de haut, épaiſſes, & ſucculentes. Cette racine pouſſe auſſi pluſieurs autres tiges toutes ſemblables, qui produiſent des fleurs bleurs à leurs extremités; mais comme je n'ai pas eu l'occaſion de les obſerver plus exactement, lors qu'elles étoient en fleur, je me contenterai de remarquer qu'il ſuccede à ces fleurs des bayes vertes, qui ſont fort ſerrées, & diſpoſées précisément comme des pommes de pin. Ces bayes ne durciſſent jamais, mais tombent lors qu'elles ſont mûres: elles ſont alors de la couleur, de la figure, & de la conſiſtence des câpres.

NUMENIUS FUSCUS.

The Brown Curlew.

THIS is about the size of the White Curlew. It has the same sort of bill, with red round the basis of it, and eyes as the White Curlew. The rest of the head and neck of a mix'd gray. The upper part of the back, wings, and tail, are brown. The lower part of the back and rump are white, as is the under part of the body. The legs are reddish, like those of the White, as is likewise its shape and size. This near resemblance in them made me suspect they differed only in sex, but by opening them, I found testicles in both the kinds. The flesh of this is dark, having not that yellow colour which is in the White Curlew. They both feed and associate in flocks, yet the White are twenty times more numerous than the Brown kind. In the gizzard were Crawfish. Both these kinds, accompanied with the Wood Pelicans, come annually about the middle of *September*, and frequent the watery Savannas in numerous flights, continuing about six weeks, and then retire; and are no more seen until that time next year. In many of the Hens of the White kind were clusters of eggs; from which I imagine they retire somewhere South to breed. *Carolina*, at that time of the year, would probably be too cold for the work of Nature, it being much colder in the same latitude, in that part of the World, than in *Europe*. Very little or no difference appear in the feathers of the Cock and Hen.

Corlieu brun.

IL est à peu près de la grosseur du corlieu blanc. Son bec est fait de la méme façon que le sien; & il a comme lui du rouge à la base de son bec, & aux yeux. Le reste de sa tête, & son cou sont d'un gris mêle. Le dessus de son dos, de ses aîles, & de sa queüe est brun. Le bas de son dos, & son croupion sont blancs, de même que le dessous de son corps. Ses jambes sont rougeâtres, comme celles du corlieu blanc; & il est de la même forme, & de la même grandeur que lui. La grande ressemblance, qu'il y a entre ces Oiseaux, me fit soupçonner qu'ils ne différoient que par le sexe; mais en les ouvrant, je trouvai des testicules dans l'une & dans l'autre espece. La chair de celui-ci est brune; & n'a point ce jaune, qu'on trouve au corlieu blanc. Ils se nourrissent ensemble, & se joignent en troupes: cependant les blancs sont vingt fois plus nombreux que les bruns. On leur a trouvé des écrévisses dans les gésier. Ces deux especes d'Oiseaux viennent tous les ans, en grandes volées, avec les Pélicans Américains, vers le milieu de Septembre; & fréquentent les prairies marecageuses: ils y demeurent, environ six semaines: ils se retirent ensuite; & on ne les voit plus jusqu'au même temps de l'année suivante. Dans plusieurs des fémelles de l'espece blanche il y avoit des grapes d'œufs, d'où je m'imagine qu'ils se retirent un peu plus vers le Sud, pour y pondre. La Caroline, *seroit apparemment trop froide, en cette saison, pour cette opération de la Nature; car il y fait beaucoup plus froid qu'en aucun endroit de l'*Europe, *situé à la même latitude. Il n'y a point, ou très peu de différence entre les plumes du mâle, & celles de la femelle.*

Arum Sagitariæ folio angusto, acumine & auriculis acutissimis.

THIS Plants grows in ditches, and shallow water, to the height of three or four feet, with many arrow-headed leaves, on long succulent stalks springing from a tuberous root, from which also shoot forth large round stalks, at the end of each of which grows, in an hanging posture, a large roundish green seed vessel or capsula, containing many globular green berries of different bigness, some of the size of Musket bullets, and others but half as big; this seed vessel (which is about the size of an Hen's egg) when mature, opens on both sides, and discloses the seeds, which are green and tender when ripe. I have seen the *Indians* boil them with their Venison. They were excessive hot and astringent in my mouth, while green, but when boiled they lost those qualities, and were very palatable; and, as they said, wholesome. They are ripe in *July*.

CETTE Plante croît dans des fossés, & des eaux basses, à la hauteur de trois, ou quatre piés, avec plusieurs feuilles terminées en pointes de fleches, attachées à des tiges longues & succulentes, qui sortent d'une racine tubéreuse, d'où il s'en éleve d'autres, grosses & rondes, dont chacune porte à son extremité une grande capsule verte, qui renferme plusieurs bayes vertes, rondes, & de différentes grosseurs, les unes etant comme des balles de mousquet, & les autres plus petites de moitié. Cette capsule, qui est de la grosseur d'un œuf de poule, s'ouvre des deux côtés, lors qu'elle est mûre, & découvre les semences, qui sont vertes & tendres dans leur maturité. J'ai vû les Indiens les faire bouillir avec leur venaison. Elles me sembloient excessivement chaudes, & adstringentes, en les tenant dans ma bouche toutes vertes, mais après qu'elles avoient bouilli, elles etoient changées, & fort bonnes. On dit qu'elles sont fort saines. Elles meurissent au mois de Juillet.

NUMENIUS RUBER.

The Red Curlew.

S a larger Bird than the preceding, being about the bigneſs of a common Crow. The bill is in form like that of other Curlews, and of a pale red colour. On the fore part of the head, and round the eyes, is a ſkin of the ſame colour as the bill, and bare of feathers. The legs are likewiſe of a pale red colour. About an inch of the end the wings are black. All the reſt of the Bird is red.

Theſe Birds frequent the Coaſt of the *Bahama* Iſlands, and other parts of *America* between the Tropicks; and are ſeldom ſeen to the North or South of the Tropicks. The Hens are of a dirtier red than the Cocks.

Corlieu rouge.

*ET Oiſeau eſt plus gros que le précédent, & à peu près de la groſſeur d'un corneille ordinaire. Son bec reſſemble par ſa forme à ceux des autres Corlieux, & eſt auſſi d'un rouge pâle. Sur le devant de ſa tête, & autour de ſes yeux eſt une peau ſans plumes, de la même couleur. Ses jambes ſont pareillement d'un rouge pâle. Ses aîles ſont noires à environ un pouce de leur extremité. Tout le reſte de l'Oiſeau eſt rouge.*

Ces Oiſeaux fréquentent les côtes des Iles de Bahama, *& d'autres endroits de l'A*mérique *entre les Tropiques: on les voit rarement au Nord, ou au Sud des Tropiques. La fémelle eſt d'un rouge plus ſale que le mâle.*

HÆMATOPUS. Will. p. 297. *Bellon. Lib.* III. *p.* 203.

The Oyster Catcher.

WEIGHS one pound and two ounces. The bill is long, streight, and of a bright red colour, contracted near the basis, and towards the end compressed. The Irides of their eyes are yellow, encompassed with a red circle. The whole head and neck are black, having a spot of white under the eyes: all the under part of the body is dusky white: the larger quill feathers are dusky black: the tail is short, black towards the end, and towards the rump is white. The upper part of the body and wings is brown, except a broad white line, which runs along the middle of each wing. The legs are long and thick, and of a reddish colour. It has only three fore-toes, wanting the back-toe. Their feet are remarkably armed with a very rough scaly skin. In Rivers, and Creeks near the Sea there are great quantities of Oyster-banks, which at low water are left bare: on these banks of Oysters do these Birds principally, if not altogether, subsist; Nature having not only formed their bills suitable to the work, but armed the feet and legs for a defence against the sharp edges of the Oysters. The Hens differ from the Cocks in not having the red circle round their eyes, and their bellies are of a more dirty white than in the Cocks. In the maw of one was found nothing but undigested Oysters.

This Bird seems to be the *Hæmatopus* of *Bellonius, Will. p.* 297. notwithstanding there is some small difference in their description. I have seen them on the Sea-coasts both of *Carolina* and the *Bahama* Islands.

Le Prénëur d'huitres.

CET Oiseau pese une livre deux onces. Son bec, qui est long, droit, & d'un rouge éclatant, est serré vers sa base, & applatti par le bout. L'iris de ses yeux est jaune, & entourée d'un cercle rouge. Toute sa tête, & son cou sont noirs. Il a une tache blanche sous les yeux. Tout le dessous de son corps est d'un blanc sale. Les grandes plumes de l'aile sont d'un noir obscur. Sa queüe est courte, noire à l'extremité, & blanche vers le croupion. Le dessus de son corps & de ses ailes est brun, excepté une large raye blanche, qui traverse chaque aile par le milieu. Ses jambes sont longues, épaisses, & d'une couleur rougeâtre. Il n'a que trois doigts à chaque pié, sans ergot par derriere. Ses piés sont remarquables par la peau rude & écailleuse dont ils sont couverts. Dans les rivieres, & les criques proche de la Mer il y a un grand nombre de bancs couverts d'huitres, qui sont à sec, lors que la Mer est basse; & c'est sur ces bancs que ces oiseaux trouvent principalement leur subsistance, la Nature leur ayant non seulement donné un bec formé de maniere à venir à bout d'ouvrir les huitres, mais ayant aussi orné leurs jambes, & leurs piés contre les bords tranchans de leurs écailles. Les fémelles different des mâles en ce qu'elles n'ont pas de cercle rouge autour des yeux, & que leur ventre est d'un blanc plus sale que celui des mâles. On ne trouvá dans le jabot d'un de ces Oiseaux que des huitres, qui n'étoient pas encore digérées.

Il semble que cet Oiseau soit l'Hæmatopus de Belonius, Will, p. 297. *quoi qu'il y aït quelque petite différence dans la description de l'un & de l'autre. J'en ai vû sur les côtes de la* Caroline, *& des Iles de* Bahama.

Frutex Bahamensis foliis oblongis succulentis, fructu subrotundo unicum nucleum continente.

THIS grows to the size of a small Tree; the leaves stand by pairs, on foot-stalks about an inch long: they are long, thick, and succulent. At the ends of the stalks grow in pairs, and sometimes singly, round flat seed vessels, about the breadth of a shilling. The fruit is of the substance of a Bean, and, like that, divides in the middle: it is covered with a thin membrane of a pale green colour. I had no opportunity of seeing the blossoms, though I was told they were very small and white. The bark of this Tree is used for tanning of sole-leather.

IL croît jusqu'à la hauteur d'un petit arbre. Ses feuilles sont attachées deux à deux par des pédicules d'environ un pouce de long: elles sont longues, épaisses, & succulentes. Au bout des tiges naissent par paires, ou seules, des capsules qui renferment les semences; & ces capsules sont rondes, plattes, & environ d'un pouce de diametre. Le fruit ressemble par sa substance à une feve: comme elle, il se divise en deux, & il est couvert d'une membrane mince d'un verd pâle. Je n'ai pas eu l'occasion de voir les fleurs; & on m'a dit qu'elles étoient blanches, & très petites. L'écorce de cet Arbre sert à tanner le cuir, dont on fait des semelles de soulier.

ANSERI BASSANO congener Avis fluviatalis.

The Great Booby.

TS ſize is about that of a Gooſe. The head and neck are remarkably thick. The bill large, and almoſt ſix inches in length, a channel or cranny extends from one end to the other of the upper mandible. The wings extended ſix feet, and, when cloſed, reach to the end of the tail. The middle feather of the tail was longeſt, the reſt gradually decreaſing in length. The eyes are large, of a hazel colour, encompaſſed with a ſkin bare of feathers. Theſe Birds were of a dark brown colour, elegantly ſpotted with white on their heads; the ſpots are thick and ſmall, on the neck and breaſt they are thinner and broader, and on the back thinneſt and broadeſt. The wings are likewiſe ſpotted, except the large quill feathers and the tail, which are brown. The belly is of a duſky white. The feet are black, and ſhaped like thoſe of a Cormorant. That which is moſt remarkable in theſe Birds is, that the upper mandible of the bill, two inches below the angle of the mouth, is jointed, by which it can raiſe it from the lower mandible two inches, without opening their mouths.

This Bird ſo nearly reſembles the Booby (particularly in the ſingular ſtructure of the bill) that I thought the name of Great Booby agreed beſt with it. It frequents large Rivers, and plunges into them after Fiſh, in like manner as the Booby does at Sea, continuing under water a conſiderable time, and there purſuing the fiſh: and as I have ſeveral times found them diſabled, and ſometimes dead on the ſhore, probably they meet with Sharks, and other large voracious fiſhes, that maim and ſometimes devour them. They frequent the Rivers and Sea-coaſt of *Florida*. The colours of the Cock are brighter, and more beautiful than thoſe of the Hen.

Le grand Fou.

*A taille eſt a peu près la même que celle d'une oye. Sa tête, & ſon cou ſont d'une groſſeur fort remarquable. Son bec eſt grand, & preſque long de ſix pouces. La mandibule ſupérieure a un canal, ou une crainure qui s'étend depuis un bout juſqu'à l'autre. Ses alles ont ſix piés d'étendue; & lors qu'elles ſont ployées, elles vont juſqu'au bout de ſa queüe: la plume du milieu de ſa queüe eſt la plus longue, & les autres diminuent à méſure qu'elles s'en éloignent. Ses yeux ſont grands, de couleur de noiſette, & entourés d'une peau ſans plumes. Ces Oiſeaux ſont d'un brun foncé agréablement tachetté de blanc: ſur la tête ces taches ſont petites, & ſerrées: ſur le cou & la poitrine elles ſont plus larges, & plus éloignées les unes des autres; & elles le ſont encore plus ſur le dos. Les alles ſont auſſi tachettées, à l'exception des grandes plumes, & de la queüe qui ſont brunes. Le ventre eſt d'un blanc obſcur. Les piés ſont noirs, & faits comme ceux d'un cormorant. Ce qu'il y a de plus remarquable en ces Oiſeaux, c'eſt que la mandibule ſupérieure de leur bec, deux pouces au deſſous de l'angle de la bouche, eſt articulée de maniere qu'elle peut s'élever deux pouces au deſſus de la mandibule inférieure, ſans que le bec ſoit ouvert.*

Cet Oiſeau eſt ſi ſemblable au fou, ſur tout en la ſtructure ſinguliere de ſon bec, que j'ai crû que le nom de grand Fou étoit celui qui lui convenoit le mieux. Il fréquente les grandes rivieres; & s'y plonge, en pourſuivant le poiſſon, de même que le fou le fait dans la Mer: il reſte un temps conſidérable ſous l'eau en cette pourſuite; & comme j'ai trouvé pluſieurs fois de ces Oiſeaux eſtropiés ou morts ſur le rivage, ils rencontrent apparemment ſous l'eau des requins, ou d'autres grands poiſſons voraces, qui les eſtropiant, & les devorent quelqueſois. Ils frequentent les rivieres, & les côtes de la Floride. *Les couleurs du mâle ſont plus belles, & plus brillantes que celles de la ſemelle.*

An Thymelæa foliis obtuſis.

THIS Shrub riſeth to the height of eight or ten feet, with a ſmall trunk, covered with a whitiſh bark. The leaves are placed alternately on footſtalks, one third of an inch long, narrow at the beginning, growing broader and rounding at the ends, two inches long, and one over, where broadeſt of a ſhining green, with one ſingle rib. The flowers are tubulous, divided at top into four ſections, they are white, except that within the cup there is a faint tincture of red, they grow in bunches at the ends of the branches.

Theſe Shrubs grow in many of the *Bahama* Iſlands, on the rocky ſhores amongſt ſedge.

CET Arbriſſeau s'éleve à la hauteur de huit ou dix piés, avec un petit tronc, couvert d'une écorce blanchâtre. Ses feuilles ſont placées alternativement ſur des pédicules longs de trois quarts de pouce: elles ſont étroites à leur commencement, s'élargiſſent & s'arrondiſſent à leurs extremités, ſont longues de deux pouces, & larges d'un pouce, où elles le ſont le plus, ſont d'un verd brillant, & n'ont qu'une ſeule côte. Ses fleurs qui ſont tubuleuſes, & diviſées en haut par quatre ſections, ſont blanches, excepté qu'en dedans il y à une legere nuance de rouge: elles naiſſent par bouquets à l'extremité des branches.

Ces Arbriſſeaux croiſſent dans pluſieurs des Iles de Bahama *ſur les rivages parmi ces rochers, & parmi les herbes marines.*

Anser Bassano affinis [illegible]

ANSERI BASSANO AFFINIS FUSCA AVIS.

Sir Hans Sloane's *Hist.* Jam.

The Booby.

S somewhat less than a Goose. The basis of the bill is yellow, and bare of feathers; in which the eyes are placed of a light grey colour; the lower part of the bill is of a light brown. These Birds vary so, that they are not to be distinguished by their colours only: in one of them the belly was white, and the back brown: in another the breast and belly was brown; in others all brown; nor could I perceive any outward difference in the Cock and Hen. Their wings are very long; their legs and feet pale yellow, and shaped like those of Cormorants. They frequent the *Bahama* Islands, where they breed all months in the year. They lay one, two, and sometimes three eggs on the bare rocks. *Dampier* says, they breed on Trees in an Island called *Ben-airy*, in the *West-Indies*, which he observes not to have seen elsewhere. While young, they are covered with a white down, and remain so till they are almost ready to fly. They subsist on Fish only, which they catch by diving. This, and the great Booby are remarkable for having a joint in the upper mandible of the bill.

It is diverting to see the frequent contests between the Booby and the Man of War Bird, which last lives on rapine and spoil of other Sea Birds, particularly the Booby; which so soon as the Man of War Bird perceives he hath taken a Fish, flies furiously at him, and obliges the Booby for his security to dive under water. The Man of War Bird being incapable of following him, hovers over the place till the Booby rises to breathe, and then attacks him again, and so repeats it at every opportunity, 'till the Booby at length, tired and breathless, is necessitated to resign his Fish: yet, not being discouraged, industriously goes to fishing again, and suffers repeated losses by fresh assaults from his rapacious enemy.

Having had no opportunity of seeing the Man of War Bird, any otherwise than in the air, I cannot well describe it, nor say any thing more of it, except what has been related to me, which is this: While they are sitting and hatching their young, their heads changes from a brown to a scarlet colour, which becomes brown again when they have done breeding. This was affirmed to me by many, who have often seen them on their nests; for at that time they are very tame, and will suffer one to come near to them, though at other times very wild. These Birds are numerous on most of the *Bahama* Islands.

Le Fou.

L est un peu plus petit qu'une oye. La base de son bec est jaune, & sans plumes, aux endroits où sont placés les yeux, qui sont d'un gris clair: la pointe de son bec est d'un brun clair. Il y a tant de variété dans les couleurs de ces Oiseaux, qu'on ne peut gueres les caractériser par cela seul: dans l'un le ventre étoit blanc, & le dos brun; dans un autre la poitrine & le ventre étoient bruns; & d'autres étoient entierement bruns. Je n'ai pu non plus appercevoir aucune différence extérieure entre le mâle & la femelle. Leurs ailes sont très longues. Leurs jambes & leurs piés sont d'un jaune pâle, & faits comme ceux des cormorans. Ils fréquentent les Iles de Bahama, *où ils pondent tous les mois de l'année: ils font quelquefois un, & quelquefois deux ou trois œufs, qu'ils laissent sur des roches toutes nues.* Dampierre *remarque, qu'ils pondent sur des arbres dans une île des Indes Occidentales, nommée* Bonaire, *ce qu'il dit n'avoir point vû ailleurs. Tant qu'ils sont jeunes, ils sont couverts d'un duvet blanc; & restent ainsi jusqu'à ce qu'ils soyent presque en état de voler. Ils ne se nourrissent que de poisson, qu'ils attrapent en plongeant. Cet Oiseau, & le grand Fou sont remarquables par l'articulation, qu'ils ont à la mandibule supérieure.*

C'est un plaisir de voir les fréquentes disputes qui surviennent entre cet Oiseau, & celui qu'on peut appeller le Pirate. Ce dernier ne vit que de la proye des autres oiseaux de Mer, & sur tout de celle du Fou. Dès que le Pirate s'apperçoit qu'il a pris un poisson, il vole avec fureur vers lui, & l'oblige à se plonger sous l'eau, pour se mettre en sûreté: le Pirate ne pouvant le suivre, plane sur l'eau jusques à ce que le Fou reparoisse pour respirer: alors il l'attaque de nouveau, & fait toujours le même manege, jusques à ce que le Fou, las & hors d'haleine, soit obligé d'abandonner son poisson: cépendant sans être découragé, il retourne à la pêche, & souffre souvent de nouvelles pertes des assauts de son insatiable ennemi.

Comme je n'ai pas eu l'occasion de voir les Pirates autrement que dans l'air, je ne puis les décrire exactement, ni en dire que ce qu'on m'en a rapporté, sçavoir, que tandis qu'ils couvent leurs petits, leur tête de brune qu'elle étoit, devient couleur de feu, & redevient brune, lors qu'ils ont cessé de couver. Cela m'a été certifié par plusieurs personnes, qui les ont vûs sur leurs nids; car alors ils sont fort doux, & souffrent qu'on approche d'eux, quoi qu'en un autre temps ils soyent très farouches. Ces Oiseaux sont en grand nombre dans la plus part des Iles de Bahama.

HIRUNDO MARINA MINOR Capite Albo.

Sir Hans Sloane's *Hist.* Jam. *p.* 31.

The Noddy.

WEIGHS four ounces. The bill is black, long, and ſharp. The eyes above and below are edged with white. The crown of the head is white, which grows gradually duſky towards the back part of the head. All the reſt of theſe Birds are brown, the tails and quill feathers being darkeſt. Their wings and tails are of an equal length. They lay their eggs on bare rocks on many of the *Bahama* Iſlands, where they breed in company with Boobies. It is pleaſant to ſee them fiſhing, accompanied with variety of other Sea-Birds in numerous flights, flying on the ſurface of the water, and continually dropping to ſnatch up the little fiſh, drove in ſhoals by larger ones to the ſurface of the water. This ſeems to be done with great pleaſure and merriment, if we may judge from the various notes and great noiſe they make, which is heard ſome miles off. The ſhoals of fiſh they follow, cauſe a ripling and whiteneſs in the water, which is a plain direction for the Birds to follow them, and may be ſeen from the hills ſeveral miles off. Where the ripling appears moſt, there the Birds ſwarm thickeſt. This is done in breeding time; but that being paſt, theſe Noddies roam the Ocean over ſeparately, and are ſeen ſeveral hundred leagues from any land, but are ſeldom met with without the Tropicks. They are ſtupid Birds, and like the Booby will ſuffer themſelves to be laid hands on, and taken from off the yards or parts of Ships on which they alight. The Cocks and Hens differ very little in colour.

Hirondelle marine à la tête blanche.

LLE peſe quatre onces. Son bec eſt noir, long, & pointu. Ses yeux ſont bordés de blanc par deſſus, & par deſſous. Le haut de ſa tête eſt blanc; & cette couleur devient plus obſcure par degrés vers le derriere de ſa tête. Tout le reſte du corps de ces Oiſeaux eſt brun. Leurs queües, & les grandes plumes des aîles ſont les plus foncées. Leurs queües, & leurs aîles ſont de la même longueur. Ils poſent leurs œufs ſur des rochers tous nuds dans pluſieurs des îles de Bahama, *où ils font leurs petits de compagnie avec les fous. Il eſt fort agréable de les voir pêcher, accompagnés de pluſieurs eſpeces d'autres oiſeaux de Mer, qui volent en grandes bandes, ſur la ſurface de l'eau, & s'abbaiſſent continuellement, pour enlever ſes petits poiſſons dont des multitudes ſont chaſſées par les grands vers la ſurface de l'eau. Il ſemble qu'ils font cette pêche, avec beaucoup de plaiſir & de gayeté, ſi on en peut juger par la varieté de leur chant, & le grand bruit qu'ils font, & qu'on entend de quelques milles. Les multitudes de poiſſons, qu'ils pourſuivent, cauſent une agitation à la ſurface de la Mer, & une blancheur, qui ſervent de ſignal aux oiſeaux pour les ſuivre, & qu'on apperçoit de deſſus les montagnes, à pluſieurs milles de diſtance. Les oiſeaux ſont en plus grand nombre où cette agitation paroît d'avantage. Tout ceci arrive dans le temps de la ponte: après quoi ces Hirondelles rodent ſeule à ſeule ſur l'Ocean. On en voit à plus de cent lieues des terres, mais rarement au delà des Tropiques. Ce ſont des oiſeaux ſtupides; &, comme le fou, ils ſe laiſſent prendre à la main ſur les vergues, & les autres endroits du vaiſſeau, où ils ſe repoſent. Le mâle & la ſemelle ne different gueres en couleur.*

LARUS MAJOR.

The Laughing Gull.

HIS Bird weighs eight ounces. The bill is red, hooked towards the point, the lower mandible having an angle towards the end: the head is of a dusky black: the eyes are edged above and below with white: half the quill feathers of the wing, towards the ends, are dusky black: all the rest of the body is white, as is the tail, the feathers of which are of an equal length, and not so long as the wings by two inches: the legs are black, as are also the feet, which are webbed.

These Birds are numerous in most of the *Bahama* Islands. The noise they make has some resemblance to laughing, from which they seem to take their name. I know not whether the Hen differs from this, which is a Cock.

La Mouette rieuse.

ET Oiseau pese huit onces. Son bec est rouge, & crochu vers son extremité, la mandibule inférieure faisant un angle en cet endroit: sa tête est d'un noir brun: ses yeux sont bordés de blanc au dessus: & au dessous: la moitié des grandes plumes des aîles sont d'un noir brun vers leurs extremités: tout le reste du corps est blanc, aussi bien que la queüe, dont les plumes sont de même longueur, & plus courtes de deux pouces que les aîles: ses jambes sont noires, comme aussi ses piés, qui sont garnis de membranes.

Ces Oiseaux sont en grand nombre dans la plusspart des îles de Bahama. *Le bruit qu'ils font ressemble en quelque sorte au rire; & c'est apparemment de là qu'ils ont pris leur nom. Je ne sçai si la fémelle differe de celui-ci, qui est un mâle.*

LAURUS MAJOR Roſtro inæquali.

The Cut Water.

HE bill, which is the characteriſtick note of this Bird, is a wonderful work of Nature. The baſis of the upper mandible is thick, and compreſſed ſideways gradually to the end, and terminates in a point, and is three inches long. The under mandible is more compreſſed than the upper, and very thin, both edges being as ſharp as a knife, and is almoſt an inch longer than the upper mandible, which has a narrow grove or channel, into which the upper edge of the lower mandible ſhuts. Half the bill, next the head, is red, and the reſt black. The forepart of the head, neck, breaſt and belly are white. The hindpart of the head, back and wings are black, with a ſmall mixture of white. The upper feather of the tail is black, the reſt are white. The legs are ſhort and ſmall, of a red colour. The feet are webbed like thoſe of a Gull, with a ſmall back toe. Theſe Birds frequent near the Sea-coaſts of *Carolina*. They fly cloſe to the ſurface of the water, from which they ſeem to receive ſomewhat of food. They alſo frequent oyſter banks, on which, I believe, they feed. The ſtructure of their bills ſeems adapted for that purpoſe. The Cocks and Hens are alike in colour.

Le Coupeur d'eau.

ON bec, qui eſt la marque charactériſtique de cet Oiſeau, eſt un ouvrage ſuprénant de la Nature. La mandibule ſupérieure eſt épaiſſe à ſa baſe, & applatie graduellement par les côtés juſqu'à ſon extremité: elle a trois pouces de long, & ſe termine en pointe. La mandibule inférieure eſt plus applatie que la ſupérieure, & eſt fort mince: ſes deux bords ſont auſſi coupans qu'un couteau; & elle eſt preſque d'un pouce plus longue que l'autre, qui a un canal fort étroit, dans lequel le bord ſupérieur de la mandibule inférieure entre, en ſe fermant. La moitié du bec vers la tête eſt rouge, & le reſte noir. Le devant de la tête, le cou, l'eſtomac & le ventre ſont blancs. Le derriere de la tête, le dos, & les aîles ſont noirs, avec quelque mélange de blanc. La plume de deſſus de ſa queüe eſt noire, & les autres ſont blanches. Ses jambes ſont courtes, petites, & rouges. Ses piés ſont garnis de membranes, comme ceux de la mouette, & ont un petit ergot par derriere. Ces Oiſeaux ſe trouvent ſur les côtes de la Caroline. *Ils volent tout près de la ſurface de l'eau, d'où il ſemble qu'ils tirent quelque nourriture. Ils fréquentent auſſi les bancs où il y a des huitres; & je crois qu'ils en mangent. La forme de leur bec paroit propre à cela. Le mâle & la femelle ont les mêmes couleurs.*

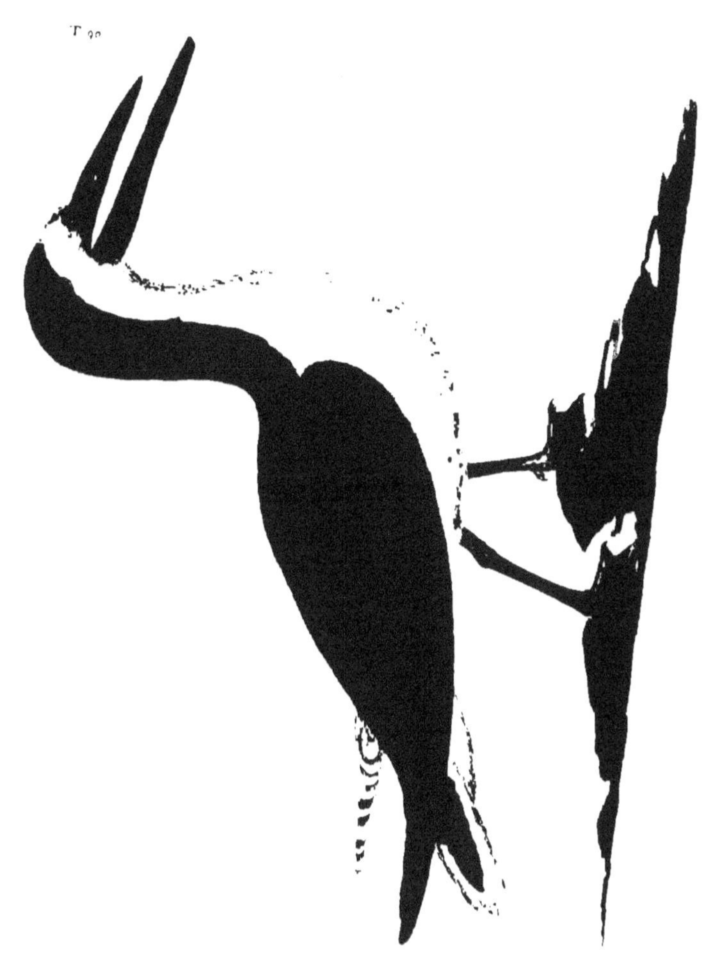

PRODICIPES MINOR Roſtro vario.

The Pied-Bill Dopchick.

HIS Bird weighs half a pound. The eyes are large, encompaſſed with a white circle: the throat has a black ſpot: a black liſt croſſes the middle of the bill: the lower mandible, next the baſis, has a black ſpot. The head and neck are brown, particularly the crown of the head and back of the neck is darkeſt: the feathers of the breaſt are light brown, mixed with green: the belly is duſky white: the back and wings are brown.

Theſe Birds frequent freſh water-ponds in many of the inhabited parts of *Carolina.* This was a Male.

La Foulque à bec varié.

ET Oiſeau peſe une demi-livre. Ses yeux ſont grands, & entourés d'un cercle blanc: ſa gorge a une tache noire: une raye noire traverſe le milieu de ſon bec: ſa mandibule inférieure a une tache noire à ſa baſe. Sa tête & ſon cou ſont bruns: le deſſus de ſa tête, & le derriere de ſon cou ſont d'un brun plus foncé: les plumes de ſa poitrine ſont d'un brun clair, mêlé de verd: ſon ventre eſt d'un blanc ſale: ſon dos, & ſes aîles ſont bruns.

Ces Oiſeaux fréquentent les étangs d'eau douce dans pluſieurs des parties inhabitées de la Caroline. *Celui-ci étoit un mâle.*

ANSER CANADENSIS.

The Canada Goose.

THIS Bird is described by Mr. *Willoughby*, p. 361. By comparing it with his description, and finding them agree, I conceive it sufficient to recite his account of it as follows:

" Its length, from the point of the bill " to the end of the tail, or of the feet, is " forty two inches. The bill it self, from " the angles of the mouth, is extended two " inches, and is black of colour. The " nostrils are large. In shape of body it is " like to a tame Goose, save that it seems " to be a little longer. The rump is black; " but the feathers next above the tail, are " white. The back is of a dark gray, like " the common Goose. The lower part of " the neck is white, else the neck is black. " It hath a kind of white stay or muffler " under the chin, continued on each side " below the eyes to the back of the head. " The belly is white; the tail black; as " are also the greater quill feathers of the " wings. The eyes are hazel-coloured. The " edges of the eye-lids are white; the feet " are black, having the hind-toe."

The white stay or muffler before mentioned, is sufficient to distinguish it from all other of the Goose kind.

In Winter they come from the Northern parts of *America* to *Carolina*, &c.

Oye de Canada.

CET Oiseau est décrit par Mr. Willoughby, *p.* 361. *En le comparant avec sa description, je l'ai trouvée exacte: ainsi je crois qu'il suffira de la rapporter: la voici.*

Sa longueur, depuis la pointe de son bec jusqu'à l'extremité de sa queüe, ou de ses piés, est de quarante deux pouces. Son bec, depuis les angles de la bouche, a deux pouces de long, & est noir. Ses narines sont larges. Il est fait comme une oye domestique, excepté qu'il paroît un peu plus long. Son croupion est noir; mais les plumes, qui sont précisement au dessus de sa queüe, sont blanches. Son dos est d'un gris foncé, comme celui des oyes ordinaires. Le bas de son cou est blanc; & tout le reste en est noir. Il a sous le menton une espece de bride blanche, qui se continue de chaque côté sous les yeux jusqu'au derriere de la tête. Son ventre est blanc, & sa queüe noire, comme le sont aussi les plus grandes plumes des aîles. Ses yeux sont de couleur de noisette. Les bords de ses paupieres sont blancs: ses piés sont noirs, & ont un ergot par derriere.

La bride blanche, ci-dessus mentionnée, suffit pour distinguer cet Oiseau de toutes les autres especes d'oyes.

*En Hiver ils vient du Nord d'*Amérique *à la* Caroline, *&c.*

ANAS BAHAMENSIS roſtro plumbeo, macula Aurantii coloris.

The Ilathera Duck.

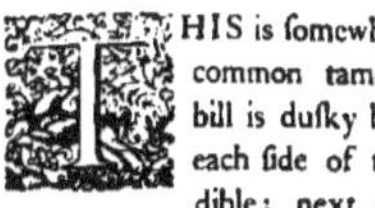

THIS is ſomewhat leſs than the common tame Duck. The bill is duſky blue, except on each ſide of the upper mandible; next the head is an orange-colour'd triangular ſpot. The throat and all the fore-part of the neck to the eyes, are white. The upper part of the head is of a mixed gray, inclining to yellow; as is the back and the belly. The upper part of the wing and quill-feathers are dark brown. In the middle of the wing is a row of green feathers, as in the common Teal, bordered towards the quill-ends with yellow, and their ends black. Below which, and next to the quill-feathers, is a row of yellow feathers. The feet are of a lead colour.

Theſe Birds frequent the *Bahama* Iſlands, but are not numerous; I never having ſeen but one which was a Drake.

Canard de Bahama.

IL eſt un peu plus petit que le canard domeſtique ordinaire. Son bec eſt d'un bleu obſcur, hors que de chaque côté de la mandibule ſupérieure, proche de la tête, il y a une tache triangulaire, couleur d'orange. Sa gorge, & tout le devant de ſon cou juſqu'à ſes yeux, ſont blancs. Le deſſus de ſa tête eſt, de même que ſon dos, & ſon ventre, d'un gris mêle, qui tire ſur le jaune. Le deſſus de l'aîle, & les grandes plumes ſont d'un brun obſcur. Il y a au milieu de l'aîle un rang de plumes vertes, comme à la ſarcelle commune: elles ſont bordées de jaune vers les grandes plumes, & noires à leurs extremités. Au deſſous, & tout contre les grandes plumes eſt un rang de plumes jaunes. Ses piés ſont de couleur de plomb.

Ces Oiſeaux fréquentent les îles de Bahama, *mais en petit nombre; car je n'en ai jamais vû qu'un, c'étoit un mâle.*

Chryſanthemum Bermudenſe Leucoii foliis virentibus craſſis. Pluk. Alm. 102.

THIS Plant grows on Rocks on the Sea-ſhores of moſt of the *Bahama* Iſlands. It grows uſually to the height of four or five feet, with many pliant green ſtems ariſing from the root; the leaves are long, increaſing in width gradually to the end; and in form reſembling the leaves of the ſtock gilly-flower; they are thick, ſucculent, and of a ſhining green, ſtanding oppoſite to one another. The flowers grow ſingly at the ends of the branches, on footſtalks of four inches long.

CETTE Plante croît ſur des rochers, ſur le bord de la Mer dans la pluſpart des îles de Bahama. *Elle s'éleve ordinairement à la hauteur de quatre ou cinq piés, avec pluſieurs tiges vertes & ſouples, qui ſortent de la racine. Ses feuilles ſont longues, s'élargiſſent toujours juſqu'à leurs extremités, & reſſemblent par leur forme à celles de la giroflée: elles ſont épaiſſes, ſucculentes, d'un verd brillant, & attachées l'une vis-a-vis de l'autre. Les fleurs viennent ſeparément aux extremités des branches ſur des pédicules de quatre pouces de long.*

ANAS CRISTATUS.

The round-creſted Duck.

HIS Bird is ſomewhat leſs than a common tame Duck; the eyes are yellow; the bill is black and narrow; the upper mandible hooked at the end, and both mandibles ſerrated. This texture of the bill ſhews it to be of the kind of MERGI. *Vid. Willoughby, p.* 335. *Tab.* 64. The head is crowned with a very large circular creſt, or tuft of feathers; the middle of which, on each ſide, is white, and bordered round with black, which black extends to and covers the throat and neck. The breaſt and belly are white. The quill-feathers of the wings are brown; juſt above which are ſome ſmaller feathers, whoſe exterior vanes are edged with white, with a little white intermix'd in them, as in ſome of the other feathers likewiſe. The tail is brown, as is alſo the hindmoſt part of the belly near the vent, and under the wings. The reſt of their wings and body is duſky black.

The Females are all over of a brown colour, having a ſmaller tuft of feathers of the ſame colour. They frequent freſh waters, more eſpecially mill-ponds in *Virginia* and *Carolina*.

Canard huppé.

*ET Oiſeau eſt un peu plus petit qu'un canard domeſtique: ſes yeux ſont jaunes: ſon bec eſt noir & étroit: la mandibule ſupérieure eſt crochue par le bout; & toutes les deux mandibules ſont dentelées, comme des ſcies. La forme de ſon bec montre qu'il eſt de l'eſpece des plongeons. Voyez* Willougby, *p.* 335. *Tab.* 64. *Sa tête eſt couronnée d'une très grande huppe ronde de plumes, dont le milieu de chaque côté eſt blanc, & bordé tout autour d'un noir, qui s'étend juſqu'au cou, & à la gorge, & les couvre. Sa poitrine, & ſon ventre ſont blancs. Les grandes plumes de l'aile ſont brunes: immédiatement au deſſus d'elles il y en a quelques unes plus petites, dont les barbes extérieures ſont bordées de blanc, avec un peu de blanc mêlé dans ces plumes, auſſi bien que dans quelques autres. Sa queüe eſt brune, de même que le deſſous du ventre, proche de l'anus, & ſous les aîles. Le reſte des aîles & du corps eſt d'un noir ſale.*

Les femelles ſont toutes brunes; & ont une plus petite huppe de la même couleur. Ces Oiſeaux fréquentent les eaux douces, ſur tout les étangs des moulins de la Virginie, & *de la* Caroline.

ANAS MINOR Purpureo Capite.

The Buffel's Head Duck.

S to the ſize of this Bird, it is between the common Duck and Teal. The bill is lead-colour; on each ſide the head is a broad ſpace of white; except which, the whole head is adorned with long looſe feathers, elegantly blended with blue, green and purple. The length and looſeneſs of theſe feathers make the head appear bigger than it is, which ſeems to have given it the name of Buffel's Head, that animal's head appearing very big by its being covered with very thick long hair. The wings and upper part of the body have alternate liſts of white and black, extending from the ſhoulders of the wings and back down to the rump, viz. The quill feathers are black; next to them extends a line of white, next to which is a line of black, then a line of white, and then black, which covers the middle of the back. The tail is gray; the legs are red.

The Female is all over of a brown colour; the head ſmooth, and without a ruff; the legs and feet are brown. Theſe Birds frequent freſh waters, and appear in *Carolina* only in Winter.

Petit Canard à la tête purpurine.

ET Oiſeau eſt par ſa groſſeur entre le canard commun, & la ſarcelle. Son bec eſt de couleur de plomb: de chaque côté de la tête il a un grand eſpace blanc: hors cela toute ſa tête eſt ornée de longues plumes, ſéparées les unes des autres, & agréablement mêlées de bleu, de verd, & de pourpre. La longueur, & la diſpoſition de ces plumes font paroître ſa tête plus groſſe qu'elle n'eſt, ce qui ſemble lui avoir fait donner le nom de tête de buffle; car elle paroît extraordinairement groſſe, étant couverte de poils très longs, & très épais. Ses aîles, & le deſſus de ſon corps ont alternativement des rayes blanches & noires, qui s'étendent depuis l'épaule de l'aîle, & le dos juſqu'au croupion de cette maniere: les plumes du fouet de l'aîle ſont noires: tout proche d'elles eſt une raye blanche, enſuite une noire, puis une blanche, qui eſt ſuivie d'une noire, qui couvre le milieu du dos. Sa queüe eſt griſe; & ſes jambes ſont rouges.

La fémelle eſt toute brune: ſa tête eſt unie, & ſans fraiſe: ſes jambes & ſes piés ſont bruns. Ces Oiſeaux fréquentent l'eau douce, & ne paroiſſent à la Caroline *qu'en Hiver.*

ANAS AMERICANUS lato roſtro.

The Blue-wing Shoveler.

THIS is ſomewhat leſs than a common Duck. The eyes are yellow. The upper part of the wing is covered with pale blue feathers; below which is a row of white feathers, and below them a row of green: the reſt of the lower part of the wing is brown. All the other part of the body is of a mixed brown, not unlike in colour to the common Wild Duck. This Bird does not altogether agree with that deſcribed by Mr. *Willoughby, p.* 370. But if, as he obſerves, they change they colours in Winter, it is poſſible this may be the Bird. However, as their Bills are of the ſame form, and by which they may be diſtinguiſhed from all others of the Duck kind, I cannot deſcribe it in better words than the above excellent Author.

"It's bill is three inches long, coal black, "(though this is of a reddiſh brown, ſpotted with black) much broader toward the "tip than at the baſe, excavated like a "buckler, of a round circumference. At "the end it hath a ſmall crooked hook or "nail; each mandible is pectinated or toothed like a comb, with rays or thin plates "inſerted mutually one into another, when "the bill is ſhut. The legs and feet are red." I am not certain whether this was a Male or Female.

Canard d'Amérique au grand bec.

IL eſt un peu plus petit que le canard commun. Ses yeux ſont jaunes. Le haut de ſes aîles eſt couvert de plumes d'un bleu pâle: au deſſous eſt un rang de plumes blanches, & plus bas un rang de plumes vertes: le reſte de la partie inférieure de l'aîle eſt brun. Tout le reſte de ſon corps eſt d'un brun mêlé, à peu près comme le canard ſauvage ordinaire. Cet Oiſeau ne reſſemble pas entierement à celui que Mr. Willoughby *a décrit p.* 370. *mais ſi, comme il le remarque, le ſien change de couleur en Hiver, il ſe peut bien ſaire que celui-ci ſoit de la même eſpece que le ſien. Quoi qu'il en ſoit, puis que leur bec eſt de la même forme, & qu'il peut les diſtinguer ſuffiſamment de toutes les autres eſpeces de canards, je ne puis le décrire en meilleurs termes que ceux dont s'eſt ſervi l'excellent auteur que j'ai cité.*

Son bec, qui eſt long de trois pouces, & d'un noir de geai, (quoi que celui-ci ſoit d'un rouge brun, tacheté de noir) eſt beaucoup plus large vers ſa pointe qu'à ſa baſe, & creuſé comme un bouclier: ſa circonférence eſt ronde: il à ſon extremité un petit crochet, ou ongle recourbé: chaque mandibule a ſes bords en forme de ſcie, ou garnis de dents, comme ceux d'un peigne, avec des rayons, ou de petites lames minces, qui entrent les unes dans les autres, quand le bec eſt fermé. Ses jambes & ſes piés ſont rouges. Je ne ſuis pas ſûr ſi celui-ci était mâle ou ſemelle.

The Summer Duck

ANAS AMERICANUS *criſtatus elegans.*

The Summer Duck.

HIS is of a mean ſize, between the common Wild Duck and Teal. The bill is red, with a black ſpot on the middle of it, and a black nail or horny ſubſtance on the end, the baſis of the bill is edged about with a yellow fleſhy protuberance, pointing on each ſide towards the eyes, the Irides of which are very large and red, encompaſſed with a red circle. The crown of the head is elegantly covered with a double plume of long feathers, compoſed of blue, green and purple flowers, hanging down ſeparately behind its head, and divided by a narrow white line, extending from the upper part of the baſis of the bill backward: the lower plume is likewiſe bordered with a white line, beginning at the eyes and running parallel with the other, dividing the plume from the under part of the head, which is purple. The throat is white, from each ſide whereof proceed two white lines, one branching up towards the crown of the head, and the other below it, croſſing the neck. The breaſt is of a muddy red, ſprinkled thick over with white ſpots, like ermine. A little above the ſhoulder is a broad white line, extended tranſverſly, below which, and joining to it, runs a broad black liſt. The back and upper parts of the wings are variouſly and changeably coloured with brown, blue, and purple. The ſmall feathers near the vent, are of a reddiſh purple, from amongſt which ſpring two ſmall yellow feathers. The tail is blue and purple. The lower part or verge of the wings are lapped over, and covered by the ſmall downy ſide feathers, extending from the ſhoulders half way the wings, diſplaying alternately and in a wonderful manner black and white pointed lines, varying in appearance according to the motion of the Bird, and different poſition it puts its feathers into, which adds much to the beauty of it. The ſides of the body below the wings are brown, with tranſverſe waved lines, as in many of the Duck kind; the legs and feet of a reddiſh brown. They breed in *Virginia* and *Carolina*, and make their neſts in the holes of tall trees (made by Wood-peckers) growing in water, particularly Cypreſs Trees. While they are young and unable to fly, the old ones carry them on their backs from their neſts into the water; and at the approach of danger, they fix with their bills on the backs of the old ones, which fly away with them. The Female is all over brown.

Canard d' Eté.

L eſt d'une groſſeur moyenne entre le canard ſauvage commun, & la ſarcelle. Son bec eſt rouge, avec une tache noire ſur le milieu, & un ongle noir, ou une eſpece de corne à ſon extremité: la báſe de ſon bec eſt bordée tout autour d'une protubérance charnue de couleur jaune, qui ſe termine en pointe de chaque côté vers les yeux, dont les iris ſont fort grandes, rouges & entourées d'un cercle rouge. Le deſſus de ſa tête eſt couvert d'une double, & belle aigrette de longues plumes bleues, vertes, & violettes, qui pendent ſéparément derriere ſa tête, & ſont ſéparées par une ligne blanche & étroite, qui s'étend depuis le deſſus de la báſe de ſon bec juſqu'au derriere de la tête: l'aigrette inférieure eſt pareillement bordée d'une ligne blanche, qui commence aux yeux, continue parallelement avec l'autre, & ſépare l'aigrette du bas de la tête, qui eſt de couleur de pourpre. Sa gorge eſt blanche; & il en part de chaque côte une ligne blanche, qui ſe partage en deux branches, dont l'une va vers le deſſus de la tête, & l'autre au deſſous va croiſer le cou. Sa poitrine eſt d'un rouge ſale, tacheté fort près-à-près de marques blanches de même que l'hermine. Un peu au deſſus des épaules s'étend tranſverſallement une large raye blanche, au deſſus, & proche de laquelle il y a une large raye noire. Son dos, & le haut de ſes aîles ſont ornés de diverſes couleurs, ſçavoir de brun, de bleu, & de violet. Les petites plumes proche de l'anus, d'entre leſquelles ſortent deux plumes jaunes, ſont d'un violet tirant ſur le rouge. Sa queüe eſt bleue & violette. Le bord de ſes aîles eſt couvert par les petites plumes des côtés, qui s'étendent depuis les épaules juſques vers le milieu des aîles, & deployent alternativement & d'une maniere ſurprénante des rayes terminées de noir & de blanc, qui ſemblent varier ſuivant le mouvement de l'Oiſeau, & les différentes ſituations où il range ſes plumes, ce qui l'embellit beaucoup. Les côtés de ſon corps au deſſous des aîles ſont bruns, & ondés tranſverſalement, comme en pluſieurs eſpeces de canards. Ses piés, & ſes jambes ſont d'un brun rougeâtre. Ces Oiſeaux ſont leurs petits à la Caroline, *& à la* Virginie; *& placent leurs nids dans les trous que les piverds ſont aux grands arbres qui viennent dans l'eau, ſur tout aux ciprès. Tant qu'ils ſont jeunes & incapables de voler, les vieux les portent ſur leur dos de leurs nids dans l'eau; & à l'approche de quelque danger, ils s'attachent avec le bec ſur le dos des vieux, qui s'enfuyent avec eux. La femelle eſt toute brune.*

ANAS MINOR ex albo & fuſco vario.

The little brown Duck.

HIS Duck has a large white ſpot on each ſide the head, and another on the lower part of the wing: except which, the head and all the upper part of the body and wings are dark brown. The breaſt and belly are light gray: the bill is black; the Irides of the eyes are of a hazel-colour: this was a Female. The Male was pyed black and white; but not being able to procure it, I am neceſſitated to be thus ſhort in the deſcription. They frequent the lower parts of Rivers in *Carolina*, where the water is ſalt, or brackiſh.

Petit Canard brun.

E Canard a une tache blanche de chaque côté de la tête, & une autre ſur le bas de l'aîle: hors cela, ſa tête & tout le deſſus de ſon corps & de ſes aîles ſont d'un brun foncé. Sa poitrine & ſon ventre ſont d'un gris clair: ſon bec eſt noir; & les iris de ſes yeux ſont de couleur de noiſette: celui-ci étoit une fémelle. Le mâle eſt marqué de noir & de blanc, comme une pie; mais comme je n'ai pu en avoir un, je ſuis obligé de ne le pas décrire plus au long. Ces Oiſeaux fréquentent le bas des rivieres de la Caroline, *où l'eau eſt ſalée, ou ſomache.*

Frutex Buxi foliis oblongis, baccis pallide viridibus apice donatis.

Soap-Wood.

THIS Shrub or ſmall Tree riſes to the height of about ſix or eight feet, and uſually with one ſtrait ſtem covered with a whitiſh bark. The leaves in ſize, ſhape and ſubſtance reſemble thoſe of Box, and many of them grow concave and curling, with their edges inward. At the ends of the ſmaller twigs grow bunches of round pale green berries of the ſize of large Peas, ſet on foot-ſtalks a quarter of an inch long with a ſmall indented capſula. Theſe berries contain an uncertain number of (four, five, and ſome ſix) ſmall brown ſeeds covered with a mucilage. The bark and leaves of theſe ſeeds being beat in a mortar produces a lather; and is made uſe of to waſh cloaths and linnen, to which laſt it gives a yellowneſs. The Hunters, who frequent the deſolate Iſlands of *Bahama*, (where this Shrub grows on the Sea-Coaſt) are frequently neceſſitated to uſe this ſort of Soap to waſh their ſhirts, for want of better.

CE petit Arbre s'éleve à la hauteur d'environ ſix ou huit pieds, & n'a ordinairement qu'une ſeule tige couverte d'une ecorce blanchâtre. Ses feuilles reſſemblent par leur grandeur, leur forme, & leur ſubſtance à celles du bouis: pluſieurs ſont concaves & friſées, & ont leurs bords en dedans. Au bout des plus petites branches il vient des grapes de bayes d'un verd pâle, & de la groſſeur d'un gros pois, attachées à des pédicules d'un quart de pouce de long, avec une petite capſule dentelée. Ces bayes renferment un nombre incertain de petites ſemences brunes, couvertes d'un mucilage: les unes en ont quatre, d'autres cinq, & quelques unes en ont ſix. L'écorce, & les feuilles de cet Arbre, étant pillées dans un mortier, produiſent une écume, dont on ſe ſert pour laver les hardes & le linge: elle jaunit ce dernier. Les chaſſeurs, qui fréquentent les îles abandonnées de Bahama, *où cet arbriſſeau croit ſur les côtes, ſont ſouvent obligés, pour blanchir leurs chemiſes, de ſe ſervir de cette eſpece de ſavon, faute de meilleur.*

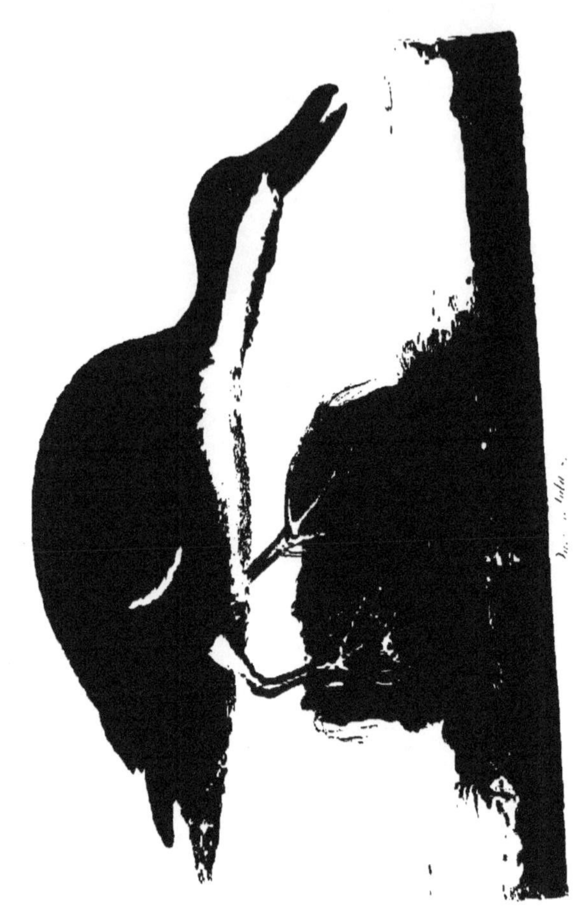

QUERQUIDULA AMERICANA FUSCA.

The Blue-Wing Teal.

IS somewhat bigger than the common Teal. The bill is black: the head, and most part of the body, are of a mixed gray, like that of a Wild Duck; the back being darker than the under part of the body: the upper part of the wing is of a bright blue, below which ranges a narrow row of white feathers; next to them a row of green; the rest of the wing, being the quill-feathers, is dark brown: the legs and feet are brown. The Female is all brown, like a common Wild Duck.

In *August* these Birds come in great plenty to *Carolina*, and continue till the middle of *October*, at which time the Rice is gathered in, on which they feed. In *Virginia*, where no Rice grows, they feed on a kind of Wild Oat, growing in the marshes, and in both places they become extremely fat.

They are not only by the Natives preferred to all other Water-fowl, but others, who have eat of them, give them the preference to all of the Duck kind for delicacy of taste.

Sarcelle brune de l'Amérique.

ELLE est un peu plus grosse que la sarcelle commune. Son bec est noir: sa tête, & presque tout son corps sont d'un gris mêlé, comme celui d'un canard sauvage. Le dessus de son corps est plus foncé que le dessous: le haut de l'aile est d'un bleu brillant: au dessous est un rang fort étroit de plumes blanches, ensuite un rang de vertes: le reste de l'aîle, c'est-à-dire les grandes plumes, sont d'un brun obscur: ses jambes, & les piés sont bruns. La fémelle est toute brune, comme un canard sauvage ordinaire.

Au mois d'Août ces Oiseaux viennent en grand nombre à la Caroline; *& y demeurent jusqu'au milieu d'Octobre, qui est le temps où l'on a ramassé le ris, dont ils se nourrissent. A la* Virginie, *où il ne croît point de ris, ils mangent une espece d'avoine sauvage, qui vient dans les marecages. Ils s'engraissent extremement dans ces deux endroits.*

Non seulement les naturels du pais, mais aussi tous ceux qui en ont gouté, les préferent pour le goût à toutes les autres especes de canards.

QUERQUEDULA AMERICANA VARIEGATA.

The White-Face Teal.

N bigneſs this exceeds a common Teal. The bill and the crown of the head are black; which extends along the baſis of the bill to the throat, between which and the eyes it is white. All the reſt of the head is purple mix'd with green. The breaſt and belly in colour like that of a common Teal. The upper part of the back, next the head, is brown, curiouſly waved like the curdling of water. The lower part of the back is covered with long ſharp-pointed feathers of a light brown colour. The wings are coloured as thoſe of the Blue-wing Teal. The tail is brown, and ſomewhat longer than the wings. The vent ſeathers under the tail are black. The legs and feet are yellow. The Female is all over brown. Theſe Birds frequent Ponds and freſh-water Rivers in *Carolina*.

Sarcelle d'Amérique.

*LLE eſt plus groſſe que la ſarcelle commune. Son bec & le deſſus de ſa tête ſont noirs; & cette couleur s'étend tout le long de la bâſe de ſon bec juſqu'à ſa gorge: l'eſpace, qui eſt entre ſa gorge & ſes yeux, eſt blanc. Tout le reſte de ſa tête eſt d'un violet, mêlé de verd. Sa poitrine, & ſon ventre ſont de la même couleur que ceux de la ſarcelle commune. Le haut de ſon dos, depuis la tête, eſt brun, & parfaitement bien ondé. Le bas de ſon dos eſt couvert de longues plumes pointues, d'un brun clair. Ses aîles ſont de la même couleur que celles de la ſarcelle brune d'*Amérique. *Sa queüe eſt brune; & un peu plus longue que ſes aîles. Les plumes ſituées autour de l'anus ſous la queüe ſont noires. Ses jambes, & ſes piés ſont jaunes. La fémelle eſt toute brune. Ces Oiſeaux fréquentent à la* Caroline *les étangs, & les rivieres d'eau douce.*

F I N I S.

www.ingramcontent.com/pod-product-compliance
Lightning Source LLC
Chambersburg PA
CBHW020235240426
43672CB00006B/538
9783337308988